全国优秀教材二等奖
“十二五”普通高等教育本科国家级规划教材
普通高等学校化工类专业系列教材

化学反应工程

（第三版）

梁　斌等　编著

科学出版社
北　京

内 容 简 介

本书是针对化学工程与工艺专业本科生的核心课程化学反应工程的课堂教学编写的，包括化学反应动力学、反应器流动特征、反应器热稳定性等化学反应工程基本内容，还包括聚合反应过程、生物反应过程、气液固三相催化反应器、膜反应器、微反应技术内容。本书注重反应工程的基础概念和定义，利用反应工程基础原理对反应过程进行分析，淡化数学模型分析求解，加强对催化、反应及相关化学基础的介绍，丰富化学反应工程的实例，增加数值求解方法的练习和例题。在编写过程中重视科学分析方法、重视反应工程发展趋势、注重基础理论教学。本书引入复杂体系实例分析和计算机求解案例，利用实际例子进行分析和引导，对涉及的相关知识尽可能引用准确的专业定义和解释。

本书可作为高等学校化学工程与工艺及相关专业本科生教材，也可供相关领域研究人员参考。

图书在版编目（CIP）数据

化学反应工程/梁斌等编著. —3版. —北京：科学出版社，2019.2 (2022.12重印)

普通高等学校化工类专业系列教材 “十二五”普通高等教育本科国家级规划教材

ISBN 978-7-03-060486-6

Ⅰ. ①化… Ⅱ. ①梁… Ⅲ. ①化学反应工程-高等学校-教材 Ⅳ. ①TQ03

中国版本图书馆CIP数据核字(2022)第233429号

责任编辑：陈雅娴 付林林 / 责任校对：杨 赛
责任印制：赵 博 / 封面设计：黄华斌

科学出版社出版
北京东黄城根北街16号
邮政编码：100717
http://www.sciencep.com
北京建宏印刷有限公司印刷
科学出版社发行 各地新华书店经销
*
2003年11月第 一 版 开本：787×1092 1/16
2010年2月第 二 版 印张：19 1/2
2019年2月第 三 版 字数：474 000
2024年8月第二十一次印刷

定价：59.00元
（如有印装质量问题，我社负责调换）

《普通高等学校化工类专业系列教材》
编写委员会

总　　序

近十几年是国内外工程教育研究与实践的一个快速发展期，尤其是国内工程教育改革，从教育部立项重大专项对工程教育进行专门研究与探索，到开展工程教育认证，再到 2016 年 6 月我国成为《华盛顿协议》正式成员，我国的工程教育正向国际化、多元化、产学研一体化推进。在工程教育改革的浪潮中，我国的化工高等教育取得了一系列显著的成果，从各级教学成果奖中化工类专业的获奖项目占比可见一斑。尽管如此，在当前国家推动创新驱动发展等一系列重大战略背景下，工程学科及相应行业对人才培养又提出更高要求，新一轮的“新工科”研究与实践活动已经启动，在此深化工程教育改革的良好契机下，每位化工人都应积极思考，我们的高等化工工程教育如何顺势推进专业改革，进一步提升人才培养质量。

专业教育改革成果很重要的一部分是要落实到课程教学中，而教材是课程教学的重要载体，因此，建设适应新形势的优秀教材也是教学改革的重要组成部分。为此，科学出版社联合教育部高等学校化工类专业教学指导委员会以及国内部分院校，组建了《普通高等学校化工类专业系列教材》编写委员会(以下简称“编委会”)，共同研讨新形势下专业教材建设改革。编委会成员均参与了所在院校近年来化工类专业的教学改革，对改革动向及发展趋势有很好的把握，同时经过多次编委会会议讨论，大家集各院校改革成果之所长，对建设突出工程案例特色的系列教材达成了共识。在教材中引入工程案例，目的是阐述学科的方法论，训练工程思维，搭建连接理论与实践的桥梁，这与工程教育改革要培养工程师的思想是一致的。

工程素养的培养是一项系统工程，需要学科内外基础知识和专业知识的系统搭建。为此，编委会对国内外高等学校化工类专业的教学体系进行了细致研究，确定了系列教材建设计划，统筹考虑化工类专业基础课程和核心专业课程的覆盖度。对专业基础课教材的确定，基本参照国内多数院校的课程设置，符合当前的教学实际，同时对各教材之间内容衔接的科学性、合理性和可行性进行了整体设计。对核心专业课教材的确定，在立足当前各院校教学实际的基础上，充分考虑了学科发展和国家战略及产业发展对专业人才培养的新需求，以发挥教材内容更新对新时期人才培养质量提升的支撑作用。

将工程案例引入课程和教材，是本系列教材的创新探索。这也是一项系统工程，因为实际工程复杂多变，而教学需要从复杂问题中抽离出其规律及本质，做到举一反三。如何让改编的案例既体现工程复杂性和系统性，又符合认知和教学规律，需要编写者解放思想、改变观念，既要突破已有教材设计思路和模式的束缚，又能谨慎下笔。对此，系列教材的编写者进行了有益的尝试。在不同分册中，读者将看到不同的案例编写模式。学科不断发展，工程案例也不断推陈出新。本系列教材在给任课教师提供课程教学素材的同时，更希望能给任课教师以启发，希望任课教师在组织课程教学过程中，积极尝试新的教学模式，不断积累案例教学经验，把提高化工类专业学生工程素养作为一项长期的使命。

教学改革需要一代代教师坚持不懈地努力，需要不断探索、总结和反思，希望本系列教材能够给各院校教师以借鉴和启迪，切实推动化工高等教育质量不断迈上新台阶。在针对化工类专业构建一套体系、内容和形式较为新颖的教材目标指引下，我们组建了一支强大的编委会队伍，为推进这项工作，大家群策群力，积极分享教育教学改革成功经验和前瞻性思考，在此我代表编委会对各位委员及参与各分册编写的所有教师致以衷心的感谢。同时，也希望以本系列教材建设为契机，以编委会为平台，加强化工类高等学校本科人才培养、师资培训、课程建设、教材及教学资源建设等交流与合作，携手共创化工的美好明天。

王静康

中国工程院院士

2017年7月

第三版前言

作为一门化工专业基础学科，化学反应工程一直是化学工程与工艺专业本科生的核心课程，也是国内外化工专业教育中的重要内容。化学反应工程把通过物料衡算模型、三传一反动力学模型描述复杂的化学反应器行为作为课程的基础思想，主要包括均相化学反应动力学、非均相催化反应动力学、非均相反应动力学、多孔介质传质、均相反应器、非均相反应器、反应器流动特征、热稳定性等基本内容。化学反应工程已经形成了较为稳定的知识体系和教学逻辑结构，国内外也出版了很多知名教材。例如，H. Scott Fogler 的 *Elements of Chemical Reaction Engineering* 已经出版到第 5 版，国内出版的化学反应工程教材有 20 多种，如李绍芬先生的《化学反应工程》已经出版到第 3 版。各教材之间除章节组织和逻辑处理有差别外，最大的差别在于例证分析不同。

本书于 2003 年初版，2010 年再版，并先后被评为普通高等教育“十一五”国家级规划教材、“十二五”普通高等教育本科国家级规划教材。结合化学反应工程近年来的发展以及教学手段的不断进步，我们认为有必要进行教材的提炼和改进，增加一些新的例证，介绍一些新的方法，于是在第二版出版 9 年后，我们修订完善了第三版教材。

化学反应工程学科是基于数学模型求解描述化学反应器的宏观特性和动态行为。随着计算机技术不断发展，计算能力成倍提高，对微分方程的求解更多地应用数值方法。根据多年教学实践，我们对第二版教材进行了认真总结，并进行了相应的修订。本次修订增加了部分数值求解方法介绍，还增加了部分软件使用的内容。教学内容强调从基础知识、规律分析和计算方法三个层次进行介绍，以便学生能够全面掌握化学反应工程的核心内容。

在第二版的基础上，我们对书稿结构进行了一定的调整，将第二版中的反应器稳定性和其他相关章节进行了合并，以增强内容的连贯性。针对数学模型求解过程，引入了计算机辅助求解方法，补充了复杂数学求解过程的逻辑框架图。在反应过程实例中，增加了近年来学术上和工业过程中逐渐成熟的膜反应器和微反应器内容。另外，还引入了课堂上的分析案例和图例，以方便学生理解和教师演示。本书还链接了数字教学资源，对部分知识点进行补充讲解，以帮助学生进行课外学习。本书链接的数字教学资源来源于教育部高等学校化工类专业教学指导委员会主办的全国“互联网+化学反应工程”课模设计大赛，作品由各高校参赛队伍提供。

本书重点对最基础的反应动力学、传质模型及典型反应器进行阐述，引用更多的体系实例分析，并灵活应用计算机进行计算。同时注意到，现代计算机技术和人工智能技术中，有从以微分方程精确轨迹描述为基础的数学模型向基于统计规律的逻辑运算发展的趋势，这些发展有可能影响今后人们对工程问题的认识，我们拭目以待。这也为今后工程学科的发展提出了新的挑战。

本书是以 2010 年科学出版社出版的由梁斌、段天平、唐盛伟编著的《化学反应工程》(第二版)为基础，由梁斌、唐盛伟、袁绍军、唐思扬共同合作，并总结第二版的使用情况进行修订的。本次修订分工如下：第 1、2 章由梁斌统稿，第 3～5 章由唐思扬统稿，唐盛伟补充编写了 6.5 节内容，袁绍军补充编写了 6.4 节内容。在此感谢第一版及第二版的作者，以及在编写过程中提供支持的老师和同学。同时，感谢科学出版社各位编辑对本书提出的有益的修改意见。

尽管本书进行了案例更新和部分内容补充，但仅以我们在四川大学的教学实践经验为基础，难免带有片面理解甚至是错误的解读。由于教学所面对的学生群体在不同学校具有很大的差异，每位教师在表达方面也有不同习惯，因此需要相关教师在使用本书的过程中进一步加工和提升。同时，欢迎各位读者提出宝贵意见，以帮助我们进一步改进。

作　者
2018 年 9 月

第二版前言

化学反应工程是一门专门研究化学反应器或包含化学反应过程的化工单元的学科，是化学工程学科中重要的且必不可少的分支，也是新世纪化工专业高等教育中的一门核心课程。

从1970年以后，化学反应工程作为化工专业学生的一门必修课程进入了大学课堂。从20世纪80年代开始，国内出版了多种化学反应工程教材，如四川大学化工学院王建华先生主编的《化学反应工程》、天津大学李绍芬先生编写的《化学与催化反应工程》、华东理工大学朱炳辰先生编写的《无机化工反应工程》、浙江大学陈甘棠先生编写的《化学反应工程》等，是我国大学课堂上出现的较早的化学反应工程教材。随着化学反应工程学科及相关技术的发展，以及大学教育的发展，化学反应工程方面的教材也在不断修改和完善，很多教材经过了多次再版和修订。

化学反应工程是一门复杂的工程科学，其精髓是利用精确的数学模型，求解复杂的传质、传热及化学反应过程的偶合现象。2003年，我们参考了国内外很多化学反应工程教材，特别是王建华先生编写的《化学反应工程》、H. Scott Fogler 编写的 *Elements of Chemical Reaction Engineering*，在此基础上编写了《化学反应工程》一书，并由科学出版社出版，在出版后的5年中共印刷4次，近20所大学（据不完全统计）使用。

经过几年的教学实践，我们发现第一版中还有很多地方值得完善和改进。同时，根据现有本科学生情况和本科化工专业教学的要求，在本书被列为普通高等教育“十一五”国家级规划教材后，我们对第一版的教学执行情况进行了认真的总结。在第一版基础上，我们将课堂上成功的例子和图例添加到修改稿中，试图让学生更加容易理解，教师更加容易演示。在修订过程中，反复对第一版中的一些表述进行推敲，力图做到语言和基本概念更加准确。

我们认为，化学反应工程的核心内容包括三种典型反应器所涉及的质量、能量衡算方法，相关的流动基本特征和反应速率问题，本学科的复杂性在于这些方面的问题相互影响，需要同时考虑。因此，本书对典型反应器的反应和相关特征进行了重点描述，从物理模型入手，引导学生建立相关的数学模型，并利用相关的数学和计算手段求解反应器模型。

本书是以2003年科学出版社出版的由梁斌、段天平、傅红梅、罗康碧共同编写的《化学反应工程》作为基础，由梁斌、段天平、唐盛伟三人共同合作，并总结第一版书的使用情况进行修订的。在此感谢第一版书作者以及在第一版书形成过程中提供支持和帮助的老师和同学。同时，感谢科学出版社各位编辑对本书提出的有益的修改意见。

尽管我们在主观上力图做到编写简单明了，并试图用自己的语言描述对化学反应工程专业问题的理解，但仅以我们在四川大学的教学实践经验为基础，难免带有片面的理解甚至是错误的解读。由于教学所面对的学生群体在不同学校具有很大的差异，每位老师在表达方面又有不同的习惯，因此需要相关教师在使用本书的过程中进一步提升和加工。同时，我们也热切希望各位同仁提出宝贵意见，以帮助我们进一步提高教学质量和改进教材，使我们在教学中和以后的修订中不断完善。

作　者

2009 年 12 月 8 日

第一版前言

考察实际反应器中传递现象对化学及催化动力学影响，以数学模型方法分析、预测反应器的操作特性，为反应器设计、放大与操作控制提供科学依据，是化学反应工程学科发展的源动力，迄今已取得了丰硕的研究成果。工业反应器内存在的复杂流动现象、质量和热量传递，与反应速率耦合，产生了工程中的非线性动力学问题。反应与分离过程结合，是强化反应过程的有效手段，许多新型和微型化反应器的设计采用了这种结构，应用于相关高新技术领域，其特殊的反应过程和复杂的反应器结构为数值模拟带来了新的困难。应用反应工程原理和方法，研究化学工程及其相关领域的科学问题，反应工程学科得到了不断拓宽和延伸发展，成为工程科学中很有活力的学科分支。

自反应工程作为我国化工类学生重要课程开设以来，各校在20世纪80年代初，参考国外同类教材编写了很多种版本的有代表性的教材，四川大学化工学院王建华教授主编的《化学反应工程》教材便是其中之一。不同的专业方向对反应工程学科的应用和研究各有侧重，如华东理工大学朱炳辰教授最早的《无机化工反应工程》侧重介绍了无机化工过程中的反应工程问题，浙江大学陈甘棠教授的《化学反应工程》及针对很多特定化工领域的反应工程教材，无疑为反应工程的教学与研究奠定了很好的基础。

在本教材的编写中，我们以现有的《化学反应工程》、《反应器理论分析》及国外相关教材为基础，致力于培养学生的分析问题能力和工程实际知识，减少教材在模型分析解上的过程描述，加强对学生建立模型的训练。在教材中增加有工业应用背景的实例分析和例题，从分析和解决工程问题的过程中让学生掌握基本原理和应用其分析并解决问题的方法。适当介绍微观结构分析和反应微观动力学与反应动力学模型的关系，阐述微观反应机理研究同宏观动力学实验的联系，使教学内容尽量同科学研究和工程实践同步。在教材的编写和结构上，加强同其他课程的结合，使教学安排更加合理，教学效率进一步提高。

本书由梁斌负责全书的统稿和修订，并编写第1、2章；段天平作前期策划，编写第3、5、7章，参与了第8章第1、2节的修订；傅红梅编写第4、6章；罗康碧编写第8章。教育部面向21世纪化工高等教育改革课题，为本书的编写提供了面向21世纪的机遇。科学出版社对本书的出版给予了长期的关心和支持。作者还要感谢四川大学化工系历任领导对反应工程课程建设的重视。

李成岳教授对本书给予了热情鼓励。王建华教授以多年从事反应工程教学和科研的体验，提出了反应工程要体现数学模型分析，在分析综合的基础上进行反应过程开发的教材建设指导思想。刘栋昌教授仔细阅读了初稿，发现了多个不当的地方。

欢迎使用本书的师生、广大科技工作者提出意见，推动反应工程教学和科研的发展。

作　者

2003年10月于四川大学

目　录

绪　论

人类对化学反应过程的认识经历了漫长的过程，在不断失败的教训与成功的经验中总结出了很多与化学反应相关的经验，如炼丹、染料、制药等一些与化学过程相关的技艺。随着化学理论的主体框架相继建立，各种化学工业过程才在无机化学、有机化学、分析化学和物理化学的基础上发展起来。20 世纪初对化学品加工的大量需求带动了相关工程学科发展，以研究化工单元过程的共性为目标的化学工程学在 20 世纪 20 年代形成，并在以后的几十年中得到了飞速的发展。化学工程学成为现代化学工业发展的基础，被誉为 20 世纪十大工业革命之一的流化催化裂化(fluidized catalytic cracking, FCC)无疑是化学工程学科研究的一大杰作。

在 20 世纪初期和中期，化学工程学解决工程问题大都基于相似放大理论与实验归纳方法，在很多化工单元过程(如流体输送、传热、干燥、蒸馏等物理过程)的应用中取得了很大的成功。相似放大理论或量纲分析方法适用于比较简单的线性系统，从理论上讲，单元设备的很多特征与特征参数成正比，可以直接使用相似放大的方法。例如，对于一个水管系统，管道流速为 1m/s 时，每秒输送的水量为 $1m^3$；如果要设计一个输送 $10m^3$ 水量的管道系统，只需保持管道系统流速一样为 1m/s，将管道系统的截面积扩大 10 倍即可。

但是，在对化工过程的核心设备——反应器的研究中遇到了很多困难，化学反应的非线性特征使反应过程的研究变得更加复杂。实际反应器中，传质、传热与化学反应并存，不能单纯依靠化学动力学的知识来解决反应器的放大等相关问题。相似放大的方法也不能简单地应用于化学反应器的模拟和设计。例如，在实验室中用一个 500mL 的烧瓶作为反应器对某吸热反应进行小试研究，物料通过反应器壁面与油浴进行换热以满足反应的供热需求。如果将反应器扩大到 500L 进行生产，按相似放大的方法，反应器体积增加 1000 倍，期望反应量也增加 1000 倍。但是传热面积只能扩大 100 倍，使热量传递受到影响，从而可能影响反应进行的温度，反应就很难按预计的条件进行。另一种情况，若该反应为放热反应，当反应器体积扩大 1000 倍时，传热面积小而不能有效移走反应热，导致反应系统热量积累使反应物系温度升高。一般而言，温度每升高 10℃，反应速率可能会随之增加 2～4 倍。热量的积累使得温度越来越高、反应速率越来越快。这种情况的出现不仅影响产品的质量，甚至可能产生热爆炸而导致严重的安全问题。

Damköhler 在其著作[*Der Chemie-Ingenieur*, 3, 430(1937)]中首先谈到扩散、流动与传递对反应收率的影响；1947 年，Hougen 和 Watson 在 *Chemical Process Principles* 中阐述了动力学与催化过程；由于各种条件的限制，化学工程学科中以反应过程为主要研究对象的分支学科——化学反应工程，直到 20 世纪 50 年代才逐渐形成。

1957 年，在荷兰阿姆斯特丹召开的第一届欧洲反应工程大会是反应工程学科形成的标志，会上提出的返混与停留时间分布、反应体系相内和相间的传质传热、反应器的稳定性、微观混合效应等观点奠定了反应工程学科的基础。在20世纪60年代到70年代，反应工程在世界范围内得到了广泛关注，得益于反应动力学研究的成果和传递过程领域的发展，反应工程工作者致力于从理论模型求解来解决反应器的问题。反应工程的研究成果逐渐被引入大学课堂，1969年Aris编写的 *Elementary Chemical Reactor Analysis*、1970年Smith编写的 *Chemical Engineering Kinetics*、1972年Levenspiel编写的 *Chemical Reaction Engineering*、1979年Froment和Bischoff编写的 *Chemical Reactor Analysis and Design* 等都是一些有代表性的教材。

直到20世纪70年代末，化学反应工程的研究成果才开始大量地介绍到国内。华东理工大学的陈敏恒教授、天津大学的李绍芬教授、浙江大学的陈甘棠教授、四川大学的王建华教授等是国内最早从事反应工程教育的学者。20世纪80年代以后，国内从事反应工程学科研究的队伍迅速扩大，对反应工程问题的研究已经渗透到各个化工领域，与世界研究水平之间的距离逐渐缩小，不同版本的教科书和各种各样的专著不断出版。反应工程成为我国化工专业的一门非常重要的专业课程。

反应工程的精髓是通过模型方法解决反应器的开发放大、结构选型、尺寸设计、操作优化等实际问题，在20世纪50年代到70年代的一段时间里，由于计算能力的限制，很多研究都集中在对现有反应过程简化模型的分析求解上。根据反应体系的特征，简化模型的分析求解对反应体系的定性分析和变化规律的研究有非常重要的意义，其分析结果为反应体系的设计和操作提供了很多原则性的指导，过去的很多教科书便注重对学生进行此基本原理的传授。但反应工程学科本质是建立在实验基础上的，其动力学基础模型、传质传热模型、流体流动模型等必须通过实验建立，模型中引用的参数、误差函数只有通过实验数据的回归才能确定。由于很多模型都是高度非线性的微分方程，很多参数只是统计意义上的估值，实验的微小误差足以使模型的分析解面目全非，因此，对实际体系的分析要比简单的模型求解复杂得多。

随着电子计算机的飞速发展，价廉的个人计算机也可以完成大量的工程计算，一般微分方程的求解在计算机上已经不是难事，复杂的数学模型可以通过高速的计算得到数值解，在反应工程研究中已不需要刻意追求简化模型来求出分析解，而研究的重心转移到了如何针对实际反应体系寻找更精确的模型。模型求解的突破，使应用多维模型描述真实反应体系成为可能，更接近实际反应条件的不规则边界条件被引入模型求解，很多在分析求解中只能用平均值的参数可以根据体系的非均匀性引入分布函数，模型对实际体系的描述更加准确，研究结果更加可靠。

化学反应速率模型是化学反应工程的核心模型，建立在实验数据归纳基础上的纯经验模型在描述很多临界条件下的反应行为时常出现较大的偏差。近年来，化学动力学和催化理论的基础研究成果为寻找准确机理模型提供了很多方便。诺贝尔化学奖得主李远哲教授在分子动力学方面的工作，为人们展示了寻求分子反应过程细节的可能性。化学家们已经可以对很多催化过程进行模拟，全过程地描述分子在反应过程中的价键变化过程，通过对反应过程的分子设计来指导实现对复杂分子的合成。对反应机理的研究已不纯粹是根据中间产物进行猜测，现代实验手段和价键理论可以直接观察并详细描述分子反应过程。现有的反应动力学模型更多地建立在对反应过程机理的深入研究上，其应用结果更能反映反应体系的本质规律。

20世纪80年代以来，工程中的非线性问题研究成果对反应工程学科的研究产生了重大影响。长期以来，对多孔介质中流固催化及流固非催化过程的研究只能靠固相的平均特性模拟，分形理论的发展对复杂的非规则边界描述提供了有力的手段。非线性研究中对动力系统的稳定性和分支结构的研究成果被直接应用于反应器的稳定性研究中，使反应系统稳定性研究有了更加坚实的理论基础。反应器混沌现象的研究揭示了一个全新的思维方法，反应器的设计和操作不能一味地追求稳定的唯一解，利用反应器混沌现象改善反应器操作条件同避免反应器混沌现象发生达到稳定操作同样重要。

在新的工业发展阶段，除了在原有的传统领域，如化学工业、石油化工、能源化工、冶金工业等领域有应用外，化学反应工程在很多新兴的领域得到了更加广泛的应用。学科的融合和相互渗透使反应工程产生了很多分支学科，生物反应工程、聚合物反应工程、环境反应工程、微电子反应工程等便是反应工程在特定领域的应用和发展。分离工程与材料科学的进步使反应器的设计和操作有更大的空间，分离过程与反应过程的耦合使反应可以得到超过平衡的转化率，新型材料的使用使反应器可以在苛刻的临界操作条件下进行。化学反应工程的内容和形式不断丰富，但化学反应工程的基本研究方法仍然是强调反应与传递过程的结合。

从反应工程作为我国化工类专业重要课程开设以来，各校在 20 世纪 80 年代初，参考国外同类教材编写了很多版本的有代表性的教材，王建华教授主编的《化学反应工程》教材便是其中之一。不同的专业方向对反应工程学科的应用和研究各有侧重，如华东理工大学朱炳辰教授最早编写的《无机化工反应工程》侧重介绍了无机化工过程中的反应工程问题，浙江大学陈甘棠教授编写的《化学反应工程》以及针对很多特定化工领域的反应工程教材，无疑为化学反应工程的教学与研究奠定了很好的基础。

在本书的编写中，将以现有的《化学反应工程》、《反应器理论分析》，以及国外相关教材为基础，致力于培养学生分析问题的能力和加强工程实际知识，减少在模型分析解上的过程描述，加强对学生建立模型的训练。在书中增加有工业应用背景的实例分析和例题，从分析和解决工程实际问题的过程中使学生掌握基本原理和将理论应用于分析和解决工程问题的方法。适当介绍微观结构分析和反应微观动力学与反应动力学模型的关系，阐述微观反应机理同宏观动力学的联系，使教学内容尽量同科学研究和工程实践同步。在教材的内容方面，加强同其他课程的结合，使教学安排更加合理，教学效率进一步提高。

第1章　化学反应动力学

1.1　均相反应动力学

1.1.1　化学反应速率

根据国际纯粹与应用化学联合会(International Union of Pure and Applied Chemistry，IUPAC)定义，由不同种类、数量的原子通过不同结构(structure，排布方式)组成的化学物种(chemical species)或不同空间构象(configuration)的化学物种，在一定的条件下相互转化的过程称为化学反应(chemical reaction)。化学反应是某种化合物或某几种化合物转化为其他化合物的过程，通常用化学反应速率(chemical reaction rate)来表示反应进行的快慢。化学反应的快慢在不同条件下差别很大，如氢和氧反应：

$$2H_2 + O_2 \longrightarrow 2H_2O \tag{1.1}$$

在燃烧情况下，反应很快，以致瞬间便由氢和氧反应生成水；但同样是这两种物质均匀混合在一起，如果没有明火或催化剂存在，反应则慢得出奇，用肉眼很难观察到水的生成。

有些化合物具有相同的原子种类、数量和结构，但空间构象不同，也被认为是不同的化合物。例如，顺-2-丁烯和反-2-丁烯、石墨和金刚石这些同分异构体，它们之间的转化也是化学反应。在顺-2-丁烯异构化为反-2-丁烯的反应中：

$$\underset{H_3C}{\overset{H}{}}\!\!>C{=}C<\!\!\underset{CH_3}{\overset{H}{}} \longrightarrow \underset{H_3C}{\overset{H}{}}\!\!>C{=}C<\!\!\underset{H}{\overset{CH_3}{}} \tag{1.2}$$

尽管两种烯烃的分子式相同，但在转化过程中其化学性质发生了变化，同样可以认为发生了化学反应。

为了定量地描述反应快慢的差别，常用单位时间内物质转化量的多少来描述化学反应速率。对于反应物来说，就是反应物的消耗速率；而对于反应产物来说，就是反应产物的生成速率。

在反应式(1.2)中，如果在反应初期加入 n_0 mol 顺-2-丁烯，经时间 t 反应后，只剩下 n mol 顺-2-丁烯，则单位时间内消耗的顺-2-丁烯量为

$$\bar{R} = \frac{n_0 - n}{t} \tag{1.3}$$

式中，$\bar{R}$ 为顺-2-丁烯的平均消耗速率。若没有其他副反应发生，反-2-丁烯的平均生成速率也等于 $\bar{R}$。

但在很多情况下会发现，$\bar{R}$ 随 t 的取值不同而变化，也就是说，反应速率随时间或反应条件不同而不断变化。因此，某一瞬间的顺-2-丁烯的消耗速率可表示为

$$R = -\frac{\mathrm{d}n}{\mathrm{d}t} \tag{1.4}$$

式中，n 为时间 t 时顺-2-丁烯的物质的量；R 为顺-2-丁烯在时间 t 时的瞬时消耗速率。显然，没有其他副反应发生时，反-2-丁烯的瞬时生成速率也为 R。

用 R 的大小衡量反应的快慢，很快就会发现问题。如果在相同反应条件下，同时将 2mol 的顺-2-丁烯在一个体积为 $2\mathrm{m}^3$ 的容器中进行反应和 1mol 的顺-2-丁烯在另一个 $1\mathrm{m}^3$ 容器中进行反应，便会发现大容器中顺-2-丁烯消耗速率 R 是小容器中的 2 倍，R 体现出广度性质(extensive property)。事实上，转化相同比例的顺-2-丁烯所需的时间在两个容器中是相等的。为了避免混淆，定义反应速率为单位时间单位反应体积内顺-2-丁烯消耗的物质的量：

$$r = -\frac{1}{V}\frac{\mathrm{d}n}{\mathrm{d}t} \tag{1.5}$$

式中，r 为反应速率，$\mathrm{mol/(m^3 \cdot s)}$，属于强度性质(intensive property)；V 为反应体积，m^3。

可以看出，反应速率可以用反应物的消耗速率或产品的生成速率表示，在 2-丁烯转化反应中二者数量上是相同的。但在很多反应中，不同反应物或产物表示的反应速率是有差别的。氯苯(chlorobenzene)和三氯乙醛(chloral)在发烟硫酸催化下发生如下反应生产农药 DDT (dichloro-diphenyl-trichloroethane)：

$$2C_6H_5Cl + CCl_3CHO \longrightarrow (C_6H_4Cl)_2CHCCl_3 + H_2O \tag{1.6}$$

很显然，在该反应中，用氯苯消耗速率表示的反应速率比用三氯乙醛消耗速率表示的反应速率快一倍。因此，在表示反应速率时必须指明参照组分。

在反应物 A 和 B 反应生成产物 P 和 S 的反应中，反应方程式的一般形式可以写成

$$a\mathrm{A} + b\mathrm{B} = p\mathrm{P} + s\mathrm{S} \tag{1.7}$$

式中，a、b、p、s 为化学计量系数。如果用 n_A、n_B、n_P 和 n_S 分别表示系统中各组分的物质的量，则各组分表示的反应速率为

$$r_\mathrm{A} = -\frac{1}{V}\frac{\mathrm{d}n_\mathrm{A}}{\mathrm{d}t} \quad r_\mathrm{B} = -\frac{1}{V}\frac{\mathrm{d}n_\mathrm{B}}{\mathrm{d}t} \quad r_\mathrm{P} = \frac{1}{V}\frac{\mathrm{d}n_\mathrm{P}}{\mathrm{d}t} \quad r_\mathrm{S} = \frac{1}{V}\frac{\mathrm{d}n_\mathrm{S}}{\mathrm{d}t}$$

显然，各速率之间的关系为

$$\frac{r_\mathrm{A}}{a} = \frac{r_\mathrm{B}}{b} = \frac{r_\mathrm{P}}{p} = \frac{r_\mathrm{S}}{s} \tag{1.8}$$

例如，N_2 和 H_2 反应生成 NH_3 的反应方程式可以写为

$$N_2 + 3H_2 = 2NH_3 \tag{1.9}$$

式中，N_2、H_2、NH_3 的化学计量系数分别为 1、3、2，它们的化学反应速率分别表示为

$$r_{N_2} = -\frac{1}{V}\frac{\mathrm{d}n_{N_2}}{\mathrm{d}t} \quad r_{H_2} = -\frac{1}{V}\frac{\mathrm{d}n_{H_2}}{\mathrm{d}t} \quad r_{NH_3} = \frac{1}{V}\frac{\mathrm{d}n_{NH_3}}{\mathrm{d}t} \tag{1.10}$$

它们之间的关系为

$$\frac{r_{N_2}}{1}=\frac{r_{H_2}}{3}=\frac{r_{NH_3}}{2} \tag{1.11}$$

值得注意的是，对于所有的反应物和产物，其反应速率数值都是正的。

1.1.2 反应速率方程

化学反应速率受反应条件的影响很大，影响速率的因素有温度、压力、浓度、催化剂、光照、容器表面特性等。将化学反应速率与反应所处的条件参数之间的依赖关系称为化学反应动力学关系。这种关系可以用数学表达式进行描述，该数学表达式称为化学反应的速率方程。速率方程式可以描述为

$$r=f(c_i, T, \cdots) \tag{1.12}$$

但在特定的反应体系中，很多因素可以保持相对恒定。在反应器计算中，通常变化比较明显的参数是温度和浓度，它们对反应速率的影响也最为明显。因此，反应速率方程常常是反应速率随温度和浓度的变化关系。若在恒温条件下，反应速率只与反应物浓度相关。例如，恒温下在液相中 TBB(*tert*-butyl bromide，叔丁基溴)同氢氧化钠进行的亲核加成取代反应：

$$NaOH+(CH_3)_3CBr \longrightarrow (CH_3)_3COH+NaBr \tag{1.13}$$

实验测得该反应的速率正比于 TBB 的物质的量浓度：

$$r_{TBB}=kc_{TBB} \tag{1.14}$$

式中，k 为该反应的速率常数。该反应速率与反应浓度之间的计算方程就是等温条件下 TBB 消耗的速率方程式。

对化学反应机理研究结果表明，化学反应一般是由若干步基元物理化学变化过程组成的，只包含一步基元物理化学变化过程的化学反应称为基元反应(elementary reaction)。基元反应的反应速率方程与参加该反应的分子数目相关，根据质量作用定律(law of mass action)，基元反应的速率与参加反应的化学物质的有效浓度正相关。对于基元反应：

$$\sum_i \nu_i A_i \longrightarrow \sum_j \nu_j B_j \tag{1.15}$$

其反应速率可以表示为

$$r_i=k\prod_i c_{A_i}^{\nu_i} \tag{1.16}$$

基元反应速率同反应物浓度 c_{A_i} 的 ν_i 次幂成正比，ν_i 正好等于反应物 i 的化学计量系数。

N_2O_4 分解为 NO_2 的反应为一个单分子基元反应：

$$N_2O_4 \longrightarrow 2NO_2 \tag{1.17}$$

反应速率方程式可以写为

$$r_{N_2O_4}=k_{N_2O_4}c_{N_2O_4} \tag{1.18}$$

式中，$k_{N_2O_4}$ 为 N_2O_4 分解反应的速率常数，(1/s)；N_2O_4 分解的速率与 N_2O_4 浓度成正比。对于单分子分解基元反应，其反应速率只与该反应物的有效浓度成正比，反应为一级反应。

NO 可与臭氧反应生成 NO_2 和氧气，被认为是 NO 对大气臭氧层造成破坏的原因。反应式如下：

$$NO + O_3 \longrightarrow NO_2 + O_2 \tag{1.19}$$

该反应为二分子基元反应，反应速率与 NO 的浓度成正比、与 O_3 的浓度成正比，可表示为

$$r_{NO} = k_{NO}c_{NO}c_{O_3} \tag{1.20}$$

该反应为二级反应。

而 NO 被 O_2 氧化为 NO_2 时，发生如下反应：

$$2NO + O_2 \longrightarrow 2NO_2 \tag{1.21}$$

该反应被确认为一个三分子的基元反应，其反应速率与 NO 浓度的平方成正比，同时与氧气浓度成正比，为三级反应：

$$r'_{NO} = k'_{NO}c_{NO}^2c_{O_2} \tag{1.22}$$

实际化学反应体系中，除了已经发现的少数单分子、双分子和极少数的三分子反应属于基元反应外，绝大多数化学反应是包含很多基元化学步骤的复杂反应。当反应过程是一个包含多个基元反应过程的复杂反应时，就不能直接根据质量作用定律写出反应速率方程式。例如，CO 与 H_2 在固体催化剂上合成甲醇的反应

$$CO + 2H_2 = CH_3OH \tag{1.23}$$

其反应的速率方程就不能直接写为

$$r_{CH_3OH} = k_{CH_3OH}c_{CO}c_{H_2}^2 \tag{1.24}$$

实验研究表明，对于很多反应，反应速率可以表示为各组分浓度的幂指数函数(exponential function)，如反应式(1.7)：

$$aA + bB = pP + sS \tag{1.7}$$

其反应速率可表示为

$$r_A = k\,c_A^{\alpha}c_B^{\beta}c_P^{\gamma}c_S^{\omega} \tag{1.25}$$

式中，α、β、γ、ω 是与反应方程式(1.7)中计量系数 a、b、p、s 无关的常数，通常由实验测定。它们分别称为组分 A、B、P、S 的反应级数(reaction order，也称反应级次)，各组分反应级数之和称为反应的总级数。

通过实验测定各组分的反应级数，可以用作图的方法求解。要测定组分 A 的级数α，可以在给定的反应条件下固定组分 B、P、S 的浓度(如使之大量过量)，改变组分 A 浓度并测定相应的反应速率 r_A，作 $\ln r_A$-$\ln c_A$ 图。根据式(1.25)，r_A 与 c_A 之间有如下关系：

$$\ln r_A = \alpha \ln c_A + \ln(k\,c_B^{\beta}c_P^{\gamma}c_S^{\omega}) \tag{1.26}$$

右边第二项不随 c_A 变化。$\ln r_A$-$\ln c_A$ 图为一条直线，直线的斜率便是组分 A 的反应级数α。

【例 1.1】 以邻甲基环己烯甲醛为原料，在异丙醇铝苯溶液催化作用下，合成双烯 210：

$$\text{C}_6\text{H}_8(\text{CHO})(\text{CH}_3) \longrightarrow \text{C}_6\text{H}_8(\text{CH}_2\text{OCO})(\text{CH}_3)\ \text{H}_3\text{C}\text{—C}_6\text{H}_8 \tag{1.27}$$

邻甲基环己烯甲醛的起始浓度为 2mol/L，在 28℃等温条件下所测得的邻甲基环己烯甲醛的浓度 c_A 随反应时间 t 的变化数据如下，求反应速率方程。

时间/h	0	3	6	9	12
浓度/(mol/L)	2	1.08	0.74	0.56	0.46

解 首先需要求得反应速率 r_A，根据反应速率的定义

$$r_A = -\frac{1}{V}\frac{dn_A}{dt} \tag{1.28}$$

在恒温情况下，假设该液相反应体系的体积变化不大，可视反应体积 V 为常数。因此，邻甲基环己烯甲醛的反应速率可以表示为

$$r_A = -\frac{1}{V}\frac{dn_A}{dt} = -\frac{d(n_A/V)}{dt} = -\frac{dc_A}{dt} \tag{1.29}$$

在液相恒容情况下，反应速率为反应物浓度随时间变化微分的负值。

实际反应体系中可测定的参数是不同时间反应物的浓度，而反应速率是不能直接测量的。反应速率只能根据浓度随时间变化的数据，通过数值微分进行估算。根据积分中值定理，在$[t, t+\Delta t]$内总有某一时刻的导数 dc_A/dt 等于$\Delta c_A/\Delta t$，因此近似用$\Delta c_A/\Delta t$ 代表 $t+0.5\Delta t$ 处的 dc_A/dt。再以 c_A 对 t 作图(图 1.1)，从曲线插值求出 $t+0.5\Delta t$ 处的浓度。将时间 t、浓度 c_A、反应速率 r_A、$\ln c_A$、$\ln r_A$ 列表，计算结果如下：

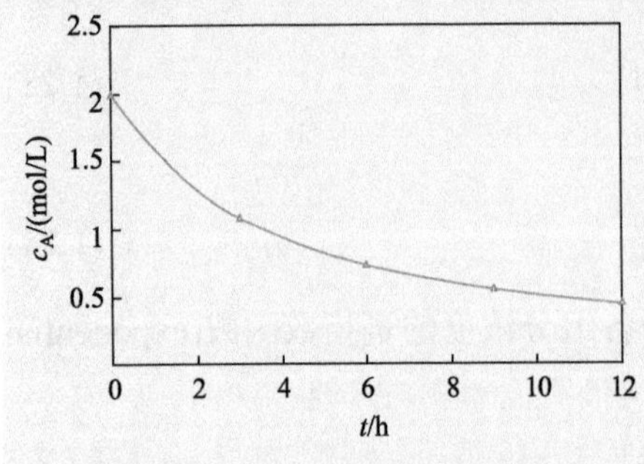

图 1.1 浓度随时间的变化曲线

t/h	1.5	4.5	7.5	10.5
c_A/(mol/L)	1.43	0.872	0.643	0.492
r_A/[mol/(L · h)]	0.307	0.113	0.0600	0.0333
$\ln c_A$	0.356	−0.137	−0.441	−0.710
$\ln r_A$	−1.18	−2.18	−2.81	−3.40

假设反应速率与邻甲基环己烯甲醛的物质的量浓度 c_A 的 α 次幂成正比，则反应速率方程式可以写为

$$r_A = kc_A^{\alpha} \tag{1.30}$$

取对数得

$$\ln r_A = \ln k + \alpha \ln c_A \tag{1.31}$$

作 $\ln r_A$-$\ln c_A$ 图，见图 1.2，回归得直线的斜率，即反应级数：

$$\alpha = 2.08$$

反应速率常数的对数为直线的截距：

$$\ln k = -1.91$$

则邻甲基环己烯甲醛的反应级数为 2.08，反应速率常数为 0.148L/(mol · h)，反应速率方程为

$$r_A = -\frac{dc_A}{dt} = 0.148c_A^{2.08}$$

由于实验测定并回归得到的反应速率方程通常只是反应速率与浓度等参数之间的近似数量关系，回归得到的数字并没有严格的物理定义。在通常的近似估值中，常使用一个具有整数反应级数的反应速率方程，同时，整数的反应级数也让人感觉更容易接受，因此很多研究人员更喜欢将反应级数取整，如取邻甲基环己烯甲醛的反应级数近似为 2 级。取整后，该反应的速率方程就写为

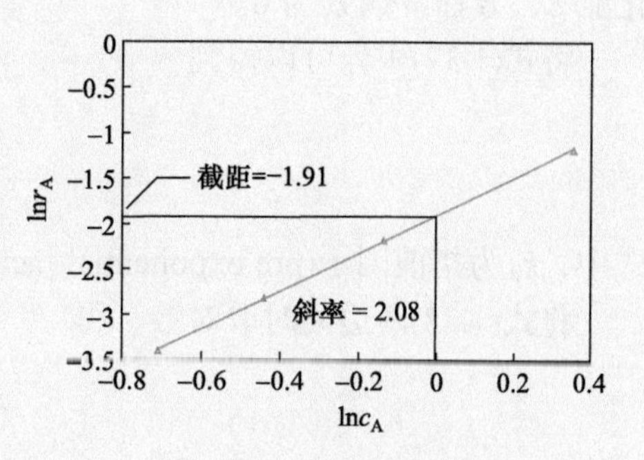

图 1.2　$\ln r_A$-$\ln c_A$ 曲线

$$r_A = -\frac{dc_A}{dt} = kc_A^2 \tag{1.32}$$

但是反应级数取整后，由于指数发生的变化可能对计算值带来较大的影响。式中的 k 值与原先回归的 0.148L/(mol · h)可能会有一定的出入。用式(1.32)再对数据作一次线性回归，重新拟合 k 值，即作 r_A-c_A^2 曲线，拟合得其直线斜率为 0.15L/(mol · h)。因此，反应速率方程也表示为

$$r_A = -\frac{dc_A}{dt} = 0.15c_A^2 \tag{1.33}$$

1.1.3　阿伦尼乌斯方程

在反应速率方程中，温度对反应速率的影响体现在反应速率常数项中，反应速率常数是温度的函数，反应速率受温度的影响往往比受浓度的影响还要大。

在质量作用定律提出之前，人们便注意到了温度对反应速率的影响，威廉米(Wilhelmy)和贝特洛(Berthelot)分别于 1850 年和 1860 年指出：大多数反应随温度升高而加速。

范特霍夫(van't Hoff)于 1884 年提出了反应温度系数的概念：

$$\gamma_T = \frac{r(T+10)}{r(T)} \tag{1.34}$$

对于很多反应来说，反应温度每升高 10℃，其反应速率加速 2～4 倍，即温度系数为 2～4。

热力学中，描述化学反应平衡常数 K_p 与温度关系的 van't Hoff 方程为

$$\frac{d\ln K_p}{dT} = \frac{\Delta H}{RT^2} \tag{1.35}$$

胡德(Hood)于 1885 年构造了相似的函数描述反应速率常数与温度之间的关系式：

$$\frac{d\ln k}{dT} = \frac{A}{RT^2} + B \tag{1.36}$$

式中，T 为热力学温度，K；R 为摩尔气体常量，8.314J/(mol · K)；A、B 为方程常数。

阿伦尼乌斯(Arrhenius)于 1889 年在大量实验数据与理论论证的基础上，提出了著名的 Arrhenius 方程(Arrhenius equation)，即

$$\frac{d\ln k}{dT} = \frac{E}{RT^2} \tag{1.37}$$

式中，E 为 Arrhenius 活化能(activation energy)，J/mol。对比 Hood 方程，方程常数 A 即为活

化能 E，方程常数 B 为 0。

将式(1.37)积分可以得到 Arrhenius 方程积分式

$$k = k_0 \exp\left(-\frac{E}{RT}\right) \tag{1.38}$$

式中，k_0 为指前因子(pre-exponential factor)或频率因子(frequency factor)。

将式(1.38)两边同时取对数，得

$$\ln k = \ln k_0 - \frac{E}{RT} \tag{1.39}$$

式(1.37)、式(1.38)和式(1.39)分别是 Arrhenius 方程的微分形式、积分形式和对数形式。

根据分子碰撞理论的研究，对于分子直接碰撞(collision)引起的基元化学反应，Arrhenius 方程中活化能 E 的物理意义是碰撞分子发生有效反应必须克服的能垒，而指前因子 k_0 则是分子碰撞的频率。但在一般的反应中，Arrhenius 方程中的活化能 E 和指前因子 k_0 与反应相关参数之间并无直接的对应关系，往往无确切的物理意义。作为宏观速率方程的方程系数，一般只能通过实验测定。活化能 E 越大，反应速率受温度影响越大。

实验测定 E 和 k_0 的方法可以通过测定两个温度 T_1、T_2 下的反应速率常数 k_1、k_2，代入方程式(1.39)解得反应活化能

$$E = \frac{\ln(k_2 / k_1)}{1 / RT_1 - 1 / RT_2} \tag{1.40}$$

考虑动力学测试中的误差，仅由两点的动力学数据计算反应活化能及指前因子往往会带来较大的误差，通常通过测定多个温度下的反应速率常数拟合反应活化能及指前因子。利用多点实验数据估算活化能可以采用线性回归方法。根据 Arrhenius 方程对数式(1.39)，代入实验数据作 $\ln k$-$1/T$ 图，直线的斜率为$-E/R$，直线的截距便为 $\ln k_0$。

如果通过实验数据求得不同温度条件下的反应速率，某些情况下也可以直接通过反应速率数据求出反应的活化能。当反应速率方程式为简单幂指数函数[如式(1.25)]时：

$$r_A = kf(c_i) \tag{1.41}$$

$$\ln r_A = \ln k + \ln f(c_i) \tag{1.42}$$

因此，在固定浓度变量的情况下，作 $\ln r_A$-$1/T$ 图，其斜率也为$-E/R$，但不能由截距直接求出 k_0。

【例 1.2】 在不同温度下，测得丙酮二羧酸在水溶液中分解反应的速率常数如下，求反应的活化能和指前因子。

T/℃	0	20	40	60
k/(10^{-3}/min)	2.46	47.5	576	5480

解 根据 Arrhenius 方程对数式(1.39)：

$$\ln k = \ln k_0 - \frac{E}{RT}$$

作 ln$k$-1/T 图(图 1.3)，得直线斜率为−11670，则活化能为

$$E = -(-11670)\times 8.314 = 97024(\text{J/mol})$$

通过外延得直线截距为 32.13，得

$$k_0 = \exp(\text{截距}) = \exp(32.13) = 8.99\times 10^{13}(1/\text{min})$$

事实上，也可以直接将活化能 E 和速率常数 k 代入 Arrhenius 方程积分式(1.38)求出指前因子。

反应的速率常数可写为

$$k = 8.99\times 10^{13}\exp\left(-\frac{97024}{RT}\right)$$

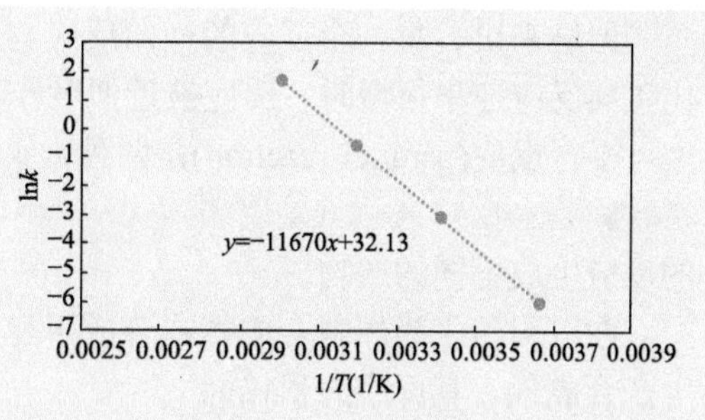

图 1.3　反应速率与温度的关系

1.1.4　复杂反应体系的反应速率

复杂反应体系(complex reaction system)是指体系所包含的化学物质之间同时发生多个化学反应。复杂反应中，特定反应物质转化的速率应该等于该反应物质在每个反应中消耗和生成的净差。

最常见的复杂反应体系是可逆反应(reversible reaction)，理论上讲，任何化学反应都存在正逆两个方向进行的可能性。可逆反应就是由正向和逆向两个反应构成的复杂反应体系。例如，SO_2 氧化生成 SO_3 的反应

$$SO_2 + 0.5O_2 \longrightarrow SO_3 \tag{1.43}$$

在一定条件下，SO_3 也可以分解生成 SO_2 和 O_2

$$SO_3 \longrightarrow SO_2 + 0.5O_2 \tag{1.44}$$

SO_2 的氧化和 SO_3 的分解互为逆反应，SO_2、O_2、SO_3 便组成了一个包含正逆反应的复杂反应体系。反应物 SO_2 的净转化速率等于其在反应式(1.43)中的消耗速率减去反应式(1.44)中的生成速率。

又如，苯(benzene)脱氢(hydrogen)偶合生成联苯(diphenyl)的反应

$$2C_6H_6 \xrightarrow{k_+} C_{12}H_{10} + H_2 \tag{1.45}$$

苯在正向反应(forward reaction)中的消耗速率为

$$r_{\text{B,正}} = k_+ c_{\text{B}}^2 \tag{1.46}$$

但联苯加氢裂解生成苯的逆向反应(back reaction)同时存在

$$C_{12}H_{10} + H_2 \xrightarrow{k_-} 2C_6H_6 \tag{1.47}$$

苯的生成速率为

$$r_{\text{B,逆}} = k_- c_{\text{D}} c_{\text{H}} \tag{1.48}$$

因此，苯生成联苯的净反应速率为

$$r_{\text{B}} = r_{\text{B,正}} - r_{\text{B,逆}} = k_+ c_{\text{B}}^2 - k_- c_{\text{D}} c_{\text{H}} \tag{1.49}$$

严格来讲，每一个反应的逆向反应与正向反应都是同时存在的，只有在逆向反应速率相比正向反应速率很慢时，反应被近似看作不可逆反应(irreversible reaction)。

平行反应(parallel reaction)是两种常见的典型复杂反应类型之一。以同一种物质或相同的多种物质为反应物同时发生的不同反应称为平行反应。平行反应中，同一种反应物参加不同的反应生成不同的产物。

在以天然气为原料合成氨或合成甲醇的生产过程中，一般工厂是采用甲烷蒸汽转化工艺生产合成气，其反应方程式为

$$CH_4 + H_2O \xrightarrow{r_1} CO + 3H_2 \tag{1.50}$$

反应体系中，总有一些副反应同时发生，如

$$CH_4 \xrightarrow{r_2} C + 2H_2 \tag{1.51}$$

生成CO的反应与生成C的副反应都是以甲烷为反应物的反应，是两个同时发生的平行反应。该反应体系中，甲烷的反应速率是反应式(1.50)和式(1.51)之和：

$$r_{CH_4} = r_1 + r_2 \tag{1.52}$$

在上述合成气生产中残余甲烷浓度是非常重要的指标，甲烷作为原料和后续反应中的惰性气体，直接影响生产成本和生产状况。因此，反应中甲烷的转化率(conversion)是非常重要的参数，甲烷的转化率定义为转化的甲烷物质的量与初始甲烷物质的量之比：

$$x_{CH_4} = \frac{n_{CH_4,0} - n_{CH_4}}{n_{CH_4,0}} \tag{1.53}$$

生成 CO 和 H_2 的反应是希望进行的反应，是目标反应(objective reaction)。而生成 C 的反应是不希望发生的反应，是副反应(side reaction)，因为生成的 C 会使催化剂中毒，同时也增加原料的消耗。

显然，转化的甲烷并不全部用于生成 CO 的反应，将用于生成产物 CO 的部分描述为反应物甲烷对产物 CO 的选择性(selectivity)

$$\begin{aligned} S &= \frac{\text{通过反应式(1.50)消耗的}CH_4\text{物质的量}}{\text{所消耗的}CH_4\text{物质的量}} \\ &= \frac{n_{CO} - n_{CO,0}}{n_{CH_4,0} - n_{CH_4}} \end{aligned} \tag{1.54}$$

式(1.54)中，由于化学计量系数相等，通过反应式(1.50)消耗的 CH_4 物质的量，等于增加的 CO 物质的量。

有机反应中有很多反应都有副反应存在，都存在平行反应情况。例如，以[Co_2CO_8]络合物为催化剂，丙烯羰基化可以生成正丁醛和异丁醛。该反应也是一个典型的平行反应系统

$$CH_3CH{=}CH_2 + CO + H_2 \xrightarrow{Co} CH_3CH_2CH_2CHO$$

$$CH_3CH{=}CH_2 + CO + H_2 \xrightarrow{Co} (CH_3)_2CHCHO$$

反应的转化程度可以用丙烯的转化率表示。如果正丁醛是目标产物，很显然，转化的丙烯并不都生成了正丁醛。因此，经常用收率(yield)或选择性来描述生成目标产物的可能性。将每加

入 1mol 丙烯生成的正丁醛物质的量称为正丁醛的收率 Y

$$Y=\frac{n_{正丁醛}-n_{正丁醛,0}}{n_{丙烯,0}} \tag{1.55}$$

由于丙烯生成正丁醛的反应为等分子反应，生成正丁醛的选择性 S

$$S=\frac{n_{正丁醛}-n_{正丁醛,0}}{n_{丙烯,0}-n_{丙烯}} \tag{1.56}$$

很显然，收率同选择性之间有如下关系：

$$Y=S\,x \tag{1.57}$$

收率为选择性与转化率的乘积。

由于主反应和副反应的反应速率不是恒定的，随着反应的进行，生成目标产物和副产物的相对速率是不同的，也就是说反应的选择性是随时变化的。瞬间选择性 s 用来表示某一时刻反应体系中产物生成速率的相对比例，显然

$$s=-\frac{\mathrm{d}c_{正丁醛}}{\mathrm{d}c_{丙烯}}=\frac{r_{正丁醛}}{r_{丙烯}} \tag{1.58}$$

$$S=\frac{1}{x-x_0}\int_{x_0}^{x}s\,\mathrm{d}x \tag{1.59}$$

收率和选择性是研究不同反应在竞争情况下相对速率的指标，也是研究反应物有效利用率的重要参数。但在具体的反应体系中，对反应体系相对速率的研究有其不同的形式。例如，在甲烷蒸汽转化反应体系中，主反应生成 CO 和 H_2，副反应在生成 C 的同时也生成 H_2，由于副反应的速率相比主反应速率小得多，此时研究氢的选择性就没有实际意义。在研究催化剂的析碳、失活问题时，虽然 C 的选择性很小，但对催化剂的危害是很大的，必须高度关注 C 的选择性问题，并单独研究析碳反应的动力学。

不同的研究者对不同反应体系的收率和选择性可能定义不同，对于计量系数变化较大的反应体系来说，用式(1.55)和式(1.56)计算收率和选择性便会出现大于 1 的结果，如甲烷蒸汽转化反应中氢的选择性。因此，有必要规定一个更普遍的计算方式。

假设平行反应如下：

$$a_1\mathrm{A}\longrightarrow p\mathrm{P} \tag{1.60}$$

$$a_2\mathrm{A}\longrightarrow s\mathrm{S} \tag{1.61}$$

目标产物 P 的收率定义为

$$\begin{aligned}Y&=\frac{生成产物P所消耗的反应物A的物质的量}{进入反应器的反应物A的物质的量}\\&=\frac{(a_1/p)(n_{\mathrm{P}}-n_{\mathrm{P0}})}{n_{\mathrm{A0}}}\end{aligned} \tag{1.62}$$

而对 P 的选择性则定义为

$$S = \frac{\text{生成产物P所消耗的反应物A的物质的量}}{\text{已消耗反应物A的总物质的量}}$$

$$= \frac{(a_1 / p)(n_P - n_{P0})}{n_{A0} - n_A} \tag{1.63}$$

$$= \frac{(a_1 / p)(n_P - n_{P0})}{(a_1 / p)(n_P - n_{P0}) + (a_2 / s)(n_S - n_{S0})}$$

同样可以定义瞬间选择性。反应产物 P 的瞬间选择性为

$$s = -\frac{a_1 \mathrm{d}c_P}{p \mathrm{d}c_A} = \frac{a_1 r_P}{p r_A} \tag{1.64}$$

从反应产物选择性的定义可以看出，根据主、副反应不同的动力学特征，可以通过优化反应条件提高反应的选择性和目标产物的收率。以一对平行反应 $A \xrightarrow{k_1} B$ 和 $A \xrightarrow{k_2} C$ 为例，假设其速率方程式可表示为

$$r_B = k_1 c_A \tag{1.65}$$

$$r_C = k_2 c_A^2 \tag{1.66}$$

$$r_A = k_1 c_A + k_2 c_A^2 \tag{1.67}$$

则生成产物 B 的选择性为

$$s = r_B / r_A = k_1 / (k_1 + k_2 c_A) \tag{1.68}$$

可以看出，反应物 A 浓度增大时，反应选择性降低。

如果两反应的活化能分别为 E_1 和 E_2，以 s 对温度求导，得

$$\frac{\partial s}{\partial T} = -\left(\frac{k_2}{k_1}\right) \frac{(E_2 - E_1) c_A}{R T^2 (1 + k_2 c_A / k_1)^2} \tag{1.69}$$

显然，当 $E_2 > E_1$ 时，$\partial s/\partial T < 0$，温度升高，选择性降低；当 $E_2 < E_1$ 时，选择性随温度升高而增大。

同样，对于 $A \xrightarrow{k_1} B \xrightarrow{k_2} C$ 的串级反应(consecutive reactions)，如甲醇氧化制甲醛的反应，甲醛可能进一步氧化生成副产物甲酸。两步反应分别为

$$CH_3OH + 0.5O_2 \xrightarrow{k_1} CH_2O + H_2O \tag{1.70}$$

$$CH_2O + 0.5O_2 \xrightarrow{k_2} HCOOH \tag{1.71}$$

如果两个反应均为一级，则目标产物甲醛的瞬时选择性为

$$s = 1 - \frac{k_2 c_B}{k_1 c_A} \tag{1.72}$$

其反应的选择性与反应进程有关。反应时间越长，反应转化率越高，c_B/c_A 越大，选择性越差。

选择性对温度求偏导得

$$\frac{\partial s}{\partial T} = -\frac{k_2}{k_1} \frac{(E_2 - E_1) c_B}{R T^2 c_A} \tag{1.73}$$

当 $E_2 > E_1$ 时，$\partial s/\partial T < 0$，温度升高，选择性降低；当 $E_2 < E_1$ 时，选择性随温度升高而增大。温度升高，总是有利于活化能高的反应。

1.1.5 反应机理与速率方程

基元反应的速率方程可以根据质量作用定律直接写出反应速率方程式，而现实中基元反应是很少的，经常遇到的反应很多都不是基元反应。对于非基元反应，不能直接根据其计量方程式写出反应速率方程。对于很多形式上极其相似的反应，它们的反应速率方程可能完全不同。例如，碘化氢合成反应方程式为

$$H_2 + I_2 = 2HI \tag{1.74}$$

其速率方程式为

$$r = kc_{H_2}c_{I_2} \tag{1.75}$$

但与其反应方程式相似的溴化氢合成反应方程式为

$$H_2 + Br_2 = 2HBr \tag{1.76}$$

其速率方程却为

$$r = \frac{kc_{H_2}c_{Br_2}^{1/2}}{1 + \dfrac{c_{HBr}}{10c_{Br_2}}} \tag{1.77}$$

这两个反应速率方程式不同，是因为它们所经历的基元反应过程不同。一般的反应过程都要经历若干基元反应步骤才能最终完成，这个过程就是该反应的机理(mechanism)。由于各基元反应过程的速率方程符合质量作用定律，原则上，只要知道某个反应的反应机理，便可写出该反应的速率方程。

氯气同一氧化碳合成光气(phosgene)的反应方程式为

$$Cl_2 + CO = COCl_2 \tag{1.78}$$

该反应的速率方程并非二级反应速率方程式。根据实验研究，该反应是由一个链式反应过程构成，其反应机理可表示如下：

$$Cl_2 \longrightarrow 2Cl\cdot \tag{1.79}$$

$$Cl\cdot + CO \longrightarrow \cdot COCl \tag{1.80}$$

$$\cdot COCl + Cl_2 \longrightarrow COCl_2 + Cl\cdot \tag{1.81}$$

实验发现，第三个反应[式(1.81)]为慢反应，它的反应速率决定了总反应速率，称为速率控制步骤(rate determining step)。因此，总反应速率可以用第三个反应的正反应速率表示

$$r = k_3c_{\cdot COCl}c_{Cl_2} \tag{1.82}$$

但由于 $\cdot COCl$ 是不稳定的中间自由基，其浓度很难测定，要通过式(1.82)计算反应速率并不容易。为了反应速率方程便于应用，总是将不稳定的中间物浓度(或不容易测定的浓度)表示为

可测反应组分浓度的函数。

比较三个反应发现，前两个反应速率要比速率控制步骤的第三个反应快得多，可以假设前两个反应处于近似化学平衡状态。因此，可以根据此两个反应的平衡关系将不稳定中间自由基 · COCl 的浓度表示为可测反应组分 CO 和 Cl_2 浓度的函数

$$K_1=\frac{c_{Cl}^2}{c_{Cl_2}} \tag{1.83}$$

$$K_2=\frac{c_{\cdot COCl}}{c_{\cdot Cl}c_{CO}} \tag{1.84}$$

联立并求解两个平衡方程式，得

$$c_{\cdot COCl}=K_2 c_{CO}\sqrt{K_1 c_{Cl_2}} \tag{1.85}$$

将 · COCl 浓度代入反应速率方程式，得到可直接应用的反应速率方程式

$$r=kc_{CO}c_{Cl_2}^{3/2} \tag{1.86}$$

式中，$k=k_3K_2K_1^{1/2}$。

1.1.6 反应速率方程的积分形式

反应动力学方程式是反应速率随反应器内反应物浓度和反应温度变化的函数关系式，是代数方程。对于实际的反应体系，反应速率并不是反应器内的状态参数，实质上是状态参数的微分变化率，不能直接测定。反应进行过程中，反应器内浓度、压力或其他状态参数是可测量的。因此，在研究反应动力学时，也经常用反应器状态参数随时间的变化关系来表示反应的动力学关系。

根据反应速率的定义式(1.5)，间歇反应器中对于反应物 A 的反应速率为

$$r_A=-\frac{1}{V}\frac{dn_A}{dt} \tag{1.28}$$

由于 r_A 是反应物浓度的函数，将式(1.28)移项、积分便可得到反应时间 t 与反应器内反应物 A 的物质的量之间的对应关系

$$t=\int_{n_{A0}}^{n_A}\left(-\frac{1}{Vr_A}\right)dn_A \tag{1.87}$$

对于等温一级不可逆反应，反应速率方程式为

$$r_A=kc_A \tag{1.88}$$

代入式(1.87)，得

$$t=\int_{n_{A0}}^{n_A}\left(-\frac{1}{kn_A}\right)dn_A=\frac{1}{k}\ln\frac{n_{A0}}{n_A} \tag{1.89}$$

反应器内反应物 A 的物质的量随反应时间的变化关系为

$$n_A = n_{A0}\exp(-kt) \tag{1.90}$$

对于一级不可逆反应，不管是恒容还是变容体系，间歇反应器内的反应物物质的量随时间的变化关系都符合式(1.90)。

等温恒容条件下有

$$t = \frac{1}{k}\ln\frac{n_{A0}}{n_A} = \frac{1}{k}\ln\frac{c_{A0}}{c_A} \tag{1.91}$$

等温恒容条件下在间歇反应器中进行一级反应，反应物浓度随反应时间的变化关系为

$$c_A = c_{A0}\exp(-kt) \tag{1.92}$$

注意，如果不是恒容条件，反应体积 V 会随反应进行变化，式(1.92)不再适用。因为 $V \neq V_0$，此时 $\ln\frac{n_{A0}}{n_A} = \ln\frac{V_0 c_{A0}}{V c_A} \neq \ln\frac{c_{A0}}{c_A}$ 。

等温恒容条件下，反应速率方程式为 $r_A = kc_A^2$ 的二级不可逆反应，根据式(1.87)积分，得间歇反应器中反应物浓度随时间的变化关系为

$$c_A = c_{A0} / (1 + c_{A0}kt) \tag{1.93}$$

而对于速率方程式为 $r_A = kc_A^n$ 的不可逆反应，等温恒容间歇反应器中的浓度随反应时间的变化关系可以用同样方法解得

$$c_A = \frac{c_{A0}}{\sqrt[n-1]{1 + (n-1)ktc_{A0}^{n-1}}} \tag{1.94}$$

值得注意的是，式(1.93)、式(1.94)仅适用于等温恒容条件，并不适用于反应体积变化的情况。

【例 1.3】 在等温恒容间歇反应器中进行二叔丁基过氧化物(di-*tert*-butyl peroxide, DTBP)的气相分解反应为

$$(CH_3)_3COOC(CH_3)_3 \longrightarrow C_2H_6 + 2CH_3COCH_3$$

反应式可简写为

$$A \longrightarrow B + 2C$$

反应开始时，反应器内充以纯 DTBP。170℃实验条件下，测得反应体系总压与反应时间的关系如下，求该反应的反应动力学方程与速率常数。

时间/min	0.0	2.5	5.0	10.0	15.0	20.0
总压/mmHg	7.5	10.5	12.5	15.8	17.9	19.4

注：mmHg 为非法定单位，1 mmHg=1.33322×10²Pa，下同。

解 开始反应时(t = 0)反应器内为纯 DTBP，则 DTBP 的初始转化率为 $x_{A0} = 0$ ，且 $p_{A0} = p_0$ 。设反应时间为 t 时，转化率为 x_A ，则反应器中各组分的物质的量分别为

$$n_A = n_{A0}(1 - x_A) \quad n_B = n_{A0}x_A \quad n_C = 2n_{A0}x_A$$

反应混合物的总物质的量为

$$n = n_A + n_B + n_C = n_{A0}(1+2x_A)$$

此时，反应器总压为

$$p = p_0(n/n_0) = p_0[n_{A0}(1+2x_A)/n_{A0}] = p_0(1+2x_A)$$

因此，可以由 p 计算转化率

$$x_A = \frac{p-p_0}{2p_0}$$

假设反应为一级反应，反应的转化率随反应时间的变化关系为

$$\ln(1-x_A) = \ln(c_A/c_{A0}) = -kt$$

计算结果如下表。以 $\ln(1-x_A)$对时间 t 作图，如果为一条直线，直线的斜率便为$-k$(图 1.4)。如果不是直线，可以重新假设反应级数进行验证。

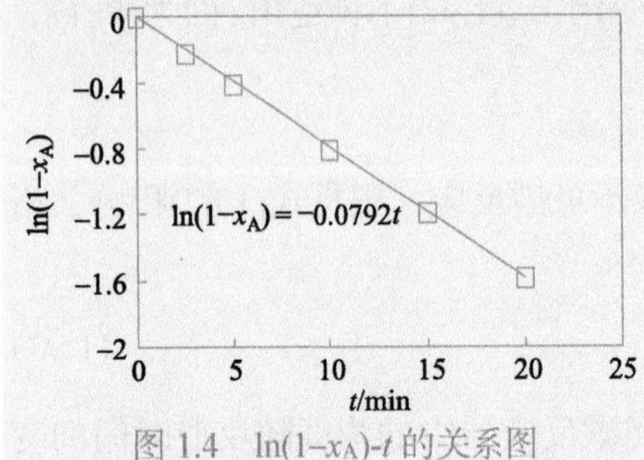

图 1.4 $\ln(1-x_A)$-t 的关系图

时间 t/min	0	2.5	5	10	15	20
总压 p/mmHg	7.5	10.5	12.5	15.8	17.9	19.4
x_A	0	0.2	0.3333	0.5533	0.6933	0.7933
$\ln(1-x_A)$	0	−0.2231	−0.4054	−0.8059	−1.182	−1.577

作图结果表明，DTBP 的分解反应为一级反应，其反应速率常数为

$$k = 0.0792(1/\text{min})$$

反应速率方程式可写为

$$r_A = 0.0792c_A$$

并非所有的反应动力学方程式都可以求出如式(1.93)和式(1.94)这样的解析解，当反应速率方程式较复杂时，可以采用数值积分求解 t-c_A 之间的关系。

对于积分 $\int_a^b f(x)\mathrm{d}x$ ，根据积分中值定理，在$[a, b]$总能找到一个值ξ，使得

$$\int_a^b f(x)\mathrm{d}x = f(\xi)(b-a) \tag{1.95}$$

当区间$[a, b]$很小时，可以由$f(a)$或$f(b)$近似取代$f(\xi)$计算积分值。因此

$$\int_a^b f(x)\mathrm{d}x \approx f(a)(b-a) \approx f(b)(b-a) \tag{1.96}$$

式(1.96)便是积分计算的矩形公式。当区间$[a, b]$较大时，式(1.96)的误差较大，可以将区间划分为若干小区间，设由 a 到 b 有 n 等分，在 x 轴上的值分别为 $x_0, x_1, \cdots, x_n$，则对每一个小区间应用矩形公式进行计算，得

$$\int_a^b f(x)\mathrm{d}x = \sum_{i=1}^{n}\int_{x_{i-1}}^{x_i} f(x)\mathrm{d}x \approx \sum_{i=1}^{n}[f(x_{i-1})\Delta x] = \left[\sum_{i=1}^{n} f(x_{i-1})\Delta x\right] \tag{1.97}$$

式中，Δx 为步长，$\Delta x = \dfrac{b-a}{n}$。若等分步长$\Delta x$ 足够小，积分值就足够精确。

矩形公式(1.96)中，由于函数值取点 $f(a)$或 $f(b)$的值不同，可能有很大的误差。如果 $f(x)$函数在较小的区间内是单调的，则 $f(a) \geqslant f(\xi) \geqslant f(b)$或 $f(a) \leqslant f(\xi) \leqslant f(b)$，以 $f(a)$、$f(b)$的平均值代替 $f(\xi)$便构成积分的梯形公式

$$\int_a^b f(x)\mathrm{d}x \approx [f(a)+f(b)]\frac{b-a}{2} \tag{1.98}$$

梯形公式具有比矩形公式更高的精度。同样，将[a, b]区间 n 等分，可以构成复化梯形公式：

$$\int_a^b f(x)\mathrm{d}x = \frac{1}{2}\left[f(x_0)+2\sum_{i=1}^{n-1}f(x_i)+f(x_n)\right]\Delta x \tag{1.99}$$

式(1.99)的精度比式(1.97)高。

对于更高的精度要求时，可采用辛普森(Simpson)公式计算。将区间 n(n 为偶数)等分后，复化 Simpson 公式可以写为

$$\int_a^b f(x)\mathrm{d}x = \frac{1}{3}\left[f(x_0)+4\sum_{i=1}^{n/2}f(x_{2i-1})+2\sum_{i=1}^{(n-2)/2}f(x_{2i})+f(x_n)\right]\Delta x \tag{1.100}$$

【例 1.4】 设某等温恒容一级反应的动力学方程式为 $r_A = kc_A$，k = 0.15(1/min)，求反应转化率为 60%时所需的反应时间。

解　根据式(1.87)得反应时间为

$$t=\int_{c_{A0}}^{0.4c_{A0}}\frac{\mathrm{d}c_A}{-kc_A}=\int_0^{0.6}\frac{\mathrm{d}x}{k(1-x)}$$

将转化率从 0 到 0.6 区间分为 6 等分，计算不同等分点的 1/[k(1–x)]函数值如下：

转化率 x	0	0.1	0.2	0.3	0.4	0.5	0.6
$1/[k(1-x)]$	6.667	7.407	8.333	9.524	11.11	13.33	16.67

(1) 用矩形公式计算：

$$t = 0.1\times(6.667+7.407+8.333+9.524+11.11+13.33) = 5.638(\mathrm{min})$$

或(向后差分矩形公式)

$$t = 0.1\times(7.407+8.333+9.524+11.11+13.33+16.67) = 6.638(\mathrm{min})$$

(2) 用梯形公式计算：

$$t = 0.1\times[6.667+2\times(7.407+8.333+9.524+11.11+13.33)+16.67]/2 = 6.138(\mathrm{min})$$

(3) 用 Simpson 公式计算：

$$t = 0.1\times[6.667+4\times(7.407+9.524+13.33)+2\times(8.333+11.11)+16.67]/3 = 6.109(\mathrm{min})$$

(4) 由式(1.91)得反应时间的分析解：

$$t=(1/0.15)\times\ln[1/(1-0.6)] = 6.109(\mathrm{min})$$

从计算可以看出，Simpson 公式精度最高，梯形公式次之。

1.2 气固催化反应动力学

1.2.1 固体催化剂

化学反应中采用催化剂(catalyst)提高反应速率(或阻止反应进行)是非常普遍的。很多化学反应从热力学分析是可能发生的，但其反应速率很慢，甚至察觉不到。加入催化剂后，反应就大大加快。例如，SO_2被O_2氧化过程中采用NO_2作为催化剂，$KMnO_4$溶液在硫酸存在情况下氧化草酸($H_2C_2O_4$)过程采用$MnSO_4$作为催化剂，N_2和H_2合成氨时采用活性α-Fe作为催化剂等，这些作为催化剂的物质可以显著加速反应，而在反应过程中又不消耗。

当加入的催化剂与反应物同处于气相(如NO_2催化SO_2氧化)或同一液相(如硫酸催化酯的水解反应)，反应在液相主体进行时，称为均相催化反应(homogeneous catalytic reaction)；当催化剂与反应物相态不同时，反应在两相的界面上进行(如氨的合成是在铁催化剂的表面进行)，反应过程称为多相催化反应或非均相催化反应(heterogeneous catalytic reaction)。均相催化的反应速率可以参照均相反应处理，而气固催化过程要比均相反应过程复杂得多，需要专门讨论。

催化反应过程是一个十分复杂的过程，反应物必须通过碰撞发生分子重组才能生成产物。只有具有足够高能量的分子，才能在碰撞时旧键断裂形成新键而发生反应，此时碰撞称为有效碰撞。反应分子发生有效碰撞所必须具有的最低能量称为反应的活化能。显然，当活化能较高时，能达到此最低能量的分子很少，反应速率便很慢。如果在体系中引入一种催化剂，它可以不需要太高的活化能便能同某一(些)反应物分子反应生成一种(多种)过渡络合物，而这种(些)过渡络合物又能继续以较低的活化能与其余的反应物(或络合物)反应生成产物并还原出催化剂。

在这一过程中，催化剂起桥梁的作用，使反应速率大大加快。就如同有很多人要过一条3m宽的沟，只有那些身体强壮且有足够助跑速度的人才能跳过，但如果在沟中央筑一个墩，人们只需第一次跳1.5m，然后再跳1.5m，很多人便会轻松地跳过(图1.5)。

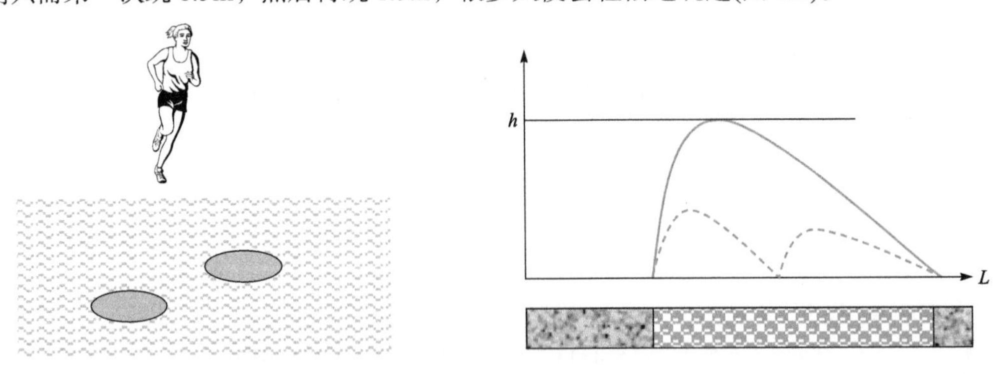

图1.5 催化剂桥梁作用示意图

固体催化剂催化气相反应时，反应气体必须在催化剂的固体表面形成能量合适的表面络合物，固体表面的能量状态是至关重要的。不同的反应需要不同的表面能量状态，因此，催化剂结构上的微小变化都会急剧影响反应速率。通常用于气固催化反应的催化剂有金属催化剂、氧化物催化剂、酸碱催化剂及过渡络合物催化剂(表 1.1)。但同一种催化剂，制备方法甚至制备条件不同都可能使催化剂性能差别很大。

表 1.1　催化剂类型及所催化的化学反应

催化剂	催化反应
金属　Fe, Ni, Pt, Pd, Cu, Ag	加氢脱氢反应，合成氨(Fe)，加氢重整(Pt)，甲烷蒸汽重整(Ni)
氧化物　NiO, ZnO, CuO, MnO_2, V_2O_5	氧化还原反应，SO_2 氧化(V_2O_3)，甲醇氧化制甲醛($FeMoO_x$)，CO 变换(Fe_3O_4)
酸碱　Al_2O_3, SiO_2, MgO，分子筛	裂解反应，水解反应，催化裂化(Y-沸石)，异构化(Al_2O_3)
过渡金属络合物　$PdCl_2$-$CuCl_2$	聚合反应

气固催化反应发生在固体表面，但并非固体表面每一点都能起催化作用，只有那些活泼的、有利于电子传输的活性中心(active sites)才可能以较低的活化能同反应物分子形成表面过渡络合物，进而进行催化反应。每个活性中心在单位时间内发生有效反应的次数称为反应频数(turnover number)，催化剂表面所有活性中心的反应频数之和便是催化反应的速率。因此，制备催化剂时除了通过化学方式改善活性中心的反应条件外，还必须提供足够大的反应表面积以提供数量尽可能多的活性中心。

大多数固体催化剂由主剂(active component)、助剂(promoter)和载体(supporter)组成。通常将反应过程中起主要催化作用的物质称为主剂。纯组分物质表面能量是一定的，纯的主剂表面活性中心能量并不一定就是反应所需要的最佳催化条件。为了调整活性中心的化学性质，通常加入助剂与主剂进行化学或物理作用，使活性中心具有更佳的能量结构，从而加快化学反应。SO_2 转化反应中，向 V_2O_5 催化剂中加入 K_2O 助剂可以将反应速率提高 20 倍以上。活性中心通常是催化剂表面那些活泼的、有结构缺陷的高能量表面，在使用中特别是高温反应条件下，很容易因为烧结(sintering)、迁移(spreading)、聚集(aggregating)等丧失活性中心而失活。加入一些物理性质稳定的载体可以提高活性中心的稳定性，如果载体具有很大的表面，还可以为催化剂提供更大的反应表面积。

最常用的固体催化制备方法有沉淀(precipitation)、浸渍(impregnation)、熔融(melting)等方法。合成甲醇所使用的 CuO-ZnO-Al_2O_3 催化剂是通过用碱沉淀 Cu、Zn、Al 的可溶盐混合溶液得到的。各组分的共同沉淀保证了主剂同助剂之间有很好的相互作用，一次沉淀的结晶粒子便决定了催化剂的催化表面积。机械成型后一次粒子之间的缝隙为催化剂提供了丰富的微孔，反应便发生在这些微孔表面。甲烷化反应所使用的 Ni 催化剂是相对昂贵的金属，为了减少 Ni 的用量，并充分发挥活性组分的作用，用 Ni 盐溶液浸渍已成型的具有丰富微孔的 Al_2O_3 载体，干燥、活化后 Ni 便均匀地分散到载体的表面。合成氨的铁催化剂是采用熔融方法制备的，原料磁铁矿同 K_2O、Al_2O_3 等助剂在高温下熔融并冷却成型后，在反应之前通过还原除去磁铁矿骨架上的 O 并得到多孔 α-Fe，其内孔表面积可以达到 4～16m^2/(gcat)。

1.2.2　固体催化剂的孔结构

为了得到足够大的反应表面，很多情况下催化剂被制备成多孔的。因此，催化剂的孔结构是非常重要的性能参数。衡量催化剂微孔结构的指标有孔容(pore volume)、孔径(pore radius)和

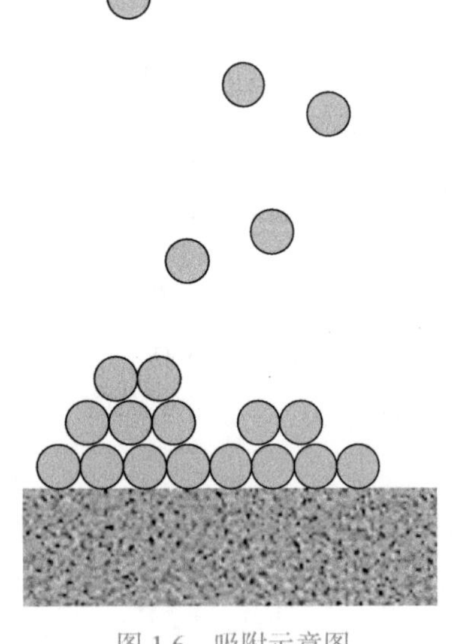
图 1.6 吸附示意图

比表面积(specific surface area)，它们与催化剂的制备过程密切相关，通常只能由实验测定微孔参数。

BET 吸附法是根据气体分子在微孔表面的吸附性质来测定催化剂的孔表面和孔容的(图 1.6)，布鲁诺尔(Brunauer)、埃米特(Emmett)和特勒(Teller)三人于 1938 年针对多分子层吸附导出了关联吸附气体分压 p 和气体平衡吸附量 v 之间的两参数方程

$$\frac{p}{v(p^s - p)} = \frac{1}{v_m C} + \frac{C-1}{v_m C}\frac{p}{p^s} \tag{1.101}$$

式中，p^s 为实验温度条件下吸附质的饱和蒸气压，MPa；p 为被吸附组分的分压，MPa；v 为对应平衡分压 p 下，单位质量固体表面上被吸附的吸附组分的标准体积，mL/g；v_m 为吸附质以单分子层覆盖单位质量的固体表面所需的标准体积，mL/g；C 为常数，与吸附质、吸附剂性质和温度有关。

可以通过实验测定 p、v 对应关系，根据式(1.101)作 $\frac{p}{v(p^s - p)}$ - $\frac{p}{p^s}$ 图应得一条直线，直线的斜率与截距之和等于 $1/v_m$，求得 v_m 值后，可算出固体表面单分子层吸附分子个数，再乘以每个分子的覆盖面积σ，即得固体比表面积(m^2/g)

$$S_g = (v_m/22400)\times 6.022\times 10^{23}\times\sigma\times 10^{-20}$$

式中，σ 为吸附分子的覆盖面积，$Å^2$($1Å=10^{-10}m$)。

由于气体分子有大小，采用不同气体进行 BET 吸附实验时，分子覆盖面积是不同的。常用吸附质参数列于表 1.2。BET 吸附法只能测定孔径大于分子直径的微孔表面积，若测定较小的微孔，需要选择较小的吸附气体，如采用 He 测定 4Å 以下的微孔。

表 1.2 常用吸附质参数

吸附质	吸附温度/K	饱和蒸气压 p^s/MPa	分子覆盖面积$\sigma/Å^2$
N_2	77.4	0.10132	16.2
K	77.4	3.456×10^{-4}	19.5
Ar	77.4	0.03333	14.6
C_6H_6	293.2	9.879×10^{-3}	40
CO_2	195.2	0.10132	19.5
CH_3OH	293.2	0.01280	25

测定孔容和孔径需要使用压汞方法(mercury penetration)。由于汞在固体表面是不湿润的，在常压下不能进入小于 75000Å 的微孔，必须在加压情况下汞才能克服表面张力进入更小的微孔。孔径越小，汞进入所需外加的压力便越高。孔径(Å)与压力(kg/cm^2)之间的关系可以简单写为

$$r_{pore} = 75000 / p \tag{1.102}$$

如果将固体催化剂浸没于汞中，不断升高外加于系统的压力，随着压力的升高，越来越多的汞被压入更小的孔，测定不同压力下压入的汞的体积便可得出不同孔径的孔所占的体积。根据压力与压入汞体积的关系，可以获得不同孔径的微孔所占的容积，即孔径分布函数。

要将汞压入 40Å 以下的微孔需要的压力很高，很多压汞仪只能测定 40～75000Å 的微孔分布，也有一些可以测定大于 75000Å 大孔的低压压汞仪和可以测定 40Å 以下小孔的高压压汞仪。对于大孔，更多是采用其他液体置换方法测定，而对于 15～30Å 的微孔通常可以采用气体吸附法测定。

如果知道催化剂微孔孔容 v(mL/g)和催化剂微孔比表面积 S_g(m^2/g)，假设微孔为圆形直孔，可以估算出催化剂微孔平均直径(Å)

$$\overline{r_p} = 2 \times \frac{v}{S_g} \times 10^4 \tag{1.103}$$

催化剂在使用中还常用到不同密度的概念。通常将单位体积床层所含催化剂的质量称为催化剂的堆积密度(bulk density)，ρ_b (kg/m^3 或 g/L)；而将催化剂颗粒质量与其体积的比值称为催化剂的颗粒密度(particle density 或 pellet density)，ρ_p(kg/m^3 或 g/L)。显然，堆积密度是包含了催化剂颗粒之间空隙的密度，应该比颗粒密度小：

$$\rho_b = (1-\varepsilon)\rho_p \tag{1.104}$$

式中，ε 为催化剂床层中空隙所占的体积分率，称为空隙率(voidage)。

由于催化剂内部有大量的微孔，催化剂的颗粒密度应该比制备催化剂的材料的真实密度要小，如合成氨催化剂的主要成分为α-Fe，但催化剂的颗粒密度只有 4500～5500kg/m^3，远比铁的密度 7800kg/m^3 小得多。催化剂材料所具有的密度称为催化剂的真密度，ρ_s，kg/m^3，它与催化剂颗粒密度之间存在如下关系：

$$\rho_p = (1-\theta)\rho_s \tag{1.105}$$

式中，θ 为孔隙率(internal voidage 或 porosity)，指催化剂颗粒内部微孔总体积与催化剂颗粒体积的比值。

1.2.3 气固催化反应的特征

催化剂只是改变了反应的活化能，并不改变化学平衡，它只能催化热力学可能的反应。图 1.7 是反应进行时体系的能量变化图，它充分反映了反应热效应同活化能之间的关系：

$$\Delta H = E_+ - E_- = E'_+ - E'_-$$

对于可逆反应，催化剂既改变了正反应的活化能，也改变了逆反应的活化能。因此，正反应使用的催化剂往往也可以作为逆反应的催化剂，如甲烷蒸汽转化的镍催化剂同样可以作为甲烷化反应的催化剂。

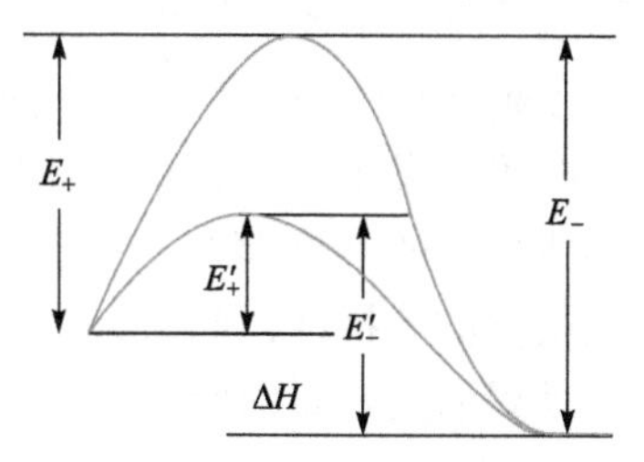

图 1.7 催化反应活化能变化

固体催化剂上的反应发生在催化剂表面的活性中心，反应速率的快慢可以用活性中心上的反应频数表示。但对于实际的催化反应体系很难测到活性中心的位置和数量，反应速率通常用单位面积催化剂表面的反应速率 r^* 表示，r^* 称为表面速率，单位为 mol/(m^2 · s)。但采用催化剂的体积或质量比采用反应表面积更直观，因而经常采用单位体积催化剂或单位质量催化剂上转化的反应物的质量来表示反应速率，即体积速率 r [mol/(L · s)]或质量速率 r_m [mol/(gcat · s)]，显然

$$r = r^* S_g \rho \tag{1.106}$$

$$r_m = r^* S_g \tag{1.107}$$

式中，S_g 为单位质量催化剂提供的反应表面积，m^2/g；ρ 为催化剂的密度，g/L。

工业上，经常用吨产品催化剂装填量来粗略估计催化剂的用量。工业上也常用时空产量这一概念，是指每单位体积催化剂上单位时间内生产的目标产物量。尽管这种定义很不准确，但如果数据是在很多工业实践的基础上得到的，往往很实用。因此，工业上一般采用一个标准的反应器对催化剂进行活性评价，当催化剂用量、气体浓度、流量等相同时，出口转化率的高低便反映了催化剂的活性高低。将活性测试结果同已知催化剂比较，可以方便地预测该催化剂在反应器中的表现。

在新催化剂、新反应器的开发中，或在反应条件变化时，需要更准确的估算和测试方法。常用的动力学计算办法是将反应器内催化剂床层考虑成一个均相的反应空间，只要能找到单位反应空间内反应速率随浓度、温度条件的变化关系，便可通过床层物料衡算积分得出催化剂的体积或其他反应器设计的有关参数。实验室测定的反应速率往往是以单位质量催化剂上的反应速率来表示的，如果以床层空间表示的反应速率为 r_v [mol/(m^3 · s)]，而以质量表示的反应速率为 r_m [mol/(gcat · s)]，则二者的关系为

$$r_v = r_m \rho_b \times 10^3 \tag{1.108}$$

式中，ρ_b 为床层的堆积密度，kg/m^3。

1.2.4 化学吸附

由于范德华(van der Waals)力作用，很多气体都可能在固体表面进行物理吸附(physical adsorption)而产生浓度富集。最早，人们以为正是因为这种浓度富集而使反应加速，但浓度富集的观点很难解释气固催化反应的很多特征。例如，气体的物理吸附量随温度的提高而迅速下降，而催化反应却往往需要一定的高温。又如，很少量的杂质气体可能使催化剂活性完全丧失，1ppm(1ppm=1×10^{-6})的 S 可以使甲烷蒸汽转化的 Ni 催化剂中毒，0.5ppm 的 S 足以使甲醇合成的 Cu/Zn/Al 催化剂中毒，如果从浓度富集的角度来看，杂质量还不足以影响反应速率。后来才发现，气体在固体表面的吸附还有另一种吸附形式——化学吸附(chemisorption)，已有的研究证明化学吸附才是催化反应进行的关键步骤。

物理吸附与化学吸附有很多差别。物理吸附的作用力是范德华力，因此吸附热效应很小，物理吸附时可以发生多层吸附，并且选择性差。而化学吸附的作用力是气体分子与固体表面高能中心所形成的共价键力，由于共价键力远大于范德华力，化学吸附便表现出较高的吸附热效应和很强的选择性，同时，由于共价键的饱和性，化学吸附只能是单分子层的。物理吸附和化学吸附的主要差别列于表 1.3。

表 1.3　物理吸附与化学吸附的差别

项目	物理吸附	化学吸附
吸附剂	所有固体表面	某些固体表面
吸附质	低于临界点的所有气体	能与表面某些中心键合的气体
温度	低温	高温
吸附热	较低，与冷凝热数量级相当	高，与反应热数量级相当
活化能	活化能在 8～25kJ/mol	活化能在 40kJ/mol 以上
覆盖	可以多层覆盖整个表面	单层覆盖表面上的活性中心
可逆性	高度可逆	常不可逆

气固催化反应中，必须通过气体反应物在催化剂表面作用并生成活泼中间络合物才能完成催化反应。以范德华力为作用力的物理吸附是很难将反应分子活化的，只有表面化学吸附才能产生化学反应所需要的高能量的中间络合物。因此，在催化剂表面进行的催化反应过程可以认为是通过以下三个步骤进行的：

(1) 反应物在催化剂表面化学吸附。

(2) 吸附态的反应物反应生成吸附态的反应产物。

(3) 吸附态的反应产物脱附释放出产物。

例如，2-丁烯异构化反应(图 1.8)，丁烯双键的π电子在催化剂表面 Lewis 酸中心吸附，通过一系列价键转移生产α-丁烯的过程。

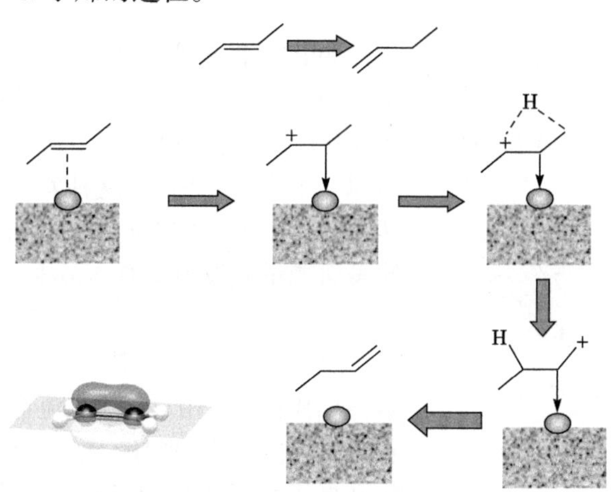

图 1.8　2-丁烯异构化反应过程

以 A ⟶ B 这样的简单反应为例，反应过程可以写为

$$A + \sigma \longrightarrow A\sigma$$

$$A\sigma \longrightarrow B\sigma$$

$$B\sigma \longrightarrow B + \sigma$$

σ代表固体催化剂表面的活性中心。第二步是表面反应过程，可以参照基元反应动力学规律求出其速率方程。如果再知道第一步吸附和第三步脱附步骤的速率方程，总的反应速率方程便可容易得到。

假设催化剂表面上有很多活性中心，这些活性中心的能量都相同，并且活性中心在表面上均匀分布，则称该表面为理想表面(ideal surface)。朗缪尔(Langmuir)根据这个假设讨论了气体的吸附和脱附速率，认为气体吸附的速率与其气相分压成正比(分压越高，气体分子碰撞到活性中心上的频率越高)，同时也与未被占据的活性中心数成正比(只有空的活性中心才能接受气体分子)

$$r_a = k_a p_A (1-\theta) \tag{1.109}$$

吸附的气体分子也有脱附的可能，其脱附到气相中的速率正比于表面活性中心的吸附量：

$$r_d = k_d \theta \tag{1.110}$$

式中，θ为吸附分子占据的活性中心占全部活性中心总数的分率；k_a、k_d分别为吸附和脱附的速率常数，与温度有关，可以表示为

$$k_a = k_{a0} \exp(-E_a / RT) \tag{1.111}$$

$$k_d = k_{d0} \exp(-E_d / RT) \tag{1.112}$$

式中，E_a、E_d分别为吸附和脱附的活化能，J/mol。根据理想表面假设，得到简单的气体吸附和脱附速率表达式，可以近似描述很多反应过程，其假设带来的模型误差可以在动力学参数的回归中得到弥补。

实际的固体表面可能不是理想表面，不同的活性中心由于所处的位置不同，能量是有差别的。例如，TiO_2完整晶格中的钛氧键是6配位的，而表面的Ti价键是不饱和的，可能是5配位(如A位)或4配位(如B位)的，如图1.9所示，表面的配位缺陷使得Ti原子价电子能量不同。为了更好地描述这种差别，针对不同的催化体系学者们提出了各种不同的模型假设。最有代表性、简单的表面能量假设模型有Elovich(Елович)指数模型和管孝男的对数模型。

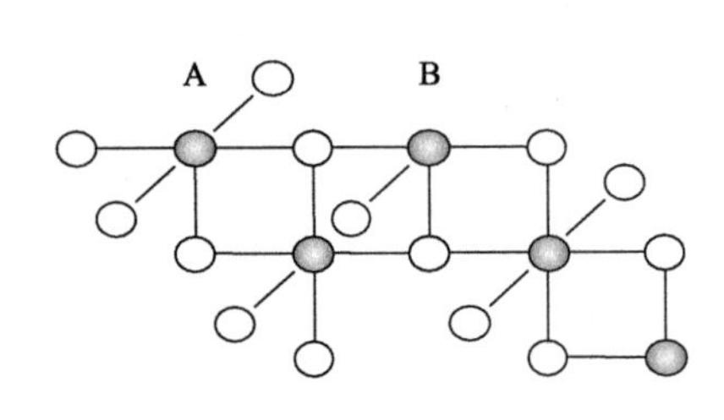

图1.9　TiO_2中钛氧键示意图

Elovich认为，气体首先在能量高的活性中心上吸附，吸附活化能相对较小，随着覆盖率的增加，活性中心活泼程度下降，吸附分子的排斥作用增强，吸附活化能升高而脱附活化能降低，并认为吸附与脱附活化能简单地与覆盖率呈线性关系

$$E_a = E_{a0} + \alpha\theta \tag{1.113}$$

$$E_d = E_{d0} - \beta\theta \tag{1.114}$$

其相应的吸附、脱附速率方程式为

$$r_a = k_{a0} f_a(\theta) p e^{-g\theta} \tag{1.115}$$

$$r_{\mathrm{d}} = k_{\mathrm{d0}} f_{\mathrm{d}}(\theta) \mathrm{e}^{h\theta} \tag{1.116}$$

式中，$f_{\mathrm{a}}(\theta)$、$f_{\mathrm{d}}(\theta)$对θ的依赖性不很强时，与 $\mathrm{e}^{-g\theta}$和 $\mathrm{e}^{h\theta}$相比可视为常数，则速率方程可写为

$$r_{\mathrm{a}} = k_{\mathrm{ae}} p \mathrm{e}^{-g\theta} \tag{1.117}$$

$$r_{\mathrm{d}} = k_{\mathrm{de}} \mathrm{e}^{h\theta} \tag{1.118}$$

式中，$k_{\mathrm{ae}} = k_{\mathrm{a0}} f_{\mathrm{a}}(\theta)$，$k_{\mathrm{de}} = k_{\mathrm{d0}} f_{\mathrm{d}}(\theta)$。

管孝男则认为，某些表面活性吸附活化能不是与覆盖率呈线性关系，而是同覆盖率的对数呈线性关系：

$$E_{\mathrm{a}} = E_{\mathrm{a0}} + \mu \ln\theta \tag{1.119}$$

$$E_{\mathrm{d}} = E_{\mathrm{d0}} - \nu \ln\theta \tag{1.120}$$

其得到的吸附、脱附速率方程为

$$r_{\mathrm{a}} = k_{\mathrm{a}} p \theta^{-\alpha} \tag{1.121}$$

$$r_{\mathrm{d}} = k_{\mathrm{d}} \theta^{\beta} \tag{1.122}$$

而更精确的假设是认为表面吸附、脱附活化能为一分布，其分布函数可以由实验得到，但由于分布函数表示的速率方程更复杂，在普通的动力学研究中很少采用。

1.2.5 表面催化反应速率

1. 理想表面

表面催化反应经历吸附、反应、脱附三个阶段，可以根据不同阶段的速率表达式求反应的总速率方程。假设反应 A ⟶ B 的过程可以写为

$$\mathrm{A} + \sigma = \mathrm{A}\sigma$$

$$\mathrm{A}\sigma = \mathrm{B}\sigma$$

$$\mathrm{B}\sigma = \mathrm{B} + \sigma$$

如果表面为理想表面，反应物 A 的吸附速率与反应物气相分压成正比，也与表面未被占据的活性中心空位分率成正比，而脱附速率则与被 A 占据的活性中心分率成正比。其吸附和脱附的速率方程式分别为

$$r_{\mathrm{aA}} = k_{\mathrm{aA}} p_{\mathrm{A}} \theta_{\mathrm{V}} \tag{1.123}$$

$$r_{\mathrm{dA}} = k_{\mathrm{dA}} \theta_{\mathrm{A}} \tag{1.124}$$

吸附态反应物 A 转化为吸附态产物 B 的正、逆反应速率为

$$r_{+} = k_{+} \theta_{\mathrm{A}} \tag{1.125}$$

$$r_{-} = k_{-} \theta_{\mathrm{B}} \tag{1.126}$$

产物 B 的脱附、吸附速率为

$$r_{\mathrm{dB}} = k_{\mathrm{dB}} \theta_{\mathrm{B}} \tag{1.127}$$

$$r_{aB} = k_{aB} p_B \theta_V \tag{1.128}$$

式中，θ_A、θ_B、θ_V 分别为被 A、B 吸附占据的活性中心和未被占据的活性中心空位分率，在实际反应体系中它们是很难被准确测定和描述的参数。因此，总反应动力学方程中需要用可测的气相组成来表达这些参数。

由于分子反应的瞬态过程与反应物系宏观变化过程相比要快得多，可以认为反应过程中宏观量处于相对稳定。稳态时，总反应速率(global rate)应与各分步速率相等：

$$r = r_{aA} - r_{dA} = r_+ - r_- = r_{dB} - r_{aB} \tag{1.129}$$

此假设中包含两个等式，可以确定两个未知数；如果考虑θ_A、θ_B、θ_V 之间的关系，由于活性中心总数是确定的，各种中心所占的分率之和为 1，即

$$\theta_A + \theta_B + \theta_V = 1 \tag{1.130}$$

因此，θ_A、θ_B、θ_V 三个未知数便可由其他的可测参数表示出来。

反应速率方程式和变量之间的关系式可以写为

$$r = k_+ \theta_A - k_- \theta_B \tag{1.131a}$$

$$r = k_{aA} p_A \theta_V - k_{dA} \theta_A \tag{1.131b}$$

$$r = k_{dB} \theta_B - k_{aB} p_B \theta_V \tag{1.131c}$$

$$\theta_V + \theta_A + \theta_B = 1 \tag{1.131d}$$

令 $K_A = k_{aA} / k_{dA}$，$K = k_+ / k_-$，$K_B = k_{aB} / k_{dB}$，解方程组可得反应速率方程式为

$$r = \frac{k_+ K_A p_A - k_- K_B p_B}{\left[\left(1 + \frac{k_+}{k_{dA}} + \frac{k_-}{k_{dB}}\right) + \left(1 + \frac{k_+ + k_-}{k_{dB}}\right) K_A p_A + \left(1 + \frac{k_+ + k_-}{k_{dA}}\right) K_B p_B\right]} \tag{1.132}$$

在实际反应体系中，往往各反应步骤的难易程度是不同的。假若某一过程相对其他过程要困难得多，该过程经常称为速率控制步骤(rate determining step)。在上面反应中，如果表面反应是速率控制步骤，则将 k_+、$k_- \ll k_{aA}$、k_{dA}、k_{aB}、k_{dB} 代入式(1.132)可得反应的总速率方程为

$$r = \frac{k_+ K_A p_A - k_- K_B p_B}{1 + K_A p_A + K_B p_B} \tag{1.133}$$

如果过程中，吸附过程是相对慢的反应(速率控制步骤)，则将 k_{aA}、$k_{dA} \ll k_+$、k_-、k_{aB}、k_{dB} 代入式(1.132)可得反应的总速率方程为

$$r = \frac{k_{aA} p_A - k_{dA} (K_B / K) p_B}{1 + K_B p_B + (K_B / K) p_B} \tag{1.134}$$

脱附过程为速率控制步骤时，反应速率方程式为

$$r = \frac{k_{aB} K K_A p_A - k_{aB} p_B}{1 + K_A p_A + K K_A p_A} \tag{1.135}$$

在理想表面上发生反应 $A + B == L + M$ 时，可以由类似的方法求解总速率方程式，其非离解吸附和离解吸附机理时不同控制步骤情况下的总速率方程式列于表 1.4。

表 1.4　不同控制步骤时气固催化反应的速率方程

机理	控制步骤	该步骤为控制步骤时对应的速率方程
非离解吸附	$\mathrm{A} + \sigma == \mathrm{A}\sigma, K_{\mathrm{A}}$	$r = \dfrac{k_{\mathrm{aA}}(p_{\mathrm{A}} - p_{\mathrm{L}}p_{\mathrm{M}} / Kp_{\mathrm{B}})}{1 + (K_{\mathrm{A}} / K)p_{\mathrm{L}}p_{\mathrm{M}} / p_{\mathrm{B}} + K_{\mathrm{B}}p_{\mathrm{B}} + K_{\mathrm{L}}p_{\mathrm{L}} + K_{\mathrm{M}}p_{\mathrm{M}}}$
	$\mathrm{B} + \sigma == \mathrm{B}\sigma, K_{\mathrm{B}}$	$r = \dfrac{k_{\mathrm{aB}}(p_{\mathrm{B}} - p_{\mathrm{L}}p_{\mathrm{M}} / Kp_{\mathrm{A}})}{1 + K_{\mathrm{A}}p_{\mathrm{A}} + (K_{\mathrm{B}} / K)p_{\mathrm{L}}p_{\mathrm{M}} / p_{\mathrm{A}} + K_{\mathrm{L}}p_{\mathrm{L}} + K_{\mathrm{M}}p_{\mathrm{M}}}$
	$\mathrm{A}\sigma + \mathrm{B}\sigma == \mathrm{L}\sigma + \mathrm{M}\sigma, K_{\mathrm{r}}$	$r = \dfrac{k_{+}(K_{\mathrm{A}}K_{\mathrm{B}}p_{\mathrm{A}}p_{\mathrm{B}} - K_{\mathrm{L}}K_{\mathrm{M}}p_{\mathrm{L}}p_{\mathrm{M}} / K)}{(1 + K_{\mathrm{A}}p_{\mathrm{A}} + K_{\mathrm{B}}p_{\mathrm{B}} + K_{\mathrm{L}}p_{\mathrm{L}} + K_{\mathrm{M}}p_{\mathrm{M}})^2}$
	$\mathrm{L}\sigma == \mathrm{L} + \sigma, K_{\mathrm{L}}$	$r = \dfrac{k_{\mathrm{aL}}(Kp_{\mathrm{A}}p_{\mathrm{B}} / p_{\mathrm{M}} - p_{\mathrm{L}})}{1 + K_{\mathrm{A}}p_{\mathrm{A}} + K_{\mathrm{B}}p_{\mathrm{B}} + (KK_{\mathrm{L}})p_{\mathrm{A}}p_{\mathrm{B}} / p_{\mathrm{M}} + K_{\mathrm{M}}p_{\mathrm{M}}}$
	$\mathrm{M}\sigma == \mathrm{M} + \sigma, K_{\mathrm{M}}$	$r = \dfrac{k_{\mathrm{aM}}(Kp_{\mathrm{A}}p_{\mathrm{B}} / p_{\mathrm{L}} - p_{\mathrm{M}})}{1 + K_{\mathrm{A}}p_{\mathrm{A}} + K_{\mathrm{B}}p_{\mathrm{B}} + K_{\mathrm{L}}p_{\mathrm{L}} + (KK_{\mathrm{M}})p_{\mathrm{A}}p_{\mathrm{B}} / p_{\mathrm{L}}}$
离解吸附	$\mathrm{A}_2 + 2\sigma == 2\mathrm{A}\sigma, K_{\mathrm{A}}$	$r = \dfrac{k_{\mathrm{aA}}(p_{\mathrm{A}} - p_{\mathrm{L}}p_{\mathrm{M}} / Kp_{\mathrm{B}})}{(1 + \sqrt{(K_{\mathrm{A}} / K)p_{\mathrm{L}}p_{\mathrm{M}} / p_{\mathrm{B}}} + K_{\mathrm{B}}p_{\mathrm{B}} + K_{\mathrm{L}}p_{\mathrm{L}} + K_{\mathrm{M}}p_{\mathrm{M}})^2}$
	$\mathrm{B} + \sigma == \mathrm{B}\sigma, K_{\mathrm{B}}$	$r = \dfrac{k_{\mathrm{aB}}(p_{\mathrm{B}} - p_{\mathrm{L}}p_{\mathrm{M}} / Kp_{\mathrm{A}})}{1 + \sqrt{K_{\mathrm{A}}p_{\mathrm{A}}} + (K_{\mathrm{B}} / K)p_{\mathrm{L}}p_{\mathrm{M}} / p_{\mathrm{A}} + K_{\mathrm{L}}p_{\mathrm{L}} + K_{\mathrm{M}}p_{\mathrm{M}}}$
	$2\mathrm{A}\sigma + \mathrm{B}\sigma == \mathrm{L}\sigma + \mathrm{M}\sigma + \sigma, K_{\mathrm{r}}$	$r = \dfrac{k_{+}(K_{\mathrm{A}}K_{\mathrm{B}}p_{\mathrm{A}}p_{\mathrm{B}} - K_{\mathrm{L}}K_{\mathrm{M}}p_{\mathrm{L}}p_{\mathrm{M}} / K)}{(1 + \sqrt{K_{\mathrm{A}}p_{\mathrm{A}}} + K_{\mathrm{B}}p_{\mathrm{B}} + K_{\mathrm{L}}p_{\mathrm{L}} + K_{\mathrm{M}}p_{\mathrm{M}})^3}$
	$\mathrm{L}\sigma == \mathrm{L} + \sigma, K_{\mathrm{L}}$	$r = \dfrac{k_{\mathrm{aL}}(Kp_{\mathrm{A}}p_{\mathrm{B}} / p_{\mathrm{M}} - p_{\mathrm{L}})}{1 + \sqrt{K_{\mathrm{A}}p_{\mathrm{A}}} + K_{\mathrm{B}}p_{\mathrm{B}} + (KK_{\mathrm{L}})p_{\mathrm{A}}p_{\mathrm{B}} / p_{\mathrm{M}} + K_{\mathrm{M}}p_{\mathrm{M}}}$
	$\mathrm{M}\sigma == \mathrm{M} + \sigma, K_{\mathrm{M}}$	$r = \dfrac{k_{\mathrm{aM}}(Kp_{\mathrm{A}}p_{\mathrm{B}} / p_{\mathrm{L}} - p_{\mathrm{M}})}{1 + \sqrt{K_{\mathrm{A}}p_{\mathrm{A}}} + K_{\mathrm{B}}p_{\mathrm{B}} + K_{\mathrm{L}}p_{\mathrm{L}} + (KK_{\mathrm{M}})p_{\mathrm{A}}p_{\mathrm{B}} / p_{\mathrm{L}}}$

对于一个有 n 个物种的反应体系，每个物种在活性中心都发生吸附和脱附，$\mathrm{A}_j + \sigma == \mathrm{A}_j\sigma$，吸附物种之间发生的表面反应 $\sum \alpha_i \mathrm{A}_i \sigma = \sum \beta_i \mathrm{A}_i \sigma + \left(\sum \alpha_i - \sum \beta_i\right)\sigma$ 为速率控制步骤，则

$$\theta_{\mathrm{A}_j} = K_{\mathrm{A}_j} p_{\mathrm{A}_j} \theta_{\mathrm{V}} \tag{1.136}$$

$$\theta_{\mathrm{V}} = \frac{1}{1 + \sum\limits_j K_{\mathrm{A}_j} p_{\mathrm{A}_j}} \tag{1.137}$$

反应动力学方程式为

$$r = \frac{k_{+}\prod\limits_i (K_{\mathrm{A}_i} p_{\mathrm{A}_i})^{\alpha_i} - k_{-}\prod\limits_i (K_{\mathrm{A}_i} p_{\mathrm{A}_i})^{\beta_i}}{\left(1 + \sum\limits_j K_{\mathrm{A}_j} p_{\mathrm{A}_j}\right)^{\sum\limits_i \alpha_i}} \tag{1.138}$$

式中，分母中包含所有物种的吸附项(不管是否参加了反应)，如果某一物种没有在表面吸附，则其等温吸附平衡常数 $K_{\mathrm{A}_j} = 0$，分母中该项便不出现。当某一物种 A_j 在表面吸附时发生离解，式(1.138)分母内的加和项中，对应于 j 的 $K_{\mathrm{A}_j} p_{\mathrm{A}_j}$ 应为($K_{\mathrm{A}_j} p_{\mathrm{A}_j}$)$^{1/n}$，n 为物种 A_j 吸附离解碎片个数。

2. 真实表面

由于很多固体表面的非均匀性，用理想表面假设描述时会带来较大的误差，必须考虑表面能量受化学中心覆盖率变化的影响。N_2和H_2合成氨的反应动力学是特姆金(Temkin)等温吸附式成功应用的例子，合成氨反应式可写为

$$0.5N_2 + 1.5H_2 = NH_3$$

其反应机理可写为

$$N_2 + 2\sigma = 2N\sigma$$

$$2N\sigma + 3H_2 = 2NH_3 + 2\sigma$$

实验表明，N_2在Fe催化剂表面的吸附是速率控制步骤，根据真实表面上的吸附速率方程式可得反应的速率为

$$r = k_{a,N_2}\exp\left(-\frac{\alpha}{RT}\theta_{N_2}\right) - k_{d,N_2}\exp\left(\frac{\beta}{RT}\theta_{N_2}\right) \tag{1.139}$$

第二步表面反应是相对较快的步骤，可以近似认为处于平衡状态。但根据表面反应式直接写出的平衡关系式

$$\frac{p_{NH_3}^2}{\theta_{N_2}^2}\frac{\theta_V^2}{p_{H_2}^3} = K^* \tag{1.140}$$

不能直接被引用，因为K^*是随覆盖率变化的参数。只有与活性中心相平衡的气相组分之间构成的平衡才不受表面覆盖率的影响，即

$$\frac{p_{NH_3}^2}{p_{N_2}p_{H_2}^3} = K^2 \tag{1.141}$$

式中，K为合成氨的平衡常数，不受表面覆盖率的影响。按照Temkin等温吸附式可求得$\theta_{N_2}^2$与气体分压之间的关系

$$\theta_{N_2} = \frac{RT}{f}\ln\left(K_{N_2}p_{N_2}\right) = \frac{RT}{f}\ln\left(\frac{K_{N_2}p_{NH_3}^2}{K^2 p_{H_2}^3}\right) \tag{1.142}$$

代入速率方程得合成氨反应的速率式为

$$r = k_1 p_{N_2}\left(\frac{p_{H_2}^3}{p_{NH_3}^2}\right)^a - k_2\left(\frac{p_{NH_3}^2}{p_{H_2}^3}\right)^b \tag{1.143}$$

式中，$a = \alpha/f$；$b = \beta/f$；$k_1 = k_{a,N_2}\left(\frac{K_{N_2}}{K^2}\right)^{-a}$；$k_2 = k_{d,N_2}\left(\frac{K_{N_2}}{K^2}\right)^b$。

实验测定表明大多数Fe催化剂上进行合成氨反应时，$a = b = 0.5$。尽管真实表面进行气固催化反应时，情况可能会很复杂，但采用同样的方法可以对很多表面催化反应的动力学方程式进行研究。

总的说来，研究表面气固催化反应动力学包括以下步骤：

(1) 根据实验及理论分析，找出包括表面吸附和表面反应的反应机理。

(2) 确定速率相对较慢的速率控制步骤，并以此步骤的速率为总反应速率，除速率控制步骤外的步骤可近似假设处于平衡状态，根据平衡关系式用可测的浓度或分压参数消去不可测的表面参数。

(3) 不能确定速率控制步骤时，可通过稳态假设令各步骤速率等于总反应速率，联立解方程组消去表面参数后可得总反应速率。

各步骤中的速率常数、平衡常数等只能通过实验及热力学计算得到。在不能分别确定各步骤的常数时，也可以通过实验数据回归求出总速率中合并的参数，即使得不到微观过程的准确参数，作为宏观速率计算还是有效的。

在现有的研究条件下，绝大多数反应过程(特别是气固催化过程)的机理很难准确地确定，更不用说各步的速率和平衡参数。但通过适当的机理分析和动力学推导可以得出反应参数对反应速率可能的影响规律。最终判断动力学方程式是否能正确描述反应速率特性，只能通过实验数据和实际反应结果来验证。

习 题

1.1 一个体重为 55kg 的人每天大约消耗 5500kJ 热量的食物，假设食物为葡萄糖，其反应方程式为

$$C_6H_{12}O_6 + 6O_2 = 6CO_2 + 6H_2O \qquad -\Delta H=2816\text{kJ/mol}$$

如果人吸入的空气中含 CO_2 0.07%、O_2 20.93%，呼出的气体中 CO_2 含量上升到 4.2%、O_2 含量降低到 15.5%，请计算人每千克体重代谢所消耗空气的速率(L/min)。

1.2 在 700℃及 3kgf/cm^2 恒压下发生下列反应

$$C_4H_{10} \longrightarrow 2C_2H_4 + H_2$$

反应开始时，系统中含丁烷为 120kg，当反应完成 50%时，丁烷分压以 2.43kgf/(cm^2 · s)的速率发生变化。试求下列各项的变化速率：(1) 乙烯的分压；(2)氢气的物质的量；(3)丁烷的摩尔分数。注：1kgf/m^2= 0.0980665MPa。

1.3 对于可逆基元反应：

$$aA + bB \longrightarrow cC + dD$$

其速率方程式可表示为

$$r_A = k_1 c_A^a c_B^b - k_2 c_C^c c_D^d$$

如果以 A 为基准物，反应方程式两边除以 A 的计量系数 a，方程式可写为

$$A + (b/a)B \longrightarrow (c/a)C + (d/a)D$$

则其动力学方程按此方程式可写为

$$r_A = k_1 c_A c_B^{b/a} - k_2 c_C^{c/a} c_D^{d/a}$$

请问后一种速率方程式是否正确？为什么？

1.4 某气固一级不可逆催化反应，按单位质量催化剂表示的本征动力学方程为 $-\dfrac{dN_A}{dW} = k_W f_A$，式中，$f_A$ 为反应组分 A 的逸度。若 ρ_b、ρ_p 分别为催化剂床层的堆积密度和催化剂的颗粒密度，ε 为催化剂床层的空隙率，S_i、S_v 和 S_g 分别为单位体积催化床、单位体积催化剂颗粒和单位质量催化剂的内表面积。

(1) 推导按单位体积催化床和单位质量催化剂颗粒表示的本征反应速率常数 k_{VR} 与 k_W 间的关系。催化剂床层中某一微元体积的压力为 p，温度为 T，组分 A 的摩尔分数为 y_A，浓度为 c_A。

(2) 若将本征动力学方程 $-\dfrac{dN_A}{dW} = k_W f_A$ 改写为 $-\dfrac{dN_A}{dW} = k_p p_A$，$-\dfrac{dN_A}{dW} = k_y y_A$ 和 $-\dfrac{dN_A}{dW} = k_c c_A$，试推导 k_p、

k_y、k_c与k_W间的关系式。

1.5 乙醇同乙酸在盐酸水溶液中的可逆酯化反应 $CH_3COOH + C_2H_5OH = H_2O + CH_3COOC_2H_5$，实验测得100℃时的反应速率常数为

$$r_A = k_1 c_A c_B - k_2 c_P c_S$$

$$k_1 = 4.76\times10^{-4}\text{m}^3/(\text{min}\cdot\text{kmol})$$

$$k_2 = 1.63\times10^{-4}\text{m}^3/(\text{min}\cdot\text{kmol})$$

今有一反应器，充满 0.5m³ 水溶液，其中含 CH_3COOH 80kg，含 C_2H_5OH 150kg，所用盐酸浓度相同，假定在反应器中的水分不蒸发，物料密度恒定为 1043kg/m³，求：

(1) 反应 80min 后，CH_3COOH 转化为酯的转化率。

(2) 忽略逆反应影响，反应 80min 后乙醇的转化率。

(3) 平衡转化率。

1.6 反应 $A \longrightarrow P \longrightarrow S$，反应速率常数分别为 k_1、k_2，对于该反应有 $-r_1 = k_1 c_A$，$-r_2 = k_2 c_P$。已知 $c_A = c_{A0}$，$c_P = c_{S0}$，$\dfrac{k_1}{k_2} = 0.2$，反应在等温、间歇反应器中进行，过程为恒容过程，求反应产物 P 的瞬时收率和总收率。

1.7 用纯组分 A 在一恒容间歇反应器中进行可逆反应 $A = 2.5P$，实验测得反应体系的压力数据为

时间/min	0	2	4	6	8	10	12	14	∞
$p_A/(\text{kgf/m}^2)$	1	0.8	0.625	0.51	0.42	0.36	0.32	0.28	0.2

试确定该反应的速率方程式。

1.8 有一复杂反应为

$$\begin{array}{ccccc} A & \xrightarrow{k_1} & B & \xrightarrow{k_3} & S \\ \downarrow{\scriptstyle k_2} & & \downarrow{\scriptstyle k_4} & & \\ P & & F & & \end{array}$$

如果几个反应的指前因子相差不大，而活化能 $E_1>E_2$，$E_1>E_3$，$E_4>E_3$。应如何控制操作温度才能使产物 S 的收率增大？

1.9 高压锅利用高压提升烹饪温度加快食物的烹饪速度。某高压锅可将烹饪温度由 100℃提高到 120℃，可将牛肉的烹饪时间由 4h 缩短为 1h，假定反应速率常数反比于烹饪时间，求牛肉烹饪过程的活化能。

1.10 有如下平行反应

$$A \begin{cases} \xrightarrow{1} P \\ \xrightarrow{2} S \\ \xrightarrow{3} T \end{cases}$$

P 为目标产物，各反应均为一级不可逆放热反应，反应活化能依次为 $E_2<E_1<E_3$，k_j^0 为 j 反应的指前因子，试证明最佳温度

$$T_{op} = \frac{E_3 - E_2}{R\ln\dfrac{k_3^0(E_3 - E_1)}{k_2^0(E_1 - E_2)}}$$

1.11 乙炔与氯化氢在 $HgCl_2$/活性炭催化剂上合成氯乙烯的反应

$$C_2H_2(A) + HCl(B) = C_2H_3Cl(C)$$

其动力学方程有以下几种可能的形式：

(1) $r = k(p_A p_B - p_C / K)/(1 + K_A p_A + K_B p_B + K_C p_C)^2$

(2) $r = kK_A K_B p_A p_B /(1 + K_A p_A)(1 + K_B p_B + K_C p_C)$

(3) $r = kK_A p_A p_B / (1 + K_A p_A + K_B p_B)$

(4) $r = kK_B p_A p_B / (1 + K_B p_B + K_C p_C)$

试根据理想表面假设说明各式对应的机理假设及其控制步骤。

1.12　在氧化钽催化剂上进行乙醇氧化反应：

$$C_2H_5OH(A) + 0.5O_2(B) \longrightarrow CH_3CHO(L) + H_2O(M)$$

$$C_2H_5OH + 2\sigma_1 = C_2H_5O\sigma_1 + H\sigma_1$$

$$O_2 + 2\sigma_2 = 2O\sigma_2$$

$$C_2H_5O\sigma_1 + O\sigma_2 — C_2H_4O + OH\sigma_2 + \sigma_1$$

$$OH\sigma_2 + H\sigma_1 = H_2O\sigma_2 + \sigma_1$$

$$H_2O\sigma_2 = H_2O + \sigma_2$$

试分别推导：

(1) O_2 吸附为速率控制步骤时的反应动力学方程式。

(2) 反应过程为速率控制步骤时的反应动力学方程式。

第2章　均相反应器内流体流动与混合

化学反应器(chemical reactor)是指用于保证化学反应进行的特殊的容器或设备，它必须提供化学反应进行所需要的适宜的条件和环境。保证化学反应进行的基本条件是反应物之间进行混合并得到分子尺度的接触，根据碰撞理论，只有反应物分子之间发生碰撞并发生原子重组，化学反应才可能发生。因此，化学反应器最基本的要求是要保证物质间的混合和接触。

反应器内的混合状态受反应器空间尺度、反应物流动速度影响。在实验室中使用的反应器可能是试管、烧杯，或者是装有催化剂的带有精密控温装置的小型反应池。由于实验室反应器的空间小，很容易对反应物的混合和传质进行有效控制，反应所需要的反应条件也容易根据需要进行调整。但是，在工业条件下的流动、混合、温度控制等过程常常很难实现随心所欲地控制，有时很难重复实验室进行的过程。

如何将在实验室研究成功的化学反应移植并转化为实际生产过程是化学反应工程学要研究的核心问题。工业反应器的设计除了要保证化学反应所需条件外，还会遇到很多如反应物质混合、物料传输、能量平衡等化学反应以外的问题。限制工业反应器的因素不仅是反应能否进行的问题，还涉及整个生产过程的经济性和可操作性。

实验室反应器与工业反应器之间最大的差别是反应体系的均匀性问题。实验室反应器体积较小，容易实现反应物系均匀的浓度和温度，只需要对试管进行适当的振荡或对实验室反应器添加适当搅拌就可使反应物充分混合。但在大规模的工业反应器中很难保证物系在瞬间便达到充分混合，工业反应器内通常存在浓度和温度分布问题。

随着反应器的扩大，反应器中不同位置上的流动特性、传递特征将产生较大的差异。工业反应器中出现流体流速、浓度、温度的空间分布不可避免，这些分布现象又直接影响化学反应的局部环境和整体结果。工程因素对化学反应结果的影响是反应器产生放大效应的根本原因。

按反应物质存在形态可将反应器分为均相(homogeneous)反应器和非均相(heterogeneous)反应器。均相反应是指气相反应、互溶液相的反应，如甲烷氯化反应、醇酸酯化反应等，反应物、产物和催化剂均处于同一相中，反应不受相间物质传递的影响，只受相内浓度分布的影响。气固催化反应、液固反应、气液反应、气液固浆状反应等是典型的非均相反应，反应发生在相间的界面或反应物传递通过界面进入另一相进行反应，反应过程更复杂，非均相反应器的设计和模拟要比均相反应器困难得多。实际应用中，在很多相间分散尺寸远比反应器尺寸小得多的情况下，常采用拟均相模型(pseudo-homogeneous model)，将局部反应参数进行均化处理，再用处理均相反应器的方法处理非均相反应器。

为了提高反应物之间的接触或提高传质、传热强度，工业反应器一般都加装有搅拌装置或者有利于流体混合的内部挡板构件。进入反应器的反应物在搅拌条件下与反应产物相混合，这种混合称为返混(backmixing)。返混现象实际上是指在反应器内具有不同停留时间的流体相混合。例如，当流体层流流过管式反应器时，接近反应器表面的流体比流经反应器中心的流体流速小，在反应器中的停留时间相对较长；而中心的流体流速较快，在反应器中的停留时间较短。两股流体在出口处混合，则发生了流体的返混。反应器内的构件、催化剂颗粒引起的流体涡流或搅拌器引起的流体回流，也会造成不同停留时间流体的混合，这是反应物流的局部返混。将反应器内发生的具有不同停留时间的流体的混合都统称为返混。

本章将着重分析等温情况下均相反应器设计，以及反应器内的流体流动、混合现象对反应过程的影响。通过对理想流动反应器的停留时间分布和返混现象的了解，分析真实反应器与理想反应器之间的关系和差距，从而估算真实反应器的宏观反应特性。

2.1　三种典型反应器

工业反应器根据其流体流动方式分为连续流动和分批间歇操作两种。在大规模生产过程中，如石油炼制、乙烯生产、天然气转化、氨和尿素的合成等，多采用物料连续流动的操作方式，过程生产能力大、产品质量稳定，容易实现机械化、自动化。而对于反应时间长，如聚合物生产、生物发酵等，或产品批量小、品种不断变化的加工过程，如精细化学品生产、合成制药等，采用分批间歇操作更为适合。间歇反应操作时，物料都是同时进入反应器的，反应的最终结果取决于反应时间。

连续操作的反应器又分为两种，连续流动的搅拌槽式反应器(continuous flow stirred tank reactor)和连续流动的管式反应器(continuous flow tubular reactor)。一般来讲，搅拌槽式反应器多用于液相反应，通过搅拌使反应物混合均匀；而管式反应器很多情况下是用于反应停留时间较短的反应过程，如气相反应。下面分别介绍这三种典型反应器。

1) 间歇反应器

反应原料一次性加入，经充分搅拌、混合，反应结束后卸料，然后重新加入原料，进行下一周期操作，如图 2.1 所示。

间歇反应器(batch reactor)主要用于液相反应，实验室中很多有机液相反应都是将反应物、催化剂一次加入反应烧瓶后加热、搅拌，反应一定时间后停止反应并取出产品。钛白粉生产过程中通过酸解钛精矿(ilmenite)制备硫酸钛盐溶液是典型的间歇反应过程：

$$FeTiO_3 + 2H_2SO_4 \xlongequal{} TiOSO_4 + FeSO_4 + 2H_2O$$

钛精矿 $FeTiO_3$ 和硫酸 H_2SO_4 一次性加入反应罐，在空气搅拌下加水引发，约半个小时后，反应产物加水或稀酸溶解后放料，完成一个操作周期需要 6～8h。

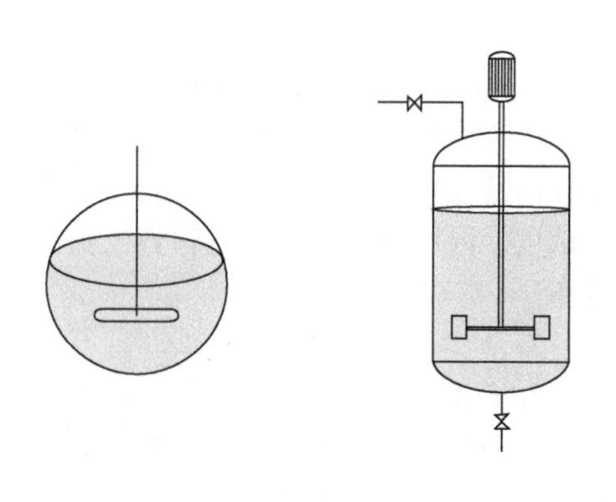
图2.1　间歇反应器

间歇反应器原料成批次加入，每一批反应物料中物料的每一微元都同时进入反应器，也就是说反应器内反应物料微元均具有相同的停留时间，反应器内没有返混(没有不同停留时间物料微元之间的混合)。反应器内加以适当的搅拌，很容易使空间位置上的混合均匀。反应时间越长，转化率越高，直至达到反应平衡或反应物完全消耗掉。间歇反应器是随时间而变化的非稳态理想反应器，反应转化率由物料在反应器内的停留时间决定，工业上的间歇反应器与实验室的间歇反应器之间很容易实现反应条件相似。因此，间歇反应器的工程放大效应较小。

对于较大的反应器，加料、放料及反应器清理等辅助时间将占很大比例，如果反应器还需要升温、降温等过程，反应器的效率就会大受影响。如果在升温、降温和混合过程中反应并未完全终止，则间歇反应器这时并非等温反应器。在大规模生产中，连续流动反应器便具有明显的优势。

2) 连续流动管式反应器

很多气相反应在高温下反应速率较快，反应时间短，即使反应物在很短的时间内通过一定温度条件下的管式反应器，也可以得到满意的转化率。对于反应速率较快的液相反应，也可以采用连续流动管式反应器，如图 2.2 所示。

图 2.2 连续流动管式反应器

管式反应器比表面积相对槽式反应器较大，传热容易，特别是采用小直径的管式反应器可实现更高的传热效率。因此，管式反应器通常用于强放热反应，或者强吸热反应，如甲烷蒸汽转化制氢过程：

$$CH_4 + H_2O = CO + 3H_2$$

反应是强吸热反应，生产上通过管式反应器外侧的天然气燃烧提供反应所需的热量。类似的反应有轻烃裂解制乙烯、甲醇脱水制二甲醚等强吸热反应，都是采用外加热的管式反应器。对于甲烷化反应、乙酸乙烯合成反应等强放热反应或对反应温度敏感的反应，要求反应移热速率较快，通常采用管外冷却的管式反应器。

当用于均相反应的管式反应器的长径比很大时(细长管反应器，通常认为长径比大于 10，与反应流速、内部构件和形状有关)，反应器径向的浓度、温度差异可以忽略，而轴向的返混与其流动速率相比可以忽略。此时，反应器内物料流动像活塞一样从反应器的进口推向出口，反应器内没有返混存在。通常将此完全没有返混的理想反应器称为活塞流或平推流反应器(plug-flow pipe reactor, PFPR)。

平推流反应器中没有流体的返混，如果不考虑温度效应，工程放大效应也很小。在稳定操作的情况下，平推流反应器各点的浓度、温度等反应参数不随时间变化，但存在明显的轴向浓度、温度分布。当反应管管径变化或气相反应中反应物体积变化时，还存在轴向的流速分布。

3) 连续流动搅拌槽反应器

在槽式反应器中，连续稳定地加入反应物，又连续稳定地流出反应产物。稳定情况下，反应器内的反应流体体积不变，各操作参数也相对稳定。很多情况下，为了增强传热、传质，维持反应器内温度、浓度均匀，通常在反应器内安装搅拌装置。如果搅拌足够强烈，反应器内流体流动达到完全混合的理想状况(简称全混流反应器，completely mixing reactor)，反应器的物料返混达到了最大极限(图2.3)。此时，反应物进料瞬间就与反应器内的物料完全混合，反应器内不同空间位置的物料具有相同的温度和组成，且与反应器出口物料的温度和组成相同。

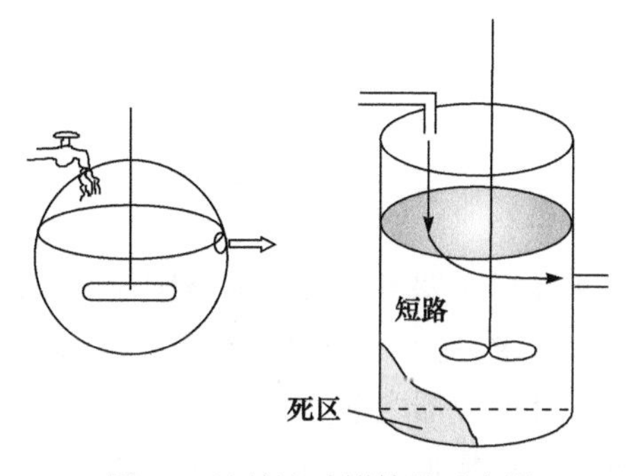

图2.3 连续流动搅拌槽反应器

在硫酸分解磷矿生产磷酸的反应中，硫酸根容易生成硫酸钙而阻止反应，而磷酸对磷矿的分解比硫酸分解磷矿更有利。为了使反应体系维持足够高的磷酸浓度，一般采用大量返浆和强烈搅拌。这种通过循环大量反应产物来达到混合的反应器，只要循环量足够高，也可认为是达到全混的反应状况。通常循环量达到25倍以上时，即可按全混流处理。

稳态操作的全混流反应器内反应参数不随时间和空间变化，流出的反应物料具有与反应器内物料相同的浓度和温度。实际反应器中，流体流动或多或少地偏离完全混合的理想状况。当进口管和出口管距离较近，会产生短路现象，部分进口反应物几乎未来得及发生反应就流出了反应器。而在反应器的边角处，边界层流动会形成滞流区，常称之为死区，死区内的流体很难与充分混合的流体主体发生物质和能量交换。对CSTR进行放大设计，尽管全混流的理想情况可以作为其基本特性，仍需要考虑短路流体量和死区体积这些非理想特性。

实际反应器的操作状况总是处于这些典型反应器之间，反应状态更复杂。半连续操作便是间歇和连续反应器的组合。在考虑反应参数随时间变化的同时，还要考虑空间分布。对于多相反应器，不同相之间的流动状态有很大的差别。例如，一些精细化工的加氢反应，液相反应物被一次加入反应槽，而氢气鼓泡则通过液相反应物。这种情况下，氢气的流动可以看成是连续流动的平推流流动状况，而液相可以按间歇反应器计算。

半连续操作的聚合反应釜，某种反应物连续加入，反应过程中相态会逐渐改变。反应初始阶段，物料相对分子质量低，进料的反应物比较容易在反应釜内均匀分布。随反应的进行，反应混合物黏度逐渐加大，反应釜内的混合均匀程度逐渐变差，后来加入的物料或没有来得及反应的反应物组分，在与其他组分的接触过程中，不再是在分子水平上的完全均匀混合。这时，反应釜内反应混合物成为处于宏观尺度的微小聚集体，反应釜内的机械搅拌等装置只能使这些聚集体在宏观尺度上相互混合。流体混合特性又增加了“混合度”参数，与物料相互混合的尺度相关。

工业上连续操作的反应器内流体流动与混合现象非常复杂，反应流体流经反应器时，在反应器内的停留时间是不均一的，反应流体在反应器内的混合也不尽相同。例如，连续流动的气固流化床反应器中，气体可以近似为平推流，而固体可以近似为全混流。还有一些存在不同程度的返混和短路的连续流动反应器，可以通过平推流或全混流反应器的组合进行模拟。

因此，为了便于分析反应器的基本特性，可以着重分析间歇反应器和两种极端情况下的理想流动反应器——平推流和全混流反应器。尽管理想反应器实际上并不存在，但确有一些工业反应器内的流体流动及混合情况与这两种理想极端情况很接近，而且一般实际反应器的流动与混合特性总介于两者之间，可以以此作为反应器分析的基础。

2.2 典型反应器的体积计算

2.2.1 反应器计算的基本方程

工业反应器设计是一项命题任务，即要在特定条件下对特定目标提出解决方案。通常遇到的是要求设计一个反应器以达到生产一定数量指定规格产品的目标。

设计反应器之前，首先要确定生产能力、反应产物最终要求，即确定反应器进出口物料量和状态；根据反应过程特性及化学动力学特征，选择合适的反应器形式和操作方式；最后求出满足工艺要求的反应器体积。对于有热效应的反应，还需要在反应器体积确定后，计算反应器的换热量；更进一步的设计需要确定反应器的构件结构和参数等。

化学反应器设计同所有化工单元过程设计一样，遵循的基本规律是反应器内的能量守恒、物料守恒。除此之外，还必须考虑反应器内化学反应的进程。计算反应器体积时，可以对整个反应器或反应器内某一个微元进行物料平衡(mass balance)、能量平衡(energy balance)和动量平衡(momentum balance)分析，建立数学模型方程，通过求解这些方程可以得到反应器的状态参数、体积参数和结构参数。

对反应器或其中某一个微元中确定的关键组分进行衡算，衡算基本方程为

积累速率 = 输入速率 − 输出速率 − 反应消耗速率 + 反应生成速率

根据此衡算方程，可以对任何复杂的反应器进行分析。本章着重讨论等温反应器设计问题，通过物料平衡建立计算反应器体积的数学模型方程，反应器的能量平衡将在非等温反应器设计的章节中介绍，而一般的反应器中，动量损失可以不考虑，对必须作动量平衡的反应器将在相关的章节中适当介绍。

2.2.2 间歇过程

间歇反应器操作过程中没有原料加入和产品流出。如果反应物相是均匀的，反应器内物料从开始到结束都处于等温条件下，根据衡算基本方程对反应物 A 作物料衡算。

间歇反应器中，反应物的输入、输出速率为 0，如果只发生单一反应，反应物 A 的生成速率也为 0。衡算基本方程，其在反应器中的积累速率与消耗速率有如下关系：

$$-\frac{1}{V}\frac{\mathrm{d}n_{\mathrm{A}}}{\mathrm{d}t}=r_{\mathrm{A}} \tag{2.1}$$

以转化率表示为

$$\frac{n_{\mathrm{A0}}}{V}\frac{\mathrm{d}x_{\mathrm{A}}}{\mathrm{d}t}=r_{\mathrm{A}} \tag{2.2}$$

式(2.2)称为间歇反应器微分形式的设计方程。式中，n_{A}、r_{A} 分别为反应器中 A 组分的物质的量和摩尔反应速率；t 为反应时间(从反应物加入反应器，搅拌均匀并达到反应温度，反应引发开始计算)；V 为反应器体积(对于液相反应，为液相反应物所占空间的体积)。

对式(2.2)积分可求得反应从初始转化率 x_{A0} 反应到所需转化率 x_{Af} 的反应时间：

$$t = n_{\mathrm{A0}} \int_{x_{\mathrm{A0}}}^{x_{\mathrm{Af}}} \frac{\mathrm{d}x_{\mathrm{A}}}{V r_{\mathrm{A}}} \tag{2.3}$$

对恒容过程，反应物浓度 $c_{\mathrm{A}} = n_{\mathrm{A}}/V$, $c_{\mathrm{A}} = c_{\mathrm{A0}}(1-x_{\mathrm{A}})$，初始转化率为 0 时，式(2.3)可写为

$$t = \int_{c_{\mathrm{A0}}}^{c_{\mathrm{Af}}} \frac{\mathrm{d}c_{\mathrm{A}}}{-r_{\mathrm{A}}} \tag{2.4}$$

式(2.3)、式(2.4)称为间歇反应器积分形式的设计方程。

如果间歇反应器中发生一级反应，反应速率为 $r_{\mathrm{A}} = kc_{\mathrm{A}}$，则反应器内反应物 A 的浓度与反应时间的关系为

$$t = \int_{c_{\mathrm{A0}}}^{c_{\mathrm{A}}} \frac{\mathrm{d}c_{\mathrm{A}}}{-kc_{\mathrm{A}}}$$

$$\ln \frac{c_{\mathrm{A}}}{c_{\mathrm{A0}}} = -kt$$

$$c_{\mathrm{A}} = c_{\mathrm{A0}} \exp(-kt) \tag{2.5}$$

间歇反应器中发生一级反应时，转化率与反应时间的关系：

$$x_{\mathrm{A}} = 1 - \exp(-kt) \tag{2.6}$$

实验室中很多测定反应动力学的反应器都是采用间歇反应器，根据式(2.1)可以直接得到反应速率。

2.2.3　平推流反应器

平推流模型假设反应器内流体径向完全均匀混合，轴向无返混。实际反应器很难完全达到，但对长径比较大的管式反应器或反应物料湍流程度高、径向混合快的固定床(fixed bed)，其流型与平推流模型接近。

稳定流动情况下，反应物在平推流反应器(plug-flow reactor, PFR)中沿轴向流动方向被连续消耗，组分浓度沿轴向连续变化，反应速率也沿轴向随浓度、温度改变而变化。等温情况下，不考虑反应器内温度随轴向的分布，在反应器内取如图 2.4 所示微元对反应物 A 进行物料衡算：

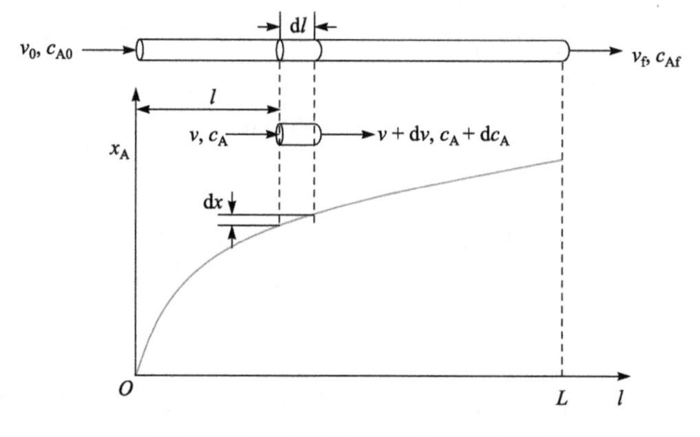

图 2.4　平推流反应器微元物料衡算

$$0 = vc_A - (v + dv)(c_A + dc_A) - r_A dV \tag{2.7}$$

微元内 A 组分的积累为零(稳定操作条件下)，即单位时间流进微元的反应物 A 的物质的量 vc_A 减去流出微元的 A 的物质的量 $d(vc_A)$，再减去微元中消耗的反应物 A 的物质的量 $r_A dV$ 等于零。

而 $dV = A_c dl$，整理得

$$-\frac{d(vc_A)}{dl} = r_A A_c \tag{2.8}$$

式(2.8)为平推流反应器微分形式的设计方程。式中，vc_A 为 l 截面上 A 的摩尔流量；A_c 为反应器 l 截面上的截面积。设计方程也可以转化率表示为 $vc_A = v_0 c_{A0}(1 - x_A)$，有

$$\frac{v_0 c_{A0} dx_A}{dl} = r_A A_c \tag{2.9}$$

即

$$V = \int_0^L A_c dl = \int_0^{x_{Af}} v_0 c_{A0} \frac{dx_A}{r_A} \tag{2.10}$$

对恒容过程，$v_0 = v = v_f$，有

$$\frac{V}{v_0} = c_{A0} \int_0^{x_{Af}} \frac{dx_A}{r_A} \tag{2.11}$$

如果用 τ 表示微元在反应器中的停留时间，显然，$\tau = V/v_0$，则

$$\tau = c_{A0} \int_0^{x_{Af}} \frac{dx_A}{r_A} \tag{2.12}$$

式(2.11)、式(2.12)为平推流反应器积分形式的设计方程。

将 $x_A = 1 - c_A/c_{A0}$ 代入式(2.12)得

$$\tau = -\int_{c_{A0}}^{c_A} \frac{dc_A}{r_A} \tag{2.13}$$

式(2.12)、式(2.13)与间歇反应器的设计方程式(2.3)、式(2.4)比较，除反应时间的表示不同外，二者具有相同的设计方程形式。原因在于这两种反应器内没有物料返混，反应器设计体积完全由反应动力学决定。如果将微元看成与其他微元无关的间歇反应器，微元以一定的速率通过反应器，微元从进入平推流反应器到出反应器所需的时间 τ 即是微元间歇反应器中反应物料的反应时间，其具有同间歇反应器相同形式的设计方程便不难理解。

对于恒容一级反应，反应速率与反应物 A 的浓度的关系为

$$r_A = kc_A$$

根据式(2.13)，可计算出出口反应物 A 的物质的量浓度为

$$c_A = c_{A0} \exp(-k\tau) \tag{2.14}$$

与间歇反应器的最终浓度相同。

注意：恒容过程中，停留时间 $\tau = V/v_0$，对于体积变化的反应，反应过程中的体积流率 $v \neq v_0$，停留时间是一个积分函数。但是，式(2.10)同样适用，体积变化的影响将反映在对 r_A 的影响中，

只是这时的停留时间不再等于 V/v_0。

2.2.4　全混流反应器

稳态操作的全混流反应器(continuous stirred tank reactor, CSTR)流动模型假设反应物料在进入反应器的瞬间便与反应器内物料完全混合，并在整个反应器空间和出口处具有相同的浓度、温度(图 2.5)。

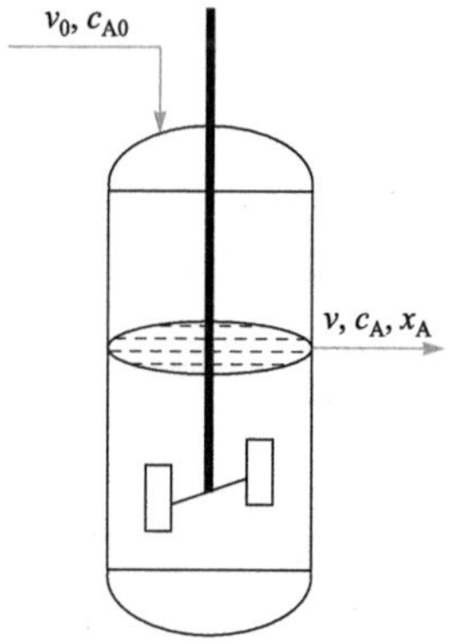

取整个反应器对反应物 A 进行物料衡算

$$0 = v_0 c_{A0} - v c_{Af} - V r_A \tag{2.15}$$

得全混流反应器的体积设计方程

$$V = (v_0 c_{A0} - v c_{Af}) / r_A \tag{2.16}$$

恒容过程中，流进和流出反应器的体积流速 v_0 不变，仍以 $\tau = V/v_0$ 表示反应物料在反应器中的停留时间(各反应微元在全混流反应器中的停留时间并不相同，τ 实际为平均停留时间)，设计方程式(2.16)可改写为

$$\tau = V/v_0 = (c_{A0} - c_A)/r_A = c_{A0} x_A / r_A \tag{2.17}$$

图2.5　全混流反应器

与间歇反应器和平推流反应器相比，全混流反应器内参数不存在时间和空间上的变化，其设计方程是一个代数方程而非微分、积分方程。

如果在全混流反应器中进行恒容一级反应，反应速率方程式为

$$r_A = k c_A$$

代入式(2.17)，得反应器出口 A 的残余浓度为

$$c_A = \frac{c_{A0}}{1 + k\tau} \tag{2.18}$$

2.2.5　多釜串联的全混流反应器

由于反应器出口处反应物浓度最低，故全混流反应器总是在最低的反应物浓度下操作，很多情况下将会影响反应的效率。为了利用全混流反应器的混合均匀、温度易控的优点，又使反应不全部在反应物浓度最低的条件下进行，工业上经常将全混流反应器串联起来使用，称为多釜串联的全混流反应器(CSTRs in series)。己内酰胺生产中采用环己烷无催化氧化反应生产环己酮，该反应转化率很低，通常<10%。但为了保证以空气氧化反应的安全性，常常采用多次空气氧化的 4～5 级串联全混流反应器操作，如图 2.6 所示。

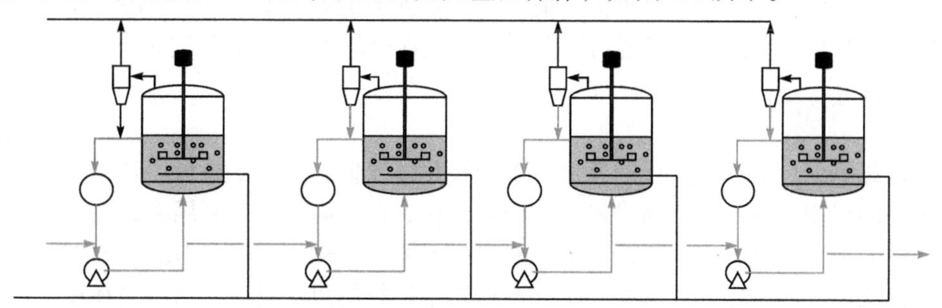

图 2.6　己内酰胺生产反应器示意

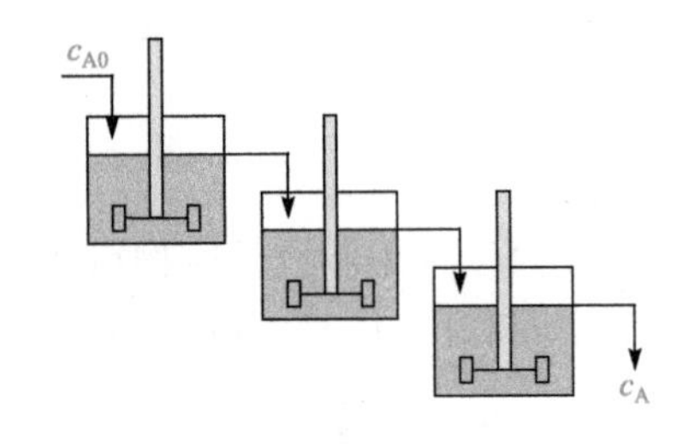

图2.7 串联全混流反应器

简化的串联全混流反应器模型如图 2.7 所示，反应物依次从上一级反应器出口流入下一级反应器进口。为计算方便，通常以第一个反应器的进口为基准，定义每一串联反应器的出口转化率(只适于无侧线引出，且反应物料只从第一个反应器进入的情况)。

对串联全混流反应器，有

$$v_i c_{Ai} = v_0 c_{A0}(1 - x_i)$$
$$x_{i0} = 0$$

对第 i 个反应器中反应物 A 进行物料衡算

$$0 = v_{i-1}c_{Ai-1} - v_i c_{Ai} - V_i r_{Ai} \tag{2.19}$$

得

$$V_i = (v_{i-1}c_{Ai-1} - v_i c_{Ai}) / r_{Ai}$$

即

$$V_i = v_0 c_{A0}(x_i - x_{i-1}) / r_{Ai} \tag{2.20}$$

式(2.20)为多个串联全混流反应器中任一反应器的体积设计方程。

对恒容过程，有

$$\tau_i = (c_{Ai-1} - c_{Ai}) / r_{Ai} \tag{2.21}$$

N 个串联全混流反应器的总体积

$$V = \sum_i^N V_i = \sum_i^N v_0 c_{A0} \frac{\Delta x_i}{r_{Ai}} \tag{2.22}$$

当 $N \to \infty$ 时

$$V = \int_{x_{A0}}^{x_{AN}} v_0 c_{A0} \frac{dx_A}{r_A} \tag{2.23}$$

式(2.23)与平推流反应器积分形式的体积设计方程式(2.10)完全相同。串联反应器之间没有倒流，增加串联的反应器级数，整个反应器返混程度降低。无穷多个全混流反应器串联时，反应系统返混降低为 0，每个反应器相当于平推流反应器流动模型中的一个截面微元。因此，无穷多个全混流反应器串联，与平推流反应器具有等同的流动模型。显然，改变多釜串联的全混流反应器的数目，可以使其返混特性和流动模型在全混流和平推流之间变化。

2.2.6 循环操作的平推流反应器

对于合成氨、合成甲醇这样的反应，单程转化率较低，常需要将分离产物后的主要组成为反应物的出口物料返回反应器进口进行循环操作，以提高原料的利用率；而对于城市煤气甲烷化这样的强放热反应，常需要将出口物料部分冷却后进行循环以增加反应物料的热容量，从而提高反应温度的可控性；某些固定床反应器中进行的放热反应，通过循环操作可以使反应维持自热进行；许多生物化学反应过程是自催化反应，将部分反应产物循环有利于反应速率的提高。通过对这类循环操作的工业平推流反应器(PFR with recycle)进行分析，可进一步认识返混现象对反应器体积的影响。

如图 2.8 所示，由于循环存在，进入反应系统和进入反应器的物料状态是不同的，进入反应系统的新鲜物流和进入反应器的物流状态分别以下标 0、1 表示；而出反应器的物流和出反应系统的状态相同，以下标 2 表示。循环物料量与离开系统的物料量之比 $R = v_r / v_2$ 是重要的参数，称为循环比 R。

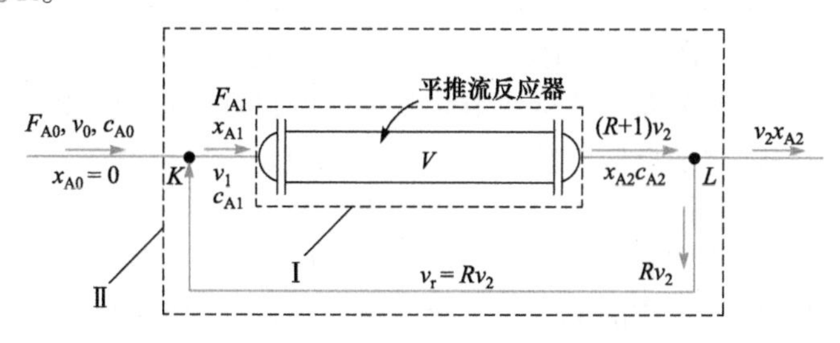

图 2.8　循环操作的平推流反应器

对恒容反应过程，稳定情况下若不考虑反应系统压降变化，则反应系统进出口流量相等，$v_0=v_2$。对 K 点进行组分 A 的物料衡算

$$v_0 c_{A0} + v_r c_{A2} = v_1 c_{A1} \tag{2.24}$$

其中

$$c_{A2} = c_{A0}(1 - x_{A2}), \quad c_{A1} = c_{A0}(1 - x_{A1})$$
$$v_1 = v_0 + v_r, \quad v_r = Rv_2 = Rv_0$$

若 $x_{A0} = 0$，解得

$$x_{A1} = Rx_{A2} / (1 + R) \tag{2.25}$$

应用平推流反应器积分形式的设计方程式(2.10)，可得此循环平推流反应器的体积

$$V = (1 + R)v_0 c_{A0} \int_{\frac{R}{1+R}x_{A2}}^{x_{A2}} \frac{dx_A}{r_A} \tag{2.26}$$

式(2.26)为循环平推流反应器的设计方程。循环比 $R \to 0$ 时，$x_{A1} \to 0$，式(2.26)变为普通平推流反应器的设计方程；随循环比增加，反应器返混程度加剧，反应器流动状态从平推流向全混流过渡。

当 $R \to \infty$时，$x_{A1} \to x_{A2}$，根据积分中值定理，则有

$$\lim_{R \to \infty} \int_{\frac{R}{1+R}x_{A2}}^{x_{A2}} \frac{dx_A}{r_A} = \lim_{x_{A1} \to x_{A2}} \int_{x_{A1}}^{x_{A2}} \frac{dx_A}{r_A} = \frac{x_{A2}}{(1+R)r_A}$$

将其代入式(2.26)，则有

$$V = v_0 c_{A0} \frac{x_{A2}}{r_A} \tag{2.27}$$

式(2.27)即为初始转化率为 0 时的全混流反应器设计方程。可见，当 $R \to \infty$时，反应系统内部浓度梯度消失，整个反应器中的浓度接近于出口浓度，相当于全混流反应器，可采用全

混流反应器的设计方程计算反应器体积(不包括循环空间)。实际反应器中，当 $R=25\sim30$ 时，反应器便基本上可以认为是处于全混流状态。

2.3　流动模型与反应器推动力、反应选择性

从以上讨论看出，在不同流体流动形式下进行同一化学反应，反应器的体积计算公式是不同的。工业反应器中，由于受到动量、质量、能量三传过程的影响，反应器内产生的不均匀流速分布、温度分布和浓度分布可能会影响化学反应的机理、反应级数、速率表达式和反应选择性。因此，必须根据化学反应的特性和生产工艺的要求确定反应器内的流体流动方式、反应器体积、热交换等工程问题。如果不深入分析工业反应器内发生的传递过程，工程因素造成的放大效应完全可以使实验室研究成功的化学反应无法在工业上实现。深入研究、剖析反应器内的传递过程对化学反应的影响，是化学反应工程学研究的一个重要方面。反应器内流体流动状况是传递过程的基础，只有流动模型确定以后，才能正确分析动量、质量、能量三传过程及其对化学反应的影响。

流动模型(flow model)是针对连续流动过程而言的，指流体流经反应器时的流动和返混状况。间歇反应器没有物料连续流入、流出，所有反应物料都具有相同的停留时间。因此间歇反应器内没有返混，有搅拌的反应器内通常可以达到完全均匀混合(高黏度流体除外，如聚合过程)，各种参数仅随时间改变，不随空间位置变化，从本质上讲不是流动模型研究的对象(尽管搅拌也会使反应器内物料处于流动状态)。

平推流反应器和全混流反应器是两种极端流动状况下的理想反应器，普通工业反应器内的流体流动模型总是介于理想流动的平推流模型和全混流模型之间。对于简单的具有规整边界条件的层流反应器，可以通过数学模拟确定流场分布。而对处于湍流、具有复杂边界条件的反应器(如固定床、沸腾床、鼓泡床反应器)，目前还很难从机理上解决流场分布问题。

在试图研究反应器的实际流动现象之前，先分析几种流动状态确定的典型反应过程，对反应受流动状态影响的规律进行初步的认识。

2.3.1　流动模型与反应器推动力

化学反应的推动力是化学反应的化学势。一般等温反应条件下，化学反应进行的推动力主要是浓度推动力，即反应物浓度与其平衡浓度之差。平推流、全混流反应器，以及返混介于两者之间的实际流型反应器中的浓度推动力比较如图 2.9 所示。

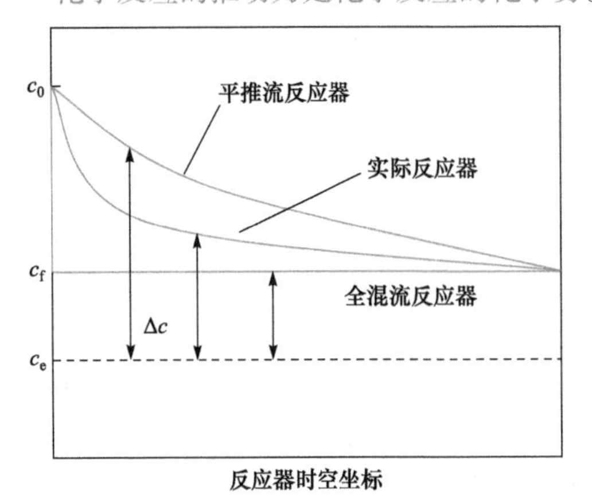

图2.9　反应器内浓度变化曲线和反应浓度推动力

可以看出，相同进、出口浓度条件下三种流型反应器中的浓度推动力 $(\Delta c = c - c_e)$ 是不同的。没有返混的平推流反应器浓度推动力最大，返混程度最大的全混流反应器总是在浓度推动力最小的状态下操作，反应器内的物料返混降低了反应的浓度推动力。对于大多数化学反应，反应速率随反应物浓度增加而增大，不

同反应器中进行同一化学反应，返混严重的反应器需要更大的反应器体积。设计反应器时如果不考虑返混影响，设计的反应器体积将不能达到工艺要求，产生强烈的放大效应。但也有一些特殊的反应，在一定区域内反应物浓度下降时反应速率反而增大。例如，反应级数为负(n<0)的反应，浓度推动力的降低有利于反应进行，有可能出现返混情况下所需反应器体积减小的现象。又如，自催化反应反应产物的级数为正的情况，反应的浓度推动力要考虑产物的浓度推动力，产物的浓度推动力与反应物的浓度推动力正好相反，这时也适合采用全混流反应器这样的反应器。

对反应级数 n>0 的不可逆反应，反应速率随反应物浓度增加而增大。随着反应的不断进行，反应物浓度降低，转化率增大，反应速率下降。采用平推流反应器、全混流反应器或多釜串联全混流反应器时，反应器体积可分别由它们的体积设计方程式(2.13)、式(2.16)或式(2.22)计算求得。

根据设计方程，如果以转化率 x_A 为横坐标、反应速率的倒数 $1/r_A$ 为纵坐标作图(图 2.10)，图中所示三种反应器的填充区域面积均乘以 v_0c_{A0} 便是这三种反应器的体积。可以清楚地看到，实现同一化学反应过程(n>0)，平推流反应器所需要的反应体积最小，全混流反应器所需要的反应体积最大，返混程度介于两者之间的多釜串联全混流反应器(可以模拟具有不同返混程度的实际反应器)所需要的体积介于两者之间。因此，对于反应级数 n>0 的不可逆化学反应，返混降低了反应器的浓度推动力，使反应器体积增大。反应级数越高，反应对浓度推动力的依赖越强，返混对反应影响越严重，在反应器工程放大设计和形式选择时，必须引起高度重视。

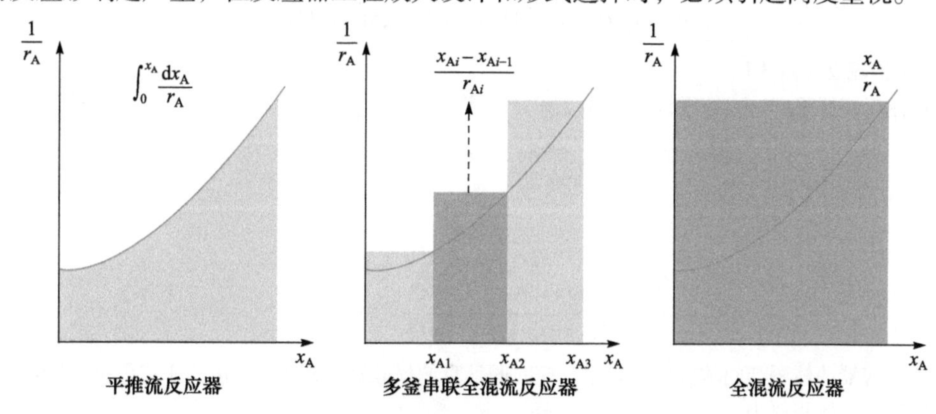

图 2.10　返混对反应器体积的影响(反应级数 n>0)

【例 2.1】　以少量硫酸为催化剂，在不同反应器中进行乙酸和丁醇反应生产乙酸丁酯

$$CH_3COOH + C_4H_9OH \xrightarrow{k} CH_3COOC_4H_9 + H_2O$$

反应在 100℃等温条件下进行，反应动力学方程为

$$r_A = kc_A^2 \qquad k=17.4\text{L/(kmol} \cdot \text{min)}$$

下标 A 代表乙酸，其初始浓度 c_{A0} 为 0.00175kmol/L，每天生产乙酸丁酯 2400kg，若乙酸转化率为 50%，试分别计算在下列反应器中进行反应时所需的反应器体积。

(1) 间歇反应器，设每批物料的辅助时间为 0.5h。

(2) 平推流反应器。

(3) 全混流反应器。

(4) 两个串联的等体积全混流反应器。

(5) 三个串联的等体积全混流反应器。

解　该反应为液相反应，物料的密度变化很小，可近似认为是恒容过程。由每天生产乙酸丁酯(相对分子质量 116)2400kg、转化率 0.5，折算得到单位时间原料处理量

$$v_0 = \frac{2400}{24\times 116}\times\frac{1}{0.5}\times\frac{1}{0.00175} = 985(\text{L/h})$$

(1) 求间歇反应器体积。

由间歇反应器积分形式的设计方程式(2.4)，可计算净反应时间

$$t = -\int_{c_{A0}}^{c_{Af}}\frac{\mathrm{d}c_A}{r_A} = -\int_{c_{A0}}^{c_{Af}}\frac{\mathrm{d}c_A}{kc_A^2} = \frac{1}{k}\left(\frac{1}{c_{Af}}-\frac{1}{c_{A0}}\right) = \frac{1}{kc_{A0}}\left(\frac{x_A}{1-x_A}\right)$$

$$= \frac{0.5}{17.4\times 0.00175\times(1-0.5)} = 32.8(\text{min}) = 0.547(\text{h})$$

只考虑反应时间的处理量，所需的净反应体积为

$$V_R^0 = v_0 t = 985\times 0.547 = 539(\text{L})$$

但间歇过程需要考虑非生产性操作时间。一个反应周期所需要的时间为净反应时间加上辅助时间 t_0。非生产时间内没有产出，为了达到要求的反应量，就必须要求在净反应时间内生产更多的产品。每批物料的辅助时间为 0.5h，则间歇反应器体积为

$$V_R = v_0(t+t_0) = 985\times(0.547+0.5) = 1031(\text{L})$$

(2) 求平推流反应器体积。

由平推流反应器积分形式的设计方程式(2.10)，计算其体积

$$V = \int_0^{x_A} v_0 c_{A0}\frac{\mathrm{d}x_A}{r_A} = \int_0^{x_A} v_0 c_{A0}\frac{\mathrm{d}x_A}{kc_{A0}^2(1-x_A)^2} = \frac{v_0}{kc_{A0}}\frac{x_A}{1-x_A}$$

$$= \frac{985/60}{17.4\times 0.00175}\times\frac{0.5}{1-0.5} = 539(\text{L})$$

平推流反应器的体积与间歇反应器以净反应时间计算的反应器体积相等，因为平推流反应器不需要辅助时间，所需反应器体积更小。

(3) 求全混流反应器体积。由全混流反应器体积设计方程式(2.17)

$$\tau = V/v_0 = (c_{A0}-c_A)/r_A = c_{A0}x_A/r_A$$

得

$$V = \frac{v_0 c_{A0} x_A}{kc_{A0}^2(1-x_A)^2} = \frac{(985/60)\times 0.5}{17.4\times 0.00175\times(1-0.5)^2} = 1078(\text{L})$$

(4) 求两个串联的等体积全混流反应器体积。

由多釜串联全混流反应器中任一反应器的体积设计方程式(2.21)

$$\tau_i = (c_{A\,i-1} - c_{Ai})/r_{Ai}$$

可分别写出两个串联全混流反应器的体积计算式

$$V_1 = v_0(c_{A0} - c_{A1}) / kc_{A1}^2$$
$$V_2 = v_0(c_{A1} - c_{A2}) / kc_{A2}^2$$

由 $V_1 = V_2$，$x_{A2} = 0.5$，解出

$$c_{A2} = c_{A0}(1 - x_A) = 0.00175 \times 0.5 = 0.000875(\text{kmol/L})$$
$$c_{A1} = 0.001184(\text{kmol/L})$$

所以

$$V_1 = V_2 = 381(\text{L})$$

两个串联全混流反应器的总体积为

$$V = 762(\text{L})$$

(5) 求三个串联的等体积全混流反应器体积。

由设计方程得

$$\tau_i = (c_{Ai-1} - c_{Ai}) / kc_{Ai}^2$$

如果以 τ_i 为参数，这是一个关于 c_{Ai} 的二次方程，可解出

$$c_{Ai} = \frac{-1 + \sqrt{1 + 4k\tau_i c_{Ai-1}}}{2k\tau_i}$$

三个等体积全混流反应器的 τ_i 相等，由此得

$$c_{A1} = \frac{-1 + \sqrt{1 + 4k\tau_i c_{A0}}}{2k\tau_i}$$

$$c_{A2} = \frac{-1 + \sqrt{1 + 2(-1 + \sqrt{1 + 4k\tau_i c_{A0}})}}{2k\tau_i}$$

$$c_{A3} = \frac{-1 + \sqrt{1 + 2\left[-1 + \sqrt{-1 + 2(-1 + \sqrt{1 + 4k\tau_i c_{A0}})}\right]}}{2k\tau_i}$$

由最终出口浓度 $c_{A3} = c_{A0}(1 - x_A) = 0.00175 \times (1 - 0.5) = 0.000875(\text{kmol/L})$，以及 $c_{A0} = 0.00175\text{kmol/L}$，$k$=17.4L/(kmol · min)，解出

$$\tau_i = 14\text{min}$$

得

$$V_i = v_0\tau_i = (985/60) \times 14 = 230(\text{L})$$

三个串联全混流反应器的总体积为

$$V = 3V_i = 690(\text{L})$$

几种不同返混程度的反应器中进行同一反应所需的总反应体积分别为

反应器	体积
间歇反应器(不考虑辅助时间)	539L
间歇反应器(考虑辅助时间)	1031L
平推流反应器	539L
三个等体积全混流反应器串联	690L
两个等体积全混流反应器串联	762L
单个全混流反应器	1078L

以上比较充分表明，不同返混程度的反应器具有不同的反应推动力，最终影响反应器体积。

上述多釜全混流反应器的体积计算说明，多于两个反应器串联时，可以从最后一个反应器的出口往第一个反应器进行逆向计算，但每一次都需解复杂的代数方程。如果实际的反应速率方程复杂，反应级数非整数，那显然需要计算机做数值求解。工程实际中，也采用一种比较简便的方法——图解法，在此予以简要介绍。

以恒容过程为例，将多釜串联全混流反应器设计方程式(2.21)改写成

$$r_{Ai} = -\frac{c_{Ai}}{\tau_i} + \frac{c_{Ai-1}}{\tau_i}$$

此式在 r_A-c_A 图上表示第 i 个反应釜的设计方程，为过点 $(c_{Ai-1}, 0)$ (此点为该反应釜的进口状态)、斜率为$-1/\tau_i$的直线。同时，该釜的出口状态为 (c_{Ai}, r_{Ai})，即直线设计方程与反应速率方程的交点。然后依次进入下一反应釜，直至最后一个反应釜的出口浓度等于或小于所要求的浓度，如图 2.11 所示。

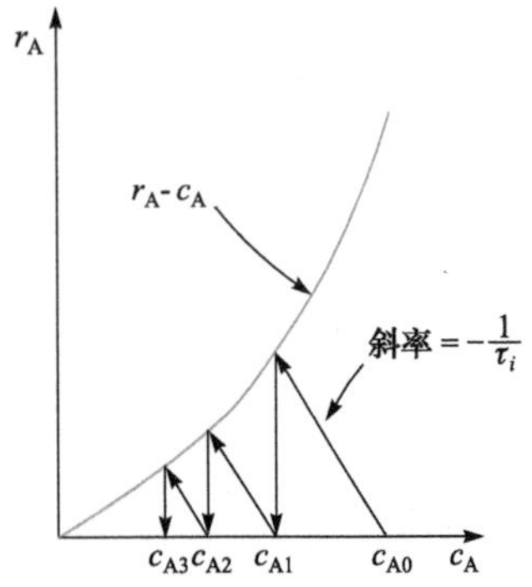

图2.11 多釜串联全混流反应器图解计算法

事实上，应用作图法或分析求解的方法越来越少了，当反应级数不为整数或很复杂、反应器非等温操作等情况下，分析求解是不可能的，图解法往往有很大的误差。而用计算机数值求解一个或多个代数方程非常容易，迭代也非常方便，有很多软件可以利用。例如，应用 Office 系统中的 Excel 软件都可以方便求解，只需将各参数的计算公式写入单元格，再用方程求根功能即可求给定目标参数下的可变参数值。

如果是一级反应，则串联全混流反应器的设计方程式(2.21)可简化为

$$c_{Ai} = c_{Ai-1} / (1 + k_i \tau_i)$$

有

$$c_{Ai} = c_{A0} \prod_{j=1}^{i} \frac{1}{1 + k_j \tau_j}$$

对同体积多釜串联等温操作过程，则

$$c_{AN} = c_{A0} / (1 + k\tau_i)^N$$

$$x_{AN} = 1 - 1 / (1 + k\tau_i)^N$$

解得

$$\tau_i = \frac{1}{k}\left[\frac{1}{(1 - x_{AN})^{1/N}} - 1\right]$$

串联反应器的总体积

$$V = NV_i = Nv_0\tau_i$$

$$= \frac{Nv_0}{k}\left[\frac{1}{(1 - x_{AN})^{1/N}} - 1\right]$$

$$= \frac{Nv_0}{k}\left[\left(\frac{c_{A0}}{c_{AN}}\right)^{1/N} - 1\right]$$

在此简单情况下可以直接求解。

多釜串联反应系统存在转化率配置优化问题，各段转化率不同，得到同样最终转化率所需的反应器体积随之改变。以下以恒容过程为例说明存在最优条件，由其设计方程式(2.22)得

$$V=\sum_{i=1}^{N}V_i=\sum_{i=1}^{N}v_0c_{\mathrm{A0}}\frac{\Delta x_i}{r_{\mathrm{A}i}}$$

分别对 $x_{\mathrm{A}i}$ 求导，令其等于零，有

$$\frac{\partial V}{\partial x_i}=v_0c_{\mathrm{A0}}\frac{\partial}{\partial x_{\mathrm{A}i}}\left(\frac{x_{\mathrm{A}i}-x_{\mathrm{A}i-1}}{r_{\mathrm{A}i}}+\frac{x_{\mathrm{A}i+1}-x_{\mathrm{A}i}}{r_{\mathrm{A}i+1}}\right)=0$$

即

$$\frac{(x_{\mathrm{A}i}-x_{\mathrm{A}i-1})}{r_{\mathrm{A}i}^2}\frac{\partial V_{\mathrm{A}i}}{\partial x_{\mathrm{A}i}}=\frac{1}{r_{\mathrm{A}i}}-\frac{1}{r_{\mathrm{A}i+1}}$$

如果各反应器出口条件满足上式，求出的反应器总体积便是最小反应体积。等温条件下，最优的反应器配置是等体积反应器串级使用。

有些反应在一定区域内反应速率随反应物浓度下降反而增加，对这种反应级数 $n<0$ 的不可逆反应，降低反应器内的浓度推动力反而对反应有利。这时，实现同一化学反应，返混最大的全混流模型所需要的体积最小，而没有返混的平推流模型所需要的体积最大，多釜串联模型所需要的体积介于两者之间，且随釜数增多所需反应体积迅速增大。如图 2.12 所示，图中填充区域面积可以比较各种流型的反应器体积。

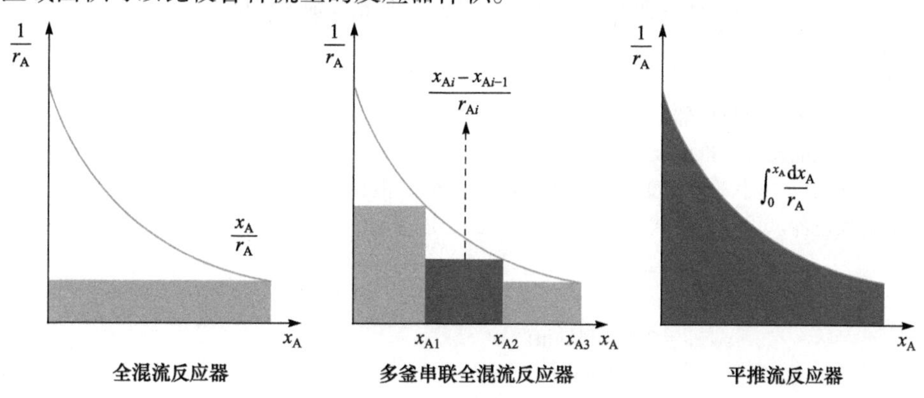

图 2.12　返混对反应器体积的影响(反应级数 $n<0$)

也有少数反应存在反应速率随反应进行存在极大值的现象。例如，自催化反应中，随产物量增多反应速率加快，当反应到达一定程度后，由于反应物浓度下降产生的影响更显著，反应速率达到极大值后逐渐下降，反应动力学曲线存在极值和拐点，很多生化反应具有这种特征。在以后的章节中将会看到，在绝热非等温反应器中进行的可逆放热反应，由于热效应的反馈效应，反应速率也会出现先上升后下降的曲线。如图 2.13 所示，这种情况下，$1/r_{\mathrm{A}}$-x_{A} 曲线存在极小值，在反应初始阶段未达到极值点前，返混大的全混流反应器所需的体积最小，而在反应后期，使用无返混的平推流反应器更为有利。因此，必须根据反应动力学特性，研究清楚返混的影响规律，合理设计、配置反应器。

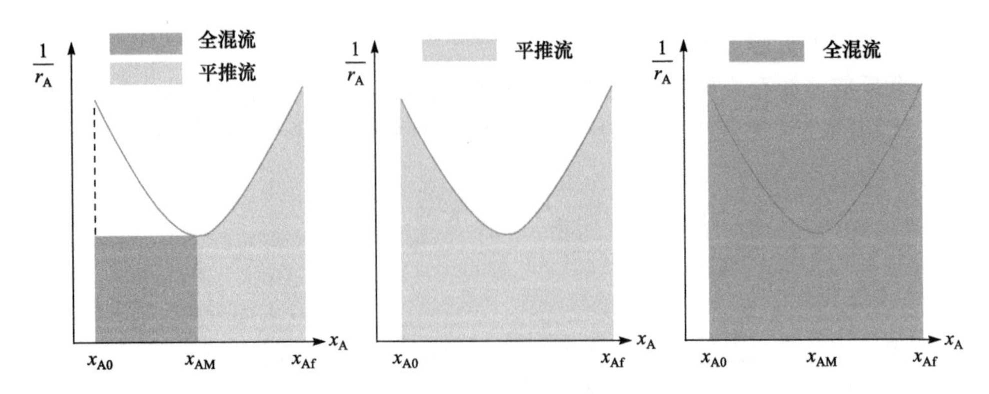

图 2.13 返混对自催化反应过程的影响

由于自催化反应在没有产物的情况下反应不能进行，图 2.13 中反应速率曲线没有与纵坐标相交。从图中可以看出，在转化率 $x_A<x_{AM}$ 阶段，全混流反应器或循环比很大的循环操作平推流反应器所需体积最小；而 $x_A>x_{AM}$ 时，平推流的优势越来越明显，当 x_A 足够大时，平推流反应器所需体积最小。因此，最好采用一个全混流反应器将反应进行到 x_{AM}，再串联一个平推流反应器将反应进行到出口转化率，这样可以使反应器总体积最小。在工程实际中，为了方便操作，常采用一个带循环的平推流反应器，只要循环比适当也可以得到较好的效果。

【例 2.2】 恒温下进行液相自催化反应：

$$A + B \longrightarrow R$$

反应速率方程为 $r_A = 0.15c_Ac_R$[mol/(L · min)]，已知 $c_{A0} = 1.25$mol/L，$c_{R0} = 0.01$mol/L，进料速率 $v_0 = 200$L/min，最终转化率为 0.9。试计算分别在下列反应器中完成该反应所需的反应器体积。

(1) 全混流反应器。

(2) 平推流反应器。

(3) 全混流串联平推流反应器。

(4) 改变循环比的循环平推流反应器。

解 恒温过程中，速率常数不变，为 0.15L/(mol · min)；液相反应，可认为过程恒容。

(1) 全混流反应器。设计方程式(2.16)

$$V = (v_0c_{A0} - vc_A)/r_A$$

其中

$$v_0c_{A0} = 250(\text{mol/min})$$

$$vc_A = v_0c_{A0}(1 - x_A) = 25(\text{mol/min})$$

$$r_A = kc_{A0}(1 - x_A)(c_{R0} + c_{A0}x_A) = 2.13\times10^{-2}\text{mol/(min} \cdot \text{L)}$$

得

$$V = 10563(\text{L})$$

(2) 平推流反应器。设计方程式(2.11)

$$\tau = c_{A0}\int_0^{x_A}\frac{dx_A}{r_A}$$

得

$$V = v_0c_{A0}\int_0^{x_A}\frac{dx_A}{0.15c_{A0}(1-x_A)(c_{R0}+c_{A0}x_A)}$$

$$= \frac{v_0}{0.15(c_{R0}+c_{A0})} \ln \frac{\left(\frac{c_{R0}}{c_{A0}}+x_A\right)}{(1-x_A)\frac{c_{R0}}{c_{A0}}}$$

$$= 7444(\mathrm{L})$$

(3) 全混流串联平推流反应器。最好用全混流反应器将反应进行到最大速率点 x_{AM}，这时反应器总体积最小。x_{AM} 可由作图求得或令速率导数为零解得

$$r_A = 0.15c_{A0}(1-x_A)(c_{R0}+c_{A0}x_A)$$

令

$$\mathrm{d}r_A/\mathrm{d}x_A = 0$$

得

$$x_{AM} = 0.496$$

由设计方程式(2.16)求全混流反应器体积

$$V = (v_0c_{A0} - v_Mc_{AM})/r_{AM}$$

其中

$$v_0c_{A0} = 250(\mathrm{mol/min})$$

$$v_Mc_{AM} = v_0c_{A0}(1-x_{AM}) = 126(\mathrm{mol/min})$$

$$r_{AM} = kc_{A0}(1-x_{AM})(c_{R0}+c_{A0}x_{AM}) = 5.95\times10^{-2}\mathrm{mol/(min\cdot L)}$$

得

$$V = 2083(\mathrm{L})$$

平推流反应器体积由设计方程式(2.11)求得

$$V = v_0c_{A0}\int_{x_{AM}}^{x_A} \frac{\mathrm{d}x_A}{0.15c_{A0}(1-x_A)(c_{R0}+c_{A0}x_A)}$$

$$= \frac{v_0}{0.15(c_{R0}+c_{A0})}\left[\ln\frac{\left(\frac{c_{R0}}{c_{A0}}+x_A\right)}{(1-x_A)} - \ln\frac{\left(\frac{c_{R0}}{c_{A0}}+x_{AM}\right)}{(1-x_{AM})}\right]$$

$$= 2334(\mathrm{L})$$

全混流串联平推流反应器的总体积为

$$V = 2083 + 2334 = 4417(\mathrm{L})$$

(4) 改变循环比的循环平推流反应器。全混流反应器与平推流反应器串联使用时，以最大速率点 $x_{AM} = 0.496$ 为中点。而在循环平推流反应器中，新鲜原料与循环物料混合后的转化率 x_{A1} 是直接影响反应器体积的参数，x_{A1} 直接受循环比 R 的影响。选用多大的循环比 R 或多大的反应器进口转化率 x_{A1} 才能使反应器体积最小呢？

根据循环操作的平推流反应器设计方程式(2.26)

$$V = (1+R)v_0c_{A0}\int_{\frac{R}{1+R}x_{A2}}^{x_{A2}} \frac{\mathrm{d}x_A}{r_A}$$

要使反应器体积最小，只需令$\partial V/\partial R = 0$ 求出 R_M，即

$$\frac{\partial V}{\partial R} = v_0c_{A0}\int_{x_{A1}}^{x_{A2}} \frac{\mathrm{d}x_A}{r_A} - (1+R)v_0c_{A0}\frac{1}{r_{A1}}\frac{\partial x_{A1}}{\partial R}$$

式中，x_{A2}、r_A 与 R 没有直接的函数关系，而 $x_{A1} = x_{A2}R/(1+R)$，有

$$\frac{\partial x_{A1}}{\partial R} = \frac{x_{A2}[1-R/(1+R)]}{1+R} = \frac{x_{A2}-x_{A1}}{1+R}$$

代入得

$$\int_{x_{A1}}^{x_{A2}} \frac{dx_A}{r_A} = \frac{x_{A2} - x_{A1}}{r_{A1}}$$

上式为以最优循环比操作必须满足的条件。从图 2.14 中可以直观看到，最佳 x_{A1} 时，两块阴影部分面积相等。

代入 $r_A = 0.15c_{A0}(1 - x_A)(c_{R0} + c_{A0}x_A)$试差，可以求得

$$x_{A1} = 0.265$$

因此

$$R = x_{A1}/(x_{A2} - x_{A1}) = 0.417$$

循环平推流反应器的最小体积为

$$V = (1+R)v_0 c_{A0}\int_{x_{A1}}^{x_{A2}} \frac{dx_A}{0.15c_{A0}(1-x_A)(c_{R0}+c_{A0}x_A)}$$

$$= \frac{(1+R)v_0}{0.15(c_{R0}+c_{A0})}\left[\ln\frac{\left(\frac{c_{R0}}{c_{A0}}+x_{A2}\right)}{(1-x_{A2})} - \ln\frac{\left(\frac{c_{R0}}{c_{A0}}+x_{A1}\right)}{(1-x_{A1})}\right]$$

$$= 4793(\text{L})$$

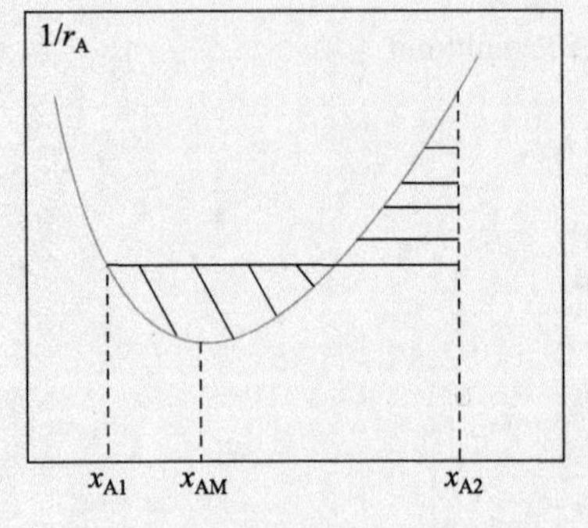

图2.14　最佳进口转化率示意图

四种不同返混程度的反应器所需体积分别为

反应器	体积
全混流反应器	10563L
平推流反应器	7444L
循环平推流反应器	4793L(最小体积)
全混流串联平推流反应器	4417L(总体积)

以上比较说明对该自催化反应，无论采用全混流或平推流反应器，其单独使用时都需要较大的反应体积，全混流与平推流串联流程可以使反应器总体积最小；而单个带循环的平推流反应器，如果循环比选择适当也可以使反应器体积大幅度降低。

2.3.2　流动模型与反应选择性

对单一反应，根据反应的动力学行为不同，反应器内的返混状况对反应器体积有不同影响。在工业反应过程中，很多情况下有多个反应同时存在，由于各反应的动力学行为有差别，反应器内的流动状况不仅影响所需的反应器体积，还影响复杂反应的选择性和最终产品分布。可以根据理想反应器内不同的返混状况分析返混对反应选择性的影响。

1. 平行反应

以最简单的平行反应 A 物质分解为例，反应分别生成目标产物(desired product)D 和副产物(undesired product)U

$$A \xrightarrow{k_D} D \quad (\text{目标产物}) \tag{2.28}$$

$$A \xrightarrow{k_U} U \quad (\text{副产物}) \tag{2.29}$$

若相应的速率方程为

$$r_{\mathrm{D}} = k_{\mathrm{D}} c_{\mathrm{A}}^{\alpha_1} \tag{2.30}$$

$$r_{\mathrm{U}} = k_{\mathrm{U}} c_{\mathrm{A}}^{\alpha_2} \tag{2.31}$$

α_1、α_2 均大于零，D 和 U 的相对选择系数 s_{DU} 为

$$s_{\mathrm{DU}} = \frac{r_{\mathrm{D}}}{r_{\mathrm{U}}} = \frac{k_{\mathrm{D}}}{k_{\mathrm{U}}} c_{\mathrm{A}}^{\alpha_1 - \alpha_2} \tag{2.32}$$

(1) 当$\alpha_1>\alpha_2$ 时，浓度增大可以得到高的 s_{DU}，因此采用具有高浓度推动力的间歇反应器或平推流反应器可以提高目标产物 D 的选择性。

(2) 当$\alpha_1<\alpha_2$ 时，s_{DU} 随浓度增大降低，采用浓度推动力小的全混流反应器或循环平推流反应器更有利于提高目标产物 D 的选择性。

根据瞬时选择性 s 的定义：

$$s = \frac{r_{\mathrm{D}}}{r_{\mathrm{A}}} = \frac{1}{1 + (k_{\mathrm{U}} / k_{\mathrm{D}}) c_{\mathrm{A}}^{\alpha_2 - \alpha_1}} \tag{2.33}$$

也可分析返混对选择性的影响，并得到上述一致的结论。

对于有两个组分参与的平行反应

$$\mathrm{A+B} \xrightarrow{k_1} \mathrm{D} \quad (\text{目标产物}) \tag{2.34}$$

$$\mathrm{A+B} \xrightarrow{k_2} \mathrm{U} \quad (\text{副产物}) \tag{2.35}$$

速率方程为

$$r_{\mathrm{D}} = k_1 c_{\mathrm{A}}^{\alpha_1} c_{\mathrm{B}}^{\beta_1} \tag{2.36}$$

$$r_{\mathrm{U}} = k_2 c_{\mathrm{A}}^{\alpha_2} c_{\mathrm{B}}^{\beta_2} \tag{2.37}$$

由于反应物在两个反应中的浓度级次不同，可以通过控制反应物的浓度来改变反应产物分布。直观来讲，反应物浓度高有利于级数高的反应，浓度低有利于级数低的反应，如果两个反应的级数相等，浓度水平对产物分布没有影响。

为了便于分析，仍然以 D 和 U 相对选择系数 s_{DU} 作为分析指标，其结果与瞬时选择性 s 分析结果趋势相同[$s = s_{\mathrm{DU}} / (1 + s_{\mathrm{DU}})$，$s_{\mathrm{DU}}$ 增大，s 随之增大]

$$s_{\mathrm{DU}} = \frac{r_{\mathrm{D}}}{r_{\mathrm{U}}} = \frac{k_1}{k_2} c_{\mathrm{A}}^{\alpha_1 - \alpha_2} c_{\mathrm{B}}^{\beta_1 - \beta_2} \tag{2.38}$$

分以下几种情况进行分析：

(1) $\alpha_1>\alpha_2$，$\beta_1>\beta_2$，维持反应物 A、B 在高浓度水平，可增大相对选择系数 s_{DU}。因此，采用无返混浓度推动力大的平推流反应器、间歇反应器对提高反应对目标产物 D 的选择性有利。

(2) $\alpha_1>\alpha_2$，$\beta_1<\beta_2$，应该维持反应物 A 在高浓度水平，而 B 在低浓度水平。这种情况下可以采用：①半间歇反应器，反应物 A 一次性加入，反应物 B 缓慢连续加入；②平推流反应器，反应物 A 轴向进料，反应物 B 侧向连续进料；③多釜串联全混流反应器，反应物 A 只从第一个反应器进口加入，反应物 B 分别加入各个反应器。如图 2.15 所示，三种加料方式均可得到较高的反应选择性。

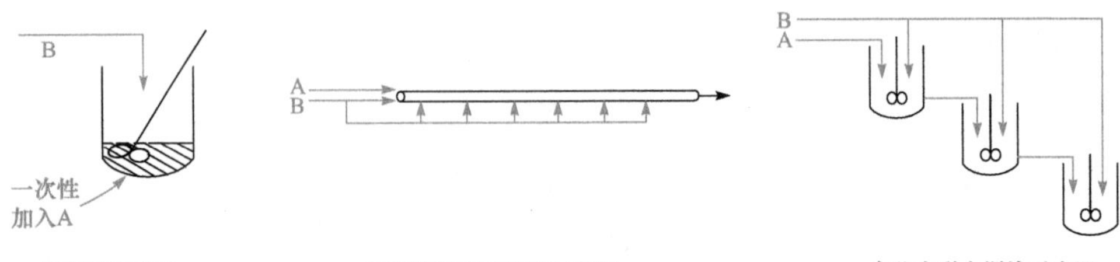

图 2.15 流型对反应选择性的影响($\alpha_1>\alpha_2$，$\beta_1<\beta_2$)

(3) $\alpha_1<\alpha_2$，$\beta_1>\beta_2$，应维持反应物 A 在低浓度水平，B 在高浓度水平。相应可采用：①半间歇反应器，反应物 B 一次性加入，反应物 A 缓慢连续加入；②平推流反应器，反应物 B 轴向进料，反应物 A 侧向连续进料；③多釜串联全混流反应器，反应物 B 只从第一个反应器进口加入，反应物 A 分别加入各个反应器。

(4) $\alpha_1<\alpha_2$，$\beta_1<\beta_2$，可维持反应物 A、B 均在低浓度水平，采用浓度推动力小的全混流反应器或循环操作的平推流反应器对提高反应选择性有利。

除定性分析外，还可以总选择性的定义定量地分析最终产品分布

$$S=\frac{1}{x_A}\int_0^{x_A} s\mathrm{d}x_A=\frac{1}{x_A}\int_0^{x_A}\frac{s_{DU}}{1+s_{DU}}\mathrm{d}x_A \tag{2.39}$$

通过总选择性和转化率求各组分浓度。

【例 2.3】 某液相等温反应

$$A+B\xrightarrow{k_1}D \quad (目标产物)$$

$$A+B\xrightarrow{k_2}U \quad (副产物)$$

速率方程为 $r_D=1.0c_Ac_B^{0.3}[\mathrm{mol/(L\cdot min)}]$，$r_U=1.0c_A^{0.5}c_B^{1.8}[\mathrm{mol/(L\cdot min)}]$。

若 A 和 B 的初始浓度均为 20mol/L，出口转化率为 90%，试分别计算以下各种反应器的反应总选择性。

(1) 平推流反应器。

(2) 全混流反应器。

(3) 平推流反应器，物料 A 由反应器入口加入，物料 B 沿管长均匀加入，并保证反应器内各处物料 B 浓度为 1mol/L。

解 目标产物 D 的瞬时选择性

$$s=\frac{r_D}{r_A}=\frac{1.0c_Ac_B^{0.3}}{1.0c_Ac_B^{0.3}+1.0c_A^{0.5}c_B^{1.8}}$$

总选择性为

$$S=\frac{1}{x_{Af}}\int_0^{x_{Af}} s\mathrm{d}x_A=\frac{-1}{c_{A0}-c_{Af}}\int_{c_{A0}}^{c_{Af}}\frac{\mathrm{d}c_A}{1+1.0c_A^{-0.5}c_B^{1.5}}$$

(1) 平推流反应器，反应物 A、B 混合后，浓度被稀释，进口浓度分别为 $c_{A0}=c_{B0}=10\mathrm{mol/L}$；由于是等物质的量反应，整个反应器内 $c_A=c_B$。

$$S=\frac{-1}{c_{A0}-c_{Af}}\int_{c_{A0}}^{c_{Af}}\frac{\mathrm{d}c_A}{1+1.0c_A}=\frac{1}{9}\ln(1+c_A)\Big|_1^{10}=0.19$$

(2) 全混流反应器，器内浓度恒定

$$S = s = 1/(1+1.0c_{Af}) = 0.5$$

(3) 反应物 B 沿管长均匀加入，反应器内任何位置处 $c_B = 1\text{mol/L}$，则 $c_{A0} = 19\text{mol/L}$，$c_{Af} = 1.0\text{mol/L}$。

$$S = \frac{-1}{c_{A0} - c_{Af}} \int_{c_{A0}}^{c_{Af}} \frac{dc_A}{1+1.0c_A^{-0.5}} = \frac{1}{18}\left[2\sqrt{c_A} - c_A - 2\ln(1+\sqrt{c_A})\right]_{19}^{1} = 0.736$$

比较结果可以看出，采用平推流反应器，将 B 沿管长方向均匀加入，目标产物的总选择性最高。

2. 串联反应

很多有机化合物的氧化反应都有进一步深度氧化的可能，反应是串级进行的，深度氧化的产物通常是 CO_2 和 CO，是无用的副产物。例如，由甲醇氧化生产甲醛过程中，产物甲醛可能进一步氧化为副产物甲酸，甲酸也可以进一步氧化为 CO_2。以简单串级反应

$$A \xrightarrow{k_1} B \xrightarrow{k_2} C$$

为例，如果第一个反应很慢而第二个反应很快，要生成目标产物 B 将非常困难。反之，可以得到大量的产物 B。另外，如果反应物在反应器中长期停留，无疑反应物最终将全部转变成副产物。因此，反应时间对串联反应选择性具有重要影响。流动反应器中，返混对停留时间分布有重大影响，也相应地对反应选择性有重大影响。

以下以平推流和全混流两种理想反应器的选择性差别来分析返混对目标产物 B 的选择性影响。假设原料中不含产物 B、C，均为恒容一级不可逆反应。

1) 平推流反应器

在反应器内取一微元分别对 A、B、C 进行物料衡算(图 2.16)：

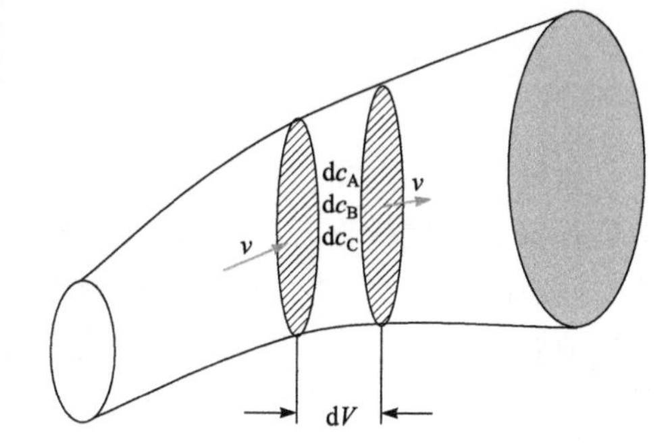

图2.16　反应器微元衡算示意图

$$-v\mathrm{d}c_A = r_A \mathrm{d}V \tag{2.40}$$

$$v\mathrm{d}c_B = r_B \mathrm{d}V \tag{2.41}$$

$$v\mathrm{d}c_C = r_C \mathrm{d}V \tag{2.42}$$

过程恒容，$\mathrm{d}V = v\mathrm{d}\tau$，分别代入式(2.40)～式(2.42)，并改写成浓度与停留时间的关系：

$$\mathrm{d}c_A/\mathrm{d}\tau = -k_1 c_A \tag{2.43}$$

$$\mathrm{d}c_B/\mathrm{d}\tau = k_1 c_A - k_2 c_B \tag{2.44}$$

$$\mathrm{d}c_C/\mathrm{d}\tau = k_2 c_B \tag{2.45}$$

以上速率方程式与间歇反应器中进行的串级反应方程完全相同，只不过平推流反应器中用的时间参数是空间时间τ。三个速率方程式并非完全独立，在产物初始浓度为 0 的等物质的量反应中，$c_A + c_B + c_C = c_{A0}$。

解方程式(2.43)可得反应物 A 的浓度随停留时间τ的变化关系为

$$c_A = c_{A0}\exp(-k_1\tau) \tag{2.46}$$

将 c_A 代入方程式(2.44)可得一阶微分方程

$$dc_B/d\tau + k_2c_B = k_1c_{A0}\exp(-k_1\tau)$$

利用初始条件 $\tau=0$，$c_B=0$，解微分方程得 c_B 随停留时间 τ 的变化关系为

$$c_B = \frac{k_1}{k_2-k_1}c_{A0}[e^{-k_1\tau} - e^{-k_2\tau}] \tag{2.47}$$

由 $c_A + c_B + c_C = c_{A0}$ 关系，可得 c_C

$$c_C = c_{A0}\left(1 - \frac{k_2}{k_2-k_1}e^{-k_1\tau} + \frac{k_1}{k_2-k_1}e^{-k_2\tau}\right) \tag{2.48}$$

可以通过式(2.47)以 c_B 对 τ 作图，求出使目标产物 B 出口浓度达到最大所需要的反应停留时间 τ_{opt}，也可直接令 $dc_B/d\tau=0$ 解出 τ_{opt}，得

$$\tau_{opt} = \frac{1}{k_1-k_2}\ln\frac{k_1}{k_2} \tag{2.49}$$

此时，产物 B 相应的最大出口浓度值 $c_{B,opt}$ 为

$$c_{B,opt} = c_{A0}\left(\frac{k_1}{k_2}\right)^{k_2/(k_2-k_1)} \tag{2.50}$$

如果在不同空间位置上观察反应，反应物从入口流到该点所需的时间恰好为 τ，反应结果等价于将反应物置于间歇反应器中反应 τ 时间后的结果，此时 τ 随空间位置变化，出口时停留时间为 τ_f。将反应组分的相对浓度与反应器停留时间关系绘于图 2.17(a)中，可以清楚地看到，必须选择适当的反应器停留时间才能使目标产物 B 的收率较高，过长的停留时间会导致 B 的收率降低，同时副产物 C 收率增高。图 2.17(b)为各组分浓度随反应进行的变化规律。

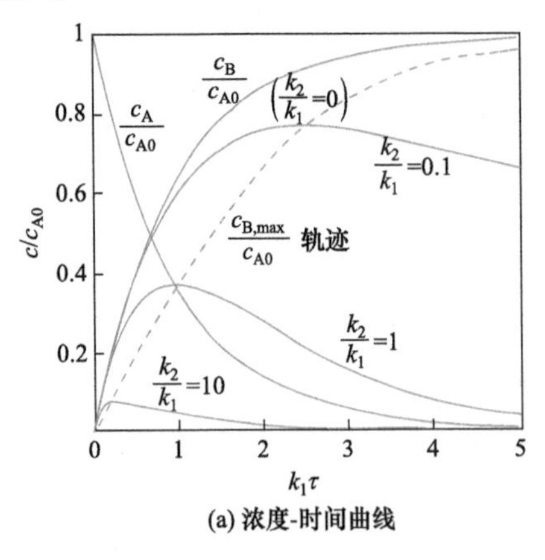

(a) 浓度-时间曲线

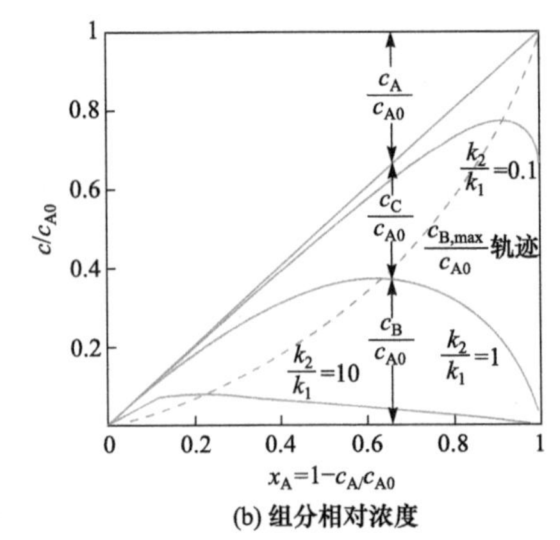

(b) 组分相对浓度

图 2.17　平推流反应器中进行串级反应

2) 全混流反应器

根据全混流反应器的设计方程，恒容反应情况下分别对 A、B、C 三组分进行物料衡算：

$$v(c_{A0} - c_A) = r_AV \tag{2.51}$$

$$v(c_{B0}-c_B)=r_BV \tag{2.52}$$

$$v(c_{C0}-c_C)=r_CV \tag{2.53}$$

过程恒容，$dV=vd\tau$，分别代入式(2.51)～式(2.53)，并写成浓度与停留时间的关系：

$$\tau=\frac{c_{A0}-c_A}{k_1c_A}=\frac{c_B}{k_1c_A-k_2c_B}=\frac{c_C}{k_2c_B}$$

从以上三个等式可以解出 A、B、C 三组分的出口浓度随停留时间 τ 的变化关系：

$$c_A=c_{A0}/(1+k_1\tau) \tag{2.54}$$

$$c_B=k_1\tau c_{A0}/[(1+k_1\tau)(1+k_2\tau)] \tag{2.55}$$

$$c_C=k_1k_2\tau^2c_{A0}/[(1+k_1\tau)(1+k_2\tau)] \tag{2.56}$$

欲求目标产物 B 收率最大时的反应器停留时间，只需利用式(2.55)，令 $dc_B/d\tau=0$ 即可解得最佳停留时间，即

$$\frac{dc_B}{d\tau}=\frac{k_1c_{A0}(1+k_1\tau)(1+k_2\tau)-k_1\tau c_{A0}[k_1(1+k_2\tau)+k_2(1+k_1\tau)]}{(1+k_1\tau)^2(1+k_2\tau)^2}=0$$

解得

$$\tau_{opt}=(k_1k_2)^{-1/2} \tag{2.57}$$

此时，串联反应目标产物 B 在全混流反应器中的最大浓度为

$$c_{B,opt}=\frac{c_{A0}}{(\sqrt{k_2/k_1}+1)^2} \tag{2.58}$$

各组分浓度随停留时间变化的关系曲线及反应组分的相对浓度关系(图 2.18)与图 2.17 相似，从变化规律来看，平推流反应器中目标产物浓度对停留时间和反应速率常数更为敏感一些。

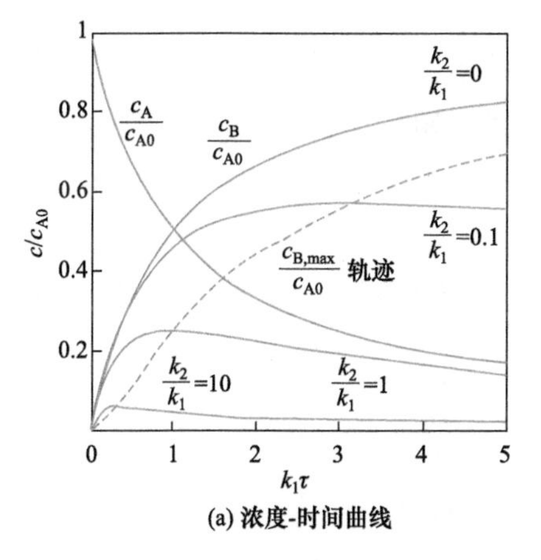

(a) 浓度-时间曲线

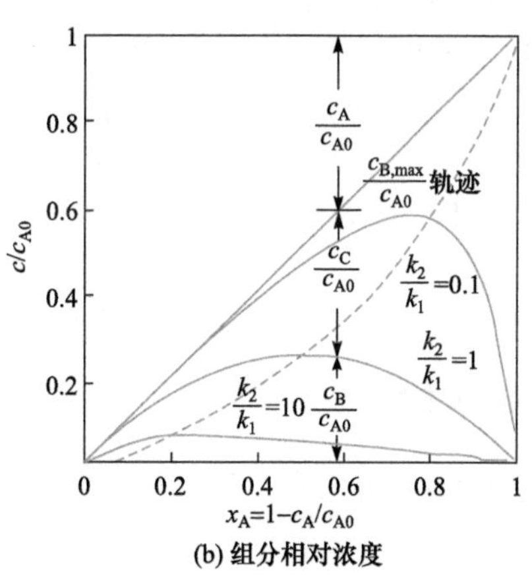

(b) 组分相对浓度

图 2.18　全混流反应器中进行串级反应

通过对平推流、全混流反应器的定量分析，容易得到最佳的反应器停留时间，从而确定最佳的反应器体积，对于较复杂的反应动力学行为可以通过数值求解的方法计算。从上面的

推导可以看出，串级反应中的反应速率常数 k_1、k_2 的相对大小对反应选择性起决定性的作用。对于速率与浓度推动力正相关的反应，平推流中反应器达到给定的转化率要比全混流反应器所需的体积小(停留时间 τ 较小)，进一步反应的机会相应较少。因此，平推流反应器达到最大目标产物浓度的停留时间比全混流反应器短，而其达到的最大目标产物浓度比全混流反应器高。图 2.19 示出了不同 k_2/k_1 情况下串联反应在平推流反应器和全混流反应器中的选择性变化情况，可以看出：

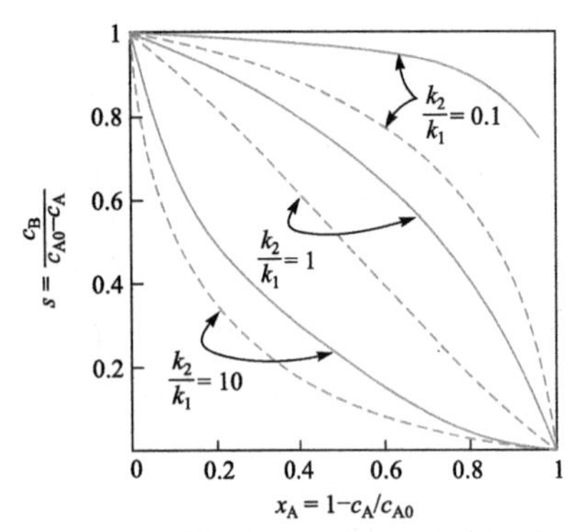

图2.19 平推流和全混流反应器中串联反应目标产物B的选择性比较

—— 平推流；------ 全混流

(1) 同样转化率下，串联反应在平推流反应器中对目标产物 B 的选择性比在全混流反应器中高，由于返混的存在，全混流反应器中部分反应产物停留时间过长，使目标产物进一步反应的可能性增大。

(2) 当 k_2/k_1 值较小时，反应转化率可以适当高一些，但 k_2/k_1 值较大时，目标产物进一步反应生产副产物的可能性较大，应尽量降低反应器中目标产物的浓度，反应适宜在较低的转化率下操作。工业上通常采用低的单程转化率，分离产物后再将反应物 A 循环反应，这样既可以获得较高的反应器利用率，又可以得到较高的目标产物选择性。

【例 2.4】 乙醇在 Cu-Cr 催化剂上氧化脱氢合成乙醛，但是乙醛也可能深度氧化成二氧化碳：

$$CH_3CH_2OH(g)\xrightarrow{+\frac{1}{2}O_2}CH_3CHO\xrightarrow{+\frac{5}{2}O_2}2CO_2$$

现在 518K 下以三倍过量的氧和很低的乙醇浓度进行恒温反应，由于乙醇浓度很低，反应可近似看作恒容过程。

反应速率式可写为 $A\xrightarrow{k_1}B\xrightarrow{k_2}C$，$r_A=k_1c_A$，$r_B=k_1c_A-k_2c_B$。

已知 $k_1=1/h$，$k_2=0.5/h$，乙醇初始浓度 $c_{A0}=1mol/L$，乙醛和二氧化碳的初始浓度为零。试求在平推流、全混流反应器中进行反应时，产物乙醛的最大浓度及其选择性。

解 (1) 平推流反应器。根据式(2.49)，目标产物 B 浓度最大的停留时间 τ_{opt} 为

$$\tau_{opt}=\frac{1}{1-0.5}\ln\frac{1}{0.5}=1.386(h)$$

产物 B 相应的最大出口浓度值 $c_{B,opt}$ 由式(2.50)计算

$$c_{B,opt}=1\times\left(\frac{1}{0.5}\right)^{0.5/(0.5-1)}=0.5(mol/L)$$

反应物 A 的转化率为

$$x_{A,opt}=1-\exp(-k_1\tau_{opt})=0.75$$

目标产物 B 的选择性为

$$S_{opt}=c_{B,opt}/c_{A0}x_{opt}=0.667$$

目标产物 B 的收率为

$$Y_{opt}=S_{opt}\,x_{opt}=c_{B,opt}/c_{A0}=0.5$$

(2) 全混流反应器。根据式(2.57)，目标产物 B 浓度最大的停留时间 τ_{opt} 为

$$\tau_{opt}=(1\times0.5)^{-1/2}=1.414(h)$$

相应目标产物 B 在全混流反应器中的最大浓度由式(2.58)计算

$$c_{B,opt}=\frac{1}{(\sqrt{0.5/1}+1)^2}=0.343(mol/L)$$

反应物 A 的转化率为

$$x_{A,opt}=k_1\tau_{opt}/(1+k_1\tau_{opt})=0.586$$

目标产物 B 的选择性为

$$S_{opt}=c_{B,opt}/c_{A0}x_{opt}=0.586$$

目标产物 B 的收率为

$$Y_{opt}=S_{opt}x_{opt}=c_{B,opt}/c_{A0}=0.343$$

将最大选择性的计算结果列表如下：

反应器	最佳停留时间 τ_{opt}/h	最大目标产物浓度 $c_{B,opt}$/(mol/L)	A 转化率 $x_{A,opt}$	B 选择性 S_{opt}	B 收率 Y_{opt}
平推流	1.386	0.5	0.75	0.667	0.5
全混流	1.414	0.343	0.586	0.586	0.343

计算结果清楚表明，对于该速率与浓度推动力呈正相关的一级不可逆串级反应，选用平推流反应器比选用全混流反应器具有体积小、选择性高、转化率大等优点。但对于其他具有特殊动力学特性的串级反应，必须具体情况具体分析。

2.4　非理想流动

从平推流、全混流等理想反应器的分析可以看出，流动特性(流体返混)对化学反应推动力、转化率、选择性等参数有重要影响。对于理想反应器，由于其反应参数在空间上是确定的(全混流反应器各处相等，平推流反应器由物料衡算微分方程确定)，因此可以通过全反应器的空间积分来定量求出反应器的整体反应特性。对于实际反应器，如果能通过类似的物料衡算、热量衡算和动量衡算得到各空间点上准确的流动参数和反应参数，也可以通过空间积分的方法求出反应器的整体反应特性。

流体力学中经常利用纳维-斯托克斯(Navier-Stokes)方程求解流动模型，可以通过微分方程的数值求解，计算出不同位置的流动参数。近年来，已经有很多研究采用 CFD 模拟计算不同反应器中的流动状态和流速分布，进而模拟整个反应器的反应参数。图 2.20 是 37 根膜管扩散速率计算结果，采用网格计算方式可以计算出不同孔径的扩散速率分布(Yang Z et al, 2016)。

实际反应器(real reactor)中的流动状况非常复杂，除极少数能简化为理想模型外，很多实际的工业反应处于气固、气液、液液、气液固等两相或多相流动状态，连边界条件都无法确定(如固定床、流化床反应器等)，很难准确求出反应器内各空间点上的准确的流动参数和反应参数，这就导致了化学反应器工程放大中的放大系数不确定问题。

本节所要解决的问题是要避开反应器内的流动细节，根据反应物料流动结果的宏观统计规律，对反应总体反应特性进行估算。前一节中对平推流和全混流反应器的分析，可以对两种理想流动情况(完全不返混和完全返混)下的反应器性能进行计算。对于实际反应器，可以根据实际流动特性，采用这两种理想流动反应器的组合形式进行计算，如串级全混流反应器、

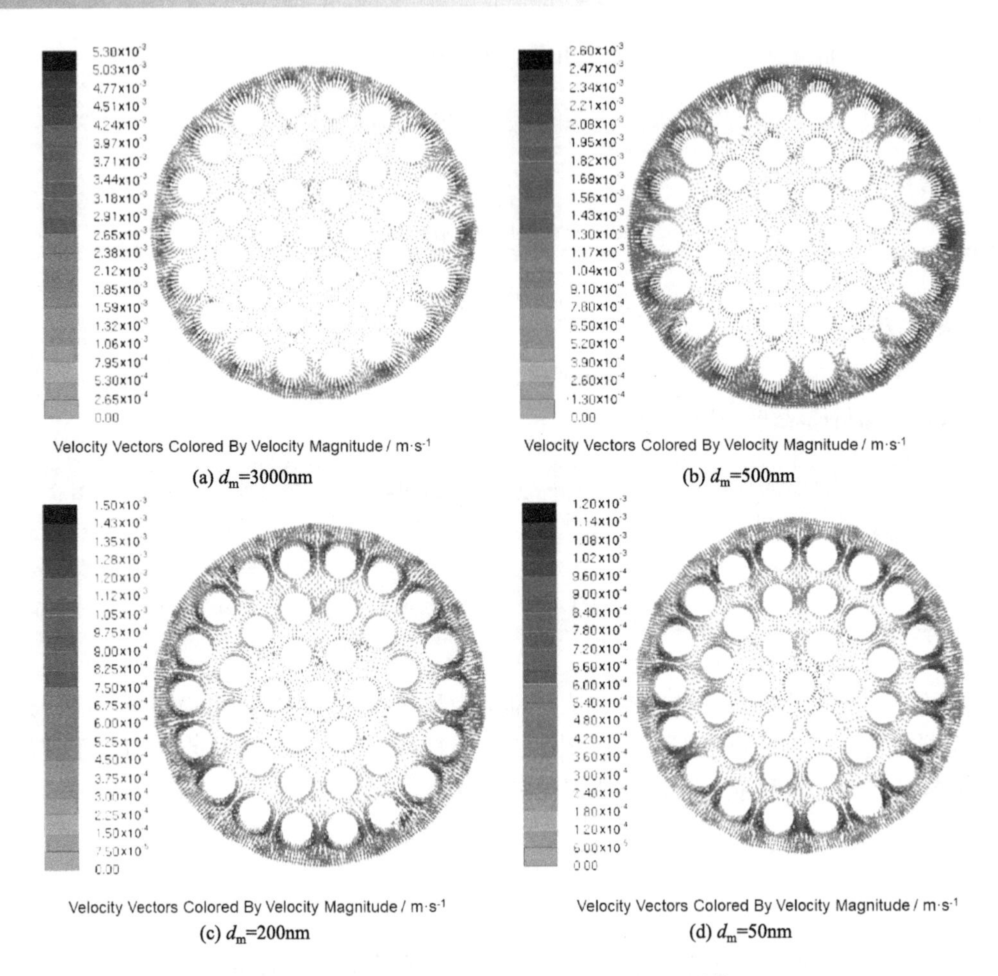

(a) d_m=3000nm　(b) d_m=500nm

(c) d_m=200nm　(d) d_m=50nm

图 2.20　多孔陶瓷管反应器流速分布 CFD 计算图

循环平推流反应器等。如果将不同的理想反应器组合起来，近似模拟具有相同流动特性的未知反应器，就是常称的流动模型(flow model)。可以通过这些组合模型的求解，估算未知反应器的反应特性。更普遍的情况，实际反应器总是介于两种理想流动状况之间，如果知道实际反应器偏离理想流动状况的程度，同时知道偏离程度与反应行为差别之间的定量关系，就可估算实际宏观反应特性。

如何定量描述实际反应器偏离理想流动状态的程度和确定偏离程度对反应行为的影响关系是处理实际反应器首先要解决的问题。反应物料经过反应器带有很大的偶然性(occasionality)和随机性(randomness)，如果反应器进出口状况是已知的或可确定的，可以比较反应器进出口的流动状态和组成，对进出反应器的物料微元进行统计分析，可以估计宏观反应特性。最简单的办法是假设进入反应器的物料是由无数微元组成，每个微元独立流经反应器，微元进入反应器开始反应，到出反应器时的反应特性只与其在反应器中停留时间相关。每个微元就可以看成是流经反应器的小的微型间歇反应单元，将所有流出反应器的微元混合在一起，便是反应器出口物料的状态。因此，如果知道反应物料流经反应器的停留时间，即使不知道物料在反应器内流动的细节，也可以估算出反应的宏观特性。

微元被处理为独立的间歇反应单元，在很多情况下是适合的，如一级反应。对于其他非一级反应，微元与周围环境进行质量交换会对宏观反应结果产生影响，但估算结果误差并不大，一般情况下小于 10%。

反应物料在反应器内的停留时间分布(residence time distribution, RTD)是常用的衡量反应器流动状况的重要参数。平推流反应器中各反应物料微元通过反应器所需的时间都是相同的；而全混流反应器中由于流体的充分混合，反应物料微元有可能一进入反应器便离开反应器，也可能在反应器中呆很长时间而不离开反应器，各个微元在反应器中的停留时间有很大的差别。采用停留时间分布的思想分析化学反应器的操作特性，最早由 MacMullin 和 Weber 提出(MacMullin R B et al, 1935)，但直到 20 世纪 50 年代，Danckwerts (Danckwerts P V, 1953) 对停留时间分布方法给出了有实际意义的结论后，这种方法才被广泛应用。

2.4.1　停留时间分布

如果将着眼点放在流动过程中不可分割的微元上，每一个微元在反应器内经过的路径都是随机的，一个微元从进入反应器开始到离开反应器结束所需的时间就是该微元在反应器中的停留时间。连续测定很多微元后便会发现，微元在反应器中的停留时间可能相同也可能不同。如果具有相同停留时间的微元(也可能在反应器中经过不同流动历程)在反应特性上是等价的，只需要求出该停留时间下微元的反应特性，再将不同停留时间微元的反应结果加和，便可得到反应器整体反应特性。

当观测的微元足够多时，观测到的具有停留时间 t 的微元数占所观测到的总的微元数的分率称为出现停留时间 t 的概率(probability)。不同的停留时间 t 具有不同的概率，这种概率随停留时间 t 改变的规律称为停留时间分布。根据概率论的定义，如果出现

$$\text{停留时间在}[a, b]\text{区间内的微元出现的概率} = \int_a^b E(t)\mathrm{d}t \tag{2.59}$$

则称 $E(t)$为停留时间分布密度函数(RTD density function)。

如果将微元进入反应器的时刻记为时间 0，停留时间 t 总大于 0，$E(t)$有如下性质：

$$\int_0^\infty E(t)\mathrm{d}t = 1 \tag{2.60}$$

而停留时间小于 t 的微元出现的概率 $F(t)$称为停留时间分布函数(RTD function)，有

$$F(t) = \int_0^t E(t)\mathrm{d}t \tag{2.61}$$

显然，$F(0) = 0$，$F(\infty) = 1$。

考虑所有的流体微元，它们在反应器中平均的停留时间(mean of residence time)称为平均停留时间τ，等于停留时间分布的数学期望(mathematical expectation)，即

$$\tau = \int_0^\infty tE(t)\mathrm{d}t \tag{2.62}$$

平均停留时间是分布的一阶矩，对分析反应体系宏观性质很重要。在很多场合，还需要对分布的离散性(spread)进行分析。停留时间分布的方差(variance)σ^2 直接反映了各微元停留时间与平均停留时间之间的离差

$$\sigma^2=\int_0^\infty (t-\tau)^2 E(t)\mathrm{d}t=\int_0^\infty t^2 E(t)\mathrm{d}t-\tau^2 \tag{2.63}$$

方差称为分布的二阶矩，总是为正。有时需要分析停留时间分布对于平均停留时间的对称问题，也偶尔用到三阶矩的概念。由于停留时间分布的三阶矩涉及更深的数学问题，本书不进行深入讨论。

反应工程中经常利用这些分布参数和分布函数分析反应器内流体流动与混合的基本特征。值得注意的是，停留时间分布与反应器没有一一对应关系，完全不同的两个反应器可能具有相同的停留时间分布。但是，对于特定反应器，相同操作条件下停留时间分布是唯一的，停留时间分布是揭示该反应器内流体流动混合状态的重要线索。

2.4.2 理想流动反应器的停留时间分布

为了简便起见，可以根据理想流动反应器的停留时间分布来分析流动状况与停留时间的关系，同时，也通过理想流动反应器分析停留时间分布与反应器反应特性之间的关系。

1. 平推流反应器的停留时间分布特性

根据平推流模型的假设，流体在轴向没有返混，也就是说任一微小长度 $\mathrm{d}l$ 的流体微元内的流体是独立的，微元体积为 $\mathrm{d}V$，与前后流体之间没有物质交换。如图 2.21 所示，可以将微元 $\mathrm{d}V$ 中的反应物料看成是一个以流速 u 匀速通过管式反应器且与外界没有物质交换的间歇反应器，平推流反应器可以看成是将无数个尺度为 $\mathrm{d}V$ 的间歇反应器从反应器的进口推进到反应器的出口。

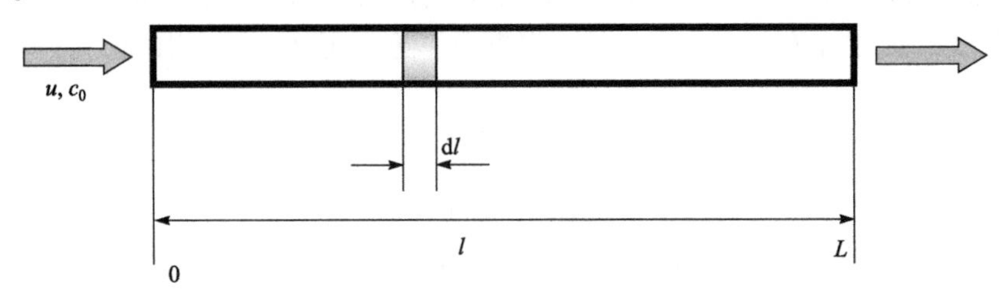

图 2.21 平推流流动模型示意图

对于微元 $\mathrm{d}l$ 来说，从反应器进口到达反应器出口的时间为 $\tau=L/u$，也就是 $\mathrm{d}l$ 微元内物料在平推流反应器内的停留时间。显而易见，如果平推流反应器的流速是稳定的，流经平推流反应器的所有微元的停留时间都为 $\tau=L/u$。

因此，平推流反应器中所有反应物料都具有完全相同的停留时间，如果反应器的体积为 V，物料的体积流率为 v，则停留时间可以表示为

$$\tau=L/u=LA/uA=V/v \tag{2.64}$$

式中，A 为管式反应器的截面积，此式是以等截面积管式反应器推出的。但是，应该指出，对于变截面积的管式平推流反应器，式(2.64)也是成立的。也就是说，平推流反应器中所有物料在反应器中的停留时间都恒等于反应器体积除以物料体积流率 V/v。

根据停留时间概率分布函数的定义，平推流反应器中物料的停留时间小于 τ 的概率为 0，而大于等于 τ 的概率为 1，即

$$F(t)=0,\ t<\tau \tag{2.65}$$

$$F(t)=1,\ t\geqslant\tau \tag{2.66}$$

根据停留时间分布密度函数定义，在 $t\neq\tau$ 时皆为 0，在 $t=\tau$ 这一点出现一个高度无限、宽度为零的峰值，数学上以 Dirac-δ 函数表示

$$E(t)=\delta(t-\tau) \tag{2.67}$$

Dirac-δ 函数有如下性质：

$$\delta(x)=0,\quad x\neq 0\quad 即\ E(t)=0,\quad t\neq\tau \tag{2.68}$$

$$\delta(x)=\infty,\quad x=0\quad 即\ E(t)=\infty,\quad t=\tau \tag{2.69}$$

$$\int_{-\infty}^{\infty}\delta(x)\mathrm{d}x=1 \tag{2.70}$$

$$\int_{-\infty}^{\infty}g(x)\delta(x-\tau)\mathrm{d}x=g(\tau) \tag{2.71}$$

可以求得平推流反应器停留时间分布的方差为

$$\sigma^2=\int_0^{\infty}(t-\tau)^2E(t)\mathrm{d}t=\int_0^{\infty}(t-\tau)^2\delta(t-\tau)\mathrm{d}t=(t-\tau)^2\big|_{\tau}=0 \tag{2.72}$$

其 $E(t)$、$F(t)$特性如图 2.22 所示。

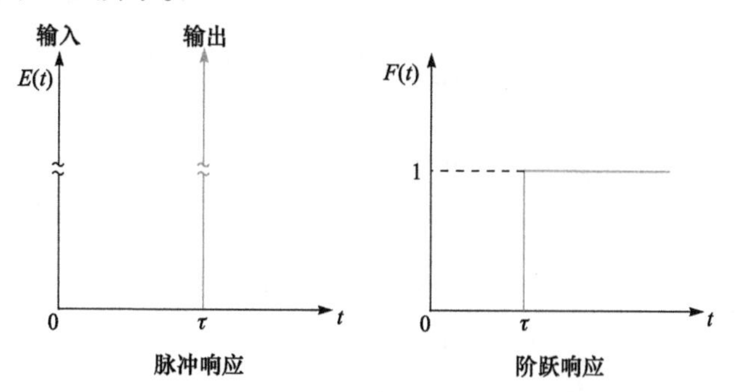

图 2.22　平推流反应器的 $E(t)$、$F(t)$特性

将微元 dV 看成一个通过反应器的间歇反应器，微元进入反应器时反应物 A 的浓度为 c_{A0}，在反应器中停留的时间为 t，则微元内物料的反应时间为 t。对于恒容一级反应，根据间歇反应器的反应速率方程，可以计算微元出反应器时反应物出口浓度为

$$c_A^*=c_{A0}\exp(-kt) \tag{2.73}$$

而平推流反应器所有的出口浓度为所有微元流出反应器并混合后的平均浓度。因此，平推流反应器的出口浓度为

$$c_A=\int_0^{\infty}c_A^*E(t)\mathrm{d}t \tag{2.74}$$

即

$$c_A=\int_0^{\infty}c_{A0}\exp(-kt)\delta(t-\tau)\mathrm{d}t=\int_{-\infty}^{\infty}c_{A0}\exp(-kt)\delta(t-\tau)\mathrm{d}t$$

根据式(2.71)，得

$$c_A = c_{A0}\exp(-k\tau) \tag{2.75}$$

与前面以平推流反应器设计方程解得的出口浓度表达式(2.14)完全相同。但要指出的是，式(2.75)为采用恒容一级反应推出的结果，若不是恒容一级反应，根据式(2.74)推得的结果也应该与根据式(2.13)推得的结果完全一样。

2. 全混流反应器的停留时间分布特性

根据全混流反应器的理想假设，全混流反应器出口浓度与反应器内浓度完全一样，反应物料稳定流过反应器。通过一个简单的实验就可推导出全混流反应器的停留时间分布。

假如在 t=0 时刻，向全混流反应器瞬间加入一定量的示踪物。例如，向以水为介质的反应器中加入一定量的盐水，反应器内盐的浓度瞬间可以混合均匀，反应器内的浓度为 c_0。由于示踪物不参与化学反应，加入反应器内的示踪物随着反应介质一起从反应器出口不断流出。

假设示踪物与反应介质完全混合，不改变反应器的流型，示踪物在反应器中的停留时间分布就是反应物料在反应器中的停留时间分布。时间 t 时在反应器出口观测到的示踪物的停留时间为 t (因为示踪物都是在 t=0 时刻加入反应器的)，示踪物在 t 时流出反应器的浓度为 $c(t)$，物料流率为 v，则在时间区间 dt 内测到的示踪物的量为 $vc(t)\mathrm{d}t$。根据示踪物停留时间分布密度函数的定义，时间区间 dt 内停留时间为 t 的示踪物的量为 $Vc_0E(t)\mathrm{d}t$，V 为反应器体积。比较得

$$E(t) = \frac{vc(t)\mathrm{d}t}{Vc_0\mathrm{d}t} = \frac{1}{\tau}\frac{c(t)}{c_0} \tag{2.76}$$

显然，只要找到示踪物的浓度随时间变化关系，就得到了反应器的停留时间分布密度函数。

根据全混流反应器特征，对示踪物进行物料衡算

输入−输出=积累

$$(0 - vc)\mathrm{d}t = V\mathrm{d}c \tag{2.77}$$

初始条件

$$t = 0\ 时，\quad c = c_0$$

解式(2.77)，得

$$c(t) = c_0\exp(-t/\tau) \tag{2.78}$$

将式(2.78)代入式(2.76)，可得全混流反应器停留时间分布密度函数为

$$E(t) = (1/\tau)\exp(-t/\tau) \tag{2.79}$$

因此，全混流反应器的停留时间分布函数为

$$F(t) = \int_0^t E(t)\mathrm{d}t = \int_0^t \frac{1}{\tau}\exp\left(-\frac{t}{\tau}\right)\mathrm{d}t = -\exp\left(-\frac{t}{\tau}\right)\Bigg|_0^t = 1 - \exp\left(-\frac{t}{\tau}\right) \tag{2.80}$$

当 $t=\tau$ 时，$F(t)=0.632$，即在全混流反应器中有 63.2%的物料的停留时间小于平均停留时间。全混流反应器的停留时间分布 $E(t)$、$F(t)$函数如图 2.23 所示。

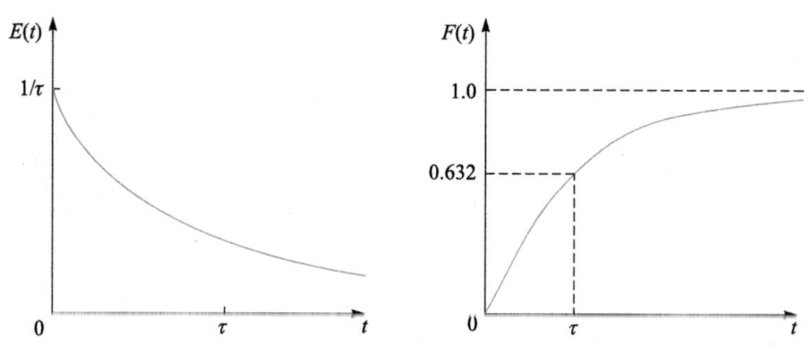

图 2.23　全混流反应器的 $E(t)$、$F(t)$特性

全混流反应器停留时间分布的方差 σ^2

$$\sigma^2=\int_0^\infty t^2E(t)\mathrm{d}t-\tau^2=\int_0^\infty t^2\frac{1}{\tau}\mathrm{e}^{-t/\tau}\mathrm{d}t-\tau^2$$

其中

$$\int_0^\infty t^2\frac{1}{\tau}\mathrm{e}^{-t/\tau}\mathrm{d}t=-\int_0^\infty t^2\mathrm{d}\mathrm{e}^{-t/\tau}=-t^2\mathrm{e}^{-t/\tau}\Big|_0^\infty+2\tau\int_0^\infty t\frac{1}{\tau}\mathrm{e}^{-t/\tau}\mathrm{d}t=2\tau^2$$

有

$$\sigma^2=\tau^2$$

根据实际测定的停留时间分布的方差，对比平推流反应器和全混流反应器两种理想反应器，可以对其流动状况进行初步判断：

平推流反应器　$\sigma^2=0$

全混流反应器　$\sigma^2=\tau^2$

实际反应器　$0\leqslant\sigma^2\leqslant\tau^2$

如果出现方差很大的情况，可能是反应器出现沟流、死区或存在吸附现象等特殊情况。

假设在全混流反应器中进行一恒容一级反应，各微团相互独立，微团间无质量交换。某一微元内反应物 A 的初始浓度为 c_{A0}，这一微元被看作一间歇反应器通过全混流反应器，该微元在反应器内的停留时间为 t，则该微元出反应器时反应物料 A 的浓度为

$$c_A^*=c_{A0}\exp(-kt)$$

则全混流反应器出口反应物浓度为所有微元的浓度的数学期望，即

$$c_A=\int_0^\infty c_A^*E(t)\mathrm{d}t$$

即

$$c_A=\int_0^\infty c_{A0}\exp(-kt)\frac{1}{\tau}\exp\left(-\frac{t}{\tau}\right)\mathrm{d}t=\int_0^\infty\frac{c_{A0}}{\tau}\exp\left(-\frac{k\tau+1}{\tau}t\right)\mathrm{d}t$$

$$=-\frac{c_{A0}}{1+k\tau}\exp\left(-\frac{1+k\tau}{\tau}t\right)\Bigg|_0^\infty$$

$$c_A=\frac{c_{A0}}{1+k\tau}\tag{2.81}$$

可以看出，由停留时间分布得到的反应物浓度式(2.81)与从全混流反应器设计方程推出的

式(2.18)完全相同。但是，式(2.81)是以一级恒容反应推出来的。对于非一级反应，以 $c_A = \int_0^\infty c_A^* E(t)dt$ 方式推出的结果与设计方程推出的结果是不相同的。通过 $c_A = \int_0^\infty c_A^* E(t)dt$ 进行计算的方法只能针对线性系统，对于非线性系统，该方法是有误差的。但是，该方法对于很多系统来说，其计算误差在 10%以内，对于误差要求不高的情况，可以按此方法进行估算。

2.4.3 非理想流动反应器的停留时间分布

平推流和全混流两种理想流动反应器的流体流动方式是确定的，可以通过物料衡算得到它们的停留时间分布及年龄分布的特征函数。除了两种理想反应器外，还有些由特殊反应器组合的流动模型可以通过理论分析得到其分布参数，如层流反应器，平推流与全混流串联、并联等反应器模型，其停留时间分布函数随组合的方式、各反应器的参数变化而变化。

1. 层流管式反应器模型

平推流反应器通常只有在细长管(长径比较大)中才能实现，如果管径比较大，管内同一截面上的流速和浓度等很难保持一致。在黏性流体层流流动的管式反应器中，其截面流速分布呈抛物线，管心流体流速最大，流经反应器所需时间最短。图 2.24 是流体流动的示意图，经过时间 t 后，同一半径同心壳层内的流体流过的距离是相同的，但是，在不同半径同心壳层中的流体微元沿反应器管长方向流动的距离不相同。

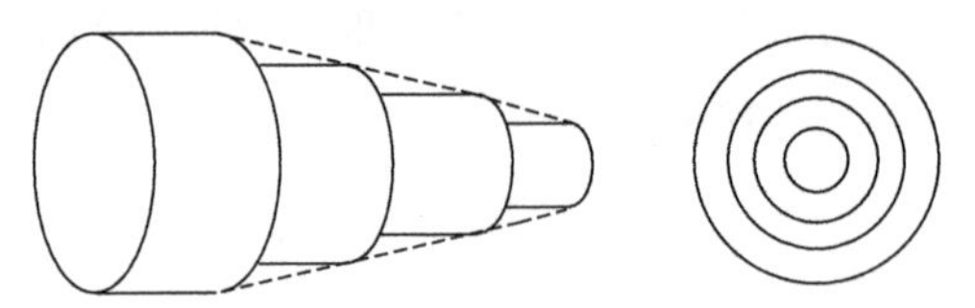

图 2.24 层流反应器同心流体微元示意图

假设管内半径 r 处的流速为

$$u = u_{max}[1 - (r/R)^2] \tag{2.82}$$

式中，u_{max} 是管心处的流速，为管内最大流速。管内平均流速 u_m 为

$$u_m = \frac{v}{\pi R^2} = \int_0^R u_{max}[1-(r/R)^2]2\pi r dr/(\pi R^2) = \frac{1}{2}u_{max}$$

管中心的流速 u_{max} 为平均流速 u_m 的两倍。显然，管中心的流体微元如果与径向流体微元之间没有物质交换，中心位置上的微元在反应器内的停留时间为平均停留时间的 1/2，即 $\tau/2$。

假设各层流环隙之间的流体没有物质交换，反应管长度为 L。管径 r 处的流体微元流过反应管的时间为

$$t(r) = \frac{L}{u(r)} = \frac{L/u_m}{2[1-(r/R)^2]} = \frac{\tau}{2[1-(r/R)^2]} \tag{2.83}$$

有

$$dt = \frac{\tau}{2[1-(r/R)^2]^2}\frac{2r}{R^2}dr = \frac{\tau^2}{4[1-(r/R)^2]^2}\frac{4r}{\tau R^2}dr = t^2\frac{4r}{\tau R^2}dr$$

如果管内流体总体积流率为 v_0，在半径 $r\sim r+\mathrm{d}r$ 环隙内的流体微元分率为

$$\mathrm{d}v/v_0 = u(r)\,2\pi r\mathrm{d}r/v_0 \tag{2.84}$$

则反应器的停留时间分布密度函数为

$$E(t)=\frac{\mathrm{d}v}{v_0\mathrm{d}t}=\frac{u(r)2\pi r\mathrm{d}r}{v_0\mathrm{d}t}=\frac{u(r)2\pi r\mathrm{d}r}{v_0t^2[4r/(\tau R^2)]\mathrm{d}r}=\frac{\pi R^2L/t}{v_0t^2}\frac{\tau}{2}=\frac{\tau^2}{2t^3} \tag{2.85}$$

反应管中心处物料的停留时间最短，为

$$t_{\min}=L/u_{\max}=L/2u_{\mathrm{m}}=\tau/2$$

因此，层流管式反应器的停留时间分布密度函数为

$$E(t)=0 \quad t<\tau/2$$

$$E(t)=\tau^2/2t^3 \quad t\geqslant\tau/2 \tag{2.86}$$

其停留时间分布函数为

$$F(t)=0 \quad t<\tau/2$$

$$F(t)=\int_0^t E(t)\mathrm{d}t=0+\int_{\tau/2}^{t}\frac{\tau^2}{2t^3}\mathrm{d}t=1-\tau^2/4t^2 \quad t\geqslant\tau/2 \tag{2.87}$$

$E(t)$、$F(t)$函数关系如图 2.25 所示。

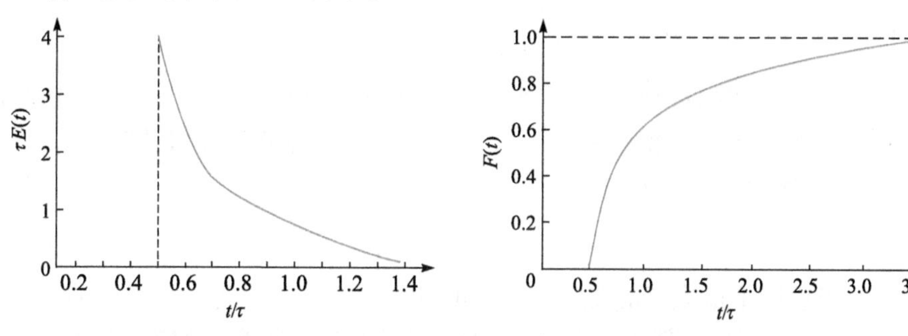

图 2.25　层流反应器的停留时间分布 $E(t)$、$F(t)$曲线

将全混流、平推流和层流反应器的停留时间分布函数 $F(t)$进行比较，如图 2.26 所示。层流反应器停留时间分布介于平推流和全混流反应器停留时间分布之间，方差比全混流反应器小。

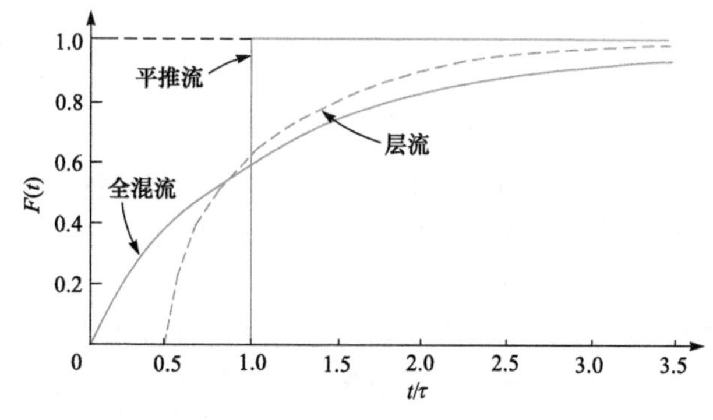

图 2.26　层流与全混流、平推流反应器 $F(t)$比较

2. 全混流、平推流组合模型

在全混流反应器中，反应物料一进反应器便与反应器内物料完全混合，也就是说，反应物料一进入反应器便可能离开反应器，并与反应器内原有的物料有同等的机会。而实际搅拌槽反应器中，反应器进口与出口可能有一段距离，尽管可以提高搅拌强度和加强返混，但事实上反应物料在出反应器之前总要在反应器内停留一段时间，就好像反应物料在过程中既要经过一段管式反应器，又要经过搅拌反应槽一样。又如，搅拌状况不是太好的搅拌槽反应器中，搅拌桨附近区域基本上是全混状态，但在某些搅拌混合不很好的区域，反应物料的混合较差，反应物料好像一部分流过一个管式反应器，而另一部分却流过一个全混流反应器。管式反应器中也有类似的情况，有涡流存在的地方返混充分，而在细长或无挡板的情况下可以认为是平推流。因此，实际反应器中也能找出理想反应器的特征，经常用理想反应器的串联、并联等组合模型来模拟实际反应器。

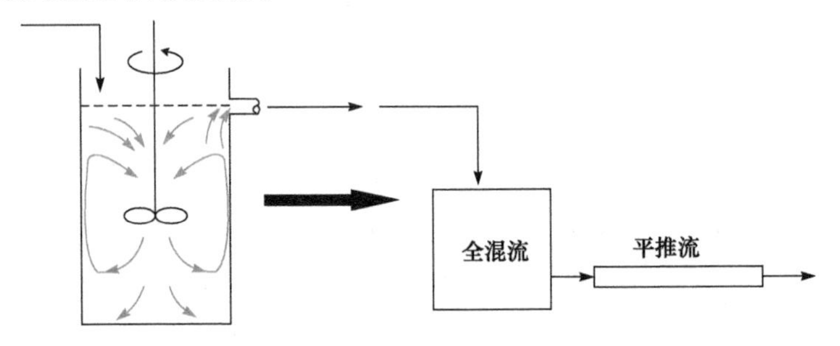

图 2.27 以全混流和平推流组合模拟的实际反应器

图 2.27 是一种以全混流串联平推流来模拟实际搅拌槽的模型。以 τ_s 和 τ_p 分别表示全混流和平推流反应器内的平均停留时间，如果将示踪物从全混流反应器脉冲注入，t 时刻时，由式(2.78)知全混流反应器出口浓度为

$$c = c_0 \exp(-t/\tau_s)$$

物料以此浓度流经后续平推流反应器。因此，可以预测再经过时间 τ_p 可以在平推流反应器出口测到的浓度，与全混流反应器出口在时间 t 时的浓度相同。显然，反应物料从进入全混流反应器到出平推流反应器至少需要停留时间 τ_p。如果考察 t 时刻反应器出口的物料，这些物料在平推流反应器中停留的时间为 τ_p，而在全混流反应器中停留的时间为 $t-\tau_p$。当 $t < \tau_p$ 时，示踪物浓度为 0；当 $t \geqslant \tau_p$ 时，示踪物浓度为 $c_0 \exp[-(t-\tau_p)/\tau_s]$。因此，反应器的停留时间分布密度函数为

$$E(t) = 0 \quad t < \tau_p$$

$$E(t) = (1/\tau_s)\exp[-(t-\tau_p)/\tau_s] \quad t \geqslant \tau_p \tag{2.88}$$

同样，平推流反应器串联全混流反应器情况，反应物料经平推流反应器延误 τ_p 时间后，同样的浓度从全混流反应器进口输入。因此，整个反应器的停留时间分布密度函数为式(2.88)，与全混流串联平推流的 $E(t)$ 函数完全一样。

可以看出，全混流和平推流反应器串联组合，其停留时间分布特性与组合方式没有关系。但是，通过以下例子计算可知，两种组合对最终反应结果是有影响的。

【例 2.5】 在一实际搅拌槽反应器中进行二级反应，以全混流和平推流反应器的串联组合方式模拟。试分别计算将全混流反应器串联在前和在后两种不同组合方法的反应的转化率。设物料在全混流和平推流反应器中的平均停留时间分别为τ_s、τ_p，均为 1min，反应速率常数 k 为 $1m^3/(kmol \cdot min)$，液相反应物的初始浓度 c_{A0} 为 $1kmol/m^3$。如果反应为一级反应，试对比两种组合的反应转化率。

解 (1) 全混流反应器串联在前。

假设出全混流反应器的浓度为 c_{A1}，根据全混流反应器设计方程式(2.17)得

$$\tau_s = (c_0 - c_{A1}) / kc_{A1}^2$$

代入参数得

$$c_{A1}^2 + c_{A1} - 1 = 0$$

解得

$$c_{A1} = 0.618(kmol/m^3)$$

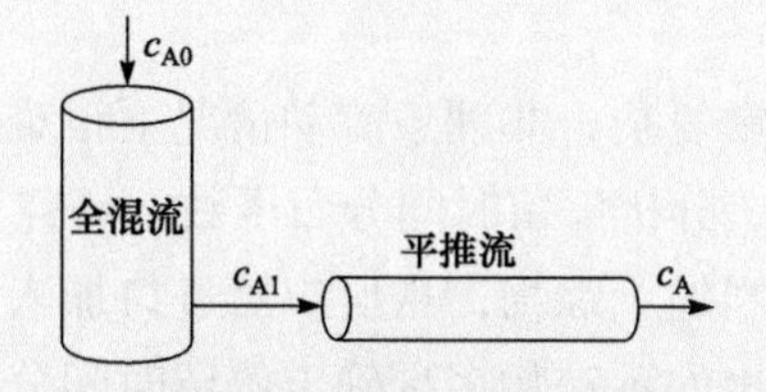

此浓度反应物料再进入平推流反应器，根据平推流反应器微分设计方程式(2.13)，有

$$\tau_p = (1/k)(1/c_A - 1/c_{A1})$$

代入参数得

$$c_A = 1/(1/0.618 + 1) = 0.382(kmol/m^3)$$

相应的出口转化率

$$x_A = 61.8\%$$

(2) 平推流反应器串联在前。

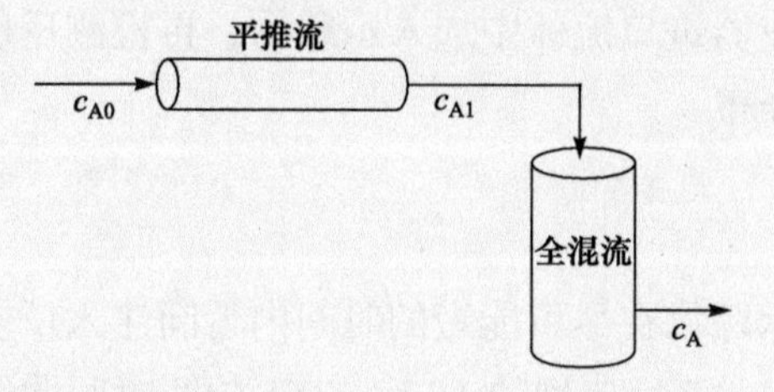

由平推流反应器微分设计方程式(2.13)，得出口浓度 c_{A1} 为

$$c_A = 1/(1/1 + 1) = 0.5(kmol/m^3)$$

以 $0.5kmol/m^3$ 浓度流入全混流反应器反应，根据全混流反应器设计方程式(2.17)，有

$$c_A^2 + c_A - 0.5 = 0$$

解得

$$c_A = 0.366(kmol/m^3)$$

相应的出口转化率

$$x_A = 63.4\%$$

(3) 一级反应。对于一级反应，$r_A=kc_A$，则

全混流串联平推流：$c_{A1} = \dfrac{c_{A0}}{1 + k\tau_s}$，$c_A = c_{A1}\exp(-k\tau_p)$

平推流串连全混流：$c_{A1} = c_{A0}\exp(-k\tau_p)$，$c_A = \dfrac{c_{A1}}{1 + k\tau_s}$

显然，两种串联方式都得到同样的转化率：

$$c_A = \frac{c_{A0}}{1 + k\tau_s}\exp(-k\tau_p)$$

$$x_A = 1 - \frac{1}{1 + k\tau_s}\exp(-k\tau_p) = 81.6\%$$

尽管全混流与平推流反应器组合，其停留时间分布函数与组合串联的次序无关，如果是一级反应(线性系统)，两者的反应结果完全相等。但如果是非线性的二级反应，即使停留时间分布特性相同，不同流动历程也会影响反应器的最终转化率。

因此，确定的反应器有确定的停留时间分布，但仅靠停留时间分布函数确定反应器流动特性是不够的。停留时间分布只是从反应器进、出口特征分析反应器内的流动情况，有可能出现不同流动状态的反应器具有相同的停留时间分布的情况，确定的停留时间分布函数并不对应确定的反应器。对非理想流动，还需要能够表征反应器内流动状况的模型和参数来进一步确定其流动特性。

2.4.4 停留时间分布的实验测定

实际反应器内流动情况非常复杂，非理想流动情况下很难通过解析法求解、推导停留时间分布函数，可以通过测量方法分析停留时间分布函数，研究其流动特性。

测定停留时间可以选用适当的示踪物，从反应器进口加入示踪物，测定示踪物出反应器所需的时间，根据不同时间流出的示踪物多少确定停留时间分布。示踪物必须易于检测，与反应混合物有类似的物理性质，能瞬间同反应物料完全混合或完全溶于反应物料中，且不能吸附在反应器壁或其他表面上。通常采用的示踪物为有色或有放射性的物质，易于用比色或放射性检测等在线检测出来，也可以用盐类物质，利用溶液电导变化测定示踪物浓度变化。

最常用的测定方法有脉冲注入法(简称脉冲法)和阶跃示踪法(简称阶跃法)两种，通过脉冲的方式或阶跃的方式向反应器进口流体中加入示踪物，再检测反应器出口示踪物浓度变化曲线表征反应器的停留时间分布。

1. 脉冲注入法

脉冲法是将一定量的示踪物在尽可能短的时间内瞬间注入反应器进口，同时检测反应器出口浓度随时间变化的函数关系。典型的进口、出口浓度-时间曲线如图 2.28 所示，反应器出口的浓度-时间曲线通常简称为 C 曲线。假设反应器只有一个进口和一个出口，示踪物在反应器内只有流动分散，没有扩散分散。在某一瞬间 t～$t+\Delta t$ 内，示踪物离开反应器的量 ΔN 为

$$\Delta N = \int_{t}^{t+\Delta t} vc(t)\mathrm{d}t \tag{2.89}$$

式中，v 为反应器出口体积流量。由于示踪物在 $t=0$ 时刻脉冲注入，在 t 时刻测到的示踪物在反应器中的停留时间为 t，因此 ΔN 实际上就是在反应器内停留时间介于 t～$t+\Delta t$ 之间的示踪物的量。ΔN 与以脉冲注入的示踪物总量 N_0 之比便是示踪物停留时间在$(t, t+\Delta t)$之间的概率，即

$$\text{示踪物停留时间在}(t, t+\Delta t)\text{之间的概率} = \frac{\Delta N}{N_0} = \int_{t}^{t+\Delta t} \frac{vc(t)}{N_0}\mathrm{d}t \tag{2.90}$$

根据停留时间分布密度函数的定义式(2.59)，反应器的停留时间分布密度函数为

$$E(t) = vc(t) / N_0 \tag{2.91}$$

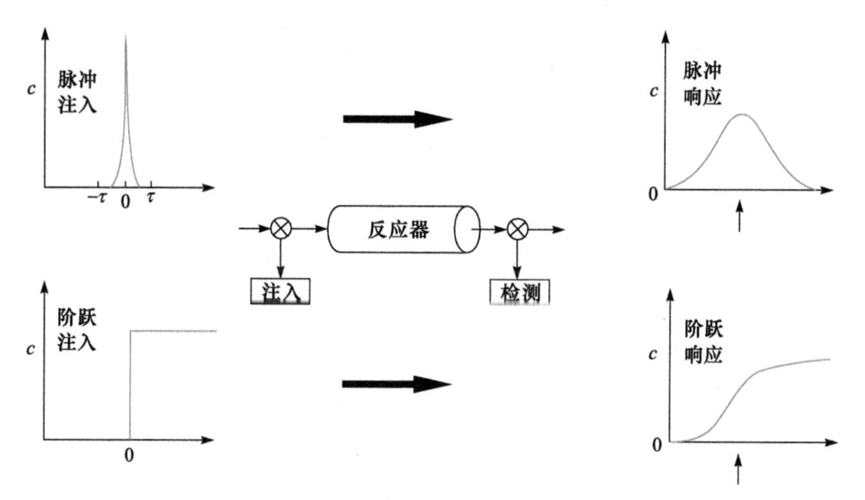

图 2.28　RTD 测量(输入、输出的浓度-时间曲线图)

对于离散实验数据，ΔN 与 $E(t)$之间的差分关系为

$$\Delta N = E(t) N_0 \Delta t \tag{2.92}$$

当 N_0 不能直接计量时，将各时刻的 ΔN 累积相加获得(因为加入的示踪物最终将全部流出反应器)。如果测得函数 $c(t)$，也可由积分求得 N_0

$$N_0 = \int_0^\infty v c(t) \mathrm{d}t \tag{2.93}$$

体积流量 v 恒定时，$E(t)$可由式(2.94)求得

$$E(t) = c(t) / \int_0^\infty c(t) \mathrm{d}t \tag{2.94}$$

式中，分母是 C 曲线下的面积。应该指出，C 曲线可能不是一个代数式，多数情况下是一个列表形式的函数，求出的 $E(t)$和 $F(t)$也就相应是一个列表的函数。

【例 2.6】　示踪物脉冲注入一反应器，测得其出口浓度随时间的变化关系如下：

t/min	0	1	2	3	4	5	6	7	8	9	10	12	14
c/(g/m^3)	0	1	5	8	10	8	6	4	3	2.2	1.5	0.6	0

画出 $c(t)$、$E(t)$函数随时间变化的关系曲线，并确定在反应器内停留时间在 3～6min、7.75～8.25min 以及不超过 3min 的流体所占分率。

解　首先画出 $c(t)$函数曲线

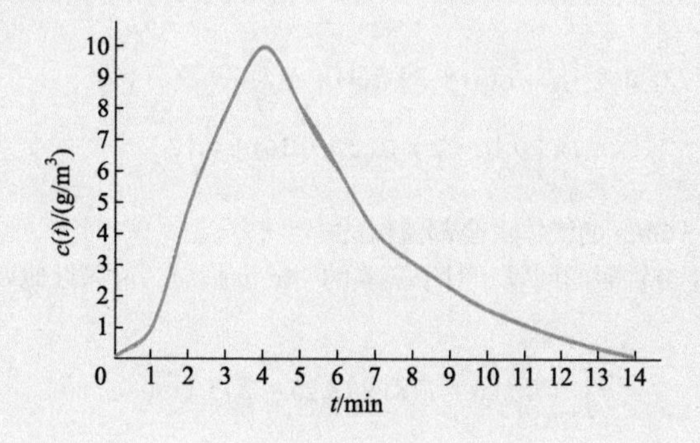

由式(2.94)求 $E(t)$曲线，需计算 $\int_0^{\infty} c(t)\mathrm{d}t$，该积分为 C 曲线下的面积

$$\int_0^{\infty} c(t)\mathrm{d}t = \int_0^{10} c(t)\mathrm{d}t + \int_{10}^{14} c(t)\mathrm{d}t$$

以复化 Simpson 公式对上式右端第一项作数值积分

$$\begin{aligned}\int_0^{10} c(t)\mathrm{d}t &= \frac{1}{3}\{c(0)+4[c(1)+c(3)+c(5)+c(7)+c(9)]+2[c(2)+c(4)+c(6)+c(8)]+c(10)\}\\ &= [0+4\times(1+8+8+4+2.2)+2\times(5+10+6+3)+1.5]/3\\ &= 47.4(\mathrm{g}\cdot\mathrm{min/m^3})\end{aligned}$$

以 Simpson 公式计算第二项积分

$$\begin{aligned}\int_{10}^{14} c(t)\mathrm{d}t &= \frac{2}{3}[c(10)+4c(12)+c(14)] = (2/3)\times(1.5+4\times0.6+0)\\ &= 2.6(\mathrm{g}\cdot\mathrm{min/m^3})\end{aligned}$$

得

$$\int_0^{\infty} c(t)\mathrm{d}t = 50(\mathrm{g}\cdot\mathrm{min/m^3})$$

由式(2.94)计算 $E(t)$函数

$$E(t) = c(t)/\int_0^{\infty} c(t)\mathrm{d}t = c(t)/50(1/\mathrm{min})$$

计算结果如下：

t/min	0	1	2	3	4	5	6	7	8	9	10	12	14
$c(t)$/(g/m³)	0	1	5	8	10	8	6	4	3	2.2	1.5	0.6	0
$E(t)$/(1/min)	0	0.02	0.1	0.16	0.2	0.16	0.12	0.08	0.06	0.044	0.03	0.012	0

由此画出 $E(t)$函数曲线。

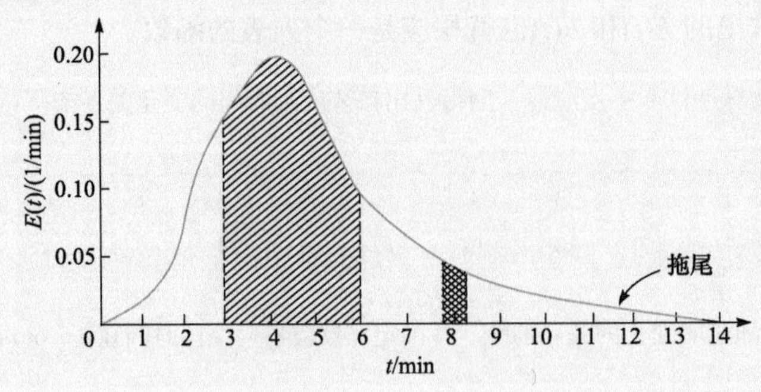

在反应器内停留时间在 3～6min 的流体所占分率为 $\int_3^6 E(t)\mathrm{d}t$，采用复化梯形公式求积

$$\begin{aligned}\int_3^6 E(t)\mathrm{d}t &= 1\times\{E(3)+2[E(4)+E(5)]+E(6)\}/2\\ &= 1\times[0.16+2\times(0.2+0.16)+0.12]/2\\ &= 0.5\end{aligned}$$

即在反应器内停留时间在 3～6min 的流体占全部流体的一半。

由于 7.75～8.25min 的半分钟时间间隔相对于实验的 14min 很短，可以近似以 8min 时的 $E(t)$值以矩形公式计算其分率

$$\int_{7.75}^{8.25} E(t)\mathrm{d}t = E(8)\times(8.25-7.75) = 0.03$$

即在反应器内停留时间在 7.75～8.25min 的流体所占分率为 3%。而且，从 $E(t)$曲线图上还可看出，停留时间更长的流体所占分率更少。通常，将 $E(t)$图上时间很长、分率很小的部分称为拖尾(tail)。

停留时间不超过 3min 的流体分率由复化梯形公式求积

$$\begin{aligned}\int_0^3 E(t)\mathrm{d}t &= 1\times\{E(0)+2\times[E(1)+E(2)]+E(3)\}/2\\&=1\times[0+2\times(0.02+0.1)+0.16]/2\\&=0.2\end{aligned}$$

即在反应器内停留时间不超过 3min 的流体所占分率为 20%。

脉冲法是获得流体停留时间分布密度函数简单而直接的方法，而在反应器进口处的脉冲注入是此法的关键，注入时间与流体在反应器内的停留时间相比要非常短，而且在注入处与反应器进口之间不能有分散作用。如果浓度-时间 $c(t)$曲线拖尾很长，由式(2.93)计算的示踪物总量 N_0 会受影响，使实验准确性下降。此时可以对拖尾部分作外推分析计算，如以指数衰减近似。

2. 阶跃示踪法

有些反应体系采用脉冲法有一定的困难，如气相反应中，反应物在反应器中停留时间较短(有时短到几秒甚至零点几秒)，如果采用气相示踪物，示踪物体积加量较大，很难实现脉冲加料，这种情况下采用阶跃法更为方便。

阶跃法测量过程中，示踪物在 t=0 时刻开始，以恒定的体积流量和浓度连续注入反应器，或进料完全切换为相同体积流量具有恒定示踪物浓度的流体。阶跃法同样要求示踪物与反应物料具有相同的流动特性和物理性质，在反应器中不被吸附、不参加反应。

如果从 t=0 时刻连续稳定注入示踪物，反应器进口的示踪物浓度初始条件为

$$c_0(t)=0 \quad t<0$$

$$c_0(t)=\text{const} \quad t\geqslant 0$$

从注入示踪物时刻开始测定反应器出口示踪物浓度，直到出口示踪物浓度不再变化并接近入口示踪物浓度时结束，测量过程的进口、出口示踪物浓度-时间曲线如图 2.28 所示。

由于示踪物是在 t=0 以后才连续加入反应器的，在时刻 t 出反应器的示踪物的停留时间皆小于 t。实际上，也可以把阶跃实验看成是由一系列连续的脉冲示踪实验构成，每一瞬间的示踪物注入相当于一次脉冲示踪。时刻 t=0 时加入的示踪物在 t 时刻出反应器的那部分在反应器中的停留时间恰好为 t，而在时刻 t 才加入反应器的示踪物在反应器中的停留时间为 0。如果考察在时间$(\theta, \theta+\mathrm{d}\theta)$之间$(0\leqslant\theta\leqslant t)$进入反应器的示踪物(脉冲)，这段时间进入反应器的示踪物量为 $vc_0\mathrm{d}\theta$，而 $vc_0\mathrm{d}\theta$ 中在时刻 t 出反应器的那部分在反应器中的停留时间恰好为 $t-\theta$，它们占 $vc_0\mathrm{d}\theta$ 的分率，根据停留时间分布密度函数的定义，应该等于 $E(t-\theta)$。而示踪物是恒定连续加入反应器的，t 时刻在反应器出口检测到的示踪物应是各个时刻θ加入反应器的示踪物的停留时间为 $t-\theta$ 的那部分的总和，即

$$vc(t)\mathrm{d}t = vc_0\mathrm{d}t\int_0^t E(t-\theta)\mathrm{d}\theta \tag{2.95}$$

令停留时间$\xi=t-\theta$，$\theta=0$ 时，$\xi=t$；$\theta=t$ 时，$\xi=0$，有

$$\int_0^t E(t-\theta)\mathrm{d}\theta = -\int_t^0 E(t-\theta)\mathrm{d}(t-\theta) = \int_0^t E(\xi)\mathrm{d}\xi$$

根据停留时间分布函数的定义式(2.61)，停留时间小于 t 的分率为 $F(t)$

$$F(t) = \int_0^t E(\xi)\mathrm{d}\xi$$

根据式(2.95)，阶跃法测出的是停留时间分布函数 $F(t)$，有

$$F(t) = c(t)/c_0 \tag{2.96}$$

当然，可以根据停留时间分布函数的定义式(2.61)微分，求得停留时间分布密度函数 $E(t)$

$$E(t) = \mathrm{d}F(t)/\mathrm{d}t = \mathrm{d}[c(t)/c_0]/\mathrm{d}t$$

阶跃法不需要知道从进料口加入的示踪物总量，比脉冲法容易操作。但阶跃法直接测量的是停留时间分布函数，要确定停留时间分布密度函数需要对测量数据作微分处理，可能带来较大的数据处理误差。另外，阶跃法中示踪物耗量较大，如果必须采用昂贵的示踪物，一般只能采用脉冲法。

除了脉冲法和阶跃法测定停留时间分布以外，还可用断流法(示踪物连续加入直到出口浓度稳定后，切断示踪物加入)和频率响应法(示踪物按一定频率周期加入)等方法，均可按上述思路对数据进行处理。

2.4.5 停留时间分布的特征

以上所提到的停留时间是指反应物料离开反应器时在反应器内停留的时间，是指反应物料在反应器中的寿命。反应物料在离开反应器时，反应已经终止，就像人和动物死亡一样，停留时间相当于反应物料的寿命(life)。因此，有时出反应器时的停留时间分布称为寿命分布。

如果考察留在反应器内的物料，物料在反应器内停留的时间相当于物料的年龄。反应物料的年龄有时对反应行为有很大影响，如研究催化剂失活的过程中，催化剂在反应器中的年龄对催化剂活性非常重要。因此，将反应器内还未离开反应器的粒子已经在反应器内停留的时间称为反应粒子的年龄(age)，而不同年龄的粒子构成的分布称为年龄分布。

寿命分布是以离开反应器粒子作为样本空间进行统计的，而年龄分布是以尚留在反应器内的粒子作为样本空间进行统计的。对于反应器内单个粒子，可能知道它的年龄，但并不知道它将来的寿命。但对于所有粒子构成的样本空间来说，年龄分布和寿命分布是有联系的。

1. 停留时间分布特征参数

通常所说的停留时间分布是指反应器出口的停留时间分布，即寿命分布。测定反应器出口物料的停留时间分布曲线，可以从分布密度函数曲线图对反应器内的流动状况进行初步的判断。图 2.29 是几种反应器典型的停留时间分布 $E(t)$函数曲线的示意图。图 2.29(a)、(b)的 $E(t)$曲线分别表示与平推流和全混流接近的停留时间分布；图 2.29(c)是固定床反应器的 $E(t)$曲线，主峰出现的时间较空时 τ 提前，且拖尾很长，表明床内存在沟流和死区。图 2.29(d)是连续流动搅拌槽的 $E(t)$曲线，曲线有肩峰，反应器内可能有死区和短路。图 2.29(e)中 $E(t)$曲线出现多峰，反应器内具有循环流的特征。反应器内死区的存在减小了反应器的有效体积，这在设计时是必须要考虑的。

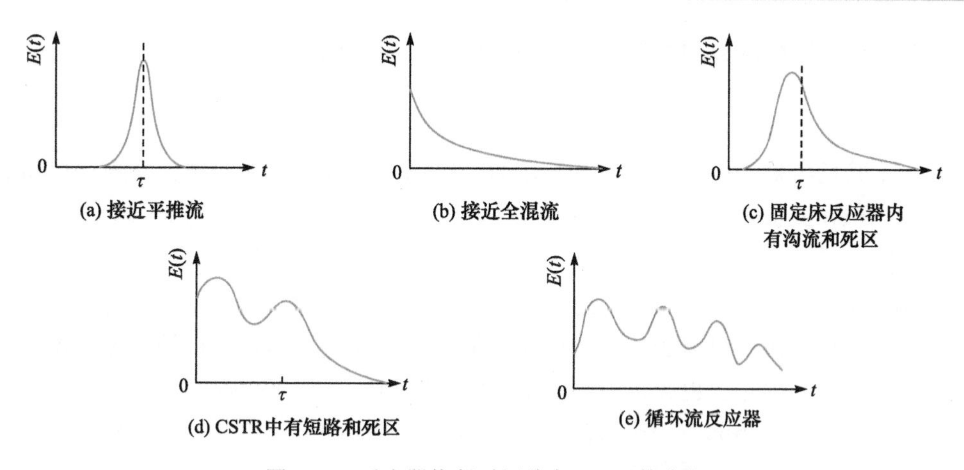

图 2.29　反应器停留时间分布 $E(t)$函数曲线

前面在没有引入停留时间分布时，常用 V/v 表示反应器的空间时间，并以此作为平均停留时间，下面从停留时间分布的角度证明 V/v 就是反应物料在反应器中的平均停留时间τ。根据停留时间分布的平均停留时间的定义式(2.62)，平均停留时间为反应物料停留时间分布的数学期望：

$$\tau=\int_0^\infty tE(t)\mathrm{d}t$$

如果反应器内充满 A 流体，从 t=0 开始切换为以流量 v 恒定流入的另外一种 B 流体(不含 A 流体)，如果无反应发生，随时间的推移，A 流体将全部被置换流出反应器。在 t=0 时刻以后，反应器出口检测到的 A 流体的体积应该等于反应器的体积。由于存在停留时间分布，在反应器出口便能测到一条 A 的浓度随时间的变化曲线，可以算出 A 和 B 的分率。在 $t\sim t+\mathrm{d}t$ 间离开反应器的流体体积为 $v\mathrm{d}t$，其中 A 流体的停留时间皆大于 t，其分率为 $1-F(t)$。因此，$t\sim t+\mathrm{d}t$ 内流出的 A 流体的体积为

$$\mathrm{d}V_\mathrm{A}=(v\mathrm{d}t)[1-F(t)] \tag{2.97}$$

将所有 A 流体的流出体积累加，即为反应器的体积

$$V=V_\mathrm{A}=\int_0^\infty v[1-F(t)]\mathrm{d}t \tag{2.98}$$

由于体积流量 v 恒定，有

$$V/v=\int_0^\infty [1-F(t)]\mathrm{d}t \tag{2.99}$$

分部积分得

$$V/v=t[1-F(t)]\big|_0^\infty+\int_0^1 t\mathrm{d}F(t) \tag{2.100}$$

t=0，$F(t)=0$；$t\to\infty$，$F(t)=1$，式(2.100)右端第一项为零，即

$$V/v=\int_0^1 t\mathrm{d}F(t) \tag{2.101}$$

由分布函数与分布密度函数的关系式(2.61)可知 $\mathrm{d}F(t) = E(t)\mathrm{d}t$，所以

$$V / v = \int_0^{\infty} tE(t)\mathrm{d}t = \tau \tag{2.102}$$

因此，不管反应器流动特性如何，停留时间分布具有什么样的特征，其平均停留时间都可由反应器体积和流量来计算

$$\tau = V/v \tag{2.103}$$

式(2.102)计算出的反应器体积可以看作反应器的有效体积。实际反应器的停留时间分布测定结果经常会出现以式(2.102)计算的反应器体积小于反应器实际体积的现象，说明这时反应器有死区存在。这个方法也经常用来测定反应器的利用率和死区体积。

可以用停留时间分布的方差来表征单个流体物料微元的停留时间与平均停留数据之间的偏差。停留时间分布的方差可由式(2.63)计算得到

$$\sigma^2 = \int_0^{\infty} (t-\tau)^2 E(t)\mathrm{d}t = \int_0^{\infty} t^2 E(t)\mathrm{d}t - \tau^2$$

方差的数值大小表示分布的“散”度，σ^2 越大，表示分布函数越分散；σ^2 越小，表示分布函数分散程度越小，越接近平推流。完全平推流时，没有停留时间分布，$\sigma^2 = 0$。

【例 2.7】 根据例 2.6 的停留时间分布数据计算该反应器的平均停留时间和方差。

解 平均停留时间由式(2.102)计算

$$\tau = \int_0^{\infty} tE(t)\mathrm{d}t$$

该积分可以由数值积分计算，也可作出 $tE(t)$函数与 t 的关系曲线，曲线下的面积就是τ。求出平均停留时间后，方差由式(2.63)计算

$$\sigma^2 = \int_0^{\infty} (t-\tau)^2 E(t)\mathrm{d}t$$

为计算τ和σ^2，由例 2.6 数据整理如下：

t	0	1	2	3	4	5	6	7	8	9	10	12	14
$c(t)$	0	1	5	8	10	8	6	4	3	2.2	1.5	0.6	0
$E(t)$	0	0.02	0.10	0.16	0.20	0.16	0.12	0.08	0.06	0.044	0.03	0.012	0
$tE(t)$	0	0.02	0.20	0.48	0.80	0.80	0.72	0.56	0.48	0.40	0.30	0.14	0
$t-\tau$	−5.15	−4.15	−3.15	−2.15	−1.15	−0.15	0.85	1.85	2.85	3.85	4.85	6.85	8.85
$(t-\tau)^2E(t)$	0	0.34	0.992	0.74	0.265	0.004	0.087	0.274	0.487	0.652	0.706	0.563	0

计算τ

$$\tau = \int_0^{10} tE(t)\mathrm{d}t + \int_{10}^{\infty} tE(t)\mathrm{d}t$$

分别采用复化 Simpson 公式和复化梯形公式计算上式右端的两项积分

$$\begin{aligned}\tau &= \frac{1}{6}\times\frac{10}{5}\times[0+4\times(0.02+0.48+0.80+0.56+0.40)+2\times(0.2+0.80+0.72+0.48)+0.30] \\ &\quad +\frac{1}{2}\times\frac{4}{2}\times(0.30+2\times0.14+0) \\ &= 5.16(\text{min})\end{aligned}$$

以 $tE(t)$对 t 作图，获得如下曲线，曲线下的面积为τ，其值等于 5.16min。

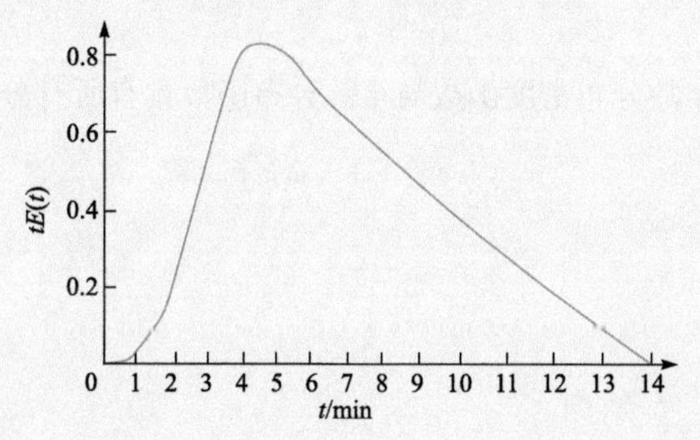

确定平均停留时间τ以后，同样可以用复化 Simpson 公式和复化梯形公式计算停留时间分布函数的方差σ^2

$$\begin{aligned}\sigma^2 &= \int_0^{10}(t-\tau)^2E(t)\mathrm{d}t + \int_{10}^{\infty}(t-\tau)^2E(t)\mathrm{d}t \\ &= [0+4\times(0.34+0.74+0.004+0.274+0.652)+2\times(0.992+0.265+0.087+0.487)+0.7065]/3 \\ &\quad +2\times(0.706+2\times0.563+0)/2 \\ &= 6(\mathrm{min}^2)\end{aligned}$$

以$(t-\tau)^2E(t)$对 t 作图，图中曲线下的面积即为停留时间分布的方差σ^2，其值等于 6min^2。

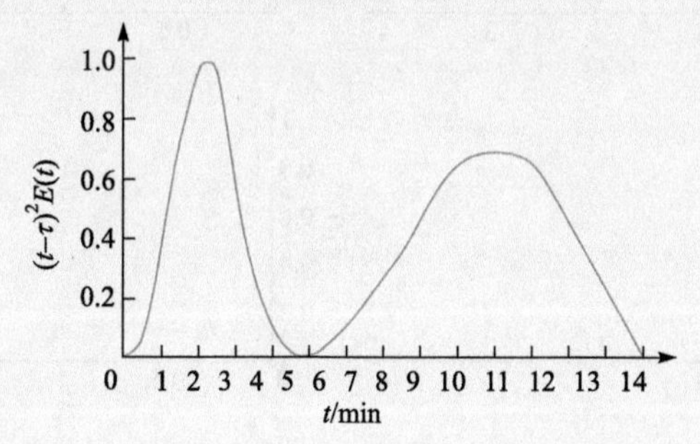

2. 反应器内物料年龄分布

在流化催化裂化(fluid catalytic cracking, FCC)的催化过程中，催化剂粒子在反应器中很快失活，催化剂的活性与催化剂粒子在反应器中已经停留的时间有直接的关系；在高分子聚合反应中，反应物料在反应器内停留的时间与其相对分子质量、黏度、传递性能等有很大关系。在这些情况下，反应器内部的状态更为重要，它们又直接影响反应器最终的反应结果。就像进行人口普查时，人的寿命分布固然是反映社会发展水平的一个方面，而人的年龄分布却是反映社会活力的更重要的特征。

反应器内的粒子，单个粒子在反应器内已经停留的时间称为该粒子的年龄，具有不同年龄的反应器内粒子构成了年龄分布。如果年龄在$[a, b]$之间的粒子所占的分率为

$$\text{反应器中年龄在}[a, b]\text{之间的粒子出现的概率}=\int_a^b I(t)\mathrm{d}t \tag{2.104}$$

函数 $I(t)$便是年龄分布密度函数。同理可以定义年龄分布函数 $Y(t)$为反应器内年龄小于 t 的粒子分率

$$Y(t)=\int_0^t I(t)\mathrm{d}t \tag{2.105}$$

从定义可以看出，年龄分布密度函数与年龄分布函数具有所有分布函数的特性，如

$$\mathrm{d}Y(t)/\mathrm{d}t=I(t)$$

$$\int_0^\infty I(t)\mathrm{d}t=1$$

$$Y(0)=0$$

$$Y(\infty)=1$$

图 2.30 给出了全混流和平推流反应器两种理想反应器的停留时间分布密度函数、分布函数和年龄分布密度函数、分布函数示意图。

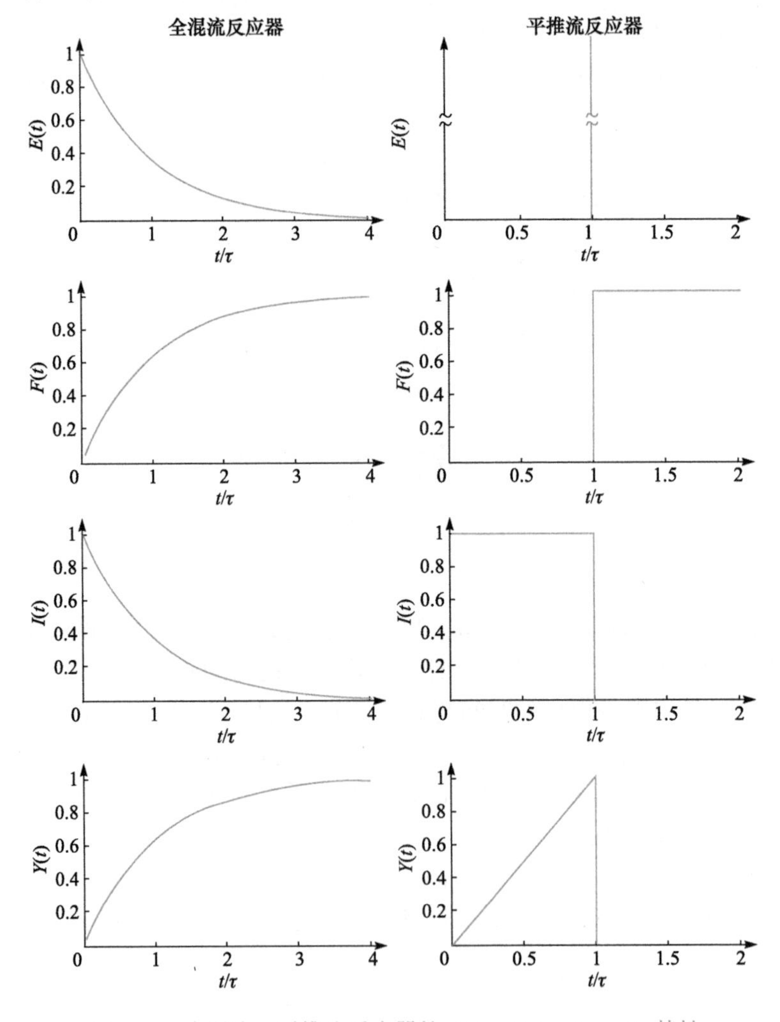

图 2.30 全混流、平推流反应器的 $E(t)$、$F(t)$、$I(t)$、$Y(t)$特性

在催化剂失活较快，需要不断再生的反应器中，为了维持反应器的稳定操作，通常采用流化床或移动床反应器，再生后的催化剂被不断加入反应器，而失活的催化剂被取走。尽管可能测到某一催化剂粒子在某一时刻的反应活性，但很难从这一活性直接得到整个反应器的

反应行为，因为该粒子在另一时刻可能便有不同的活性。这种情况下，可以利用催化剂粒子在反应器内年龄分布求出全部催化剂粒子的平均活性，便可以平均活性估算反应器的整体反应行为。

假设通过催化剂的失活动力学测到催化剂活性随反应进程的衰减规律，也就是说知道催化剂的活性与催化剂年龄的关系 $R(t)$。如果反应器中催化剂粒子总数为 N_0，年龄为 t 的催化剂粒子的活性为 $R(t)$，而反应器中年龄在$(t, t+\mathrm{d}t)$的粒子分率为 $I(t)\mathrm{d}t$，这部分催化剂粒子具有的活性为 $N_0R(t)I(t)\mathrm{d}t$，则反应器内催化剂总的活性便是所有催化剂粒子活性的总和

$$R=\int_0^{\infty} N_0 R(t)I(t)\mathrm{d}t \tag{2.106}$$

反应器中催化剂粒子的平均活性为

$$\overline{R}=\int_0^{\infty} R(t)I(t)\mathrm{d}t \tag{2.107}$$

可以通过催化剂的平均活性计算反应器整体反应行为。

反应器停留时间分布密度函数 $E(t)$即是反应物料流出反应器时的年龄分布，因此，与反应器内的年龄分布密度函数 $I(t)$之间有确定的关系，可以通过测定 $E(t)$来求出 $I(t)$。考察一个稳态下连续操作的反应器，其内充满反应物料 A，体积为 V。从 t=0 时刻开始，以 v 的体积流率注入 B 流体，并最终置换 A 流体。在某一时刻 t，离开反应器的物料中 B 流体的停留时间小于 t，占出口物料的分率为 $F(t)$；而离开反应器物料中 A 流体的停留时间都大于 t，所占的分率为$[1-F(t)]$。考察此时留在反应器中的流体，B 流体年龄均小于 t，占反应器内流体的分率为 $Y(t)$；而留在反应器中的 A 流体，年龄均大于 t，占反应器内流体的分率为$[1-Y(t)]$。

t 时刻反应器内 A 的体积为 $V[1-Y(t)]$，而$(0, t)$之间离开反应器的 A 流体体积应为 $\int_0^t v[1-F(t)]\mathrm{d}t$。二者之和等于反应器体积 V

$$V=V[1-Y(t)]+\int_0^t v[1-F(t)]\mathrm{d}t$$

有

$$Y(t)=(v/V)\int_0^t [1-F(t)]\mathrm{d}t \tag{2.108}$$

式(2.108)是年龄分布函数 $Y(t)$与停留时间分布函数 $F(t)$之间的关系。将式(2.108)两边微分，可得到年龄分布密度函数 $I(t)$与停留时间分布函数 $F(t)$之间的关系

$$I(t)=(1/\tau)[1-F(t)] \tag{2.109}$$

以及年龄分布密度函数 $I(t)$与停留时间分布密度函数 $E(t)$之间的关系

$$E(t)=-\mathrm{d}[\tau I(t)]/\mathrm{d}t \tag{2.110}$$

【例 2.8】 流化床反应器中，由于催化剂失活，需不断进行再生循环，固体催化剂颗粒不断流进、流出反应器，催化剂粒子在流化床中的流动模型可以用全混流模型模拟。催化剂活性 R 与其年龄 t 的关系为 $R(t)=\mathrm{e}^{-kt}$，若催化剂流经流化床的平均停留时间为τ，试确定反应器内催化剂的平均活性 $\overline{R}$。

解　催化剂颗粒的平均活性由其在反应器内的内部年龄分布决定，由式(2.107)计算

$$\overline{R}=\int_0^\infty R(t)I(t)\mathrm{d}t$$

由式(2.109)和式(2.110)得

$$I(t)=(v/V)[1-F(t)]=(1/\tau)\exp(-t/\tau)$$

故

$$\overline{R}=\int_0^\infty \mathrm{e}^{-kt}\frac{1}{\tau}\mathrm{e}^{-t/\tau}\mathrm{d}t=\frac{1}{1+k\tau}$$

2.4.6 停留时间分布函数与反应器模型

在本章开始讨论了反应器流型对反应特性的影响，不同反应器中进行同一反应，要达到相同的转化率，所需的平均停留时间是不同的。换句话说，具有相同平均停留时间的不同反应器所能达到的转化率是不同的。反应器流动模型除了影响转化率外，还会影响反应的选择性、收率等。测量、研究反应器内流体的停留时间分布是为了通过了解反应器内的流动情况，预测实际反应器中的反应行为。流动模型又是如何影响反应器内的反应呢？又如何利用停留时间分布预测反应器的反应行为呢？先分析下面的例子。

【例 2.9】 在全混流反应器中进行一级反应，反应器平均停留时间τ为 1min，反应速率常数 k 为 1/min，液相反应物的初始浓度 c_{A0} 为 1kmol/m³。求反应转化率。

解 全混流反应器中的流体是充分混合的，反应器内每一微元都在与周围的流体微元进行充分的物质交换，每一点(甚至在分子范围内)的浓度均是相等的，全混流反应器的转化率很容易求得，因为

$$\tau=(c_{A0}-c_A)/kc_A$$

$$c_A=c_{A0}/(1+k\tau)=0.5(\mathrm{kmol/m^3})$$

但有这样一些反应，物料的黏度很高或反应物料是高度分散的乳化胶团，每一微团与其他微元的传质很差，即使强烈搅拌，物料在反应器内还是只处于宏观混合状态。这时，微团内浓度并不因为周围的微团浓度低而降低，也不因为周围微团浓度高而升高，每个微团相当于一个微型反应器。尽管反应器内每一局部的浓度是相等的，但每一局部的浓度只是这一局部范围内所有微团的平均浓度。

着眼于某一微团内发生的反应，浓度变化只与其内发生的反应有关，而与其在反应器中的流动路线无关。如果该微团在反应器中停留了时间 t，该微团相当于一个反应时间为 t 的间歇反应器，则该微团出反应器时的浓度为

$$c_A^*=c_{A0}\exp(-kt)$$

而在出口测定的浓度实际上是物料中所有微团的平均浓度，其中停留时间为 t 的微团占的分率为 $E(t)\mathrm{d}t$，因此，反应器出口的浓度为

$$c_A=\int_0^\infty c_A^*E(t)\mathrm{d}t=\int_0^\infty c_{A0}\mathrm{e}^{-kt}\frac{1}{\tau}\mathrm{e}^{-t/\tau}\mathrm{d}t=-\frac{c_{A0}}{1+k\tau}\mathrm{e}^{-t(1+k\tau)/\tau}\Big|_0^\infty=\frac{c_{A0}}{1+k\tau}$$

可以看到，利用停留时间分布算出的出口浓度与用全混流反应器设计方程算出的出口浓度是一致的，也为 0.5kmol/m³。反应的转化率为 50%。

从以上例子可以看到，可以假设每一微元是一个分离的间歇反应器，根据停留时间分布密度函数求得出口转化率。如果在例 2.5 中的反应器内进行一级反应，全混流串联平推流反应器的出口浓度为

$$c_A = [c_{A0}/(1 + k\tau_s)]\exp(-k\tau_p) = 0.184(\text{kmol/m}^3)$$

平推流串联全混流反应器时，出口浓度为

$$c_A = [c_{A0}\exp(-k\tau_p)][1/(1+k\tau_s)] = 0.184(\text{kmol/m}^3)$$

由于两种情况的停留时间分布函数相同，假设反应物料微元为独立的，出口浓度可由下式计算

$$c_A = \int_0^\infty c_A^* E(t)\mathrm{d}t = \int_{\tau_p}^\infty c_{A0}\mathrm{e}^{-kt}\frac{1}{\tau_s}\mathrm{e}^{-(t-\tau_p)/\tau_s}\mathrm{d}t$$

$$= -\frac{c_{A0}\mathrm{e}^{-k\tau_p}}{1+k\tau_s}\mathrm{e}^{-t(1+k\tau_s)/\tau_s}\Bigg|_0^\infty = \frac{c_{A0}\mathrm{e}^{-k\tau_p}}{1+k\tau_s}$$

结果与上面计算完全一样，也为 0.184kmol/m^3。

但是，同样在例 2.5 中的反应器内进行二级反应，不同串联情况下其反应转化率就不相同。显然，尽管出口停留时间分布相同，反应器内流动和反应状况不同也会引起反应特性的差异，这种情况下就不能利用宏观流体的处理方法根据停留时间分布密度函数来求出口参数。由于停留时间分布函数反映的是反应器内的宏观混合(macromixing)信息，对于一级反应这样的线性系统，流体微元分子之间微观混合造成的浓度改变对反应结果没有影响，只要确定了反应流体在反应器内的停留时间分布，就可预测其转化率。但对于其他的非线性反应系统，就必须考虑实际反应器内流体微元之间发生在分子水平上复杂的微观混合(micromixing)因素，流体微元之间发生的质量交换对反应器行为有重要影响。

微观混合是指反应器内不同年龄的流体分子群之间的物质交换，微观混合也有两种极限状态：①相同年龄的所有流体分子群在反应器内不与其他年龄的流体分子群混合，称为完全离析(complete segregation)，相应的流体称为宏观流体(macrofluid)；②反应器内不同年龄的分子群之间进行充分的物质传递，称为完全微观混合(complete micromixing)，相应的流体称为微观流体(microfluid)。对于有确定宏观混合状态(确定了反应器的停留时间分布)的反应器，微观混合的这两种极限也分别确定了反应器转化率的上限和下限。对于反应级数大于 1 的反应，离析流模型将给出最高的转化率；而对反应级数小于 1 的反应，完全微观混合模型反应器的出口转化率最高。

因此，进行反应器模型研究，需要将反映表观特性的停留时间分布函数与反应器内流体分子群的微观混合特性结合起来，在停留时间分布函数的基础上，引入能反映微观混合特性的可调模型参数，才能等效模拟实际非理想反应器的特性。但这种模型在本质上与机理模型还是有区别，因为其出发点是以抽象的模型和模型参数去模拟实际的非理想流动反应器。

在停留时间分布函数的基础上，依据引入的反映微观混合程度的模型参数的个数，可将用于预测实际反应器转化率的流动模型分为三类：①零参数模型(zero-parameter model)，包括离析流模型、最大混合模型；②单参数模型(one-parameter model)，包括多釜串联模型、扩散模型；③两参数模型：理想反应器的组合模型。

1. 零参数模型

1) 离析流模型

离析流模型(segregation model)是指每一流体微元相当于一个间歇反应器，相互间没有物

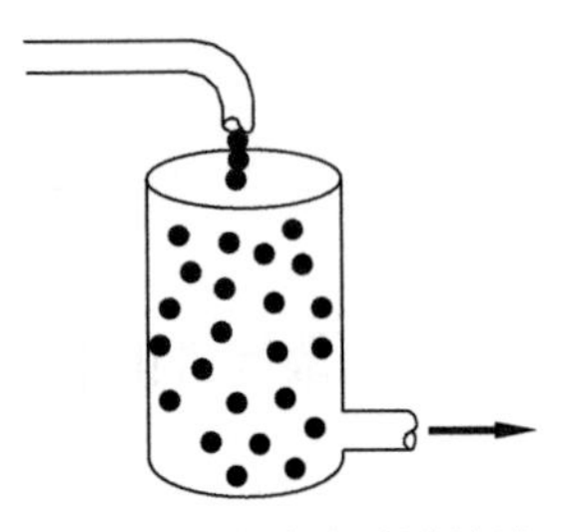

图2.31 连续流动搅拌槽反应器中的离析流
每一液滴等同于一个小的间歇反应器

质交换。例如，在全混流反应器中，不同年龄的流体微元完全不混合，则各微元始终保持离析状态，设想处于离析状态的流体微元以刚性的球状液滴流经搅拌槽反应器的情况，如图 2.31 所示。

这些液滴在流过反应器过程中，不与其他年龄的液滴发生质量交换而混合，各液滴相当于一个小的间歇反应器，各液滴在反应器内的停留时间不同。流体在出口处的浓度可以由间歇反应器的浓度和停留时间分布密度函数求得

$$c_{\mathrm{A}}=\int_0^{\infty}c_{\mathrm{A}}^{*}E(t)\mathrm{d}t$$

如果液滴内的转化率为 x_{A}^{*}，反应器出口转化率为 x_{A}，则

$$\begin{aligned}x_{\mathrm{A}}&=1-c_{\mathrm{A}}/c_{\mathrm{A0}}=1-\int_0^{\infty}(c_{\mathrm{A}}^{*}/c_{\mathrm{A0}})E(t)\mathrm{d}t\\&=1-\left[\int_0^{\infty}E(t)\mathrm{d}t-\int_0^{\infty}(1-c_{\mathrm{A}}^{*}/c_{\mathrm{A0}})E(t)\mathrm{d}t\right]\\&=1-\left[1-\int_0^{\infty}x_{\mathrm{A}}^{*}E(t)\mathrm{d}t\right]\end{aligned}$$

因此，出口转化率也可以用同样的方法求得

$$x_{\mathrm{A}}=\int_0^{\infty}x_{\mathrm{A}}^{*}E(t)\mathrm{d}t \tag{2.111}$$

对于平推流反应器，在每一横截面微元内反应流体都具有相同的停留时间，同一截面上所有微元内的浓度条件都是相等的，由于没有轴向混合，同一截面上微元之间的微观混合对微元内浓度没有影响。因此，平推流反应器中完全离析和完全微观混合的反应特性是没有区别的，可以不考虑微观混合问题。对于完全离析的层流管式反应器，反应转化率也可以由式(2.111)计算。

换一种方式考虑问题，可以将完全离析流动的反应器想象成一个平推流反应器，刚性粒子从反应器进口加入，而不断从反应器的不同位置取出，如图 2.32 所示。不同位置的反应物料具有不同的停留时间，不同停留时间下的粒子多少便构成了停留时间分布，如果取出的粒子在最后混合在一起，总的反应转化率也就可以用同样的方法根据停留时间分布密度函数求得。

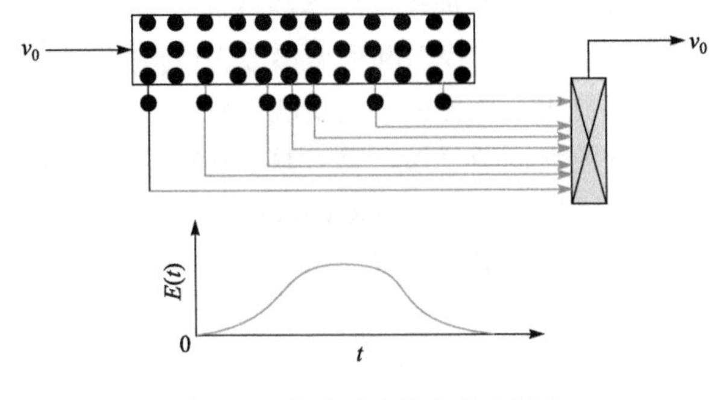

图 2.32 管式反应器中的离析流

因此，无论在何种完全离析流动的实际反应器中，反应器出口的转化率都可以用式(2.111)计算，x_A^* 是以间歇反应器模型计算的反应物料转化率。

在完全离析流动情况下的平推流和全混流反应器中进行一级反应：

$$A \xrightarrow{k} 产物$$

其出口转化率可以由下面算式计算。

平推流反应器的停留时间分布函数为

$$E(t) = \delta(t-\tau)$$

则

$$x_A = \int_0^\infty x_A^* E(t)\mathrm{d}t = \int_0^\infty (1-\mathrm{e}^{-kt})\delta(t-\tau)\mathrm{d}t = 1-\mathrm{e}^{-k\tau}$$

与平推流反应器设计方程式对一级反应计算所得结果是一致的。

全混流反应器的停留时间分布函数为

$$E(t) = (1/\tau)\exp(-t/\tau)$$

则

$$x_A = \int_0^\infty x_A^* E(t)\mathrm{d}t = \int_0^\infty (1-\mathrm{e}^{-kt})(1/\tau)\mathrm{e}^{-t/\tau}\mathrm{d}t$$

$$= 1 + \frac{1}{\tau(k+1/\tau)}\mathrm{e}^{-(k+1/\tau)t}\Big|_0^\infty = \frac{k\tau}{1+k\tau}$$

与按全混流反应器设计方程式计算的出口转化率相同。

任何离析流反应器中进行一级反应，预测其出口转化率只需要反应器停留时间分布函数，而不需要反应器内微观混合程度和具体的流动特性。

【例 2.10】 反应器内进行液相一级不可逆反应，其停留时间分布由例 2.6、例 2.7 的实验数据给出。若反应速率常数 $k = 0.1(1/\text{min})$，计算反应器出口转化率。

解　由式(2.111)得一级反应出口转化率为

$$x_A = \int_0^\infty (1-\mathrm{e}^{-kt})E(t)\mathrm{d}t = 1-\int_0^\infty \mathrm{e}^{-kt}E(t)\mathrm{d}t$$

由 $E(t)$实验数据和反应速率常数 k 整理如下：

T	0	1	2	3	4	5	6	7	8	9	10	12	14
$E(t)$	0	0.02	0.10	0.16	0.20	0.16	0.12	0.08	0.06	0.044	0.03	0.012	0
$\mathrm{e}^{-0.1t}$	1	0.905	0.819	0.741	0.670	0.607	0.549	0.497	0.449	0.407	0.368	0.301	0.247
$\mathrm{e}^{-0.1t}E(t)$	0	0.018	0.082	0.119	0.134	0.097	0.066	0.040	0.027	0.018	0.011	0.004	0

$$\int_0^\infty \mathrm{e}^{-0.1t}E(t)\mathrm{d}t = \int_0^{10} \mathrm{e}^{-0.1t}E(t)\mathrm{d}t + \int_{10}^{14} \mathrm{e}^{-0.1t}E(t)\mathrm{d}t$$

分别采用复化 Simpson 公式和复化梯形公式计算上式右端的两项积分：

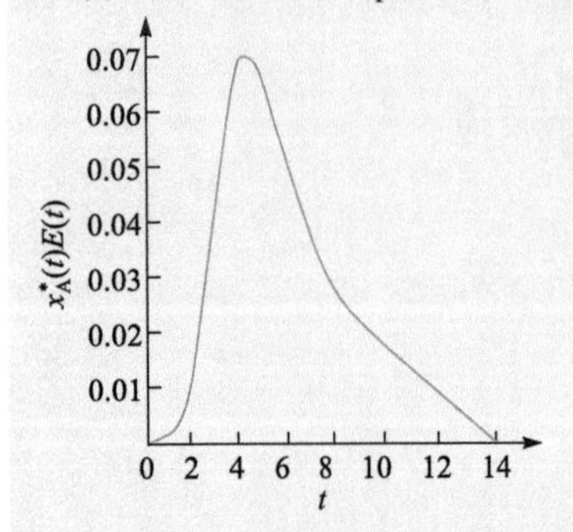

$$\int_0^\infty e^{-0.1t}E(t)dt = [0 + 4 \times (0.018 + 0.119 + 0.097 + 0.040 + 0.018) + 2 \times (0.082 + 0.134 + 0.066 + 0.027) + 0.011]/3 + 2 \times (0.011 + 2\times 0.004 + 0)/2 = 0.618$$

$$x_A = 1 - 0.618 = 0.382$$

即反应器出口转化率为 38.2%。

如果以 $x_A^*(t)E(t)$ 对 t 作图，反应器出口转化率为 $x_A^*(t)E(t)$ 曲线下的面积，直观结果如图所示。

对于一级反应，只需利用停留时间分布密度函数 $E(t)$和间歇反应器的转化率计算实际反应器出口转化率。

2) 最大混合模型

离析流模型认为不同年龄的流体微元分子群流经反应器过程中不发生混合，物料仅在反应器出口处发生混合。混合的影响发生在反应发生之后，可以认为完全离析流动是最小微观混合的极端状态。与离析流动模型对应的另外一个极端，是不同年龄的流体微元分子群之间完全均匀混合，即最大混合模型(maximum mixedness model)。

前面就平推流反应器不同点侧向出料说明完全离析反应器，如果反过来不是在不同停留时间点出料，而是在不同停留时间点进料，进料后同一截面上的物料能瞬间充分混合，便构成与离析流动完全不同的混合模式。物料微元所发生的混合发生在其进入反应器的瞬间，相对于微元的停留时间，是最早的混合。不同的侧向进料位置，对应不同的停留时间，不同位置物料流入量的变化，便构成了对停留时间的分布函数。

对应于不同返混程度的实际反应器，如图 2.33 所示，从最左端进入的流体微元在反应器内停留时间最长(对应于实际反应器中的滞流区)，从最右端进入的微元停留时间最短(对应于实际反应器中的短路或沟流)。由于反应器内没有轴向混合，各轴向截面完全均匀混合，并同时伴有新鲜物料的进入。以 t 代表流体从进入点到离开反应器的时间，物料从左到右流动，各侧向位置进入物料的停留时间 t 相应由长到短。如果反应管长度无限，t 将在$(0, \infty)$之间变化。在时间 $t+dt$ 与 t 之间侧向进入物料的体积流量为 $v_0E(t)dt$，由于从加入点左侧加入的物料的停留时间将大于 t，而加入点以后所加的物料的停留时间将小于 t。因此，在加入点处反应器内截面上的物料体积流量便是加入点左侧加入的物料量，也就是停留时间大于 t 的那部分物料，有

$$v(t) = v_0[1-F(t)] \tag{2.112}$$

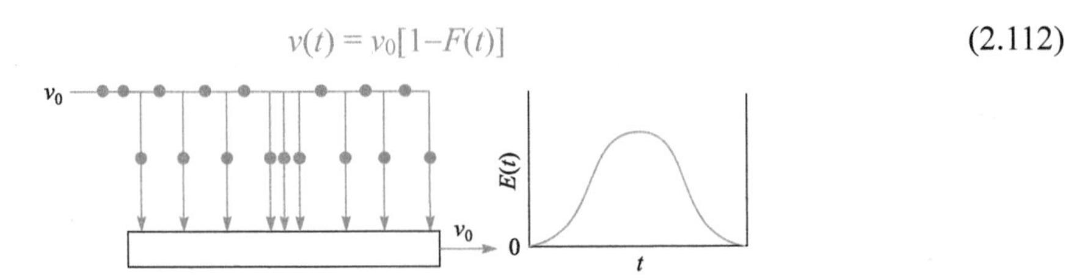

图 2.33 平推流反应器中的最大混合模型

对任一侧向进料处进行微元衡算，如图 2.34 所示。

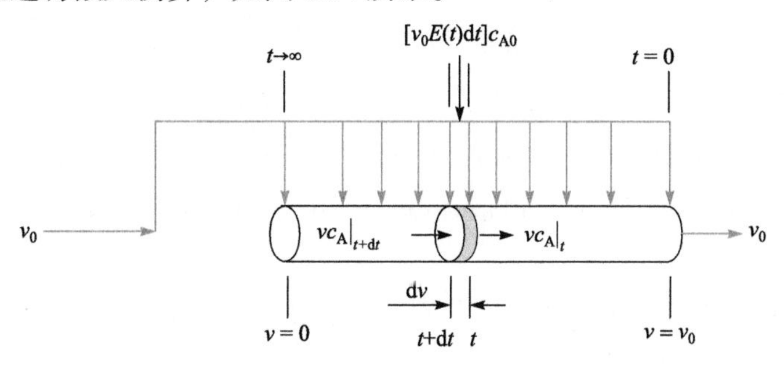

图 2.34　以侧向进料的平推流反应器说明最大混合模型

对微元内组分 A 进行物料衡算

$$[\text{轴向进入量}]+[\text{侧向进入量}]-[\text{流出量}]-[\text{反应消耗量}]=0$$

即

$$\mathrm{d}[v(t)c_A]+v_0c_{A0}E(t)\mathrm{d}t-r_A\mathrm{d}V=0$$

代入

$$\mathrm{d}V=v(t)\mathrm{d}t,\quad v(t)=v_0[1-F(t)],\quad \mathrm{d}v(t)=\mathrm{d}\{v_0[1-F(t)]\}=-v_0E(t)\mathrm{d}t$$

有

$$c_A[-v_0E(t)\mathrm{d}t]+v_0[1-F(t)]\mathrm{d}c_A+v_0c_{A0}E(t)\mathrm{d}t-v_0[1-F(t)]r_A\mathrm{d}t=0$$

$$\frac{\mathrm{d}c_A}{\mathrm{d}t}=r_A-\frac{E(t)}{1-F(t)}(c_{A0}-c_A) \tag{2.113}$$

边界条件为

$$t\to\infty\quad c_A=c_{A0}$$

对液相恒容过程，$c_A=c_{A0}(1-x_A)$，代入上式得

$$\frac{\mathrm{d}x_A}{\mathrm{d}t}=-\frac{r_A}{c_{A0}}+\frac{E(t)}{1-F(t)}x_A \tag{2.114}$$

边界条件为

$$t\to\infty\quad x_A=0$$

对于实际反应器，$E(t)$、$F(t)$均为离散的实验数据，对时间由大到小逆向数值积分，可求得反应器出口浓度或出口转化率。

【例 2.11】　液相二聚反应 $2A\xrightarrow{k}B$，速率方程式 $r_A=kc_A^2$，反应温度下 $k=0.01\text{L/(mol}\cdot\text{min)}$，以纯 A 进料，$c_{A0}=8\text{mol/L}$，搅拌反应器体积 1000L，进料速率 25L/min。以脉冲法实验，示踪物加入量为 100g，实验时间和反应器出口示踪物浓度如下所示，试确定因微观混合程度的差异，相应的反应器出口转化率范围。

t/min	0	5	10	15	20	30	40	50	70	100	150	200
c/(mg/L)	112	95.8	82.2	70.6	60.9	45.6	34.5	26.3	15.7	7.67	2.55	0.90
$E(t)\times100$/(1/min)	2.80	2.40	2.06	1.77	1.52	1.14	0.863	0.658	0.393	0.192	0.0638	0.0225
$1-F(t)$	1.000	0.871	0.760	0.663	0.584	0.472	0.353	0.278	0.174	0.087	0.024	0.003
$E(t)/[1-F(t)]$/(1/min)	0.0280	0.0276	0.0271	0.0267	0.0260	0.0242	0.0244	0.0237	0.0226	0.0221	0.0266	0.075

解 微观混合程度差异的极限范围分别是完全离析和最大混合，以两种模型分别计算反应的出口转化率。

(1) 离析流模型。

对恒容二级反应，其转化率为

$$x_A^* = c_{A0}kt/(1+c_{A0}kt)$$

反应器出口转化率为

$$x_A = \int_0^\infty x_A^* E(t)\mathrm{d}t$$

分别计算各时刻的 x_A^*，与相应的 $E(t)\Delta t$ 相乘，得到如下结果，然后以复化梯形公式进行数值积分。

离析流模型计算数据

t/min	0	5	10	15	20	30	40	50	70	100	150	200
x_A^*	0	0.286	0.444	0.545	0.615	0.706	0.762	0.800	0.848	0.889	0.923	0.941
$x_A^*E(t)\times100$	0	0.686	0.916	0.965	0.935	0.805	0.658	0.526	0.333	0.171	0.059	0.021

$$\begin{aligned} x_A &= \{5\times[0+2\times(0.686+0.916+0.965)+0.935]\}/2+10\times[0.935+2\times(0.805+0.658)+0.526]/2 \\ &\quad +20\times(0.526+0.333)/2+30\times(0.333+0.171)/2+[50\times(0.171+0.021+2\times0.059)/2]/100 \\ &=61\% \end{aligned}$$

(2) 最大混合模型。

对离散的实验数据，最大混合模型计算实际反应器出口转化率，要对模型方程式(2.114)作数值求解，采用显式尤勒(Euler)方法，得

$$x_A^{i+1} = x_A^i + \left[-kc_{A0}(1-x_A^i)^2 + \frac{E(t_i)}{1-F(t_i)}x_A^i\right]\Delta t$$

从 $t=200$，$x_A=0$ 开始以适当的步长计算，最终收敛到反应器出口 $t=0$ 处，转化率为 56%。即因微观混合程度的差异，反应器出口转化率范围从最大微观混合的 56%变化到完全离析的 60%。

反应器内最迟混合的完全离析和最大混合(最早混合)，这两种反映微观混合极限的零参数模型可以用以预测反应器出口转化率，尽管实际反应器微观混合程度变化较大，反应器出口转化率会受到影响，但两种模型总能提供极限混合状态下的参考结果。

2. 单参数模型

非一级反应转化率受反应器内微观混合的影响，理想模型和零参数模型只是对确定的特殊状况进行了模拟，为了更准确描述不同反应微观混合状态下的反应特征，通过引入可调参数对理想流动反应器进行组合、修正，使其在流动特性上与实际非理想流动反应器等

效，利用停留时间分布函数用于检验、评价模型参数，从而在宏观上实现对实际反应器的等效模拟。

模型参数的引入使模型所能表现的非线性现象更加丰富，但其只是在表观层次上的逼近，与机理模型有本质的区别。参数的增加使模型在数值上的描述适应性更强，但同时物理意义更加模糊，求解所需的数学方法也更加复杂，如果参数引入过多，虽然模拟实验值可能更准确，但对模型在实验点外区域的稳定性有很大的影响，对反应器真实状况的描述可能更失真，因此，一般最多用到两参数模型。

搅拌槽反应器中，在器壁附近区域的混合程度与搅拌浆附近区域的充分、均匀混合是有差异的，而且物料进、出口又呈不确定的流道流进、流出搅拌中心区域，可以采用两个有物料交换的全混流反应器并联操作来模拟实际的搅拌槽反应器。如图 2.35 所示，以其体积比作为模型参数，对于设定的体积比可以计算出反应器的停留时间分布，通过调节体积比使模拟反应器与实际反应器的停留时间分布尽量接近。当然，也可以假设反应器由一个全混流与一个平推流理想反应器的组合而成，采用什么样的模型模拟实际反应器，取决于实际反应器中的流动状况接近于哪一种模型。

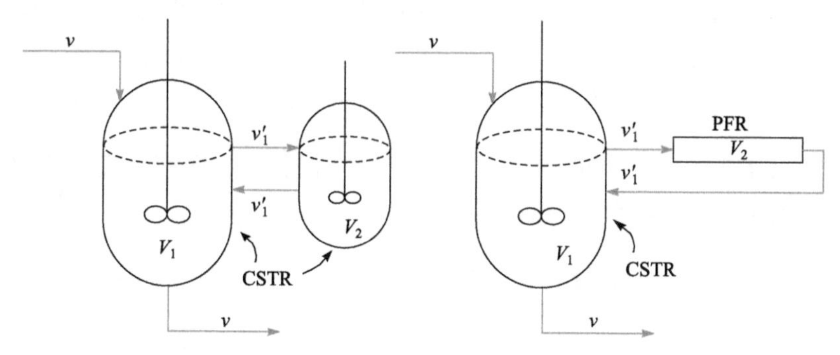

图 2.35　不同的理想反应器组合模拟实际搅拌槽

一旦选定模型后，要通过一些比较简单的实验来检验模型的合理性，并确定模型参数。以单参数模型研究实际的非理想反应器，可以通过分析示踪实验测定停留时间分布的方法确定模型参数。对于实际的搅拌槽反应器，死区容积 V_D 或未反应的短路流体所占分率 f 均可作为单参数模型的可调参数。而对于管式反应器，单参数模型可以是多釜串联模型(tanks-in series model)或扩散模型(dispersion model)，反应釜个数 n 或轴向扩散系数 D_e 分别为这两种模型的参数。

1) 多釜串联模型

管式反应器中，尽管物料始终从进口流向出口，但在反应器的各个局部可能存在局部返混，反应物料就像通过一个又一个的搅拌反应器才出反应器的一样；在较大的搅拌反应器中，经常有多桨搅拌或多区搅拌，尽管在搅拌情况下，反应物料从进口到出口总需要一定的时间，也可以认为反应物料是通过多个串联的搅拌反应器。这些情况下，物料在反应器中的混合程度不同可以认为是通过的串级反应器个数不同引起的。因此，可以调整串级反应器个数，使其停留时间分布与实际反应器接近，再通过串级模型反应结果模拟实际反应器，计算反应的转化率。

设想实际反应器由 n 个体积均为 V 的全混流反应器串联模拟，过程容积恒定，物料在每一个反应器中的平均停留时间均为τ，总平均停留时间为 $n\tau$，如图 2.36 所示。

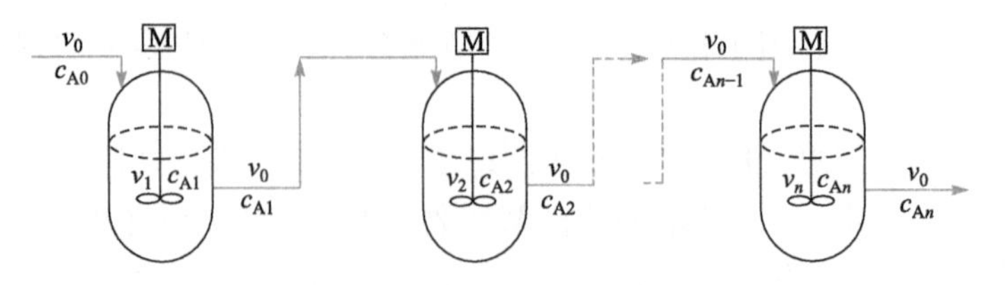

图 2.36　n 个等体积全混流反应器串联

如果物料粒子在 $t=0$ 时刻进入反应器，则粒子在时刻 t 时出反应器 1 的概率等于反应器 1 的停留时间分布密度函数 $E_1(t)$，有

$$E_1(t)=(1/\tau)\mathrm{e}^{-t/\tau}$$

如果物料粒子在反应器 1 中停留时间为 θ，而在反应器 2 中停留时间为 $t-\theta$，则粒子在两个反应器中停留的时间刚好为 t，根据概率分布的条件概率的计算方法，粒子在时间 t 出反应器 2 的概率为

$$\begin{aligned}E_2(t)&=\int_0^t E_1(\theta)\frac{1}{\tau}\mathrm{e}^{-(t-\theta)/\tau}\mathrm{d}\theta=\int_0^t\frac{1}{\tau}\mathrm{e}^{-\theta/\tau}\frac{1}{\tau}\mathrm{e}^{-(t-\theta)/\tau}\mathrm{d}\theta\\&=\frac{1}{\tau^2}t\mathrm{e}^{-t/\tau}\end{aligned}$$

如果物料粒子在反应器 1 和反应器 2 中总停留时间为 θ，而在反应器 3 中停留时间为 $t-\theta$，则粒子在时间 t 出反应器 3 的概率为

$$\begin{aligned}E_3(t)&=\int_0^t E_2(\theta)\frac{1}{\tau}\mathrm{e}^{-(t-\theta)/\tau}\mathrm{d}\theta=\int_0^t\frac{1}{\tau^2}\theta\mathrm{e}^{-\theta/\tau}\frac{1}{\tau}\mathrm{e}^{-(t-\theta)/\tau}\mathrm{d}\theta\\&=\frac{1}{2\tau^3}t^2\mathrm{e}^{-t/\tau}\end{aligned}$$

依此类推，粒子在时刻 t 出第 n 个反应器的概率为

$$E_n(t)=\int_0^t E_{n-1}(\theta)\frac{1}{\tau}\mathrm{e}^{-(t-\theta)/\tau}\mathrm{d}\theta=\frac{1}{(n-1)!\tau^n}t^{n-1}\mathrm{e}^{-t/\tau}\tag{2.115}$$

式中，$E_n(t)$便是以 n 个平均停留时间均为 τ 的反应器串联时的停留时间分布密度函数。积分可得停留时间分布函数 $F(t)$

$$F(t)=1-\mathrm{e}^{-t/\tau}\left[1+\frac{t}{\tau}+\frac{1}{2!}\left(\frac{t}{\tau}\right)^2+\cdots+\frac{1}{(n-1)!}\left(\frac{t}{\tau}\right)^{n-1}\right]\tag{2.116}$$

串级搅拌反应器的停留时间分布密度函数和分布函数的关系曲线如图 2.37 所示。

从图 2.37 中可见，当全混流反应釜个数很多时，反应器系统的特性接近于平推流反应器。多釜串联反应器的停留时间分布方差 σ^2 为

$$\sigma^2=\int_0^\infty t^2E(t)\mathrm{d}t-\tau_{\mathrm{T}}^2=\int_0^\infty\frac{t^{n+1}}{(n-1)!\tau^n}\mathrm{e}^{-t/\tau}\mathrm{d}t-\tau_{\mathrm{T}}^2=\frac{\tau_{\mathrm{T}}^2}{n}$$

式中，τ_{T} 为 n 个反应釜的总平均停留时间，$\tau_{\mathrm{T}}=n\tau$。

可由实际反应器的方差特性计算串级模型的参数 n

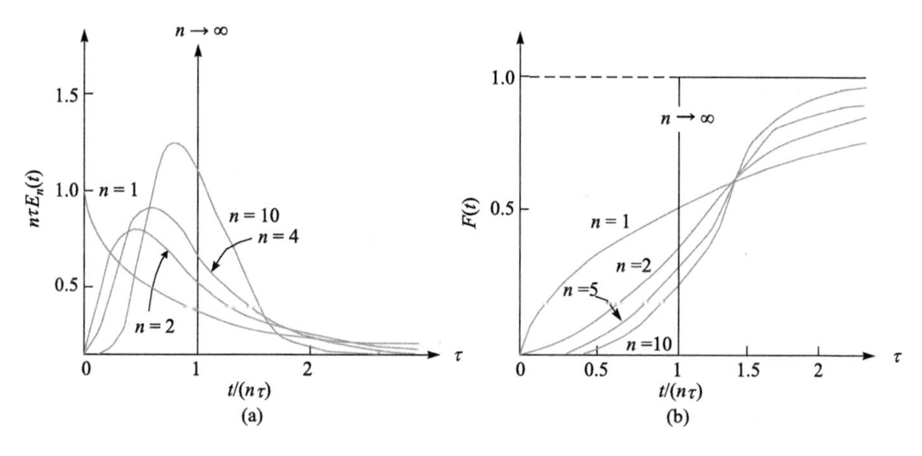

图 2.37　不同釜数的多釜串联反应器停留时间分布

$$n = \tau_{\mathrm{T}}^2 / \sigma^2 \tag{2.117}$$

根据实际反应器的停留时间分布方差计算出多釜串联反应器的个数 n 后，可以认为串联全混流反应釜的流动特性与实际反应器等效。如果反应为一级，实际反应器中的转化率就可由多釜串联反应器预测

$$x_{\mathrm{A}} = 1 - 1/(1 + k\tau)^n$$

式中，$\tau = V/(nv)$。对于非一级反应，只能依次对各釜进行计算，以最后一个反应釜的结果预测反应转化率。

2) 扩散模型

平推流反应器中，假设物料不发生轴向混合。事实上，管式反应器沿轴向有浓度梯度存在，分子的扩散总是沿浓度梯度的反方向进行，分子的扩散就会引起物料的返混。实际管式反应器中，流体除分子扩散外，局部的涡流和对流扩散也会造成各组分向浓度低的方向传递。串级局部反应器模型是以多级不连续的浓度变化模拟反应器内的返混，但在很多情况下，认为浓度是连续变化的假设显得更容易理解，也更符合实际情况。

扩散模型是参照菲克(Fick)扩散定律，假设以物料连续扩散来模拟实际反应器的。可以想象，沿反应器流动方向反应物料浓度逐渐降低，分子扩散的作用和对流、涡流等作用，使反应物从高浓度的进口端向低浓度的出口端产生一个流动，引起流动通量以外的一个附加通量。而产物则从浓度高的出口端向浓度低的进口端产生一个逆向的附加通量，这些附加通量就造成反应物料的返混。根据 Fick 定律，此附加通量与扩散组分的浓度梯度成正比，比例系数为组分的扩散系数(包括分子扩散系数和对流扩散系数)。如果模拟组分为脉冲进样，该组分将向两侧扩散，形成组分的分散。扩散系数越大，附加通量越大，反应器内返混程度越大。因此，可以轴向扩散系数为模型可调参数，模拟不同返混程度下的反应器流动特性。

在管式反应器入口处脉冲注入示踪物，如果是平推流，示踪物浓度峰值将从进口到出口保持不变。但在实际反应器中，由于管内的扩散作用，呈脉冲状的示踪物浓度将沿反应管轴向被逐渐拉宽，峰值浓度不断下降，呈现出停留时间分布，如图 2.38 所示。示踪物 T 的摩尔流率 F_{T} 为

$$F_{\mathrm{T}} = uA_{\mathrm{c}}c_{\mathrm{T}} - D_{\mathrm{a}}A_{\mathrm{c}}(\partial c_{\mathrm{T}} / \partial z)$$

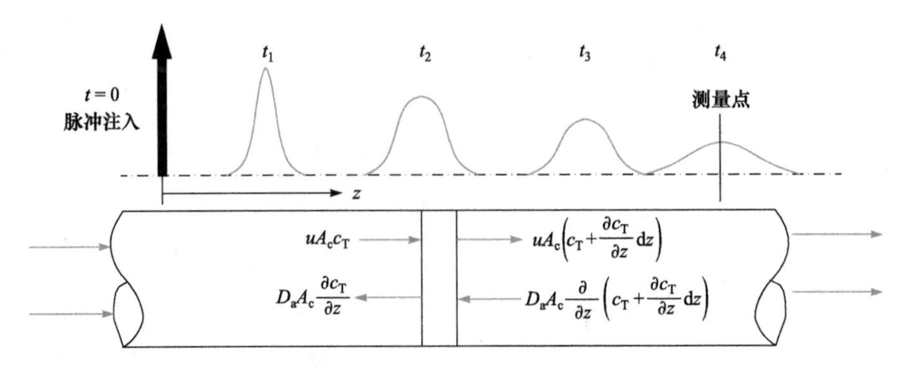

图 2.38 管式反应器中的轴向分散

式中，u 为表观流速；D_a 为有效分散系数。在反应管内轴向位置为 $z\sim z+dz$ 的截面微元内，对惰性示踪物进行物料衡算

$$\left[uA_c c_T - uA_c\left(c_T + \frac{\partial c_T}{\partial z}dz\right)\right] + \left[D_a A_c \frac{\partial}{\partial z}\left(c_T + \frac{\partial c_T}{\partial z}dz\right) - D_a A_c \frac{\partial c_T}{\partial z}\right] = A_c dz \frac{\partial c_T}{\partial t}$$

化简得

$$D_a \frac{\partial^2 c_T}{\partial z^2} - u\frac{\partial c_T}{\partial z} = \frac{\partial c_T}{\partial t} \tag{2.118}$$

可以根据不同的边界条件对模型求解。对于反应器进口没有逆向扩散、出口没有正向扩散的闭-闭边界条件(Danckwerts P V, 1953)，从模型可解得(Levenspiel O, 1963)

$$\tau = L/u = V/v \tag{2.119}$$

$$\sigma^2 = \tau^2\{2/Pe - (2/Pe^2)[(1-\exp(-Pe)]\} \tag{2.120}$$

式中，Pe 为佩克莱数(Peclet number)

$$Pe = \frac{流体流动传输速率}{组分分散或扩散传输速率} = \frac{uL}{D_a}$$

不同 Pe 条件下的数值解结果如图 2.39 所示。

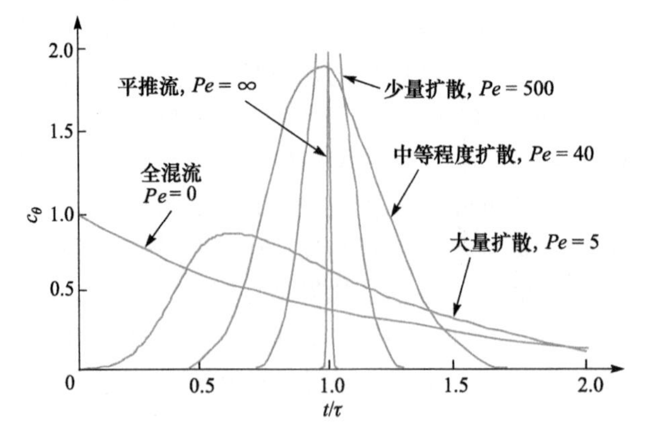

图 2.39 闭式容器内不同分散程度的脉冲示踪物出口浓度

该图称为 C 曲线，c_θ定义为

$$c_\theta=\frac{1}{2\sqrt{\pi(D/uL)}}\exp\left[-\frac{(1-\theta)^2}{4(D/uL)}\right]$$

式中，$\theta=t/\tau$，称为对比时间。

而对于反应器进口便有逆向扩散、出口也存在正向扩散的开-开边界条件，可解得停留时间分布的均值与方差为

$$\tau=(1+2/Pe)\,V/v \tag{2.121}$$

$$\sigma^2=[2/Pe+8/Pe^2]\tau^2 \tag{2.122}$$

开-开条件下算出的停留时间均值大于以反应器体积和流速计算的空时，是由于有进口处的逆向扩散，物料并非是在 $t=0$ 时刻便进入反应器，而可能逆向扩散出反应器，这部分物料再被流动带入反应器时，它们的年龄已经大于 0。

模型中用到的 Pe 可以作为模型的分散参数代替分散系数 D_a，通过测定反应器的停留时间分布的均值与方差确定 Pe，在很多情况下可以通过流体的雷诺数(Reynolds number)求出 Pe(某些填充床反应器中也使用以颗粒尺寸为特征尺寸的 Pe，但使用的模型有特殊规定，使用时要与所用的模型匹配)。Pe 为 0 时，反应器分散系数无穷大，为全混流反应器；而 Pe 为无穷大时，反应器分散系数为 0，为平推流反应器。通常以反应器长度 L 为特征尺寸的 Pe，对于空管，其值在 10^4～10^6；对于填充床，其值在 10^3～10^4。

如何利用扩散模型预测反应转化率呢？可以在管式反应器中取长度 dz 的微元，对组分 A 进行物料衡算，流动进入微元的净速率加上扩散进微元的净速率等于微元内反应器消耗的速率

$$\left[uA_\mathrm{c}c_\mathrm{A}-uA_\mathrm{c}\left(c_\mathrm{A}+\frac{\partial c_\mathrm{A}}{\partial z}\mathrm{d}z\right)\right]+\left[D_\mathrm{a}A_\mathrm{c}\frac{\partial}{\partial z}\left(c_\mathrm{A}+\frac{\partial c_\mathrm{A}}{\partial z}\mathrm{d}z\right)-D_\mathrm{a}A_\mathrm{c}\frac{\partial c_\mathrm{A}}{\partial z}\right]=r_\mathrm{A}A_\mathrm{c}\mathrm{d}z$$

令 $l=z/L$，得

$$\frac{1}{Pe}\frac{\partial^2 c_\mathrm{A}}{\partial l^2}-\frac{\partial c_\mathrm{A}}{\partial l}-\frac{r_\mathrm{A}}{u}=0 \tag{2.123}$$

对于一级反应，Dankwerts 对闭-闭边界条件求解式(2.123)，得反应器出口转化率为

$$x_\mathrm{A}=1-\frac{4q\mathrm{e}^{Pe/2}}{(1+q)^2\mathrm{e}^{Peq/2}-(1-q)^2\mathrm{e}^{-Peq/2}} \tag{2.124}$$

其中

$$q=\sqrt{1+4Da/Pe}$$

式中，Da 称为 Damköhler 数，其物理意义为

$$Da=\frac{\text{组分A反应消耗速率}}{\text{组分A对流传递速率}}=\frac{kc_\mathrm{A0}^{n-1}L}{u}=kc_\mathrm{A0}^{n-1}\tau \tag{2.125}$$

对于一级反应，$Da = k\tau$。

【例 2.12】 在直径 10cm、长 6.36m 的管式反应器中进行等温一级反应 A⟶B，反应速率常数为 $k = 0.25(1/\text{min})$，脉冲示踪实验结果如下：

t/min	0	1	2	3	4	5	6	7	8	9	10	12	14
c/(mg/L)	0	1	5	8	10	8	6	4	3	2.2	1.5	0.6	0

试分别以：(1)闭式边界的分散模型；(2)多釜串联模型；(3)平推流模型；(4)全混流模型，计算反应出口转化率。

解 由脉冲示踪实验确定其流动特性

$$\int_0^\infty c(t)\mathrm{d}t = \int_0^{10} c(t)\mathrm{d}t + \int_{10}^{14} c(t)\mathrm{d}t$$
$$= [0+4\times(1+8+8+4+2.2)+2\times(5+10+6+3)+1.5]/3+2\times(1.5+2\times0.6+0)/2$$
$$= 50[\text{mg}/(\text{L}\cdot\text{min})]$$

由 $E(t) = c(t)/\int_0^\infty c(t)\mathrm{d}t$，得如下结果：

t/min	0	1	2	3	4	5	6	7	8	9	10	12	14
c/(mg/L)	0	1	5	8	10	8	6	4	3	2.2	1.5	0.6	0
$E(t)$/(1/min)	0	0.02	0.1	0.16	0.2	0.16	0.12	0.08	0.06	0.044	0.03	0.012	0
$tE(t)$	0	0.02	0.2	0.48	0.8	0.8	0.72	0.56	0.48	0.4	0.3	0.14	0
$t^2E(t)$/min	0	0.02	0.4	1.44	3.2	4.0	4.32	3.92	3.84	3.60	3.0	1.68	0

$$\tau = \int_0^\infty tE(t)\mathrm{d}t = \int_0^{10} tE(t)\mathrm{d}t + \int_{10}^{14} tE(t)\mathrm{d}t$$
$$= [0+4\times(0.02+0.48+0.8+0.56+0.4)+2\times(0.2+0.8+0.72+0.48)+0.3]/3+2\times(0.3+2\times0.14+0)/2$$
$$= 5.16(\text{min})$$

$$\int_0^\infty t^2E(t)\mathrm{d}t = \int_0^{10} t^2E(t)\mathrm{d}t + \int_{10}^{14} t^2E(t)\mathrm{d}t$$
$$= [0+4\times(0.02+1.44+4.0+3.92+3.60)+2\times(0.4+3.2+4.32+3.84)+3.0]/3$$
$$+2\times(3.0+2\times1.68+0)/2$$
$$= 32.51(\text{min}^2)$$

方差σ^2为

$$\sigma^2 = \int_0^\infty t^2E(t)\mathrm{d}t - \tau^2 = 5.9(\text{min}^2)$$

(1) 闭式边界的分散模型，由式(2.122)得

$$\sigma^2 = \tau^2[2/Pe - (2/Pe^2)(1 - \mathrm{e}^{-Pe})]$$

解得 $Pe = 7.5$，Damköhler 数为

$$Da = k\tau = 1.29$$

由式(2.124)计算反应转化率，式中

$$q = \sqrt{1+4Da/Pe} = 1.30$$

则

$$x_A = 1 - \frac{4\times 1.30\times e^{7.5/2}}{(1+1.30)^2 e^{4.87} - (1-1.30)^2 e^{-4.87}}$$
$$= 68.0\%$$

(2) 多釜串联模型，根据停留时间分布方差和均值求串联的反应釜个数，由式(2.117)得

$$n = \tau^2 / \sigma^2 = 4.35$$

即该管式反应器内的返混情况相当于4.35个串联的全混流反应器，每个反应器空时为

$$\tau_i = \tau / n = 1.18\text{min}$$

反应出口转化率

$$x_A = 1 - 1/[1 + k\tau_i]^n = 67.5\%$$

(3) 平推流模型，由一级反应的平推流反应器出口转化率计算公式得

$$x_A = 1 - e^{-k\tau} = 1 - e^{-Da} = 72.5\%$$

(4) 全混流模型，由一级反应的全混流反应器出口转化率计算公式得

$$x_A = k\tau/(1 + k\tau) = Da/(1 + Da) = 56.3\%$$

以上四种模型计算反应出口转化率，由实验测定反应器停留时间分布后，采用单参数模型、多釜串联和分散模型计算的出口转化率基本一致，而以理想流动模型特别是全混流模型计算的出口转化率相差较大，平推流模型计算结果比较接近。该管式反应器内的流动情况比较接近于平推流。将四种结果列出，便于比较：

平推流	$x_A = 72.5\%$
轴向分散	$x_A = 68.0\%$
多釜串联	$x_A = 67.5\%$
全混流	$x_A = 56.3\%$

习　题

2.1 在间歇反应器中，用硫酸作催化剂，进行己二酸与己二醇缩聚反应，反应速率式为 $r_A = kc_A^2$，c_A 为己二酸浓度。反应在70℃等温进行，速率常数 k=1.97mL/(mol · min)，己二酸初始浓度 c_{A0} 为0.002mol/mL，若每天处理己二酸3000g，辅助时间1.5h，要求转化率85%。试计算所需反应器体积。

2.2 等温操作的全混流反应器中进行二级液相反应，反应器内停留时间为20min，出口反应物转化率达到80%。如果分别在平推流和间歇流反应器中进行此反应，达到相同转化率，所需停留时间为多少？

2.3 乙酸甲酯的水解反应如下：$CH_3COOCH_3 + H_2O \longrightarrow CH_3COOH + CH_3OH$，产物 CH_3COOH 在反应中起催化剂的作用，已知反应速率与乙酸甲酯和乙酸的浓度积成正比。在间歇反应器中进行上述反应。乙酸甲酯和乙酸的初始浓度分别为500mol/m³和50mol/m³。实验测得当反应时间为5400s时，乙酸甲酯的转化率为70%。求反应速率常数和最大反应速率。

2.4 均相气相二级反应，在5atm和350℃下等温反应，纯A进料，速率为4m³/h，在内径2.5cm、长2m的管式实验反应器中转化率为60%。若工业装置在25atm、350℃条件下处理原料气320m³/h，组成为50%A、50%惰性气体，要求获得80%的转化率，则

(1) 需要多少根内径2.5cm、长2m的管子？

(2) 它们应该平行排列还是串联排列？

2.5 在555K及3kg/cm²的平推流反应器中进行的反应，进料中A的摩尔分率为30%，其余为惰性物料，反应物A的加料速率为6.3mol/s，反应速率为 r_A=0.27c_A mol/(m³ · s)，反应转化率为90%。试求：

(1) 空速大小。

(2) 反应器体积。

(3) 若改为全混流反应器，达到相同转化率，反应器体积应为多大？

2.6　全混流反应器的体积为 $10m^3$，用来分解反应物 A 的稀溶液，该反应为一级不可逆反应，动力学方程为 $r_A=kc_A$，$k=3.45(1/h)$，若要使 A 的分解率达到 95%，每小时可处理多少溶液？若该反应器为间歇反应器，达到相同分解率，反应时间为多少？

2.7　在全混流反应器中进行一级可逆反应 $A \rightleftharpoons R$，$r_A=k_1c_A-k_2c_R$，已知该反应温度下的平衡转化率为 $x_{Ae}=2/3$，反应器出口实际转化率 $x_{Af}=1/3$。如何调节加料速率，可使反应转化率达 1/2？

2.8　在一 5L 的全混流反应器中进行 $A \longrightarrow P$ 的一级液相反应，初始反应混合物进料中反应物 A 的浓度为 1mol/L，反应物料进料流速为 5L/min，假设反应过程中体积不变。根据前期实验测得反应温度 300K 条件下反应速率常数为 1(1/min)。

(1) 以一个 5L 反应器作全混流反应器或两个 2.5L 反应器串联作全混流反应器，哪一种情况的转化率大？

(2) 两个 2.5L 全混流反应器并联操作，每个反应器加料速率为 250mL/min，转化率为多少？

(3) 一个 2.5L 平推流反应器和一个 2.5L 全混流反应器串联，转化率为多少？

(4) 一个 5L 平推流反应器操作，转化率为多少？

2.9　等温下进行某均相反应 $A \longrightarrow B$，$r_A=5.2c_A[mol/(L \cdot h)]$，每天(24h)生产 B 20kmol，A 的初始浓度为 2mol/L，最终转化率为 80%，采用以下不同反应器，计算所需体积。

(1) 一个平推流反应器。

(2) 一个全混流反应器。

(3) 一个间歇反应器，辅助时间 15min，装料系数 0.8。

(4) 两个全混流反应器串联，总反应体积最小。

2.10　已知乙酸与乙醇酯化反应的动力学方程为 $r = k_1c_Hc_{OH}-k_2c_Ec_W$，在 100℃下等温反应，$k_1 = 4.76\times10^{-4}m^3/(mol \cdot kmol)$，$k_2=4.76\times10^{-5}m^3/(mol \cdot kmol)$，$c_H$、$c_{OH}$、$c_E$、$c_W$ 分别为乙酸、乙醇、酯和水的浓度。

(1) 有 4 个体积为 250L 的全混流反应器串联，进料流量为 5kg/min，原料中不含产品，混合物密度为 1000g/L，用图解法求各釜出口转化率。

(2) 要达到相同的转化率，只用一个全混流反应釜时的反应器体积为多少？

2.11　苯的氯化反应

$$C_6H_6 + Cl_6 \xrightarrow{k_1} C_6H_5Cl$$

$$C_6H_5Cl + Cl_2 \xrightarrow{k_2} C_6H_4Cl_2$$

生产氯苯，当氯气大量过剩时，可把这两个反应视为拟一级反应，反应速率常数 $k_1=1(1/h)$，$k_2 = 0.5(1/h)$。计算：

(1) 平推流反应器。

(2) 全混流反应器。

空时均为 1h 时一氯苯的收率。

2.12　对于平行反应

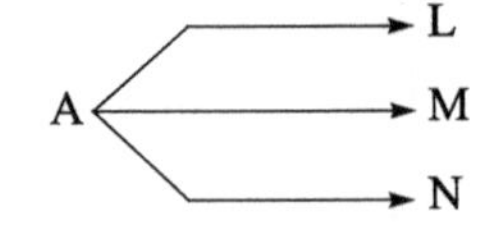

$r_L=1$，$r_M=2c_A$，$r_N=c_A^2$，其中 L 为目标产物，在等温操作中证明：

(1) 采用全混流反应器，则 $c_{Lmax} = c_{A0}$。

(2) 采用平推流反应器，则 $c_{Lmax} = c_{A0}/(1 + c_{A0})$。

2.13　等物质的量 A、B 和 D 反应物连续加到全混流反应器中并进行如下反应：

$$A + D \xrightarrow{k_1} R(\text{目标产物})$$

$$B + D \xrightarrow{k_2} S$$

$k_2/k_1 = 0.2$，假如进料 A 消耗 50%，求产物中 R 的百分数。

2.14　对某反应器进行脉冲示踪实验，出口示踪物浓度在前 5min 内由 0 线性增加至 0.5μmol/L，然后线性下降，10min 时降至 0，则

(1) 以 1min 为间隔，计算 $E(t)$、$F(t)$，平均停留时间为多少？

(2) 如果反应器内进行二级反应，进料速率为 568L/min，kc_{A0} =1.2(1/min)，反应器总体积为多少？

(3) 如果反应器为平推流，进料流量和反应器体积不变，反应转化率为多少？

(4) 如果反应器为全混流，进料流量和反应器体积不变，反应转化率为多少？

(5) 如果反应器完全离析，$F(t)$函数同(1)，反应转化率为多少？

(6) 如果反应器达到最大混合，$E(t)$函数同(1)，反应转化率为多少？

2.15　在一长径比很大的管式反应器中进行一级不可逆反应，忽略反应过程中的体积、温度、黏度变化。如果反应管内为平推流，转化率为 86.5%。如果反应管内为层流，忽略轴向扩散，k = 1/(1/h)，则反应转化率为多少？

2.16　对某液相反应器进行停留时间分布分析，实验结果为

t/s	0	150	175	200	225	240	250	260	275	300	325	350	375	400	450
$c/(\times10^3$g/L)	0	0	1	3	7.4	9.4	9.7	9.4	8.2	5.0	2.5	1.2	0.5	0.2	0

(1) 作出 $E(t)$随时间的变化曲线。

(2) 作出 $F(t)$随时间的变化曲线。

(3) 在反应器内停留时间在 230～270s 的物料的分率有多大？

(4) 在反应器内停留时间小于 250s 的物料的分率有多大？

(5) 平均停留时间为多少？

(6) 作出 $E(t)(t-\tau)^2$ 随时间的变化曲线。

(7) 方差为多少？

(8) 哪一种流动模型与实验数据相吻合？

(9) 在此反应器中进行异丁基氯水解，为一级反应，速率常数 k = 0.0115(1/s)，乙酸乙酯初始浓度为 0.01mol/L，试分别以离析流模型和最大混合模型预测反应转化率。

(10) 反应器中进行乙酸乙酯的碱性水解，为二级反应，速率常数 k=10.55L/(mol · min)，乙酸乙酯初始浓度为 0.01mol/L，分别以离析流模型和最大混合模型预测反应转化率。

2.17　有一反应器，用阶跃示踪法测定其停留时间分布，获得如下数据：

θ	0	0.50	0.70	0.875	1.00	1.50	2.0	2.5	3.0
$F(\theta)$	0	0.10	0.22	0.40	0.57	0.84	0.94	0.98	0.99

(1) 若此反应的流体流动用轴向混合模型描述，试求 $\frac{E_Z}{U_L}$。

(2) 若反应器用于一级液相反应，已知反应速率常数 k = 0.1(1/s)，平均停留时间 τ=10s，其转化率为多少？

(3) 若已知条件相同，但进行的是固相反应，则其转化率又为多少？

2.18　某连续流动搅拌槽反应器在不同搅拌转速条件下的脉冲示踪实验结果如下：

t/min	10	15	20	25	30	35	40	45	50	55	60	65
c/(170r/min)	0.761	0.695	0.639	0.592	0.543	0.502	0.472	0.436	0.407	0.376	0.350	0.329
c/(100r/min)	0.653	0.566	0.513	0.454	0.409	0.369	0.333	0.307	0.276	0.248	0.226	0.205

搅拌槽直径 762mm，槽内反应流体深度 762mm，进、出口流率 4.35L/min。对两种不同的搅拌转速，计算停留时间分布函数、停留时间分布密度函数、反应器内年龄分布函数，并作出它们随时间变化关系图。从中能否发现有死区、短路?

2.19　有一种中间实验反应器，其停留时间分布曲线函数式为

$$F(t)=0 \quad 0 \leqslant t \leqslant 400\text{s}$$

$$F(t)=1-\exp[-1.25(t-0.4)] \quad t>400\text{s}$$

试计算：

(1) 平均停留时间 t。

(2) $A \xrightarrow{k} P$，$k=8\times10^{-4}\text{s}^{-1}$ 等温操作，进行固相颗粒反应时，其转化率为多少?

(3) 若用 PFR，停留时间为 400s，后接一个平均停留时间为 800s 的 CSTR，此时反应转化率为多少?如果上述两个反应顺序相反，其转化率又为多少?

2.20　在一特殊设计的容器中进行一级液相反应。为判断反应器内的流动状况与理想流动状况的偏离情况，用脉冲法进行示踪实验。在容器出口处测得不同时间的示踪物浓度如下：

t/s	10	20	30	40	50	60	70	80
c/(mg/L)	0	3	5	5	4	2	1	0

假定在平均停留时间相同的全混流反应器中的转化率为 82.18%，试估计该反应器的实际转化率。

2.21　证明两个不同体积的全混流反应器串联，其停留时间分布函数为

$$E(t)=\frac{1}{\tau(2m-1)}\left\{\exp\left(\frac{-t}{\tau m}\right)-\exp\left[\frac{-t}{(1-m)\tau}\right]\right\}$$

式中

$$m=\frac{V_1}{V_1+V_2}$$

$$\tau=\frac{V_1+V_2}{v_0}=\frac{V}{v_0}$$

(1) 如果空时$\tau=5\text{min}$，分别对不同的 m 值(如 $m=0.1$、0.2、0.5)作出 $E(t)$对 t/τ 的函数关系图。

(2) 分别以离析流模型、最大混合模型计算二级气相反应

$$2A \longrightarrow B$$

的转化率，$kc_{A0}\tau=10$，$m=0.1$、0.3、0.5，纯 A 进料。

2.22　固体催化剂以 20kg/s 的速率进入流化床反应器，催化剂以全混流状态通过流化床，反应器体积为 1m^3，每 1m^3 体积平均含 200kg 催化剂。催化剂失活速率 $a=a_0\text{e}^{-0.06t}$，为一级速率方程，在反应器内进行基元气相反应：

$$A+B \longrightarrow C+D$$

A、B 以化学计量关系进料，A 的浓度为 0.04mol/L，进入反应器的总体积流量为 10L/s，空隙率 0.7，对新催化剂，反应速率常数为 0.03L/(mol · s · gcat)，试求：

(1) 反应器出口催化剂的平均活性。

(2) 反应器内催化剂的平均活性。

(3) 如果催化剂质量、反应转化率、催化剂活性之间的关系为

$$W = F_{A0}x_A / r_{A0}\hat{a}$$

则反应转化率多少？ r_{A0} 为新催化剂的反应速率为多少？

(4) 以离析流模型预测 A 的转化率。

(5) 如果要达到转化率 75%，需要催化剂质量为多少？

(6) 如果催化剂进料速率增加 5 倍，反应转化率为多少？

第3章 非均相反应与传递

均相反应(homogeneous reaction)是指反应物系同时处于同一个相态，如气相或单一液相(均相并不一定是均匀的，相内可能存在浓度、温度或其他体系状态参数的分布)。当反应物与反应物、反应物与催化剂或反应物与产物不能完全相互溶解，反应系统存在多于一种物相且至少有一种反应物要穿过相界面或必须在相界面上才能发生反应时，反应称为非均相反应(heterogeneous reaction)。非均相反应包括气体反应物与固体反应物之间的气固非催化反应，如煤燃烧；气体反应物在固体催化剂表面上发生的气固催化反应，如氨合成反应；液体反应物与固体反应物之间的液固非催化反应，如硫酸酸解矿物；气体反应物与液体反应物之间的气液反应，如氨水吸收 CO_2 的反应；不互溶液体反应物之间的反应，如用碱水处理油脂的皂化反应；固体反应物与固体反应物之间的固固反应等。

与均相反应相比，非均相反应同时包括传质和反应过程。非均相反应体系中不同物相之间的界面上存在一个物性的突变，最常见的是浓度和组成的突变。从数学意义上讲，均相反应体系状态参数是连续的，而非均相体系是不连续的。均相反应体系中反应发生在整个反应物相空间，但在非均相反应体系中，反应可能只发生在反应体系的某一相或某一相的局部区域，甚至只发生在相间界面上。很多气液反应，反应只在液相中进行，气相反应物就必须通过扩散进入液相才能与液相反应物进行反应；而气相反应物在固体催化剂表面进行的气固催化反应、气体反应物与固体反应物之间的气固非催化反应，反应发生在固体表面，气相反应物必须通过扩散传递到气固界面才能参加反应。因此，非均相反应的共同特点是：一种或多种反应物从一个物相传递到另一个物相内或其界面后，反应才可能发生，传质对反应的影响通常是明显的。

气固催化反应(gas solid catalytic reaction)是大规模化工生产中最常见的反应过程。氮气和氢气在铁催化剂上合成氨、乙烯在银催化剂上氧化制环氧乙烷、原油在分子筛催化剂上裂解制汽油等都是典型的气固催化反应。气体反应物首先通过扩散等形式传递到固体催化剂表面，在催化剂表面进行表面化学反应后，气体产物再传递回气相。大部分气固催化反应在高温下进行，气体反应物分子可以在短时间内与催化剂表面进行充分的物质交换，反应可以在很短的时间内完成。在以固体矿物为原料的化工生产中，固体反应物与另一种流体反应物之间的流固非催化反应(non-catalytic fluid solid reaction)，如硫酸生产中以硫铁矿焙烧(calcination)产生 SO_2、磷酸生产中以硫酸浸取(leach)磷矿的反应等，是通过流体反应物传递到固体反应物界面反应，并生成气体、液体或固体产物。用碱液吸收 CO_2 气体，CO_2 需要扩散穿过气液界面进入液相与液体碱液反应。在生物质与细胞之间进行生物反应时，生物质需要吸附到细胞壁表面进行物质交换。所有非均相反应都必须通过物质传递架起反应的桥梁。因此，在研究非均相反应体系时，必须同时研究反应和物质传递的特性。

3.1 气固催化反应过程的控制步骤和速率方程

工业上常见的气固催化反应是将催化剂颗粒填充在反应器中，气体反应物和产物从催化剂的空隙通道中间穿过反应器，此时反应器称为固定床反应器(fixed bed reactor)。固定床反应器中流体的湍动很大，流动方向改变很快，在床层截面方向有很好的流体混合。如果反应器尺寸比催化剂颗粒大得多，宏观流动特性与平推流接近。另外一种情形是在高气速下，利用气体流动的动能使催化剂在反应器中处于不断翻滚、流动状况的流化床反应器(fluidized bed reactor)。当流体的返混流动很大时，如在沸腾流化床中，由于气泡的并聚、颗粒的循环而引起流体和颗粒的剧烈返混，从宏观上可以看成是一个全混流反应器。

从宏观尺度观察固定床催化反应器(图 3.1)，可以用平推流模型分析气体反应物随轴向反应器空间的变化情况。对于反应物 A 浓度从进口的 c_{A0} 变化为出口的 c_{Af}，如果知道催化反应速率，便可利用平推流反应器设计方程计算反应器体积。在更小的尺度下观测床层某位置上的空间单元，单元内由若干催化剂颗粒堆积而成，气体反应物和产物从催化剂颗粒之间的空隙流过，此位置上反应物 A 的浓度为 c_A，该单元内的反应速率就是单元内所包含催化剂颗粒上反应的物质的量除以单元体积。尽管催化剂颗粒尺度下的反应速率是不连续的，但是，通过多颗催化剂颗粒上的反应速率平均化，可以得到均化的连续的床层反应速率，从而代入平推流反应器方程对反应器进行设计。

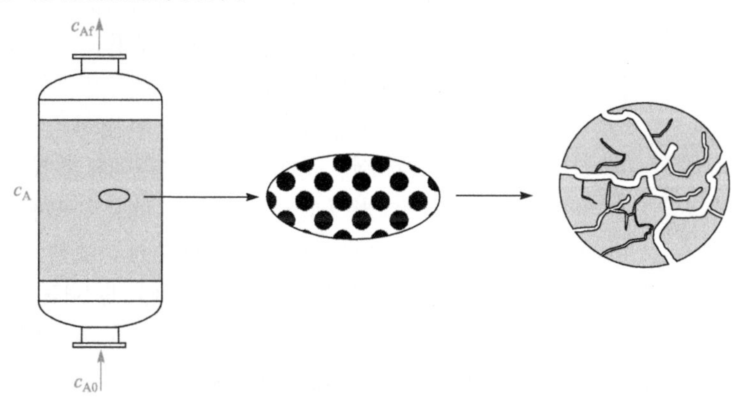

图 3.1 气固催化反应的不同尺度示意图

本章将着重讨论催化剂颗粒内发生化学反应的速率方程。如果将催化剂颗粒放大，便会发现催化剂内部有很多微孔，催化反应便发生在这些微孔表面。气固催化反应发生在催化剂固体表面上，通常催化剂颗粒外表面积与其孔内表面积相比可以忽略不计，反应基本上都发生在催化剂微孔的表面上。因此，反应物必须首先通过催化剂颗粒内的微孔通道扩散(diffuse)进入催化剂内，在催化剂微孔表面吸附并发生反应，反应生成的产物又通过微孔扩散回到气流主体，从而完成催化反应的全过程。

一般情况下，在催化剂颗粒内进行催化反应包括以下步骤：

(1) 气相反应物由气相主体经滞流层扩散到催化剂外表面。

(2) 反应物由催化剂外表面经微孔扩散到催化剂内表面。

(3) 反应物被吸附在催化剂内表面上。

(4) 被吸附在内表面活性中心上的反应物发生反应，生成产物。

(5) 吸附态的产物从催化剂内表面上脱附。

(6) 产物从催化剂内表面经微孔扩散到催化剂外表面。

(7) 气相产物由催化剂外表面经滞流层扩散到气相主体中。

如果分别求出各步速率方程，便可导出总的速率方程，称为气固催化反应的宏观反应速率方程。反应物扩散通过催化剂颗粒外滞流层到催化剂外表面的步骤(1)和产物扩散通过催化剂外滞流层进入气流主体的步骤(7)是纯粹的物理扩散过程，称为外扩散过程(transfer)；在催化剂颗粒内的微孔中发生的步骤(2)和(6)称为内扩散过程(diffusion)；在催化剂表面上发生的步骤(3)、(4)和(5)称为表面反应过程(surface reaction)。表面反应速率方程已经在第 1 章中讨论过，而内外扩散过程的速率可以根据物质传递的规律求得。

反应过程中，催化剂颗粒外和颗粒内部各点的浓度、温度是有差别的，存在一个浓度和温度的空间分布。对于反应物 A 生成产物 P 的反应，典型的浓度分布如图 3.2 所示，图中 c_{Ag}、c_{As}、c_{Ac} 和 c_{Ae} 分别表示反应物 A 的气相主体浓度、催化剂颗粒外表面浓度、颗粒中心浓度和平衡浓度(不可逆反应时 $c_{Ae}=0$)；同样也可以用 c_{Pg}、c_{Ps}、c_{Pc} 和 c_{Pe} 分别表示产物 P 的气相主体浓度、催化剂颗粒外表面浓度、颗粒中心浓度和平衡浓度(不可逆反应时 $c_{Pe}=c_{Pmax}$)。稳定反应情况下，总有 $c_{Ag}>c_{As}>c_{Ac}\geqslant c_{Ae}$，$c_{Pg}<c_{Ps}<c_{Pc}\leqslant c_{Pe}$。

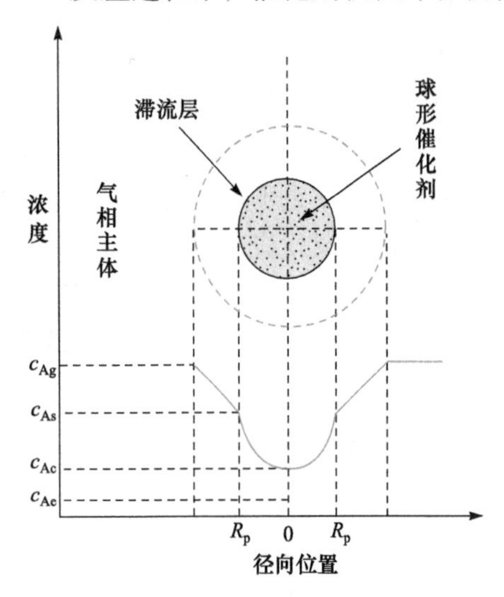

图 3.2 球形催化剂内反应物 A 的浓度分布

根据反应和传质速率相对大小，可以分为外扩散控制、表面反应控制和内扩散控制几种特殊情况。

当反应速率很快、催化剂微孔内传递影响很小时，反应在催化剂外表面上或接近外表面外层区域就已完成，如 Pt 催化剂上的 NH_3 氧化、有机物的催化燃烧等，整个过程阻力主要存在于滞流层中，内扩散和化学反应阻力相比滞流层阻力可以忽略不计，此时，反应过程由外扩散控制。催化剂颗粒内：

$$c_{Ag} \gg c_{As} \approx c_{Ac} \approx c_{Ae}$$

$$c_{Pg} \ll c_{Ps} \approx c_{Pc} \approx c_{Pe}$$

过程总反应速率可由外表面传质速率算出

$$r_A=k_G a(c_{Ag}-c_{As})\approx k_G a(c_{Ag}-c_{Ae}) \tag{3.1}$$

式中，k_G 为以浓度为推动力的外表面滞流层气相传质系数，$m^3/(m^2 \cdot s)$；a 为催化剂床层的有效外表面积，m^2/m^3。

有些反应速率很慢的过程(如金属锈蚀)，或某些处于流态化的小颗粒催化剂内发生的反应，反应物与产物的交换速率相对很快，物质传递阻力很小，反应过程处于表面反应控制，此时

$$c_{Ag} \approx c_{As} \approx c_{Ac} \gg c_{Ae}$$

$$c_{\mathrm{Pg}} \approx c_{\mathrm{Ps}} \approx c_{\mathrm{Pc}} \ll c_{\mathrm{Pe}}$$

由于催化剂颗粒内各处的气相反应物浓度都是相等的，近似等于该处床层气体主体浓度，颗粒内单位时间反应量可由表面反应速率方程直接算出

$$r_{\mathrm{A}}=A_{\mathrm{p}}r_{\mathrm{As}}(c_{\mathrm{A}})=A_{\mathrm{p}}r_{\mathrm{As}}(c_{\mathrm{Ag}}) \tag{3.2}$$

式中，r_{As}为催化剂表面反应本征反应速率或称微观反应速率，为单位时间单位反应表面上反应的物质的量，mol(/m^2 · s)；A_{p}为催化剂颗粒内参与反应比表面积，m^2/m^3。

当催化表面进行一级不可逆反应时，有

$$r_{\mathrm{A}}=kc_{\mathrm{Ag}} \tag{3.3}$$

式中，k为以催化剂体积计的本征反应速率常数，1/s。

很多工业气固反应器内，气体流速高达 0.5～1m/s，足以消除滞流层的阻力。在表面反应速率较快的情况下，微孔内的物质传递便起着至关重要的作用，过程由内扩散控制。此时，颗粒内的浓度分布为

$$c_{\mathrm{Ag}} \approx c_{\mathrm{As}} \gg c_{\mathrm{Ac}} \approx c_{\mathrm{Ae}}$$

$$c_{\mathrm{Pg}} \approx c_{\mathrm{Ps}} \ll c_{\mathrm{Pc}} \approx c_{\mathrm{Pe}}$$

催化剂颗粒内的浓度随空间位置变化，越靠近颗粒表面，反应物浓度越高，产物浓度越低。颗粒内每一点的反应速率可以根据本征速率式代入该点的反应物浓度求得，而求整个颗粒总的反应速率需要进行颗粒的体积积分。为了方便起见，常采用一校正因子η对无内扩散影响时的反应速率(本征速率)进行校正后来表示催化剂颗粒内的实际反应速率

$$r_{\mathrm{A}}=\frac{1}{V_{\mathrm{p}}}\int_{V_{\mathrm{p}}} r_{\mathrm{As}}(c_{\mathrm{A}})\mathrm{d}v_{\mathrm{p}}=\eta A_{\mathrm{p}}r_{\mathrm{As}}(c_{\mathrm{As}}) \tag{3.4}$$

式中，η称为催化剂的内表面利用率、效率因子或有效因子(effectiveness)。由于内扩散的影响，某些催化剂微孔表面没有或不能完全起催化作用，内表面利用率可以理解为真正反应的表面所占总表面的分率；而从另一角度考虑，由于内扩散的存在，催化剂内孔表面的反应物浓度比颗粒表面低，与外表面浓度条件下的催化反应速率相比，降低了反应效率，因此，η被形象地称为有效因子。对于受内扩散限制的表面反应为一级不可逆反应的情况，等温情况下，式(3.4)可写为

$$r_{\mathrm{A}}=\eta kc_{\mathrm{As}}\approx\eta kc_{\mathrm{Ag}} \tag{3.5}$$

由式(3.3)可知，催化剂有效因子可定义为

$$\eta=\frac{r_{\mathrm{A}}}{A_{\mathrm{p}}r_{\mathrm{As}}(c_{\mathrm{As}})}=\frac{\text{有内扩散影响时的实际反应速率}}{\text{以颗粒外表面反应条件按本征速率式计算的反应速率}} \tag{3.6}$$

η值的大小表示内扩散过程对化学反应的影响程度。等温条件下，$\eta \leqslant 1$，如果$\eta=1$，表示内扩散对化学反应没有影响，η值偏离 1 的程度越大，表示内扩散影响越严重。由于固体催化剂多由导热不良的无机材料制成，对于放热反应，催化剂颗粒内温度更高，可能出现$\eta>1$的情况。

对于一级不可逆反应，如果内外扩散都不可忽略，在稳态反应情况下，颗粒内反应消耗的反应物 A 的物质的量等于同期从外表面扩散穿过滞流层的反应物 A 的物质的量。由式(3.1)和式(3.5)得

$$r_A=k_G a(c_{Ag}-c_{As})$$

$$r_A=\eta k c_{As}$$

联立解上面等式，消去难测的 c_{As} 变量。因为两个式子计算的反应速率相等，有

$$r_A=\frac{c_{Ag}-c_{As}}{1/(k_G a)}=\frac{c_{As}}{1/(\eta k)}=\frac{c_{Ag}}{1/(k_G a)+1/(\eta k)}$$

$$r_A=\frac{c_{Ag}}{1/(k_G a)+1/(\eta k)} \tag{3.7}$$

式(3.7)为气固催化一级不可逆反应的宏观速率方程式(global reaction rate)。就如欧姆定律中的两个串联电阻，总阻力为两电阻阻值之和，总推动力为两电阻上所受电压之和，而电通量(电流)恒等于推动力与阻力的商。外扩散过程的推动力为 $c_{Ag}-c_{As}$，而 $1/(k_G a)$可看成外扩散过程的阻力；同样，颗粒内扩散与反应的推动力为 c_{As}，阻力为 $1/(\eta k)$。反应过程总推动力(general driving force)为 c_{Ag}，总阻力(resistance)为 $1/(k_G a)+1/(\eta k)$，反应通量(reaction flux)r_A 可直接写成式(3.7)。

外扩散控制时，外扩散阻力 $1/(k_G a)$远大于内扩散和反应的阻力 $1/(\eta k)$，式(3.7)可简化为式(3.1)；而外扩散阻力很小时，式(3.7)可简化为式(3.5)。

对于一级可逆反应，过程的浓度推动力为 $c_{Ag}-c_{Ae}$，参照式(3.7)可得宏观反应速率方程为

$$r_A=\frac{c_{Ag}-c_{Ae}}{1/(k_G a)+1/(\eta k)} \tag{3.8}$$

应该指出欧姆定律的加和规律只对像一级反应这样的线性系统才能适用，而对于一级反应以外的非线性反应体系，只能通过稳态反应假设，联立解方程组求解宏观动力学。例如，对二级不可逆气固催化反应，由稳态速率假设

$$r_A=k_G a(c_{Ag}-c_{As})$$

$$r_A=\eta k c_{As}^2$$

解得 c_{As}(舍去无意义解)

$$c_{As}=\frac{k_G a}{2\eta k}\left(\sqrt{1+\frac{4\eta k c_{Ag}}{k_G a}}-1\right) \tag{3.9}$$

代入得二级不可逆气固催化反应宏观速率方程式

$$r_A=k_G a\left[c_{Ag}-\frac{k_G a}{2\eta k}\left(\sqrt{1+\frac{4\eta k c_{Ag}}{k_G a}}-1\right)\right] \tag{3.10}$$

对任何形式的表面反应本征速率方程，原则上都可用上述方法推出宏观速率方程。但除简单的指数速率式外，一般情况下很难得到分析解。

3.2 气体与催化剂外表面间的传质和传热

气固催化反应中的外扩散过程对反应速率有明显的影响，在式(3.1)中可以看到外扩散影响的大小是由反应气体传质系数和传质面积大小决定的，颗粒的外扩散传质面积是催化剂颗粒的特征性质，容易测定，而传质系数则是气体流动状况和催化剂床层特性的函数。在很多工业气固催化反应中，由于反应热的影响，反应不可能在等温下操作，催化剂颗粒内和气流主体之间可能产生很大的温度差，而反过来影响颗粒内反应速率。因此，对颗粒表面与气流主体之间的传质、传热速率进行定量计算，有利于了解床层和催化剂颗粒的反应状况和温度分布状况，并准确计算反应速率。

3.2.1 传质和传热速率

反应物 A 通过催化剂颗粒表面滞流层的传质速率如式(3.1)所示

$$r_A=k_Ga(c_{Ag}-c_{As})$$

有时，上式也可写为以分压差表示传质推动力的速率方程式

$$r_A=k_ga(p_{Ag}-p_{As}) \tag{3.11}$$

式中，传质系数 k_g 的单位为 mol/(m^2 · Pa · s)；p_{Ag}、p_{As} 分别为气相主体和催化剂外表面上组分 A 的分压，Pa。对于理想气体，两个传质系数的关系为 $k_G=k_gRT$，摩尔气体常量 R=8.314J/(mol · K)。

当气相主体与催化剂外表面存在温度差时，滞流层中就会有热量的传递。传热速率 Q[J/(m^3 · s)]等于传热推动力[颗粒表面与气流主体之间的温差，T_s-T_g(K)]乘以气膜传热系数 h[J/(m^2 · s · K)]和传热表面积 a(m^2/m^3)，即

$$Q=ha(T_s-T_g) \tag{3.12}$$

在稳态情况下，气体与催化剂颗粒间交换的热量等于反应放出或吸收的热量，则

$$Q=-\Delta H_r r_A \tag{3.13}$$

式中，$-\Delta H_r$ 为反应热，J/mol。

比较式(3.11)、式(3.12)和式(3.13)可以看出，稳态情况下滞流层内的浓度差和温度差是相关联的。如果知道气固表面的传质、传热系数，便可计算颗粒表面与气流主体之间的传质、传热速率。传质系数 k_G 和传热系数 h 取决于颗粒外表面滞流膜的性质及颗粒外流体主体的流动状态，可以由实验测定。

对于颗粒床层的传质、传热过程有很多研究，较为普遍采用的实验结果是，用传质因子 J_D 和传热因子 J_H 进行关联的方法计算传质系数 k_G 和传热系数 h(包括辐射传热的贡献)。根据量纲分析定义，量纲为一的传质、传热因子如下

$$J_D=(k_G\rho/G)Sc^{2/3} \tag{3.14}$$

$$J_H=(h/GC_p)Pr^{2/3} \tag{3.15}$$

式中，Sc、Pr 分别为量纲为一的施密特数(Schmidt number)和普朗特数(Prandtl number)，即

$$Sc=\mu/(\rho D)$$

$$Pr=C_p\mu/\lambda$$

式中，μ为气体的动力黏度，Pa · s；ρ为气体密度，kg/m^3；D 为气体分子扩散系数，m^2/s；C_p 为气体的恒压比热容，J/(kg · K)；λ为气体导热系数，J/(m · s · K)；G 为气体质量流速，kg/(m^2 · s)。

J_D、J_H 因子与气体流动状况相关，Thodos 通过固定床传递特性测定数据分析发现，在 Re=0.8～2130，Sc=0.6～1300 范围内，J_D 和 J_H 仅是雷诺数 Re 的函数：

$$J_D=\frac{0.725}{Re^{0.41}-0.15} \tag{3.16}$$

$$J_H=\frac{1.10}{Re^{0.41}-0.15} \tag{3.17}$$

J_D 和 J_H 的关系为：$J_D\approx0.66J_H$。式中雷诺数是以催化剂颗粒尺寸定义的，即

$$Re=d_sG/\mu$$

式中，d_s 为催化剂颗粒的等比表面积相当直径，m。

根据传递原理，增加流速、提高气体在固定床中的湍动程度，可以使颗粒表面滞流层变薄，从而提高气体与颗粒之间的传质、传热系数。工业上常采用提高气速来改善外表面传质、传热状况，普通的工业气固催化反应器气速都在 0.5～1m/s，外扩散的影响不大。对于工业反应器，外扩散影响的验算及传质系数 k_G 和传热系数 h 随气体质量流速的变化都可以通过式(3.14)～式(3.17)定量计算，计算中气体物性参数以室温下物性参数计算。当气相主体和催化剂颗粒外表面温度相差较大时，可用算术平均值作为膜温。可以通过温差或浓度差计算结果，初步判断外扩散影响情况。

3.2.2 颗粒表面滞流层传递对气固催化反应过程的影响

在气固催化反应过程中，如果存在气膜传递阻力，在气相主体与催化剂颗粒外表面间将会产生温度差和浓度差。如果浓度差和温度差均由同一反应引起，稳定情况下，它们之间有如下关系：

$$T_s-T_g=-\Delta H_r(k_G/h)(c_{Ag}-c_{As}) \tag{3.18}$$

催化剂颗粒与气流主体之间的温度差大小与反应的热效应成正比，同时受颗粒表面滞流层传递阻力的影响，传质阻力越小或传热阻力越大，温度差越显著。式(3.18)中可以看出，颗粒表面与气流主体之间的温度差与浓度差成正比，反应速率越快，产生的浓度差越大，温度差也越明显。当反应为瞬间快速反应时，颗粒表面浓度很快下降而接近平衡，反应由扩散控制，此时表面温度差达到最大，即

$$(T_s-T_g)_{max}=-\Delta H_r(k_G/h)(c_{Ag}-c_{Ae}) \tag{3.19}$$

由式(3.19)可以估算气固催化反应过程中，催化剂颗粒表面温度可能达到的最高上限，这对控制催化剂反应温度和避免温度过高而烧结失活非常重要。在实际生产中，测量的温度往往是气相温度 T_g，对于放热反应，测量值小于催化剂外表温度，更小于催化剂粒内温度；而对于吸热反应，颗粒表面温度低于气流主体温度。在计算反应速率时常需要考虑此温差的影响。

除了对反应速率产生影响外，催化剂颗粒表面滞流层的传递阻力对复杂反应体系的选择性也会产生影响。根据反应体系的反应级数、活化能等特征参数不同，滞流层传递产生的浓度差、温度差将引起反应选择性相应的变化。

对于主反应级数高于副反应级数的平行反应，反应适宜在较高的反应物浓度下进行，加大气体质量流速，减小外扩散阻力可以使滞流层产生的浓度差减小，催化剂表面的反应物浓度增大，有利于选择性的提高；反之，对于主反应级数低于副反应级数的平行反应，有外扩散阻力存在时的选择性比无外扩散阻力时的选择性要高。而对于中间产物为目标产物的串联反应，外扩散阻力的存在增加了目标产物进一步转化的机会，催化剂外部传质阻力的存在通常会降低反应的选择性。

滞流层传递阻力对反应选择性的影响还表现在滞流层产生的温度差对反应的影响。当复杂反应系统中各反应的热效应和活化能不同时，温度对选择性的影响非常复杂。对于总体放热的反应，传递阻力使催化剂表面温度升高，从动力学角度有利于活化能大的反应，而从热力学角度有利于放热量小或吸热的反应。对总体吸热的反应系统，滞流层传递阻力的存在使催化剂表面温度降低，从动力学上有利于活化能小的反应而热力学上有利于放热反应。在实际的反应体系中，分析温度对反应的影响时，必须首先判断反应距离平衡的远近来确定是热力学控制还是动力学控制，通常在反应器进口段应主要考虑动力学因素，而在接近反应器出口须考虑热力学因素。

应该指出，温度差对动力学影响、热力学影响，以及浓度差对选择性影响情况在很多时候并不一致，必须通过具体的测试或全面计算后才能判断哪种影响起主要作用。但不管滞流层扩散对反应体系产生什么样的影响，反应体系的总反应速率总是或多或少地带上膜扩散的特征，如宏观反应级数更靠近 1、活化能降低等。当反应为外扩散控制时，反应宏观速率为一级、宏观活化能就是扩散的活化能。因此，在测定本征动力学时，必须保证测试是在排除了外扩散影响的情况下进行的，否则会得出错误的结论。

【例 3.1】 在 275℃和 1atm 下，在管式固定床反应器中研究乙醇脱氢生成乙醛的反应

$$C_2H_5OH(A) = CH_3CHO(P) + H_2(S)$$

乙醇的进料速率为 F_{A0}=0.01kmol/h，催化剂质量 m=0.005kg，此时测得乙醇转化率 x_A=0.362，反应速率 R_A=0.193kmol/(kg · h)，反应热$-\Delta H_r$ = −16800kcal/kmol。反应器内径 0.035m。催化剂为ϕ 0.002m×0.002m 的圆柱体，等比表面积相当直径 d_s=2.449×10^{-3}m，堆密度ρ_b=1500kg/m^3，外比表面积 a_m=1.26m^2/kg。气体混合物黏度μ=0.0557kg/(m · h)，恒压比热容 C_p=18.92kcal/(kmol · K)，导热系数λ=0.0569kcal/(m · h · K)，乙醇在混合物中的分子扩散系数 D=0.1029 m^2/h。试估算气流主体与催化剂颗粒外表面间的分压差和温度差。

解 首先计算气体混合物的平均摩尔质量 $\overline{M}$ 和密度ρ。以 1mol 乙醇为计算基准，当 x_A=0.362 时，混合物的总物质的量 n_t=(1−0.362)+2×0.362=1.362(mol)。各组分的摩尔分率分别为

$$y_A = \frac{1-0.362}{1.362} = 0.4684$$

$$y_P = y_S = \frac{0.362}{1.362} = 0.2658$$

混合物的平均摩尔质量

$$\overline{M} = \sum y_i M_i = 0.4684 \times 46 + 0.2658 \times (44+2) = 33.77(\text{kg/kmol})$$

混合物密度为

$$\rho=\frac{p\bar{M}}{RT}=\frac{1\times 33.77}{0.082\times(275+273)}=0.7515(\mathrm{kg/m^3})$$

根据外扩散方程式(3.1)，气相主体与催化剂颗粒外表面间的分压差为

$$\Delta p_{\mathrm{A}}=RT\Delta c_{\mathrm{A}}=RT\frac{r_{\mathrm{A}}}{k_{\mathrm{G}}a}=RT\frac{R_{\mathrm{A}}}{k_{\mathrm{G}}a_{\mathrm{m}}} \tag{a}$$

利用关联式(3.14)知

$$k_{\mathrm{G}}=\frac{J_{\mathrm{D}}G}{\rho(Sc)^{2/3}} \tag{b}$$

将式(b)代入式(a)，得

$$\Delta p_{\mathrm{A}}=\frac{R_{\mathrm{A}}\bar{M}PSc^{2/3}}{a_{\mathrm{m}}J_{\mathrm{D}}G} \tag{c}$$

求出上式中各变量值

$$Sc=\frac{\mu}{\rho D}=\frac{0.0557}{0.7515\times 0.1029}=0.7203$$

$$G=\frac{0.01\times 46}{(0.035)^2\pi/4}=478.4\ [\mathrm{kg/(m^2\cdot h)}]$$

$$Re=\frac{d_{\mathrm{s}}G}{\mu}=\frac{2.449\times 10^{-3}\times 478.4}{0.0557}=21.03$$

由于 Re=0.8～2130，Sc=0.6～1300，故可用式(3.16)计算 J_{D}

$$J_{\mathrm{D}}=\frac{0.725}{21.03^{0.41}-0.15}=0.2173$$

将所求各值及已知条件代入式(c)可得相间分压差为

$$\Delta P=\frac{0.193\times 33.77\times 1\times 0.7203^{2/3}}{1.26\times 0.2173\times 478.4}=0.0400(\mathrm{atm})$$

同样，由式(3.12)和式(3.13)可知，气相主体与催化剂颗粒外表面间的温度差为

$$\Delta T=\frac{-\Delta H_{\mathrm{r}}R_{\mathrm{A}}}{ha_{\mathrm{m}}} \tag{d}$$

利用 J_{H} 因子关联式知

$$h=\frac{J_{\mathrm{H}}G\overline{C_p'}}{Pr^{2/3}}=\frac{J_{\mathrm{H}}GC_p/\overline{M}}{Pr^{2/3}} \tag{e}$$

将式(e)代入式(d)，得

$$\Delta T=\frac{-\Delta H_{\mathrm{r}}R_{\mathrm{A}}Pr^{2/3}\overline{M}}{a_{\mathrm{m}}J_{\mathrm{H}}GC_p} \tag{f}$$

求式(f)中各变量值

$$Pr=\frac{C_p'\mu}{\lambda}=\frac{C_p\mu}{\overline{M}\lambda}=\frac{18.92\times 0.0557}{33.77\times 0.0569}=0.5484$$

由式(3.16)和式(3.17)得

$$J_{\mathrm{H}} = J_{\mathrm{D}} / 0.66 = \frac{0.2174}{0.66} = 0.3294$$

代入式(f)，可得相间温度差为

$$\Delta T = \frac{-16800 \times 0.139 \times 0.5484^{2/3} \times 33.77}{1.26 \times 0.3294 \times 478.4 \times 18.92} = -14.07(℃)$$

计算结果表明流体主体与催化剂颗粒外表面的温度差不容忽略。

3.3 气体在催化剂颗粒内的扩散

3.3.1 孔内扩散

气体在催化剂颗粒内部微孔孔道中的扩散称为孔扩散。根据催化剂微孔的大小、结构不同，孔扩散有多种形式，在大孔中的扩散与分子在静止混合物中的分子扩散情况相同。在混合气体中，气体分子总是以一定的速度随机地沿不同方向运动。当混合气体中存在浓度梯度时，分子向各个方向运动的概率产生了差别，总存在一个从高浓度到低浓度方向的分子流动净通量。这种净通量可以用 Fick 定律来表示

$$N_1 = -D_{12}\frac{\mathrm{d}c_1}{\mathrm{d}z} \tag{3.20}$$

式中，D_{12}为气体 1 和气体 2 混合物中的相对扩散系数(diffusivity)。

根据玻尔兹曼(Boltzman)定律，温度越高分子运动速度越快，扩散速率也越快。但分子在运动过程中不断与气体分子碰撞，每次碰撞都使分子改变原有的运动方向，这就给分子扩散造成了很大的阻力。显然，分子密度越大，分子体积越大，运动着的分子越容易碰到别的分子，扩散阻力越大，扩散系数越小(图 3.3)。

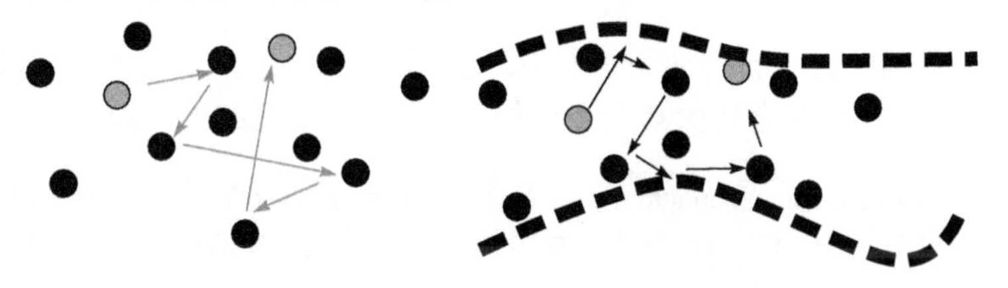

图 3.3 分子扩散与克努森扩散

分子扩散系数应由实验测定或由有关手册查取，当数据缺乏时，可由富勒-舍特勒-吉丁斯(Fuller-Schettler- Giddings)半经验公式计算，对于二元系统，分子扩散系数 D_{12}(cm^2/s)为

$$D_{12} = \frac{0.001T^{1.75}(1/M_1 + 1/M_2)^{0.5}}{p\left[(\sum V)_1^{1/3} + (\sum V)_2^{1/3}\right]^2} \tag{3.21}$$

式中，T、p 分别为体系的温度(K)、总压(atm)；M_1、M_2为组分 A_1 和组分 A_2 的相对分子质量；$(\Sigma V)_1$、$(\Sigma V)_2$分别为组分 A_1 和组分 A_2 的扩散体积。

常见的原子和分子扩散体积见表 3.1。扩散体积的计算以分子扩散体积优先。对于表中未列出的气体，其扩散体积可由组成该分子的原子扩散体积加和并校正来求取。例如，甲苯是

由 7 个碳和 8 个氢组成，由原子扩散体积加和应为 16.5×7+1.98×8=131.3，但由于甲苯为芳烃，应加以校正，故甲苯的扩散体积应为 131.3−20.2=111.1。

表 3.1 原子和分子的扩散体积

原子扩散体积			
C	16.5	Cl	19.5
H	1.98	S	17.0
O	5.48	芳烃及多环化合物	−20.2
N	5.69		
一些简单分子的扩散体积			
H_2	7.07	CO	18.9
He	2.88	CO_2	26.9
N_2	17.9	N_2O	35.9
O_2	16.6	NH_3	14.9
空气	20.1	H_2O	12.7
Ne	5.59	Cl_2	37.7
Ar	16.1	Br_2	67.2
Kr	22.8	CH_4	24.42
SO_2	41.1	甲醇	29.90

对于多元系统，组分 j 在混合物中的分子扩散系数 D_{jm} 由式(3.22)计算

$$\frac{1}{D_{jm}}=\frac{1}{1-y_j}\sum_{k\neq j}^{N}\frac{y_k}{D_{jk}} \tag{3.22}$$

式中，y_j、y_k 分别为组分 j、k 的分子分率；D_{jk} 为组分 j、k 的二元分子扩散系数。

可见，D_{jm} 是组分 j 与混合物中其余组分的二元分子扩散系数的倒数加权平均。

【例 3.2】 计算 750℃，1atm 和 30atm 下，下列体系的扩散系数。(1) CH_4 和 H_2 二元体系的分子扩散系数；(2)多组分 CH_4、H_2O、CO、CO_2 和 H_2 体系中，CH_4 在气体混合物中的扩散系数。各组分的分子分率为 y_A=0.1、y_B=0.46、y_C=0.06、y_D=0.04、y_E=0.34。A、B、C、D 和 E 分别表示 CH_4、H_2O、CO、CO_2 和 H_2。

解 (1) 甲烷在氢气中的扩散系数可由式(3.21)计算，查表 3.1 知$(\Sigma V)_A$=24.42，$(\Sigma V)_E$=7.07。

p=1atm 时，有

$$D_{AE}=\frac{0.001\times(750+273)^{1.75}\times(1/16+1/2)^{0.5}}{1\times(24.42^{1/3}+7.07^{1/3})^2}=5.973(\text{cm}^2/\text{s})$$

p=30atm 时，有

$$D_{AE}=\frac{5.973}{30}=0.1991(\text{cm}^2/\text{s})$$

(2) 甲烷在混合气体中的扩散系数 D_{Am} 可先由式(3.21)分别求出 A 与 B、C、D、E 的二元扩散系数，再代入式(3.22)即可求得。

p=1atm 时

D_{AB}	D_{AC}	D_{AD}	D_{AE}	
2.322	1.873	1.554	5.973	cm²/s

$$D_{Am} = \frac{1-y_A}{\dfrac{y_B}{D_{AB}}+\dfrac{y_C}{D_{AC}}+\dfrac{y_D}{D_{AD}}+\dfrac{y_E}{D_{AE}}} = 2.877(cm^2/s)$$

p=30atm 时

D_{AB}	D_{AC}	D_{AD}	D_{AE}	
0.0774	0.0624	0.0518	0.1991	cm^2/s

D_{Am}=0.0959(cm^2/s)

分子在运动中从上一次碰撞到下一次碰撞所经过的平均距离称为分子平均自由程(mean free path)，不同温度和压力下的气体分子平均自由程λ可由式(3.23)计算

$$\lambda = 3.66T/p \tag{3.23}$$

式中，T为温度，K；p为总压，atm。常温常压下λ约为1000Å。

当气体分子在孔径远小于其平均自由程的微孔中扩散时，气体分子更多地碰撞到固体表面而不是与气体分子碰撞，气体分子碰撞到固体表面时或者改变方向，或者做短暂的停留，造成了分子扩散的附加阻力。在这种表面碰撞阻力起主要作用的情况下，扩散系数与分子自由扩散时有很大的不同。这种扩散称为克努森(Knudsen)扩散，扩散通量写成Fick定律形式时，其扩散系数称为克努森扩散系数D_K。显然，克努森扩散与孔径有关，孔径越小，扩散阻力越大。根据分子运动理论，在半径为r的直圆孔中，组分j的克努森扩散系数$D_{K,j}$为

$$D_{K,j} = 9.7\times10^3 r\sqrt{T/M_j} \tag{3.24}$$

式中，r为孔半径，cm；T为温度，K；M_j为组分j的相对分子质量。

由于催化剂颗粒内的微孔大小不一，如果孔径分布不宽，可以用平均孔半径进行计算。若已测有孔分布数据，则平均孔半径可由式(3.25)求得

$$\overline{r} = \frac{\int_0^\infty rF'(r)\mathrm{d}r}{\int_0^\infty F'(r)\mathrm{d}r} \tag{3.25}$$

式中，$F'(r)$为孔分布密度函数；r为孔半径。

如果缺乏孔分布数据，但已知催化剂的孔容V_g和比表面S_g，也可由式(3.26)粗略估计平均孔半径

$$\overline{r} = \frac{2V_g}{S_g} \tag{3.26}$$

当孔分布比较集中时，用平均孔半径计算扩散系数是可行的。但如果孔分布较宽，用这种方法误差较大，这时可根据具体情况选择一些传递模型，如尘气模型、平行孔模型、双重孔模型等来计算扩散系数。

除了分子扩散和克努森扩散两种主要扩散形式以外，某些情况下在微孔表面吸附的反应分子还会产生一种经表面沿浓度梯度方向的扩散，称为表面扩散(surface spreading)。但是，由于吸附分子与表面结合得相当牢固，沿表面移动较为困难，除非吸附量相当可观，否则表面扩散是不显著的。高温下，表面扩散与前两种扩散比起来是无足轻重的，可以忽略不计。对于石油炼制中常用的分子筛催化剂，由于其孔径极小，为5～10Å，在这些小孔中的扩散与气体分子的构型有关，因此又称为构型扩散。随着气体分子结构的不同，其扩散系数间相差很大，可达几个数量级。例如，正烷烃在钾沸石中的扩散系数，十二烷最大，辛烷最小，二者

相差两个数量级。由于分子筛内的传递机理至今尚不清楚，因此，这里将主要讨论分子扩散和克努森扩散的影响。

实际上，微孔中的扩散既有分子扩散，也有克努森扩散。一般情况下，当二者均不可忽略时，微孔中组分 j 的扩散系数可用综合扩散系数 D_j 来表示，最简便的求 D_j 的近似公式如下：

$$\frac{1}{D_j}=\frac{1}{D_{jm}}+\frac{1}{D_{K,j}} \tag{3.27}$$

当孔径远远大于气体分子平均自由程λ时，分子扩散占主导地位，$\frac{1}{D_{jm}}\gg\frac{1}{D_{K,j}}$，这时 $D_j\approx D_{jm}$；当孔径远远小于λ时，以克努森扩散为主，$\frac{1}{D_{jm}}\ll\frac{1}{D_{K,j}}$，这时 $D_j\approx D_{K,j}$。当孔径与λ相差不大时，分子扩散与克努森扩散均不可忽略，D_j 可由式(3.27)近似求得。

【例 3.3】 利用例 3.2 的数据，若甲烷蒸汽转化催化剂颗粒中微孔的孔半径为 25Å 和 500Å，求甲烷在孔内气体混合物中的综合扩散系数。

解 综合扩散系数可由式(3.27)求取，其中的分子扩散系数 D_{Am} 与孔径无关，故直接采用例 3.2 的计算结果；克努森扩散系数 $D_{K,A}$ 由式(3.24)计算如下

(1) 当 r=25Å 时，有

$$D_{K,A}=9700\times 25\times 10^{-8}\sqrt{\frac{750+273}{16}}=0.01939(\text{cm}^2/\text{s})$$

(2) 当 r=500Å 时，有

$$D_{K,A}=0.01939\times\frac{500}{25}=0.3878(\text{cm}^2/\text{s})$$

将 D_{Am} 和 $D_{K,A}$ 代入式(3.27)，得不同情况下 CH_4 的综合扩散系数 D_A，列于表 3.2。

表 3.2 不同孔径和压力下 CH_4 的扩散系数

压力/atm	孔半径/Å	扩散系数/(cm²/s)		
		D_A	D_{Am}	$D_{K,A}$
1	25	0.01926	2.877	0.01939
1	500	0.3417	2.877	0.3878
30	25	0.01613	0.0959	0.01939
30	500	0.07689	0.0959	0.3878

由表 3.2 可见：① 当 p=1atm 时，即使 r 大至 500Å，D_A 与 $D_{K,A}$ 相差甚少，这说明常压下克努森扩散占优势；② 当 r=25Å 时，即使压力高至 30atm，仍以克努森扩散为主，特别是当 p=1atm 时，$D_A\approx D_{K,A}$，因为此时 $\lambda\approx 3744\,\text{Å}\gg 50\,\text{Å}$，分子扩散可以忽略；③ 只有当孔径大、压力高时，分子间的碰撞概率大于分子与孔壁的碰撞概率，这时分子扩散占优势。分子自由扩散系数受压力影响较大，但与孔径无关；而克努森扩散系数不随压力改变，但直接受孔径影响。

3.3.2 粒内扩散

简单直孔内的气体分子扩散可以由综合扩散系数来描述，分子扩散的距离便是分子沿孔轴向的长度。但在普通催化剂颗粒中，孔道是弯曲的和不规则的，分子扩散的距离通常以其

从表面向内的法向坐标长度来表示(图 3.4)。分子通过孔道扩散所经过的距离 dl，要比法向坐标上的投影距离 dz 长。综合考虑孔径变化的影响，假设 dl=τdz，称为弯曲因子(tortuosity factor)。另外，由于计算扩散速率时通常使用垂直于法向的截面积作为扩散面积，而截面上部分由固体颗粒占据，分子不能从这部分扩散通过，只有孔隙截面才能让分子扩散通过，对气体分子扩散真正有效的扩散面积只有θA(θ为固体催化剂内的孔隙率，A 为颗粒扩散截面积)。因此，如果以颗粒表面法向坐标变化为扩散距离，颗粒截面积为扩散面积，表示为 Fick 扩散方程形式，式中的有效扩散系数(effective diffusion coefficient)D_{ej}便可通过以下校正得到

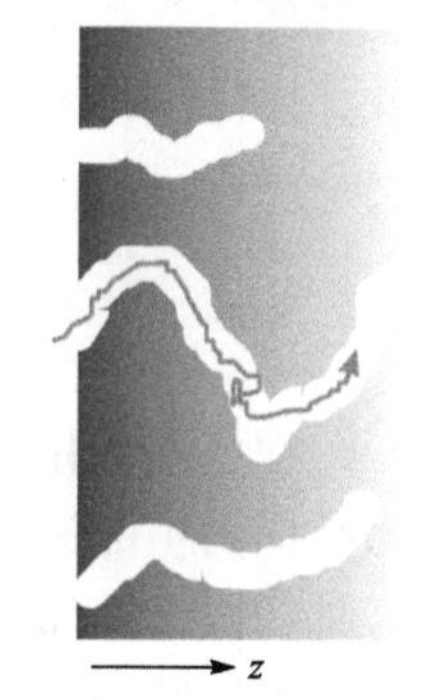

图 3.4　分子在孔道内扩散示意图

$$D_{ej} = \frac{\theta}{\tau} D_j \tag{3.28}$$

式中，θ为固体催化剂的孔隙率；τ为弯曲因子，也称曲节因子，其倒数称为迷宫因子。

弯曲因子是对催化剂线性距离的校正，是描述催化剂孔结构的特性参数。多数工业催化剂的曲节因子值在 2～7，通常是通过实验测得特定状态下气体在催化剂颗粒内的有效扩散系数，再由式(3.28)反算出弯曲因子。测定装置示意图见图 3.5。将已测量好几何尺寸的催化剂放入装置——扩散池中，催化剂上下两端分别通不同的气体 A_1 和 A_2，实验时保证两端压差为零，因而一种气体通过催化剂传递到另一种气体中完全是扩散的结果。在等温定压下，当过程达到定态时，A_1 的扩散通量 N_1 应为

$$N_1 = -D_{ej}\frac{dc_1}{dl} = -D_{ej}\frac{p}{RT}\frac{dy_1}{dl} \tag{3.29}$$

边界条件为

$$l=0 \text{ 时}，\quad y_1=y_{10}$$
$$l=L \text{ 时}，\quad y_1=y_{1L}$$

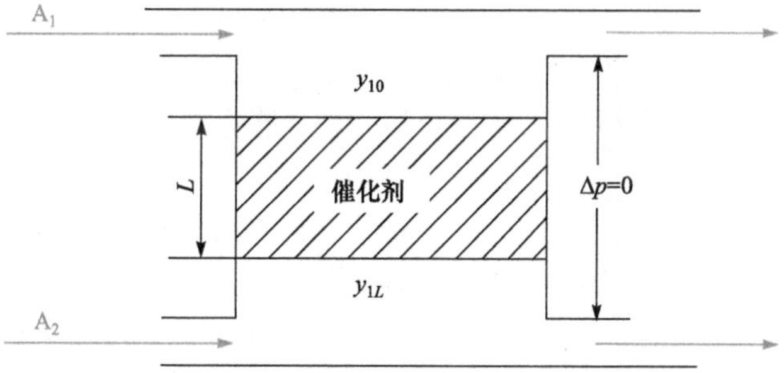

图 3.5　有效扩散系数及弯曲因子测试装置

将整个催化剂颗粒内的有效扩散系数 D_{ej} 看作常数，积分式(3.29)，并代入边界条件，得

$$D_{ej} = \frac{N_1 R_g T L}{p(y_{1L} - y_{10})} \tag{3.30}$$

式(3.30)可计算 A_1～A_2 体系中组分 A_1 在试样催化剂颗粒内的有效扩散系数，再通过式(3.28)求得该催化剂的弯曲因子。

尽管测定催化剂的弯曲因子是通过测定有效扩散系数反算得到，但催化剂有效扩散系数随气体状态和反应物体系变化，而弯曲因子是催化剂的特性参数，不随体系改变而变化。因此，由任一特定体系和状态测定的弯曲因子，均可应用于其他状态计算有效扩散系数。

3.4 内扩散过程与化学反应

在气固催化反应过程中，催化剂微孔内的扩散对反应速率的影响是复杂的。反应物在沿微孔向内扩散过程中，同时也会在孔壁上吸附并反应，并非严格的扩散-反应串联过程，不能像外扩散计算那样将扩散和反应分开来处理。在 3.1 节中已经定义了有效因子η，希望通过将无扩散影响情况下的本征反应速率乘上有效因子η这个校正系数来表征内扩散对反应速率的影响，如果能根据催化剂特性和反应体系状态求出有效因子η，内扩散影响下的反应速率便可计算出来。本节从催化剂颗粒内的质量衡算出发，讨论各种情况下有效因子η的求法。

3.4.1 等温情况下催化剂颗粒内反应的有效因子

当反应热效应不大或传热速率较快时，可以忽略颗粒内温度分布对反应速率的影响，只需考虑浓度分布对反应的影响。假定此时整个催化剂颗粒内温度一致，催化剂颗粒内的反应速率受控于微孔内反应物浓度，根据有效因子的定义，催化剂的有效因子等于按微孔内实际浓度计算的反应速率除以按催化剂颗粒外表面浓度计算的反应速率。因此，首先需要求出颗粒内的反应物浓度分布函数，计算出微孔表面各点的反应速率并积分得到催化剂颗粒内实际的总反应速率。

1. 一级反应

为了简单起见，首先讨论一维无限平板催化剂上发生的一级不可逆反应过程。在垂直于平板表面的扩散方向上建立坐标，如图 3.6 所示，假设催化剂平板面积为 S，厚度为 $2L$。

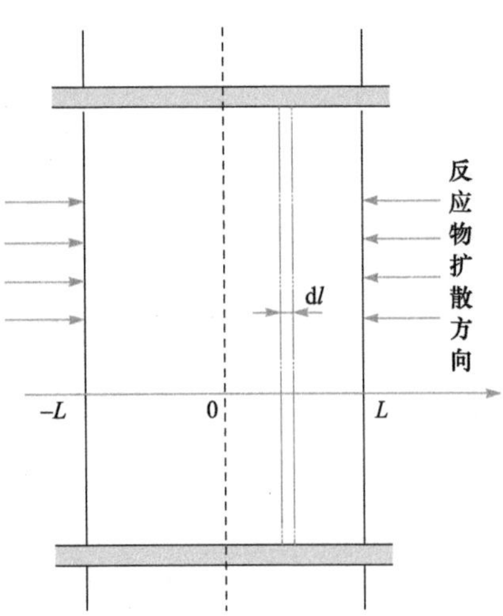

图 3.6 平板催化剂示意图

通常长宽尺寸比其厚度大得多的片状催化剂、板式催化剂或端面封闭的催化剂片状颗粒，由于长宽方向的扩散可以忽略，催化剂内的扩散可以用厚度方向的一维扩散模型描述，即无限平板模型。

设催化剂内有效扩散系数 D_e 为一常数，本征反应速率方程式为 $r_A=k_Vc_A$(k_V为以单位体积催化剂计算的反应速率常数)。对平板内厚度方向的某一位置 l 处，取一厚度为Δl 的薄层微元体 $S\Delta l$ 进行反应物 A 的物料衡算。稳定条件下

[反应物A扩散进入微元的速率] − [反应物A扩散出微元的速率] = [微元内反应物A 的消耗速率]

即

$$D_e S\left(\frac{dc_A}{dl}\right)_{l+\Delta l}-D_e S\left(\frac{dc_A}{dl}\right)_l=k_V c_A S\Delta l \tag{3.31}$$

式(3.31)两边同除以 $D_eS\Delta l$，并令 $\Delta l \to 0$，整理后可得

$$\frac{d^2c_A}{dl^2} - \frac{k_V}{D_e}c_A = 0 \tag{3.32}$$

解微分方程式(3.32)可得到浓度随坐标 l 变化的函数，微分方程的边界条件为

$$l=0 \text{ 时}, \quad \frac{dc_A}{dl} = 0 \tag{3.33}$$

$$l=L \text{ 时}, \quad c_A=c_{As} \tag{3.34}$$

式(3.33)称为对称边界条件，式(3.32)称为二阶齐次常微分方程。利用特征方程求解，得两个互异的实根 $\lambda\left(\lambda=\sqrt{k_V/D_e}\right)$ 和 $-\lambda$，则式(3.32)的通解为

$$c_A(l) = C_1e^{\lambda l} + C_2e^{-\lambda l} \tag{3.35}$$

应用边界条件式(3.33)和式(3.34)，求出待定常数 C_1 和 C_2，得微分方程式(3.32)的特解为

$$c_A(l) = \frac{\text{ch}(\lambda l)}{\text{ch}(\lambda L)}c_{As} \tag{3.36}$$

式(3.36)就是反应物 A 在平板催化剂内的浓度分布函数。

根据浓度分布函数，计算出催化剂内各点的反应速率，通过对平板内的积分可以求得整个催化剂平板内的实际反应速率

$$R_A = 2\int_0^L k_Vc_AS\text{d}l = \frac{\text{th}(\lambda L)}{\lambda}2Sk_Vc_{As} \tag{3.37}$$

式(3.37)计算的实际反应速率也可以根据催化剂外表面扩散通量计算，而不需要对颗粒进行积分。根据质量守恒关系，催化剂平板内消耗的反应物 A 的物质的量等于从平板两侧扩散进入平板的反应物 A 的物质的量

$$R_A = 2N_A = -2SD_e\left.\frac{dc_A}{dl}\right|_{l=L} \tag{3.38}$$

根据式(3.36)得

$$\left.\frac{dc_A}{dl}\right|_{l=L} = \left.\frac{\lambda\text{sh}(\lambda l)}{\text{ch}(\lambda L)}c_{As}\right|_{l=L} = \lambda\text{th}(\lambda L)c_{As}$$

将 $\lambda^2=k_V/D_e$ 和上式代入式(3.38)得

$$R_A = \frac{\text{th}(\lambda L)}{\lambda}2Sk_Vc_{As} \tag{3.39}$$

与(3.37)得到的结果完全相同。

无内扩散影响时，催化剂颗粒内与催化剂外表面上反应物的浓度一致，$c_A=c_{As}$。平板内无内扩散影响情况下的本征反应速率为

$$R_{As} = 2SLk_Vc_{As} \tag{3.40}$$

根据催化剂有效因子的定义，可得片状催化剂中进行等温一级不可逆反应时有效因子的数学表达式为

$$\eta = \frac{R_A}{R_{As}} = \frac{\text{th}(\lambda L)}{\lambda L} \tag{3.41}$$

令$\lambda L=\phi_L$，式(3.41)变为

$$\eta = \frac{\text{th}(\phi_L)}{\phi_L} \tag{3.42}$$

式中，$\phi_L = \lambda L = L\sqrt{k_V / D_e}$，为片状催化剂的 Thiele 模数(Thiele modulus)，片状催化剂的特征尺寸为 L。

挤条或打片生产的催化剂多为圆柱形，当其长径比较大时，可以近似用无限长圆柱或两端封闭的圆柱体模型描述。以圆柱体中轴线为对称轴建立柱面坐标，催化剂颗粒中只有径向传递，而无轴向传递。根据对称原理，催化剂内各点的反应物浓度只与其所处的柱面半径有关。对半径为 l、厚度为 dl 的环柱体进行质量衡算，可以得到描述催化剂颗粒内浓度分布的微分方程

$$\frac{d^2 c_A}{dl^2} + \frac{1}{l}\frac{dc_A}{dl} = \lambda^2 c_A \tag{3.43}$$

对于半径为 R、长度 $L \gg R$ 的圆柱形(习惯称为无限长圆柱)催化剂，其边界条件为

$$l=0,\quad dc_A/dl=0$$

$$l=R,\quad c_A=c_{As}$$

可以解得有效因子为

$$\eta = \frac{1}{\phi_C}\frac{J_1(2\phi_C)}{J_0(2\phi_C)} \tag{3.44}$$

式中，J_1 及 J_0 分别为一阶及零阶修正的第一类 Bessel 函数；$\phi_C = \lambda\frac{R}{2} = \frac{R}{2}\sqrt{k_V / D_e}$，为柱形催化剂的 Thiele 模数，柱形催化剂的特征尺寸为 $R/2$。

为了降低催化剂床层阻力，通常将催化剂制成球形，通过团粒或滴注成型的催化剂可以得到球形颗粒。同样可以通过对半径为 l、厚度为 dl 的球壳微元进行质量衡算，得到描述球形催化剂颗粒内反应物浓度分布的微分方程

$$\frac{d^2 c_A}{dl^2} + \frac{2}{l}\frac{dc_A}{dl} = \lambda^2 c_A \tag{3.45}$$

对于半径为 R 的球形催化剂，其边界条件为

$$l=0,\quad dc_A/dl=0$$

$$l=R,\quad c_A=c_{As}$$

分析求解可得有效因子的数学表达式为

$$\eta = \frac{1}{\phi_S}\left[\frac{1}{\text{th}(3\phi_S)} - \frac{1}{3\phi_S}\right] \tag{3.46}$$

式中，$\phi_S = \lambda\frac{R}{3} = \frac{R}{3}\sqrt{k_V / D_e}$，为球形催化剂的 Thiele 模数，球形催化剂的特征尺寸为 $R/3$。

以上计算表明：等温条件下催化剂有效因子是 Thiele 模数ϕ的函数，ϕ等于催化剂的一个特性尺寸与λ的乘积，$\phi=\lambda L^0$。表 3.3 中比较了三种颗粒催化剂的各种形状参数，可以看到特征尺寸 L^0 都正好等于 V_p 和 S_p 之比。可以定义一个适用于任意形状(包括不规则形状)催化剂的通用 Thiele 模数：

$$\phi = \frac{V_p}{S_p}\sqrt{k_V / D_e} \tag{3.47}$$

式(3.47)适用于各种催化剂颗粒内进行的等温一级不可逆反应。

表 3.3　各种形状催化剂的特性尺寸

催化剂形状	特征尺寸 L^0	体积 V_p	有效外表面 S_p	Thiele 模数
无限长平板形	L	$2SL$	$2S$	λL
无限长圆柱形	$R/2$	$\pi R^2 L$	$2\pi RL$	$\lambda R/2$
球形	$R/3$	$4\pi R^3/3$	$4\pi R^2$	$\lambda R/3$

Aris 对三种形状催化剂的η-ϕ关系作了比较(图 3.7)，当ϕ值很大或很小时，不同形状催化剂的η值都很接近，只有ϕ值处于中间范围时才有差异，但最大偏差一般不超过 10%。因此，在催化剂形状较复杂、难以计算催化剂有效因子的情况下，可以利用片状催化剂有效因子的数学表达式进行近似估算。

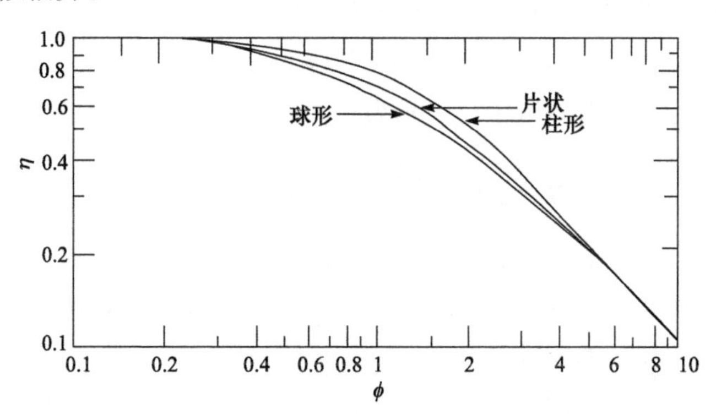

图 3.7　有效因子η与 Thiele 模数ϕ之间的关系

由图 3.7 可以看到，当$\phi\to 0$ 时，各种催化剂的$\eta\to 1$，这时内扩散影响已不存在。而当ϕ足够大，内扩散影响严重时，催化剂的有效因子等于 Thiele 模数的倒数，$\eta=1/\phi$。实际上，如片状催化剂，当ϕ=5.26 时便可认为 Thiele 模数足够大，此时，th(ϕ)=1.0000。一般情况下，如果ϕ>3，就可采用$\eta=1/\phi$计算有效因子而不至于引起大的误差。如果内扩散影响严重而对反应产生不利影响时，可以设法减小 Thiele 模数ϕ来降低内扩散影响的程度。可以适当减小颗粒粒径和增大有效外表面积(减小催化剂特征尺寸)、增大孔径或孔容(提高催化剂有效扩散系数)来提高催化剂的有效因子、减小内扩散的影响。

对于A$\rightleftharpoons$P的简单一级可逆反应，反应速率方程为$r_A=k_1c_A-k_2c_P$，运用平衡条件可简化为$r_A=(k_1+k_2)(c_A-c_{Ae})$。温度恒定，平衡浓度$c_{Ae}$不变，速率方程与一级不可逆反应速率方程式的形式相同，可以同样方法推导有效因子计算式。

2. 非一级反应

简单起见，以片状催化剂上进行等温非一级反应为例。如图3.6所示，在微元体Sdl上进行反应物A的物料衡算，可得描述浓度分布的微分方程

$$\frac{d}{dl}\left(D_e\frac{dc_A}{dl}\right)=r_A \tag{3.48}$$

由于r_A不是反应物浓度的线性函数，需要对方程式(3.48)进行适当的变换。令$y=dc_A/dl$，当D_e为常数时，方程可变换为

$$\frac{d}{dl}\left(D_e\frac{dc_A}{dl}\right)=D_e\frac{dy}{dl}=D_e\frac{dy}{dc_A}\frac{dc_A}{dl}=D_e y\frac{dy}{dc_A} \tag{3.49}$$

将式(3.49)代入式(3.48)，并代入片状催化剂上的边界条件移项积分得

$$\frac{dc_A}{dl}=y=\left(\int_{c_{Ac}}^{c_A}\frac{2r_A}{D_e}dc_A\right)^{1/2} \tag{3.50}$$

片状催化剂上A的实际反应速率为催化剂表面扩散进入催化剂的反应物A的通量

$$R_A=2SD_e\left(\frac{dc_A}{dl}\right)_L=2S\left(2D_e\int_{c_{Ac}}^{c_{As}}r_A dc_A\right)^{1/2} \tag{3.51}$$

无内扩散影响情况下，以催化剂表面反应物浓度计算的反应速率为

$$R_{As}=2SLr_{As} \tag{3.52}$$

根据有效因子的定义，有效因子可表示为

$$\eta=\frac{R_A}{R_{As}}=\frac{\sqrt{2}}{Lr_{As}}\left(\int_{c_{Ac}}^{c_{As}}D_e r_A dc_A\right)^{1/2} \tag{3.53}$$

前面处理中，假设有效扩散系数为常数，式(3.53)中有效扩散系数被处理为变量将更带有普遍性。对于其他形状催化剂有效因子的计算，在不能准确计算时可以将式(3.53)中平板催化剂的特征尺寸换为该催化剂的特征尺寸$L^0=V_p/S_p$进行估算。

式(3.53)对所有形式的动力学关系式都有效，如果将一级不可逆反应速率方程式，$r_A=k_Vc_A$代入式(3.53)，便可得到与式(3.42)完全相同的有效因子表达式。假定D_e为常数，代入一级反应动力学方程式积分，式(3.53)变为

$$\begin{aligned}\eta&=\frac{\sqrt{2}}{Lk_Vc_{As}}\left(\int_{c_{Ac}}^{c_{As}}D_e k_V c_A dc_A\right)^{1/2}\\&=\frac{\sqrt{D_e}}{L\sqrt{k_V}c_{As}}\sqrt{c_{As}^2-c_{Ac}^2}\end{aligned} \tag{3.54}$$

求有效因子的关键是要先求出平板中心处反应物浓度 c_{Ac}，可将式(3.50)移项积分，得

$$L=\int_0^L \mathrm{d}l=\int_{c_{Ac}}^{c_{As}}\frac{D_e \mathrm{d}c_A}{\left(2\int_{c_{Ac}}^{c_A}D_e r_A \mathrm{d}c_A\right)^{1/2}}$$
$$=\sqrt{\frac{D_e}{k_V}}\int_{c_{Ac}}^{c_{As}}\frac{\mathrm{d}c_A}{\sqrt{c_A^2-c_{Ac}^2}}=\sqrt{\frac{D_e}{k_V}}\ln\frac{c_{As}+\sqrt{c_{As}^2-c_{Ac}^2}}{c_{Ac}} \tag{3.55}$$

解得 c_{Ac}

$$c_{Ac}=\frac{2c_{As}\exp\left(L\sqrt{k_V/D_e}\right)}{1+\exp(2L\sqrt{k_V/D_e})} \tag{3.56}$$

代入式(3.54)，得

$$\eta=\frac{\sqrt{D_e}}{L\sqrt{k_V}}\frac{\exp\left(2L\sqrt{k_V/D_e}\right)-1}{\exp(2L\sqrt{k_V/D_e})+1} \tag{3.57}$$

由双曲函数的定义

$$\mathrm{th}\,x=\frac{\mathrm{e}^x-\mathrm{e}^{-x}}{\mathrm{e}^x+\mathrm{e}^{-x}}=\frac{\mathrm{e}^{2x}-1}{\mathrm{e}^{2x}+1}$$

及 $\lambda=\sqrt{k_V/D_e}$ ，式(3.57)正好化成前面片状催化剂上进行等温一级不可逆反应有效因子的数学表达式

$$\eta=\frac{\mathrm{th}(\lambda L)}{\lambda L} \tag{3.41}$$

可见，一级不可逆反应的有效因子计算式也同样包含于式(3.53)中。

由前面讨论可知，当内扩散影响严重时，各种催化剂的有效因子均为$\eta=1/\phi$，为了更具代表性，定义普遍化的 Thiele 模数ϕ如下

$$\phi=\frac{V_p}{S_p}\frac{r_{As}}{\sqrt{2}}\left(\int_{c_{Ac}}^{c_{As}}D_e r_A \mathrm{d}c_A\right)^{-0.5} \tag{3.58}$$

由于内扩散影响严重，式中积分下限颗粒中心处反应物浓度 $c_{Ac}=c_{Ae}$(不可逆反应为零)。n 级不可逆反应的普遍化 Thiele 模数可写为

$$\phi=\frac{V_p}{S_p}\sqrt{\frac{n+1}{2}\frac{k_V}{D_e}c_{As}^{n-1}}\qquad n>-1 \tag{3.59}$$

无论催化剂形状、速率方程如何变化，有效扩散系数变与不变，只要判定内扩散对反应影响较严重，有效因子均可按式(3.58)或式(3.59)求出的 Thiele 模数的倒数来估算。

【例 3.4】 420℃和 30atm 下，在变换催化剂上进行水煤气变换反应

$$\underset{A}{CO}+\underset{B}{H_2O}=\!=\!=\underset{C}{CO_2}+\underset{D}{H_2}$$

反应的本征动力学方程式为

$$r_{AW}=k_1\frac{p_A}{p_C^{0.5}}\left(1-\frac{p_Cp_D}{K_pp_Ap_B}\right)[\text{mol/(g}\cdot\text{h)}] \tag{a}$$

式中，p_A、p_B、p_C、p_D分别代表CO、H_2O、CO_2、H_2的分压。k_1=0.0402mol/(g · h · atm$^{0.5}$)，K_p=9.60。CO的有效扩散系数为0.012cm^2/s，催化剂为ϕ 9mm×9mm的圆柱体，θ=0.5，ρ_p=2.5g/cm^3。原料初始组成为y_{A0}=0.081，y_{B0}=0.374，y_{C0}=0.048，y_{D0}=0.354，y_{E0}=0.143(y_{E0}为惰性气体氮气的初始分子分率)。试求CO变换率x_A=0.2时，催化剂的有效因子。

解 由动力学方程可知，该反应为非一级反应。催化剂为圆柱形，用圆柱形的特性尺寸V_p/S_p代替L，直接由式(3.53)计算该条件下催化剂的效率因子。因反应在较高的温度下进行，可以假设该体系符合理想气体定律。由化学计量关系，当总压为p，CO变换率为x_A时，各组分的分压为

$$p_A=py_{A0}(1-x_A)$$

$$p_B=p(y_{B0}-y_{A0}x_A)=py_{A0}(4.62-x_A)$$

$$p_C=p(y_{C0}+y_{A0}x_A)=py_{A0}(0.593+x_A)$$

$$p_D=p(y_{D0}+y_{A0}x_A)=py_{A0}(4.37+x_A)$$

将各组分分压代入式(a)，并将反应速率换算成单位体积催化剂上的反应速率

$$r_{AV}=\rho_pk_1p^{0.5}y_{A0}^{0.5}\frac{1-x_A}{(0.593+x_A)^{0.5}}\left[1-\frac{(0.593+x_A)(4.37+x_A)}{K_p(1-x_A)(4.62-x_A)}\right][\text{mol/(cm}^3\cdot\text{h)}] \tag{b}$$

CO的浓度为

$$c_A=\frac{py_{A0}(1-x_A)}{RT}=\frac{30\times0.081(1-x_A)}{82.06\times(420+273)}=4.27\times10^{-5}(1-x_A)(\text{mol/cm}^3) \tag{c}$$

根据式(3.53)的需要，求下列积分值

$$\int_{c_{Ac}}^{c_{As}}r_{AV}\text{d}c_A=\int_{x_{As}}^{x_{Ae}}4.27\times10^{-5}r_{AV}\text{d}x_A \tag{d}$$

上式右边的积分下限x_{As}为颗粒外表面上CO的变换率。在工业反应器中，气流速度很高，可以认为外扩散阻力已基本消除，$x_{As}=x_{Ag}$=0.2；若内扩散阻滞严重，$c_{As}\gg c_{Ac}\approx c_{Ae}$，则$x_{Ac}=x_{Ae}$积分上限$x_{Ae}$为420℃时CO的平衡变换率，由已知平衡常数与平衡变换率的关系求得，因为

$$K_p=\frac{p_{Ce}p_{De}}{p_{Ae}p_{Be}}=\frac{(0.593+x_{Ae})(4.37+x_{Ae})}{(1-x_{Ae})(4.62-x_{Ae})}=9.60$$

所以$x_{Ae}=0.803$。

将已知数据代入式(d)，得

$$\begin{aligned}&\int_{0.2}^{0.803}4.27\times10^{-5}\rho_pk_1p^{0.5}y_{A0}^{0.5}\frac{1-x_A}{(0.593+x_A)^{0.5}}\left[1-\frac{(0.593+x_A)(4.37+x_A)}{K_p(1-x_A)(4.62-x_A)}\right]\text{d}x_A\\&=4.27\times10^{-5}\rho_pk_1p^{0.5}y_{A0}^{0.5}\int_{0.2}^{0.803}I\text{d}x_A\end{aligned} \tag{e}$$

式中

$$I=\frac{1-x_A}{(0.593+x_A)^{0.5}}\left[1-\frac{(0.593+x_A)(4.37+x_A)}{K_p(1-x_A)(4.62-x_A)}\right]$$

将积分区间划分为6等份，即Δx=0.1005，计算结果如下：

x_A	0.2	0.3005	0.401	0.5015	0.602	0.7025	0.803
I	0.8025	0.6335	0.4834	0.3476	0.2232	0.1079	0

由 Simpson 积分公式得

$$\int_{0.2}^{0.803} I\mathrm{d}x_A = 0.2202$$

代入式(c)，得

$$\begin{aligned}&4.27\times10^{-5}\rho_p k_1 p^{0.5} y_{A0}^{0.5}\int_{0.2}^{0.803} I\mathrm{d}x_A\\&=4.27\times10^{-5}\times2.5\times\frac{0.0402}{3600}\times30^{0.5}\times0.081^{0.5}\times0.2202\\&=4.092\times10^{-10}\end{aligned}$$

无内扩散影响时，将 $x_A=x_{As}$ 代入式(b)得本征反应速率为

$$\begin{aligned}r_{As}&=2.5\times\frac{0.0402}{3600}\times30^{0.5}\times0.081^{0.5}\times\frac{1-0.2}{(0.593+0.2)^{0.5}}\left[1-\frac{(0.593+0.2)(4.37+0.2)}{9.6(1-0.2)(4.62-0.2)}\right]\\&=3.492\times10^{-5}[\mathrm{mol/(cm^3\cdot s)}]\end{aligned}$$

催化剂为直径 d 和高 L 相等的圆柱体，不能看作无限长圆柱，$V_p/S_p=d/6$，由式(3.53)可得催化剂的有效因子

$$\begin{aligned}\eta&=\frac{S_p}{V_p}\frac{\sqrt{2D_e}}{r_{As}}\left(\int_{c_{Ae}}^{c_{As}} r_A\mathrm{d}c_A\right)^{0.5}\\&=\frac{6\sqrt{2\times0.012}}{0.9\times3.492\times10^{-5}}\times\sqrt{4.092\times10^{-10}}=0.60\end{aligned}$$

由 $\eta=0.6$ 可知该条件下内扩散影响已较明显，但还不是非常严重。因此，由假设 $c_{Ac}=c_{Ae}$ 计算所得的 η 有一定误差。

3.4.2　非等温催化剂的有效因子

前面各种情况催化剂的有效因子都是在假设催化剂颗粒内温度均匀的条件下推得的，称为等温催化剂的有效因子。实际上，催化剂颗粒中心与外表面间总是存在或大或小的温度差。当催化剂导热性能好、反应热效应小、催化剂颗粒内温差较小可以忽略时，催化剂有效因子的计算只需考虑浓度变化的影响。但如果催化剂为不良导体，且反应热效应较大，颗粒内温差明显时，催化剂有效因子的计算在考虑浓度变化影响的同时，还不能忽略温度变化的影响(有时温度的影响更大)。很多催化剂载体是采用金属氧化物、陶瓷等材料，这些载体多为不良导体，在反应热效应较大时，必须考虑催化剂内温度分布对有效因子的影响。

非等温情况下，除了与等温情况一样进行质量衡算外，还要同时进行混合物的热量衡算，得到以浓度和温度为变量的微分方程组。仍以片状催化剂为例(图 3.6)，在微元薄片 $S\Delta l$ 上进行混合物的热量衡算，假设整个催化剂上气体混合物有效导热系数 λ_e 不变，反应热为 $-\Delta H_r$，在稳态条件下有

$$\lambda_e\left(\frac{\mathrm{d}T}{\mathrm{d}l}\right)_{l+\Delta l}\cdot S-\lambda_e\left(\frac{\mathrm{d}T}{\mathrm{d}l}\right)_l\cdot S+(-\Delta H_r)r_A\cdot S\cdot\Delta l=0$$

化简后可得

$$\frac{\mathrm{d}}{\mathrm{d}l}\left(\lambda_{\mathrm{e}}\frac{\mathrm{d}T}{\mathrm{d}l}\right)=-(-\Delta H_{\mathrm{r}})r_{\mathrm{A}} \tag{3.60}$$

边界条件为

$$l=0,\ \mathrm{d}T/\mathrm{d}l=0 \tag{3.61}$$

$$l=L,\ T=T_{\mathrm{s}} \tag{3.62}$$

结合催化剂内的质量衡算，得到描述颗粒内浓度和温度分布的微分方程组

$$\frac{\mathrm{d}}{\mathrm{d}l}\left(D_{\mathrm{e}}\frac{\mathrm{d}c_{\mathrm{A}}}{\mathrm{d}l}\right)=r_{\mathrm{A}}$$

$$\frac{\mathrm{d}}{\mathrm{d}l}\left(\lambda_{\mathrm{e}}\frac{\mathrm{d}T}{\mathrm{d}l}\right)=-(-\Delta H_{\mathrm{r}})r_{\mathrm{A}}$$

由于两个方程形式很相似，可以代入边界条件联立求解，先求出浓度与温度的关系，将微分方程组简化为以浓度为变量的单个微分方程，再求出催化剂内反应的有效因子。

代入边界条件比较两个微分方程得

$$\frac{\mathrm{d}T}{\mathrm{d}l}=-(-\Delta H_{\mathrm{r}})\frac{D_{\mathrm{e}}}{\lambda_{\mathrm{e}}}\frac{\mathrm{d}c_{\mathrm{A}}}{\mathrm{d}l} \tag{3.63}$$

利用边界条件积分可得颗粒内温度分布与浓度分布之间的关系

$$T-T_{\mathrm{s}}=(-\Delta H_{\mathrm{r}})\frac{D_{\mathrm{e}}}{\lambda_{\mathrm{e}}}(c_{\mathrm{As}}-c_{\mathrm{A}}) \tag{3.64}$$

由式(3.64)求出 $T=T(c_{\mathrm{A}})$并代入质量微分方程，将 $r_{\mathrm{A}}(T, c_{\mathrm{A}})$化成$r'_{\mathrm{A}}(c_{\mathrm{A}})$，直接求解可得非等温催化剂有效因子；也可通过 $c_{\mathrm{A}}=c_{\mathrm{A}}(T)$代换，将 $r_{\mathrm{A}}(T,c_{\mathrm{A}})$化成$r''_{\mathrm{A}}(T)$，解温度微分方程求有效因子。但值得注意的是，由于这两个微分方程的非线性，很难求出解析解，一般只能通过数值计算方法求解。

Weisz 和 Hicks 对球形催化剂中进行一级不可逆反应的情况做了计算(结果如图 3.8 所示)，图中不仅用到了与催化剂形状相关的 Thiele 模数ϕ，还用到了代表温度效应的 Arrhenius 数γ和代表传质传热相对大小的 Prater 数β。γ和β的定义分别为

$$\gamma=E/RT_{\mathrm{s}} \tag{3.65}$$

$$\beta=(T-T_{\mathrm{s}})_{\max}/T_{\mathrm{s}}=-\Delta H_{\mathrm{r}}D_{\mathrm{e}}c_{\mathrm{As}}/\lambda_{\mathrm{e}}T_{\mathrm{s}} \tag{3.66}$$

式(3.65)中 E 为反应的活化能。计算结果表明，非等温情况下，颗粒内反应的有效因子不仅与 Thiele 模数有关，同时与 Arrhenius 数和 Prater 数有关。

根据β值的不同，图 3.8 中曲线可以分为三类。$\beta=0$，表示颗粒内没有温差，即等温催化剂有效因子的η-ϕ曲线。$\beta<0$，反应吸热，颗粒内温度 T 小于颗粒外表面温度 T_{s}，此时，催化剂有效因子总是偏小。$\beta>0$，反应放热，这时 $T>T_{\mathrm{s}}$，催化剂颗粒内温度高于表面温度，可以促进反应进行。由图 3.8 可见，对于热效应可以忽略的反应($\beta=0$)和吸热反应($\beta<0$)，有效因子只可能小于或等于 1；对于放热反应，由于催化剂颗粒内温度分布的增强效应，有效因子增大。

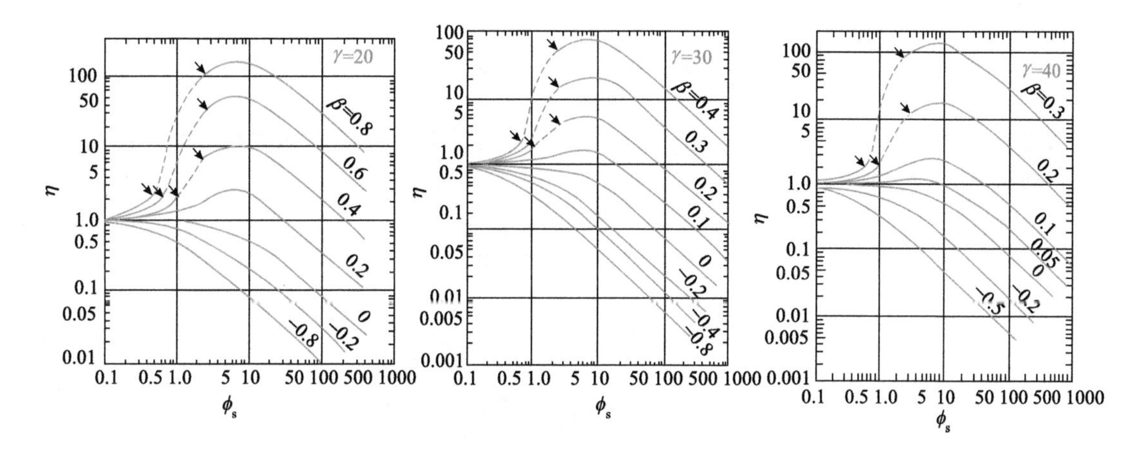

图 3.8　球形粒子一级反应有效因子

由于有效因子是催化剂颗粒内的实际反应速率除以以颗粒外表面条件计算的反应速率，某些情况下，催化剂内部浓度降低对反应速率产生的影响比其温度升高对反应速率产生的影响小时，就可能出现有效因子$\eta>1$ 的情况。反之，当温度升高对反应速率的影响小于浓度降低对反应速率的影响时，$\eta<1$；当二者对反应速率的影响相当时，$\eta=1$。

3.4.3　内扩散对气固催化反应过程的影响

内扩散的存在对气固催化反应的表观反应级数、表观反应活化能等参数都会有一定的影响，反应的表观特征将向扩散的固有特性偏移，但与外扩散的影响程度有本质的区别。以 n 级不可逆反应为例，若本征反应速率方程为

$$r_{As} = k_V c_{As}^n \tag{3.67}$$

宏观反应速率方程为

$$r_A = \eta r_{As} = \eta k_V c_{As}^n \tag{3.68}$$

当内扩散影响严重时，有

$$\eta \approx \frac{1}{\phi} = \frac{S_p}{V_p}\sqrt{\frac{2}{n+1}\frac{D_e}{k_V}} \cdot c_{As}^{-\frac{n-1}{2}} \tag{3.69}$$

反应的宏观反应速率方程为

$$r_A = \frac{S_p}{V_p}\sqrt{\frac{2}{n+1}k_V D_e} \cdot c_{As}^{\frac{n+1}{2}} \tag{3.70}$$

可以看出，受内扩散严重影响时，反应的宏观级数为反应本征级数与扩散的浓度级数的算术平均，$(n+1)/2$；而其宏观活化能也等于反应本征活化能与扩散温度指数的算术平均，$(E+E_D)/2$，因为将宏观速率方程写成如下形式时

$$r_A = k_m c_{As}^{\frac{n+1}{2}} \tag{3.71}$$

宏观反应速率常数为

$$k_{\mathrm{m}} = \frac{S_{\mathrm{p}}}{V_{\mathrm{p}}}\sqrt{\frac{2}{n+1}k_V D_{\mathrm{e}}} \tag{3.72}$$

假设表观反应速率常数也符合 Arrhenius 方程(通常是符合的)，有效扩散系数也可写成温度的指数函数形式，则

$$k_{\mathrm{m}} = k_{\mathrm{m,o}} \exp\left(-\frac{E_{\mathrm{m}}}{RT}\right)$$

$$k_V = k_{V,\mathrm{o}} \exp\left(-\frac{E}{RT}\right)$$

$$D_{\mathrm{e}} = D_{\mathrm{e,o}} \exp\left(-\frac{E_{\mathrm{D}}}{RT}\right)$$

根据式(3.72)可得

$$E_{\mathrm{m}}=(E+E_{\mathrm{D}})/2 \tag{3.73}$$

通常情况下，扩散的温度效应远比反应的温度效应小很多，所以，在内扩散影响严重时，测得的宏观反应活化能只有本征活化能的一半。

对于复杂反应体系，由于内扩散对主、副反应的反应级数及反应活化能均会产生影响，因此，目标产物的选择性也会有所变化。以简单平行反应为例，$\mathrm{A}\longrightarrow\mathrm{P}$，$\mathrm{A}\longrightarrow\mathrm{B}$，产物 P 为目标产物，主、副反应的反应速率常数分别为 k_{V1} 和 k_{V2}，无内扩散影响时，反应物 A 消耗的本征反应速率方程为

$$r_{\mathrm{As}} = k_{V1} c_{\mathrm{As}}^{\alpha_1} + k_{V2} c_{\mathrm{As}}^{\alpha_2} \tag{3.74}$$

目标产物 P 的选择性为

$$s = \frac{1}{1+\dfrac{k_{V2}}{k_{V1}} c_{\mathrm{As}}^{\alpha_2-\alpha_1}} \tag{3.75}$$

若内扩散影响严重时，A 的宏观反应速率方程式应为

$$r_{\mathrm{A}} = k_{\mathrm{m1}} c_{\mathrm{As}}^{\frac{\alpha_1+1}{2}} + k_{\mathrm{m2}} c_{\mathrm{As}}^{\frac{\alpha_2+1}{2}} \tag{3.76}$$

此时，目标产物的选择性变为

$$s_{\mathrm{m}} = \frac{1}{1+\dfrac{k_{\mathrm{m2}}}{k_{\mathrm{m1}}} c_{\mathrm{As}}^{\frac{\alpha_2-\alpha_1}{2}}} = \frac{1}{1+\sqrt{\dfrac{\alpha_1+1}{\alpha_2+1}\dfrac{k_{V2}}{k_{V1}} c_{\mathrm{As}}^{\alpha_2-\alpha_1}}} \tag{3.77}$$

比较式(3.75)与式(3.77)可见，内扩散存在对选择性的提高是否有利，与主、副反应的反应级数、本征反应速率常数的相对大小及反应物浓度的高低有关，需对实际情况作具体分析后才能判断。一般来讲，等温时内扩散的存在对反应级数低的反应影响较小，这时反应级数低的反应所得产物的选择性升高；而非等温情况下，如果颗粒内温差明显，总体放热反应对活化能高的反应有利，总体吸热反应对活化能低的反应有利。

对于主、副反应反应级数相同的特殊情况，选择性只与本征反应速率常数有关

$$s = \frac{1}{1 + k_{V2}/k_{V1}} \tag{3.78}$$

$$s_m = \frac{1}{1 + \sqrt{k_{V2}/k_{V1}}} \tag{3.79}$$

如果 $k_{V1}=k_{V2}$，内扩散的存在对目标产物选择性没有影响；如果 $k_{V1}>k_{V2}$，则 $s_m<s$，内扩散的存在不利于目标产物选择性的提高；反之，$k_{V1}<k_{V2}$，内扩散的存在对选择性的提高反而是有利的。

对于目标产物为 P 的串联反应 $A \longrightarrow P \longrightarrow B$，可以根据选择性的定义进行定量分析，但问题要复杂一些。由于 P 是由 A 生成，受内扩散影响，颗粒内 A 的浓度 c_A 总是小于颗粒表面浓度 c_{As}，目标产物 P 的浓度 c_P 总是大于颗粒表面浓度 c_{Ps}，内扩散的存在总是降低反应的选择性。

3.4.4　内、外扩散影响分析

催化剂的宏观动力学是指催化剂原颗粒粒度下，催化剂的反应速率随床层浓度、温度等参数变化规律的数学表达式。显然，催化剂的宏观动力学与颗粒及颗粒内的化学物理特征相关，床层条件是宏观动力学的变量。在设计催化反应器时，如果知道反应器流动模型、床层传递规律和浓度温度分布参数，可以结合宏观动力学模型进行反应器的设计和计算。

由于很多工业反应器气速较高(>0.5m/s)，通常不存在颗粒外扩散影响。一般用于设计床层的宏观动力学关系，应该不包括催化剂颗粒外表面扩散的影响。因此，测定催化剂宏观反应速率时，必须排除外扩散的影响因素。

实验中可以通过提高反应床层的气体流速、增强外扩散传质通量的方法来消除外扩散的影响。当外扩散的最大传质通量远大于颗粒内进行反应的速率时，反应过程的阻力主要集中在颗粒内的反应过程，这时测定的反应速率即催化剂颗粒的宏观反应速率。例如，固定床反应器中测定原颗粒催化剂的宏观动力学数据，可以同时增加催化剂用量和反应气体流量，保持催化剂体积和气体流量呈比例增加。改变流速可以增大颗粒表面传质，降低外扩散影响，出口转化率会有一定程度提高。当进一步增大流速，而反应转化率不再提高时，反应的外扩散影响可以忽略。在高于此流速条件下测定反应速率，得到的动力学方程就是不含外扩散影响的宏观动力学方程。

本征动力学(或微观动力学)是指不存在内、外扩散影响时的反应速率与反应条件之间的关系式。测定本征动力学时，需要先消除外扩散影响和内扩散影响。由于催化剂的有效因子在等温情况下与 Thiele 模数直接相关，而 Thiele 模数又与催化剂特征尺寸成正比，可以通过改变催化剂粒度 d_p 来判断内扩散的影响程度。实验中保持反应温度、气体空速和催化剂形状不变，在确定已经消除外扩散影响的情况下，减小催化剂粒度 d_p，由于传质情况改善，反应器出口转化率 x_A 应随催化剂粒度的减小相应增加。当粒度减小到某一粒度 d_p^* 时，继续减小粒度，出口转化率不再增加，说明 $d_p \leqslant d_p^*$ 时已消除了内扩散影响(图 3.9)，过程由动力学控制，在此粒度范围内测得的反应速率为本征反应速率 r_{As}。

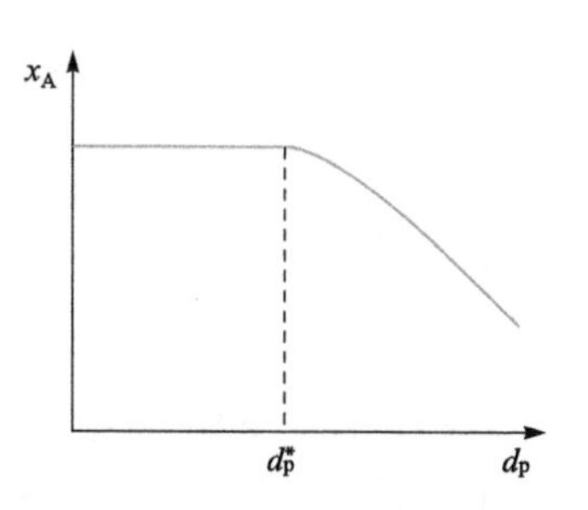

图 3.9　内扩散影响检验

而在 $d_p > d_p^*$ 粒度范围内，内扩散的存在使反应转化率降低，此时测得的反应速率为该粒度下的宏观反应速率 r_A。用 r_A 除以 r_{As} 即可得到该反应条件下该粒度催化剂上的有效因子，即

$$\eta = \frac{r_A\{d_p \mid d_p > d_p^*\}}{r_{As}\{d_p \mid d_p \leqslant d_p^*\}} \tag{3.80}$$

根据有效因子的大小可以判断内扩散的影响程度。

催化剂颗粒的临界粒度 d_p^* 是随反应体系的浓度和温度而变化的，通常高温高浓度下反应速率相对较快，反应的宏观速率容易受内扩散的影响，相应的催化剂临界粒度 d_p^* 较小，必须在更小的粒度下才能测到本征反应速率数据。而反过来，对于一定粒度的催化剂，只要证明了其在高温度和高浓度下不受内扩散的影响，一般情况下，在低于这一温度和浓度条件下就不受内扩散影响。

研究气固催化反应过程中内扩散的影响，对工业催化剂的结构设计有一定的指导作用。由于气固催化反应主要是在催化剂的内表面上进行，常常采用增大比表面积来提高催化剂活性，但平均孔半径 $r_m=2V_g/S_g$，而催化剂孔容 V_g 总是有限的，增大比表面积 S_g，必然减小 r_m，内扩散阻力增大，催化剂内表面的利用率降低，当内孔表面增加到一定程度后可能反而使宏观反应速率降低。工业上经常采用加入不同造孔剂的方法，煅烧后催化剂颗粒内产生大小不同的两种微孔，由较大的微孔提供顺畅的扩散通道，而较小的微孔则提供更多的反应表面，从而解决内比表面与孔径的矛盾。

减小催化剂粒度可以减小内扩散的影响，但较小的催化剂颗粒可能使催化剂床层空隙率降低，床层阻力增大，生产过程动力消耗加大，不能过度减小催化剂粒度。由于催化剂特性尺寸 $L^0=V_p/S_p$，可以考虑增大催化剂外表面 S_p 使 L^0 减小。因此，在某些内扩散影响严重的反应过程，如甲烷蒸汽转化反应中采用异形催化剂，如环形、车轮形、蜂窝形、薄壁舱形等，可以在不过度增加床层阻力的情况下有效提高催化剂的有效因子。近年来出现的发泡催化剂、规整催化剂及高孔数的 Monolith 等都可有效地提高催化剂有效因子、降低床层阻力。

3.5 气固催化反应过程的数据处理

化学反应器分析和计算的核心问题是要有确定的反应过程速率及其变化规律。气固催化反应过程的速率既受化学反应影响，也受同时存在的各种传递过程的影响。由于对反应机理和传质过程微观特性认识的局限，对绝大多数反应过程还不能从理论上预测其反应速率，只能通过实验测定。如何将在操作条件范围内测定的动力学实验数据分析处理，并从实验数据变化的趋势中找出反应速率随反应条件变化的规律，确定反应速率随各变量变化的定量关系，建立实际可用的动力学模型，是化学反应工程研究和分析的基础。

3.5.1 实验室反应器

化学反应工程的目标是要通过经济的实验室规模反应动力学研究，综合分析反应过程受工程传递现象和操作因数影响规律，以数学模型方法预测、模拟工业反应器的操作行为，达到通过科学计算进行工程放大(scale up)的目的。实验室反应器是研究反应速率和反应动力学

的基础。为了测定催化剂不同的反应特征，实验室反应器可以设计成很多特殊的形式，最常用的实验室反应器有积分反应器(integral reactor)、微分反应器(differential reactor)和循环无梯度反应器(recirculating gradientless reactor)。

1. 固定床积分反应器

实验室用的固定床积分反应器通常为一装填催化剂的带恒温加热系统的圆直管(图 3.10)。管材一般要求选用无催化活性的惰性材料。实验加入的催化剂量较多，以保证反应器出口有足够高的转化率，便于检测。催化剂厂需要提供催化剂产品进行活性评价(evaluation of activity)，其数据包括积分反应器中工业生产条件下催化床层出口转化率。催化剂厂通常采用的积分反应器为 1L、5L、10L，甚至 30L，催化剂装载量通常为 1L、5L、10L 和 30L。积分反应器内的流动为平推流，通常用作催化剂的活性评价。当加入催化剂量相同时，可以用相同温度和空速条件下的出口转化率来比较催化剂的活性。

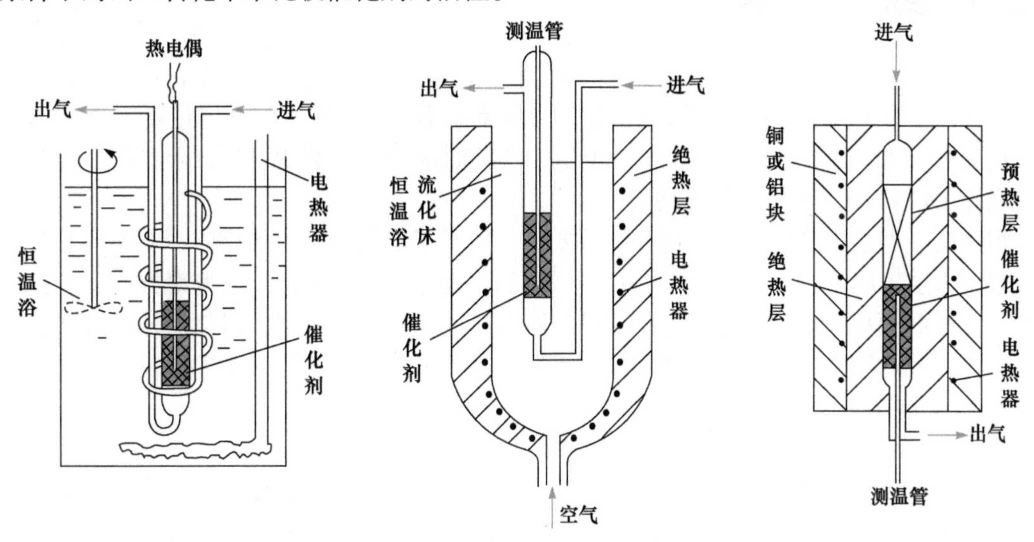

图 3.10　实验室固定床反应器

实验室积分反应器的转化率数据也经常用来计算催化剂上的反应速率。等温情况下，由平推流反应器的设计方程

$$V_b = v_0 c_{A0} \int_0^{x_A} \frac{dx}{r_A} \tag{3.81}$$

可以计算反应器出口转化率 x_A 与反应速率 r_A 的关系。假设反应速率与转化率(或反应物浓度)的关系为 $r_A=f(x_A)$，由于床层催化剂体积 V_b、反应气体流速 v_0 和进口浓度 c_{A0} 已知，代入式(3.81)可以通过积分计算出转化率 x_A，与测定得到的转化率比较，可以求出反应速率 r_A 与转化率 x 的关系 $f(x)$。当 $f(x)$中包括多个方程参数(如反应级数等)时，可以通过改变气体流量 v_0，测定不同 v_0 下的出口反应转化率，求解方程组求得各方程参数，确定反应速率方程。再通过调节反应温度，测定不同反应温度下的反应速率可以求得反应活化能。

例如，假设反应为恒容一级不可逆反应，$r_A=kc_A$，根据式(3.81)可得

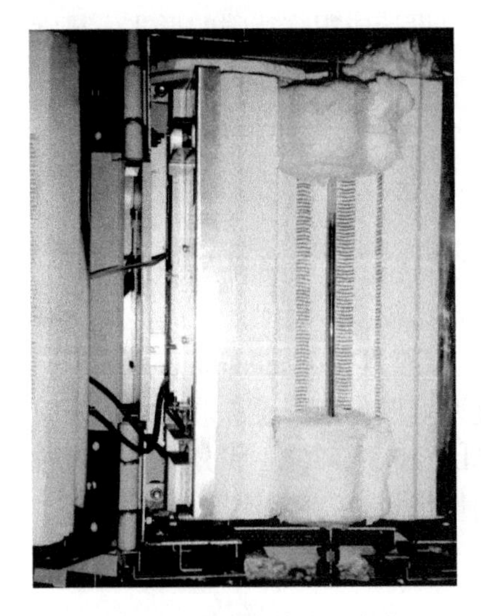

图 3.11 实验室管式反应器

$$V_b = v_0 \frac{\ln(1-x_A)}{k} \tag{3.82}$$

可以根据测定的 x_A 求出 k 值，进而得到反应速率的表达式。

由于温差会给实验数据分析带来很大的困难，通常是通过强化管壁传热来将整个催化剂床层内温度变化限制在允许的范围内，使反应器在等温和近似等温的条件下进行反应。如图 3.10 所示，可分别用液体(油或石蜡等)恒温浴、固体流化床或直接在管外包一金属块(导热性能好的如铜块、铝块等)来实现。对于强放热反应，可用数倍等粒度的惰性物质对催化剂进行稀释，使床层尽量等温。对于温度较高的反应器，可以采用直接在反应管外设电炉，并采用一定的控温手段来保持反应管内恒温，而催化剂必须填充在反应管的恒温区，图 3.11 为一实验室管式反应器。

为了消除床层径向温度差和浓度差，可选用较小管径的反应管，但为了减小壁效应的影响，避免径向流速不均，所选反应管内径 d_t 与催化剂粒径 d_p 之比应大于 8～10。另外，为了减少返混，实验时应使雷诺数 $Re>30$，床层高度与催化剂粒径之比 $L/d_p \geqslant 150$，催化剂装填均匀。

积分反应器结构简单，反应物分析误差小。但对于热效应较大的反应，要做到等温操作很困难，床层不同位置上或多或少总存在一定的温度差，用于测定反应速率方程误差较大。另外，对球形颗粒催化剂进行测定时，反应器直径要求较大，为了同时消除外扩散和边界效应，需要很大的气体流量，对于以气体钢瓶为气源的实验室来说是不经济的。

2. 固定床微分反应器

为了避免反应速率的计算困难和尽可能消除固定床反应器中温度差带来的实验误差，实验室常采用只装少量催化剂的微分反应器，催化剂用量可以少到几毫克到 1g 之间，催化剂呈薄片状装在反应管中。与积分反应器不同，微分反应器装入的催化剂量很少，催化剂区域的温度和浓度可以认为是不变的，图 3.12 示出了积分反应器与微分反应器之间的差别。不同浓度和转化率(可以通过一预反应器调节反应气体转化率)的反应气体通过催化剂层时，其温度和浓度都只有很微小的改变，可以认为催化剂床层的浓度、温度近似恒定，等于进出催化剂层的平均值。

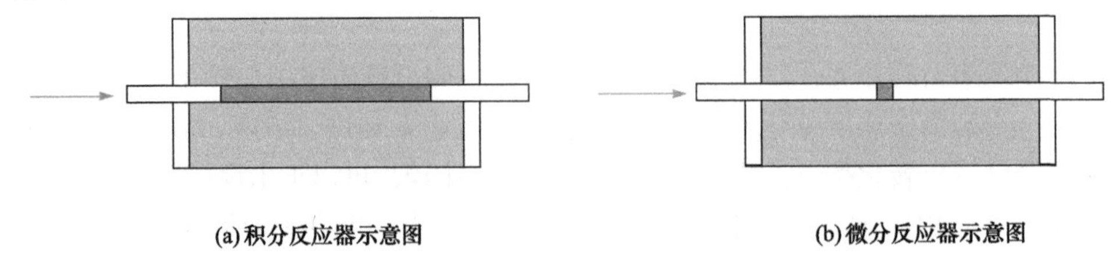

(a) 积分反应器示意图　　(b) 微分反应器示意图

图 3.12 积分反应器与微分反应器比较

当进出催化剂层 dV_b 的反应气体转化率发生了一个微小的变化 dx_A，此时，该浓度和温度下的反应速率 r_A 仍可由平推流反应器设计方程计算

$$r_A = -\frac{d(vc_A)}{dV_b} = v_0 c_{A0}\frac{dx_A}{dV_b} \tag{3.83}$$

按单位质量催化剂 dW 计算的反应速率应为

$$r_A = -\frac{d(vc_A)}{dW} = v_0 c_{A0}\frac{dx_A}{dW} \tag{3.84}$$

式中，dV_b 为微分反应器中填装的催化剂床层体积，m^3 或 L；dW 为微分反应器中填装的催化剂质量，kg 或 g。

微分反应器的测试结果直接给出了反应速率随反应条件的变化，经常用于催化剂动力学测试。同积分反应器一样，微分反应器结构简单、造价低。但微分反应器的进出口转化率差别较小(一般 $\Delta x_A<10\%$)，对组分分析要求较高，特别是对多组分体系的分析较为困难。另外，微分反应器要特别注意避免反应气体流过催化剂层时形成沟流的现象。因此，微分反应器更多的是用于测定小颗粒催化剂的动力学行为。由于微分反应器催化剂用量少，对于实验室催化剂筛选也非常适合。

3. 循环无梯度反应器

动力学测试时，都要求通过催化剂床层的气流速率足以消除外扩散影响，才能准确测得真实的反应动力学数据。微分反应器和积分反应器中，反应气体都是单程通过催化剂床层，气流量大，容易产生沟流、温度分布不均等实验误差。如果将微分反应器中的出口气体部分循环到床层入口，增加催化剂床层气速，就可以实现在较低入口气量情况下消除外扩散影响。循环操作也使床层内浓度、温度差足够小，反应在等温和等浓度条件下进行。循环无梯度反应器便是根据这一思路设计的，大量的物料返混，反应器内不存在浓度和温度梯度，相当于一个等温全混流反应器。

循环无梯度反应器根据气体循环的方式分为外循环和内循环无梯度反应器。图 3.13 为外循环无梯度反应器的物流示意图，反应物料通过循环泵实现反应气体循环。图中 F_0 为新鲜物料摩尔流量；F_R 为循环物料摩尔流量；$R=F_R/F_0$ 称为循环比；F_1 为催化剂床层进口物料摩尔流量；F_2 为出口物料摩尔流量。y_{A0} 和 y_{A1} 分别为新鲜物料和床层进口物料中组分 A 的摩尔分率；y_{A2} 为出口物料和循环物料中组分 A 的摩尔分率。对图中起始点分别进行总物料和组分 A 的物料衡算

$$F_1=F_0+F_R \tag{3.85}$$

$$F_1 y_{A1}=F_0 y_{A0}+F_R y_{A2} \tag{3.86}$$

解得

$$y_{A1}=(y_{A0}+R y_{A2})/(1+R) \tag{3.87}$$

当循环比 $R\to\infty$时，$y_{A1}=y_{A2}$，即反应器内无浓度梯度，全混流操作。实际上，当 $R>25$ 时，反应结果与全混流反应器的偏差很小，有资料证明偏差小于 1%。由全混流反应器设计方程可计算反应速率

$$r_A=(F_0 y_{A0}-F_2 y_{A2})/W \tag{3.88}$$

若反应前后物料总分子数不发生变化，有 $F_2=F_0$，式(3.88)可写为

$$r_A=F_0(y_{A0}-y_{A2})/W \tag{3.89}$$

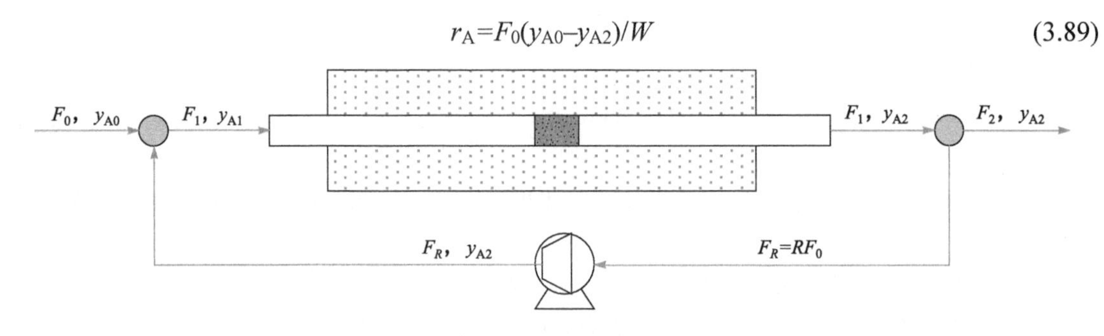

图 3.13 外循环无梯度反应器示意图

循环无梯度反应器测定反应速率时，可以非常方便地直接求得反应速率值，比积分反应器易于控制也易于求解。循环无梯度反应器单程转化率极低，但总转化率是由相差较大的 y_{A0} 和 y_{A2} 计算，对分析精度的要求不像微分反应器那样苛刻。若要测定不同组成下的反应速率，可以通过新鲜气量和组成的调节来实现。因此，循环无梯度反应器特别适合于实验室研究催化剂反应动力学。

循环无梯度反应器在结构和制作上都要复杂得多，图 3.13 为外循环无梯度反应器结构示意图，物料的循环靠循环泵实现，泵的造价较为昂贵。对于高温高压或易冷凝的气体，较难找到适合的循环泵。热虹吸式外循环无梯度反应器反应管为椭圆环形，一臂装填催化剂，外部加热并恒温，另一臂用冷却剂冷却并控制其温度在露点之上。两臂的温度不同造成气体的密度差，从而使气体沿环形反应器自然循环。气体压力越高，两臂温差越大，气体的密度差越大，循环比也就越大。

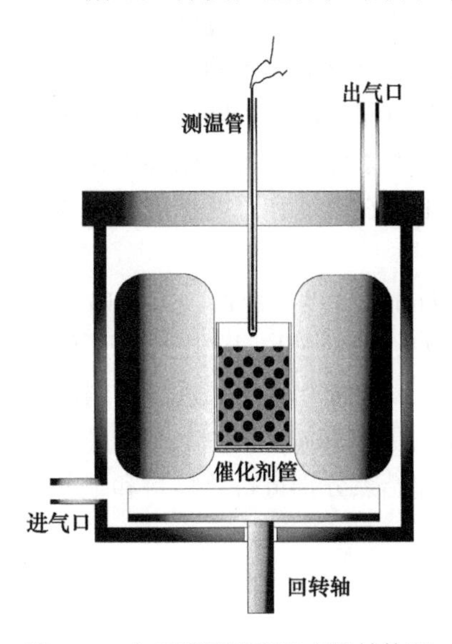

图 3.14 内循环无梯度反应器结构图

为了避免选用循环泵的困难，实验室普遍使用内循环无梯度反应器。图 3.14 是目前广泛使用的内循环无梯度反应器示意图。内循环无梯度反应器是借助于高速旋转的桨叶强制物料在器内循环。普通实验室用内循环无梯度反应器，只需几克甚至几百毫克催化剂样品，进气量小于 1000mL/min。内循环的关键是桨叶的高速搅拌，一般在 1500～3000r/min 转速下，反应器便可以达到无梯度的要求。常压下，一般采用机械密封防止反应气体从转动的搅拌轴缝隙中泄出，当反应气体带有一定的压力时，机械密封比较困难，目前较高的密封压力可以达到 30～50atm，但实验室中对于带压的反应体系多采用磁力驱动来解决密封问题。

与外循环无梯度反应器相比，内循环无梯度反应器具有更小的自由空间(当然旋转筐式不如固定筐式)。因此，改变操作条件达稳定状态所需的时间较短，易于实现加压操作，能达到较大的循环比，适用于研究不同粒度(包括原粒度工业催化剂)催化剂的动力学特性。

循环无梯度反应器在进行实验测定之前，应检验其流型是否符合理想混合。外循环无梯度反应器可通过循环比 $R=F_R/F_0>25$ 得以确认，而内循环无梯度反应器的循环量 F_R 较难测定，一般通过停留时间分布的测定来进行判断。由全混流反应器的停留时间分布函数

$$F(t)=1-e^{-t/\tau}$$

用阶跃法输入后，反应器出口示踪物对比浓度 c/c_0 正好等于分布函数，即

$$c/c_0=1-e^{-t/\tau}$$

可由测得的示踪物出口浓度数据 $\ln(1-c/c_0)$对停留时间 t 作图，若为一直线，则反应器中已达无梯度。否则，应提高桨叶转速直至满足为止。实验检验应在操作流量范围的上限进行，否则，不能保证大于该流量下反应器内流型仍为全混流。

若进行本征动力学测试，则不论何种形式的反应器，测试前均应作消除内、外扩散影响的鉴定。判断外部传递对气固催化反应过程是否存在影响，可以通过增大气体质量流速 G，观察 G 的改变对反应结果的影响情况来判断外扩散影响。具体实验方法如下：在同一反应器内，每次改变催化剂用量和相应的气体流量，并保证空速和其他条件不变，测定出口转化率，用转化率 x_A 对气体质量流速 G 作图。当气体质量流速 $G<G^*$时，x_A 随 G 的增大而增大；$G \geqslant G^*$时，x_A 不再随 G 的增大而变化。说明该条件下只要保证 $G \geqslant G^*$，就能排除外扩散对气固催化反应过程的影响。由于温度对反应速率的影响比其对外扩散的影响大，高温时外扩散的影响更为严重。因此，用实验检验外部传递影响时，应在实验温度范围的上限进行才是可靠的。循环无梯度反应器中检验外扩散影响的实验较为简单，通过提高反应物料循环比或增加叶轮转速便可降低外扩散影响，当提高循环比或叶轮转速不再进一步提高转化率时，便可认为反应消除了外扩散影响。

除以上介绍的最常用的实验室反应器外，还有脉冲反应器、流化床反应器、输送床反应器等，应根据具体的反应体系设计不同的反应器。

3.5.2　气固催化反应动力学模型的建立

一个气固催化反应过程动力学模型的建立通常需要经过以下四个步骤：

(1) 模型假设。根据已有的理论及对实验数据的分析，设想可能的反应机理，假设模型方程的形式(这里包括了对模型的预筛选)。若无现成资料，可同时假设多个模型(这里没有预筛选，故后续工作量较大)。

(2) 实验测定。根据具体情况选择适宜的实验设计方法(常用的有因子设计、正交设计、序贯设计等)进行动力学实验，取得所需动力学数据。

(3) 模型拟合。用实验数据对假设模型进行拟合，确定各模型的参数值，这就是数据处理。模型参数包括：幂函数型动力学方程中的反应速率常数(含指前因子和活化能)及反应级数；双曲函数型动力学方程中的反应速率常数、吸附平衡常数等。参数的确定方法有微分法、积分法和参数估值法。前两种方法对简单反应的参数确定较为方便。但对参数较多的复杂反应，则要同时采用初速率法、过量浓度法等，将各个参数隔离开来进行确定，实验工作量非常大。而且将单独确定的各参数放在一起，它们之间若存在制约关系，并没在拟合模型中体现，这将使模型与实际反应过程相差较大。解决的方法是选用参数估值法，一次数据处理就可将所有的参数确定出来。虽然这种方法的计算工作量较大，但在计算方法和计算机应用飞速发展的今天，已不再需要花费太多的时间。

(4) 模型确定。当多个模型均可由实验数据拟合时，需要对各个模型逐一进行筛选，以确定出其中最能描述实际反应过程的模型。首先可以将参数不合理(如速率常数、吸附常数、活化能不应为负值等)的模型淘汰；然后根据统计学理论，对其余的模型进行显著性检验(如 F

检验)，判断模型的可靠程度；最后根据检验的结果将模型确定下来。至此就完成了一个反应过程动力学模型的建立。

3.6 流固非催化反应

流固非催化反应是指固体反应物与流体反应物之间发生的反应。在气固催化反应中，反应物与反应产物都是气相，催化剂固体不被消耗，对于流动反应系统或反应条件变化不大的情况，催化剂颗粒内的扩散和反应状况可以认为是稳定的。而在流固非催化反应中，固相参与反应，随反应的进行，固体颗粒内状态、组成甚至颗粒大小都将随反应进程变化，在研究反应速率时，应把这些变化考虑进去。

流固非催化反应往往很复杂，包括气固非催化反应和液固非催化反应。蜡烛燃烧是固体烃与空气中的氧气反应，生成 CO_2 和水蒸气，但一般烃类需经液化、气化后在局部与氧发生气相均相反应。煤的燃烧更为复杂，煤所含的部分挥发分受热分解后，挥发出来与氧气在空间发生气相均相反应；但同时，部分不挥发的碳成分在煤表面与扩散进来的氧气反应。煤和焦炭的燃烧或气化也产生气体产物，但当固体燃料中有杂质时，燃烧后总或多或少地留下一些固体产物。黄铁矿(pyrite)焙烧制 SO_2 是硫酸生产的重要步骤，固相黄铁矿中的 FeS_2 与空气中的氧反应生成气相的 SO_2 和固相残留物 Fe_2O_3。天然气或石油伴生气中含有少量的硫化氢($<100ppm$)，常用多孔氧化铝负载的 ZnO 作为脱硫剂，可以将 S 含量脱到 0.1ppm 以下，反应在气相中的 H_2S 与固相中的 ZnO 之间进行，生成气相的水蒸气和固相的 ZnS 产物，过程中 Al_2O_3 不发生变化而维持孔结构不变。钛铁矿酸解反应是典型的液固非催化反应，硫酸法生产钛白颜料中，首先用硫酸酸解钛精矿制备硫酸钛溶液，液相的硫酸与固相的钛精矿反应生成固相产物硫酸氧钛(或正硫酸钛)，颗粒外表面的产物层会对颗粒内液固反应产生一定影响。流固反应的例子还有很多，但大体可归纳为以下三类

$$A(l)+B(s) \longrightarrow F(l)$$

$$A(l)+B(s) \longrightarrow S(s)$$

$$A(l)+B(s) \longrightarrow F(l)+S(s)$$

反应的产物形态不同，其动力学的形式也会相应变化。与气固催化反应动力学分析相似，可以通过对反应各步骤特征进行分析，研究不同反应条件下流固反应物之间进行化学反应的宏观动力学过程。

3.6.1 流固非催化反应模型

在设计和分析反应器时需要知道反应速率，而反应器内各局部的反应速率是该局部所包含的所有固体颗粒内(或其表面上)反应速率的总和。对于实际反应体系，固体颗粒内或流固非催化界面上的反应细节还不能准确描述，可以通过理想的简化模型求出统计意义上的反应速率。

流固非催化反应动力学的基础模型要能描述反应过程的具体特征，根据反应进行的不同情况，对反应过程中的某些参数进行适当的假设或均一化，使过程便于计算而又不失其真实性。因此，建立反应模型的目的是将复杂、难以计算的反应速率问题，在宏观条件下和一定误差范围内进行估算。

不同的反应体系和反应阶段通常需要不同的模型。对于矿物的煅烧、浸取等反应过程，由于很多矿物颗粒不是多孔介质，可以近似认为反应只在固体反应物颗粒表面进行；随着反应进行，固体反应物粒度越来越小；如果反应生成固相产物(如灰分)并留在固体颗粒表面，未反应的固体反应物就像被包裹的芯一样不断缩小；反应总是在芯的表面上进行，该类反应可以用缩芯模型(shrinking core model)来描述，缩芯模型也称为未反应芯模型(unreacted core model)。

当反应物是多孔介质时，流体反应物就会沿着固体颗粒内的微孔扩散进入固体内部，流固反应不仅发生在固体颗粒或未反应芯表面，而且在固相内部很大的区域都进行流固反应，如负载于多孔氧化铝上的氧化锌脱硫、合成氨铁催化剂的活化、裂解催化剂的再生等，反应流体都会或多或少地通过扩散进入固体反应物内部进行连续的反应。整体反应模型(homogeneous reaction model)可以用来描述这类区别于缩芯模型的反应过程。

在实际反应中，反应体系会有很多特殊性，对以上两种模型进行不同的修正可以满足不同反应的需要，如扩散界面模型(diffusion interface model)、微粒模型(grainy pellet model)、单孔模型(single pore model)、破裂芯模型(crackling core model)等，都是根据具体反应特征对两个基础模型进行修正得到的新的模型。

3.6.2 缩芯模型

为了简单起见，首先讨论气相反应物 A 与固相反应物 B 发生如下气固非催化反应：

$$A(g)+bB(s) \longrightarrow fF(g)+pP(s) \tag{3.90}$$

在不带来很大误差的情况下，假设：① 固相反应物 B 不断消耗，未反应芯逐渐缩小；② 反应只在未反应芯表面进行；③ 固相反应产物 P 留在消耗的反应物 B 的位置，保持了整个颗粒体积不变。

很多矿物颗粒为密实固体，产生的氧化物产物为多孔结构，符合以上假设。该气固反应过程(图 3.15)可描述为以下几个步骤：

(1) 气相反应物 A 从气流主体经过气膜(也称滞流层)扩散到固体颗粒外表面。

(2) 气相反应物 A 由固体颗粒外表面经过固相产物层扩散到未反应芯表面。

(3) 气相反应物 A 在未反应芯表面与固相反应物 B 反应生成气相产物 F 及固相产物 P。

(4) 气相产物 F 经过固相产物层扩散到固体颗粒外表面。

(5) 气相产物 F 由固体颗粒外表面经过气膜扩散到气流主体中。

在脱硫、金属腐蚀等无气相产物 F 的反应过程中，不存在(4)(5)两步。

与气固催化反应相同，只要求出各步的速率便可推导出整个颗粒的总反应速率。对于球形颗粒中进行的一级不可逆反应，如果颗粒内温度是均匀的，各步骤的速率为

(1) A 通过气膜的传递速率(外扩散)

$$N_{Atr}=4\pi R_s^2 k_G(c_{Ag}-c_{As}) \tag{3.91}$$

(2) A 通过产物层 P 的扩散速率(内扩散)

$$N_{AD} = 4\pi R_s^2 D_e(dc_A/dR) = 4\pi R_s^2 D_e(dc_A/dR)_{R=R_s} = 4\pi R_c^2 D_e(dc_A/dR)_{R=R_c} \tag{3.92}$$

(3) A 与 B 在未反应芯表面反应的消耗速率

$$r_A = 4\pi R_c^2 k_s c_{Ac} \tag{3.93}$$

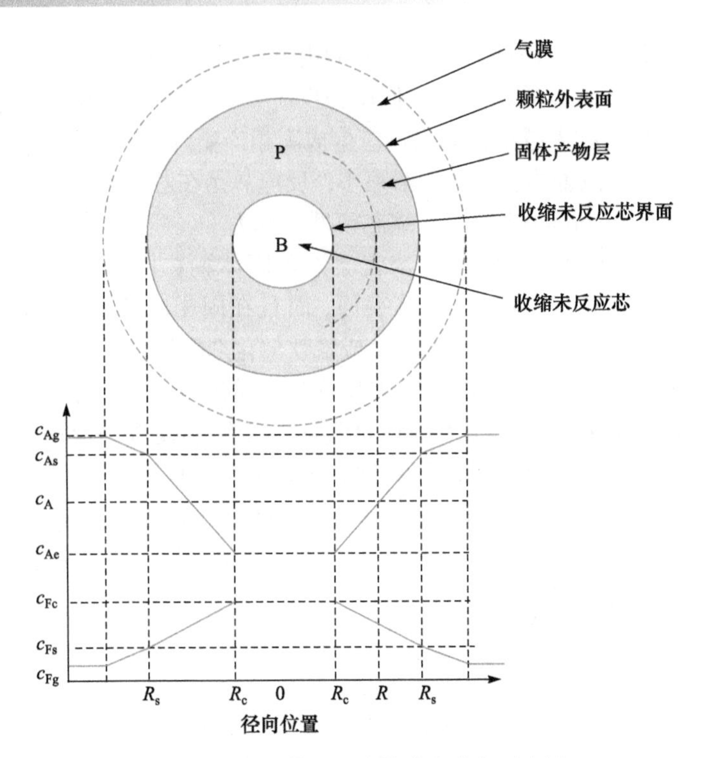

图 3.15　缩芯模型反应物浓度分布示意图

以上各步骤速率都是以一个颗粒为基准计算。式中，下标 g、s、c 分别代表气流主体、颗粒表面(particle surface)和未反应芯表面(core surface)；k_G 为以面积计的气相传质系数，m/s；D_e 为组分 A 在固体颗粒中的有效扩散系数，m^2/s；k_s 为以面积计的反应速率常数，$m^3/(m^2 \cdot s)$；R 为半径，m。

由于气体密度远小于固体密度，气相反应物在固相产物层中的扩散速率远大于固体反应界面的移动速度。反应达到稳态后，就气相反应物 A 而言，某一时刻通过气膜的传递速率与产物层扩散速率及表面消耗速率近似相等，也就是说组分 A 近似满足定态假定。因此，颗粒内的气固反应速率可以用式(3.91)、式(3.92)或式(3.93)任意一式求得。

以上各式中，颗粒表面的浓度 c_{As}、未反应芯表面的浓度 c_{Ac} 及产物层内各点的浓度梯度都是未知的。要计算反应速率，必须联立式(3.91)、式(3.92)和式(3.93)，将这些未知的变量表示为容易测定的气流主体浓度 c_{Ag} 的函数。

式(3.92)中的浓度梯度可以通过对产物层进行衡算建立微分方程解得。实际上，在稳定情况下，通过产物层任何半径球面上的 A 的通量都是相等的，式(3.92)也可表示为

$$N_{AD}=4\pi R^2 D_e(dc_A/dR) \tag{3.94}$$

由于 A 的扩散通量不随半径 R 变化，将式(3.94)移项在$[R_c,R_s]$和$[c_{Ac},c_{As}]$内积分，得

$$\int_{R_c}^{R_s}\frac{N_{AD}}{4\pi D_e}\frac{1}{R^2}dR=\int_{c_{Ac}}^{c_{As}}dc_A \tag{3.95}$$

即

$$\frac{N_{AD}}{4\pi D_e}\left(\frac{1}{R_c}-\frac{1}{R_s}\right)=c_{As}-c_{Ac} \tag{3.96}$$

因此，产物层扩散速率表示为代数表达式

$$N_{AD} = 4\pi \frac{R_s R_c}{R_s - R_c} D_e (c_{As} - c_{Ac}) \tag{3.97}$$

联立式(3.91)、式(3.93)和式(3.97)，将浓度差看作推动力，其他系数的倒数看作阻力，得

$$\begin{aligned} N_{Atr} = N_{AD} = r_A &= \frac{\text{总推动力}}{\text{气膜传递阻力}+\text{固体产物层扩散阻力}+\text{表面反应阻力}} \\ &= \frac{c_{Ag}}{\dfrac{1}{4\pi R_s^2 k_G} + \dfrac{R_s - R_c}{4\pi R_s R_c D_e} + \dfrac{1}{4\pi R_c^2 k_s}} \end{aligned} \tag{3.98}$$

式(3.98)便是粒径不变时，单颗球形颗粒上进行等温一级不可逆反应的反应速率式。

对于很多气固非催化反应，人们往往更关心固体反应物的转化情况。对于矿物焙烧过程，矿物的烧出率是经济性的重要指标；在催化剂再生过程中，催化剂的再生率直接影响催化剂的活性；需要通过式(3.98)计算出固体反应物 B 的反应量随时间的变化。根据气固反应的化学计量关系，固相反应物 B 的转化率随时间的变化关系与气相反应物 A 的消耗速率之间有如下关系：

$$\frac{dx_B}{dt} = -\frac{1}{n_{B0}}\frac{dn_B}{dt} = \frac{b}{n_{B0}} r_A \tag{3.99}$$

代入式(3.98)，对式(3.99)积分可以解出固相反应物 B 转化率随时间的变化关系。式中，n_{B0}、n_B、x_B 分别为固体反应物 B 的初始物质的量、时刻 t 时未反应固体芯的物质的量和 B 的转化率。

从式(3.98)中可以看出，反应速率 r_A 与未反应芯半径 R_c 直接相关，由反应物 B 的转化率定义可得 R_c 与转化率 x_B 有如下关系：

$$R_c/R_s=(1-x_B)^{1/3} \tag{3.100}$$

将其代入式(3.99)可进行积分。通常情况下，积分需要在计算机的帮助下完成，只有在特殊的反应条件下才能得到简单的分析解。

1. 气膜扩散控制

对于气膜扩散控制的气固反应，如高温燃烧反应及某些产物层疏松的快速反应，产物层扩散和反应阻力均可忽略。此时，颗粒表面反应物 A 的浓度等于界面浓度，对于不可逆反应可近似为 0，即 $c_{As}\approx 0$。式(3.99)可以简化为

$$\frac{dx_B}{dt} = \frac{b}{n_{B0}} 4\pi R_s{}^2 k_G c_{Ag} \tag{3.101}$$

式中，n_{B0} 为固相反应物 B 的初始物质的量，假设 B 的密度为 ρ_B，相对分子质量为 M_B，有

$$n_{B0} = (4/3)\pi R_s^3 \rho_B / M_B \tag{3.102}$$

式(3.101)的右边与转化率无关，移项积分可以求得转化率与时间的关系为

$$x_B = \frac{3bM_B k_G c_{Ag}}{R_s \rho_B} t \tag{3.103}$$

可以通过式(3.103)计算不同反应时间固相反应物 B 的转化率，或计算要达到一定转化率所需的反应时间。假设固相反应物 B 刚好反应完所需的时间为τ，称为固体颗粒的完全反应时间。根据式(3.103)，τ为

$$\tau = \frac{R_s \rho_B}{3bM_B k_G c_{Ag}} \tag{3.104}$$

则转化率可以表示为

$$x_B = t/\tau \tag{3.105}$$

对于气膜扩散控制的气固反应，固体转化率与反应时间呈正比关系，只需要测定固体完全转化所需要的时间，便可计算出任何时间固相反应物 B 的转化率。

2. 产物层扩散控制

如果反应生成较致密的固相产物，反应物 A 通过产物层的扩散相对困难，很大部分中温反应或颗粒较大的固体反应物参加的反应属于这种情况(液固反应大多是由产物层扩散控制，如磷矿酸解时生成 $CaSO_4$ 产物层、钛精矿酸解时生成脱水的硫酸钛产物层等)。此时，气(液)膜扩散阻力和化学反应阻力都远小于固相产物层内的扩散阻力，反应物 A 在颗粒表面的浓度近似等于其在气流主体的浓度，在反应表面的浓度近似为反应平衡浓度，$c_{Ag} \approx c_{As} \gg c_{Ac} \approx c_{Ae}$(不可逆反应 $c_{Ae}=0$)。对于不可逆反应，式(3.99)可以简化为

$$\frac{dx_B}{dt} = \frac{b}{n_{B0}} 4\pi \frac{R_s R_c}{R_s - R_c} D_e c_{Ag} \tag{3.106}$$

结合式(3.100)并积分可得

$$t/\tau = 1 - 3(1-x_B)^{2/3} + 2(1-x_B) \tag{3.107}$$

其中

$$\tau = \frac{\rho_B R_s^2}{6bD_e M_B c_{Ag}} \tag{3.108}$$

式中，τ为固体颗粒的完全反应时间。

3. 表面化学反应控制

对于慢反应，如钢铁生锈，气体的传输并不是问题，化学反应阻力比其他各步阻力大，过程由化学反应控制，有$c_{Ag} \approx c_{As} \approx c_{Ac} \gg c_{Ae}$(不可逆反应 $c_{Ae}=0$)。反应过程速率与固相产物层及气膜的存在无关，只取决于气相反应物 A 与固相反应物 B 之间反应的速率。固体反应物 B 的消耗速率为

$$\frac{dx_B}{dt} = \frac{b}{n_{B0}} 4\pi R_c^2 k_s c_{Ag} \tag{3.109}$$

代入式(3.100)移项积分可得

$$t/\tau = 1 - (1-x_B)^{1/3} \tag{3.110}$$

其中

$$\tau = \frac{\rho_B R_s}{b M_B k_s c_{Ag}} \tag{3.111}$$

式(3.105)、式(3.107)和式(3.110)是反应在不同步骤控制下的反应时间与转化率的关系式，固相转化率越高，所需的时间越长。对于不同步骤控制条件下，反应时间与固相转化率之间的关系式有很大的差别，因此，也可由测定的转化率与反应时间的变化关系来推测反应是由什么步骤控制。

3.6.3　无固体产物层缩芯模型

对于没有固相产物的气固非催化反应，固体颗粒粒径不断缩小(图 3.16)。如没有灰分的焦炭燃烧，产物只有 CO_2。反应方程式可写为

$$A(g)+bB(s) \longrightarrow fF(g) \tag{3.112}$$

气相反应物 A 只需要通过气膜传递便可直接到达未反应芯表面，反应步骤比产物层存在时的气固反应过程更简单，可表述为

(1) 气相反应物 A 由气流主体通过气膜扩散到固体颗粒外表面。

(2) 气相反应物 A 在固体外表面(反应界面)上与固体 B 发生化学反应生成气相产物 F。

(3) 气相产物 F 由固体外表面通过气膜扩散到气流主体中。

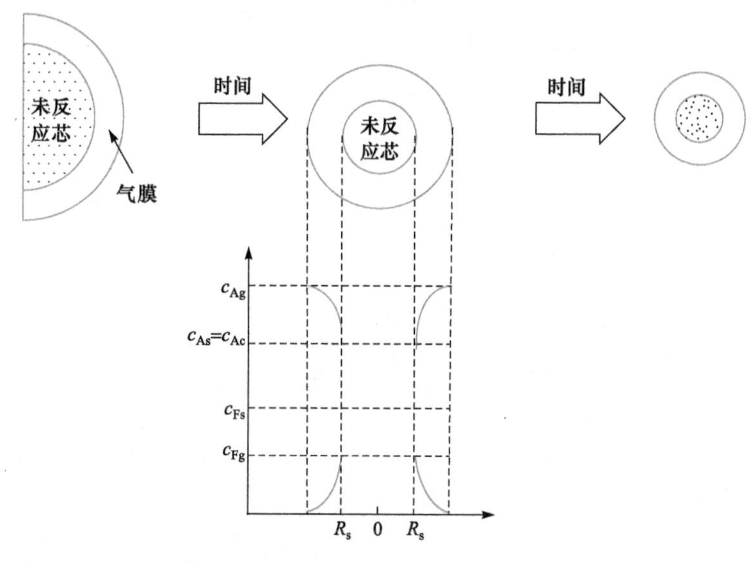

图 3.16　粒径缩小的缩芯模型

整个反应过程只由气膜中的传递和表面上的化学反应两个过程组成。

在稳定状态下，气相反应物 A 由气流主体传递到固体颗粒外表面(未反应芯表面)的通量为

$$N_{Atr} = 4\pi R_c^2 k_G (c_{Ag} - c_{Ac}) \tag{3.113}$$

与式(3.91)相比，气膜传递的表面是半径为 R_c 的球面，R_c 随着固相反应物 B 的消耗而减小。同时，由于 k_G 是气流雷诺数的函数，随固体颗粒粒度减小，k_G 不再是常数，可以由下面经验公式计算：

$$k_{\mathrm{G}}=\frac{D}{d_{\mathrm{p}}y_{\mathrm{i}}}\left[2+0.6\left(\frac{\mu}{\rho D}\right)^{1/3}\left(\frac{d_{\mathrm{p}}u\rho}{\mu}\right)^{1/2}\right] \tag{3.114}$$

式中，d_p为颗粒直径，$d_p=2R_c$；D为气体组分A的分子扩散系数；y_i为惰性组分在气体滞流膜两侧的平均摩尔分率；μ为气体混合物黏度；ρ为气体混合物密度。

未反应芯上的表面反应速率可以直接由式(3.93)计算：

$$r_{\mathrm{A}}=4\pi R_{\mathrm{c}}^{2}k_{\mathrm{s}}c_{\mathrm{Ac}} \tag{3.93}$$

综合式(3.113)和式(3.93)解得无固相产物时颗粒上的反应速率为

$$N_{\mathrm{Atr}}=r_{\mathrm{A}}=\frac{4\pi R_{\mathrm{c}}^{2}c_{\mathrm{Ag}}}{1/k_{\mathrm{G}}+1/k_{\mathrm{s}}} \tag{3.115}$$

同样可以计算固相反应物B的转化率随反应时间的变化关系。假设单颗粒上进行等温一级不可逆气固非催化反应，无固相产物生成，不存在产物层扩散控制问题。当反应速率很慢时，处于表面反应步骤控制，给定固相转化率所需的反应时间可以直接由式(3.110)和式(3.111)计算。但在气膜扩散控制的情况下，反应时间就不能直接由式(3.104)和式(3.105)计算，因为传质系数k_G和外表面积随固相转化率x_B变化，如果考虑颗粒粒径变化的影响，固相反应物B完全转化所需的时间(滞流区)为

$$\tau=\frac{\rho_{\mathrm{B}}y_{\mathrm{i}}R_{\mathrm{s}}^{2}}{2bDM_{\mathrm{B}}c_{\mathrm{Ag}}} \tag{3.116}$$

达到给定固相转化率x_B所需的反应时间t为

$$t/\tau=1-(1-x_{\mathrm{B}})^{2/3} \tag{3.117}$$

理论上，对于任何形状、任何反应情况的气固非催化反应都可通过类似的方法研究其动力学问题，首先需要对反应过程中各个步骤的速率进行分析和计算，然后再联立解出不容易测定的参数。很多情况下，动力学方程式很复杂，只能通过计算机的帮助才能求解。更多的内容可以参考相关文献。

【例3.5】 用H_2还原FeS_2

$$FeS_2(s)+H_2(g)\longrightarrow FeS(s)+H_2S(g)$$

气相中H_2的浓度基本不变。H_2在常压下以高速通过FeS_2颗粒床层，实验结果表明：反应对H_2是一级不可逆反应。在450℃、477℃及495℃下测得的FeS_2的转化率与反应时间的关系如图3.17所示，并得到活化能数据为30000cal/mol。试确定收缩未反应芯模型与此数据是否吻合，并计算反应速率常数k与有效扩散系数D_e。假设颗粒为球形，平均半径为0.035mm，FeS_2的密度为5.0g/cm³。

解 由于气速高，气体滞流膜扩散阻力可认为很小。同时，在低转化率时，FeS产物层很薄，所以反应过程可能是界面上的化学反应控制，应用式(3.110)进行计算，可得

$$\begin{aligned}t&=\frac{\rho_{\mathrm{B}}R_{\mathrm{s}}}{bM_{\mathrm{B}}kc_{\mathrm{Ag}}}\left(1-\frac{R_{\mathrm{c}}}{R_{\mathrm{s}}}\right)=\frac{\rho_{\mathrm{B}}R_{\mathrm{s}}}{bM_{\mathrm{B}}kc_{\mathrm{Ag}}}[1-(1-x_{\mathrm{B}})^{1/3}]\\&=\frac{5.0\times0.0035}{1\times120kc_{\mathrm{Ag}}}[1-(1-x_{\mathrm{B}})^{1/3}]\end{aligned} \tag{a}$$

先从温度较低(反应速率较慢)的450℃的数据开始进行分析。由理想气体状态方程(常压)，450℃时H_2的浓度c_{Ag}为

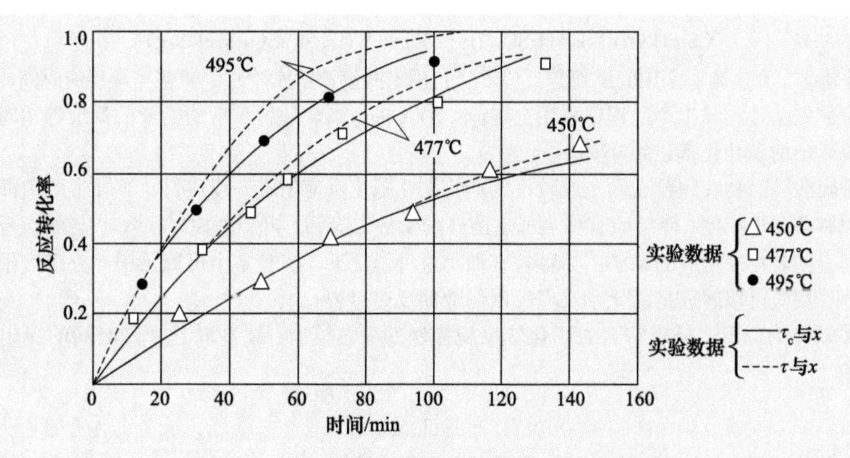

图 3.17　FeS_2加氢的反应转化率与时间的关系

$$c_{Ag}=\frac{p_A}{RT}=\frac{1}{82\times(273+450)}=1.69\times10^{-5}(\text{mol/cm}^3)$$

将 c_{Ag} 代入式(a)，得

$$t=(8.6/k)[1-(1-x_B)^{1/3}] \tag{b}$$

根据图 3.17 的数据计算 k，发现 k=0.019cm/min 或 3.2×10^{-4}cm/s 时所得的曲线与数据吻合最好，此即图中 450℃时的虚线。利用 Arrhenius 方程 $k=k_0\exp(-E/RT)$，得

$$k_0=3.2\times10^{-4}\exp[30000/(1.98\times723)]=4.0\times10^5(\text{cm/s})$$

反应速率常数为

$$k=3.8\times10^5\exp(-30000/RT)(\text{cm/s}) \tag{c}$$

利用以上数据计算 477℃及 495℃下的转化率与时间的变化关系(图中虚线)，计算值比实验值偏高，特别是高转化率下，偏离较大。说明随着转化率的增高，固相产物层厚度增大，气体通过固相产物层的扩散阻力不可忽略。

在产物层阻力与反应阻力都不可忽略的情况下，反应时间与固相反应物转化率之间的关系应为

$$t/\tau=\{1+(Y_2/6)[1+(1-x_B)^{1/3}-2(1-x_B)^{2/3}]\}[1-(1-x_B)^{1/3}] \tag{d}$$

$$\tau=\rho_B R_s/bM_B kc_{A0} \tag{e}$$

$$Y_2=kR_s/D_e \tag{f}$$

式中，Y_2为扩散阻力与化学反应阻力的比值，利用 477℃的实验数据回归可求得

$$Y_2=0.66$$

根据式(f)可求得有效扩散系数 D_e

$$\begin{aligned}D_e&=kR_s/Y_2\\&=0.0035\times3.8\times10^5\exp[-30000/(1.98\times750)]/0.66\\&=3.4\times10^{-6}(\text{cm}^2/\text{s})\end{aligned}$$

当有效扩散系数变化不大时，可以估算出 495℃下常数 $Y_{2,495}$=1.0，代入式(d)、式(e)、式(f)可以求出反应时间与转化率的变化关系(图中实线)。计算结果表明，在较高温度和较高转化率下，气相反应物通过产物层扩散的影响不能忽略。

【例 3.6】　磷酸生产过程中，利用硫酸与磷矿反应生产磷酸，反应方程式如下：

$$Ca_5F(PO_4)_3(s)+5H_2SO_4(l)==3H_3PO_4(l)+5CaSO_4(s)+HF(g)$$

现有一种磷矿，在实验室采用间歇搅拌反应器进行磷矿酸解评价实验时，矿浆完全反应时间约为 35 min。需要利用评价数据估计实际生产过程中采用全混流 CSTR 进行磷矿酸解反应所需要的反应停留时间。假设生产上要控制磷矿中的磷转化率达到 97%。

解 由于硫酸钙产物在颗粒表面生成致密的产物层，阻止反应的进一步进行，实际生产中都采用大量的磷酸返酸并控制硫酸根浓度，使反应首先生成水溶性的磷酸二氢钙，再利用 SO_4^{2-} 对 Ca^{2+}进行沉淀，这样产生的硫酸钙就不会附着在未反应的磷矿固体颗粒表面。这种情况下，实验室中可以采用部分磷酸作为底酸进行分解。实际上，反应可以看成是由化学反应控制的液固反应过程。

假设磷矿颗粒为球形，反应符合表面化学反应控制的缩芯模型，矿粒转化率随时间的变化关系可以用式 (3.110)计算

$$t/\tau=1-(1-x_B)^{1/3}$$

矿粒完全转化时间为 35min，则矿粒转化率可以用下式计算：

$$x_B=1-(1-t/35)^3 \quad t<35$$

$$x_B=1 \quad t\geqslant 35$$

在实际的工业反应中，反应器为连续流动搅拌槽反应器，矿粒在反应器中停留的时间是不同的，矿粒在反应器中的停留时间分布函数为

$$E(t)=(1/\tau_r)\exp(-t/\tau_r)$$

因此，反应器出口磷矿的转化率为

$$\begin{aligned}X&=\int_0^\infty x_B(t)E(t)\mathrm{d}t\\&=\int_0^{35}[1-(1-t/35)^3]\,(1/\tau_r)\exp(-t/\tau_r)\mathrm{d}t+\int_{35}^\infty(1/\tau_r)\exp(-t/\tau_r)\,\mathrm{d}t\end{aligned}$$

要保证反应器出口磷矿转化率达到 97%，需要对上面积分方程求解。积分得

$$\begin{aligned}X&=\int_0^{35}(1/\tau_r)\exp(-t/\tau_r)\,\mathrm{d}t+\int_{35}^\infty(1/\tau_r)\exp(-t/\tau_r)\,\mathrm{d}t-\int_0^{35}(1-t/35)^3(1/\tau_r)\exp(-t/\tau_r)\,\mathrm{d}t\\
&=1-\int_0^{35}(1-t/35)^3(1/\tau_r)\exp(-t/\tau_r)\,\mathrm{d}t\\
&=1+\int_0^{35}(1-t/35)^3\mathrm{d}\exp(-t/\tau_r)\\
&=1+(1-t/35)^3\exp(-t/\tau_r)\Big|_0^{35}+\int_0^{35}(3/35)(1-t/35)^2\exp(-t/\tau_r)\mathrm{d}t\\
&=1+(0-1)+(3/35)(-\tau_r)(1-t/35)^2\exp(-t/\tau_r)\Big|_0^{35}-\int_0^{35}(3/35)(2\tau_r/35)(1-t/35)\exp(-t/\tau_r)\mathrm{d}t\\
&=(3/35)(-\tau_r)(0-1)+(3/35)(2\tau_r^2/35)(1-t/35)\exp(-t/\tau_r)\Big|_0^{35}+\int_0^{35}(3/35)(2\tau_r^2/35^2)\exp(-t/\tau_r)\mathrm{d}t\\
&=(3/35)\tau_r-(3/35)(2\tau_r^2/35)-(3/35)(2\tau_r^3/35^2)\exp(-t/\tau_r)\Big|_0^{35}\\
&=(3/35)\tau_r-(3/35)(2\tau_r^2/35)+(3/35)(2\tau_r^3/35^2)[1-\exp(-35/\tau_r)]\end{aligned}$$

带入转化率 X=97%，对上式试差可以解得τ_r应大于等于 276min，即工业反应器停留时间不得小于 4.6h。

3.7 流体-流体反应

工业生产中，存在大量的气体与液体、不互溶液体之间的多相反应。合成气中含有大量的 CO_2，在用作合成原料之前，必须将其脱除，用碱溶液将其中的 CO_2 吸收并除去，是酸性

CO_2气体与碱性溶液发生气液反应(gas liquid reaction)的例子；硫酸生产中，通过催化氧化得到的三氧化硫气体被硫酸溶液吸收并水合成硫酸，三氧化硫与硫酸溶液之间发生了气液反应；有机反应中油脂加氢、羰基合成，环保工程中有机废水的湿式氧化等都是典型的气液反应。洗涤剂的基本原料烷基苯磺酸的生产，利用浓硫酸作为磺化剂时，浓硫酸与烷基苯发生液液反应(liquid liquid reaction)；有机酸的皂化、有机产品的酸洗净化等都是液液反应；液液反应还包括某些以水溶液作为催化剂的有机反应(如烃的烷基化)、以有机溶剂作为催化剂的无机反应(如蒽醌法制双氧水)及熔融金属的高温反应等。所有气液、液液反应统称为流-流反应(fluid-fluid reaction)，其共同的特征是至少有一种反应物需要通过相间界面，传递到另一相中并与该相中的其他反应物发生化学反应(气液反应中通常是气相反应物传递到液相再发生化学反应)，宏观反应过程的速率必须考虑传递对动力学行为的影响。

3.7.1 流体-流体相际传质(无化学反应)

为了强化反应，流体与流体的反应一般都是在流动或搅拌状况下进行的。由于流体内的对流传递速率远大于扩散传递速率，除了某些很难流动的体系(如熔融金属)，绝大多数反应体系中，流体与流体之间的物质传递阻力都集中在相与相之间的界面上。因此，通常假设各流体相的主体内部不存在浓度梯度，只有在相界面处存在着浓度梯度，它决定了物质传递速率的大小。根据对相界面接触的理解不同和界面反应物浓度及浓度梯度的连续与否，在传递理论上有很多不同的传递模型用来描述相间的传递现象，如双膜模型(film model)、溶质渗透模型(penetration theory)、表面更新模型(surface renewal theory)等。其中，最简单、最经典并应用最广泛的是双膜模型。

双膜模型又称双膜理论，认为在气液相界面(液液相界面也可同样处理)两侧的非常薄的范围内存在一对流体滞流膜，浓度梯度存在于滞流膜中(图3.18)。膜内传质只能通过分子扩散进行，气相反应物A首先扩散通过气体滞流膜(气膜)，再扩散通过液体滞流膜(液膜)进入液相主体。假设膜很薄，膜内的浓度变化近似为线性(膜内无积累、不同膜厚度上扩散面积变化不大)，组分A通过单位表面积气膜和液膜扩散的速率分别为

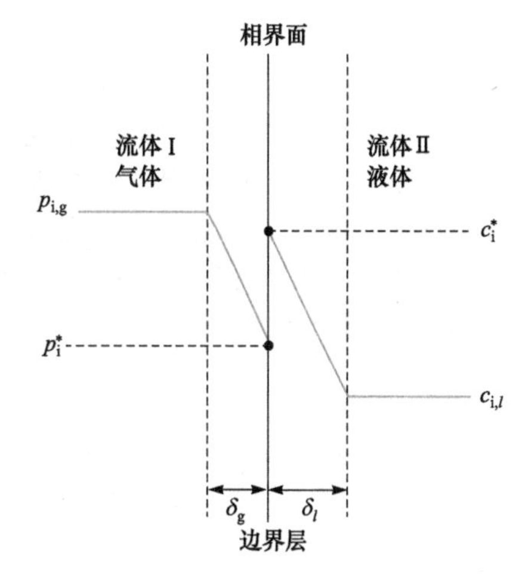

图3.18 相界面两侧流体膜及流体主体浓度分布

$$N_{Ag}=D_{Ag}(p_{Ag}-p_{Ai})/\delta_g=k_{Ag}(p_{Ag}-p_{Ai}) \tag{3.118}$$

$$N_{Al}=D_{Al}(c_{Ai}-c_{Al})/\delta_l=k_{Al}(c_{Ai}-c_{Al}) \tag{3.119}$$

式中，N_{Ag}、N_{Al}分别为组分A通过气膜和液膜的扩散通量，kmol/(m^2·s)；p_{Ag}、p_{Ai}分别为组分A在气流主体及相界面处的分压，MPa；c_{Ai}、c_{Al}分别为组分A在相界面处及液流主体的浓度，kmol/m^3；D_{Ag}、D_{Al}分别为组分A在气相及液相中的扩散系数，单位分别为kmol/(m·MPa·s)及m^2/s；δ_g、δ_l分别为气膜及液膜厚度，m；k_{Ag}、k_{Al}分别为组分A的气膜及液膜传质系数，单位分别为kmol/(m^2·MPa·s)及m/s。假定界面处于气液平衡状态，组分A在界面上的气相分压与液相浓度之间满足亨利定律

$$p_{Ai}=H_Ac_{Ai} \tag{3.120}$$

式中，H_A为亨利常数，(MPa · m^3)/kmol。稳态情况下，气体组分 A 由气流主体扩散到相界面的量应等于其由相界面扩散到液流主体的量，$N_{Ag}=N_{Al}=N_A$，代入式(3.120)可得

$$N_A=\frac{p_{Ag}-p_{Ai}}{1/k_{Ag}+H_A/k_{Al}}=\frac{c_{Ai}-c_{Al}}{1/k_{Al}+1/H_Ak_{Ag}} \tag{3.121}$$

式(3.121)利用定态假设避开了不能直接测定的相界面参数，可以方便地用于传质速率计算。双膜理论对相界面的处理是简单的，认为相际的传质是在静止的膜中进行，对于流体处于不断湍动的实际反应器来说有一定的差别。

很多实验数据(特别是在湍动状态下)表明，液相传质系数并不像双膜模型描述的正比于扩散系数，$k_{Al}\propto D_{Al}$；而是正比于扩散系数的 1/2 次方，$k_{Al}\propto\sqrt{D_{Al}}$ 。Higbie 提出的溶质渗透模型认为两相流体在反应设备中均处于湍流状态，物质的传递不是通过静止的膜传递，而是有很多小旋涡不断地从相界面把物质带到流体主体(或从流体主体带到相界面)。每个小旋涡暴露在两相界面上时，物质从界面传递到小旋涡中，小旋涡中该组分浓度不断增大(或降低)，小旋涡同界面的传质是不稳定的。小旋涡在界面上停留的时间越长，小旋涡中该组分的浓度更接近于平衡状态。根据此假设可以推出小旋涡在表面停留时间为τ时，组分 A 的平均传质速率为

$$N_A=2\sqrt{D_{Al}/\pi\tau}(c_{Ai}-c_{Al})=k_{Al}(c_{Ai}-c_{Al}) \tag{3.122}$$

溶质渗透模型得到的液相传质系数更能描述湍动情况下的实验结果。

溶质渗透模型认为旋涡在界面上停留的时间是恒定的，但湍动流体中每个旋涡在界面暴露的时间不可能相同。Danckwerts 提出的表面更新模型便假设旋涡的停留时间为一指数分布函数，并规定旋涡在界面的更新频率为 S(常数)，导出组分 A 通过界面的传质速率为

$$N_A=\sqrt{SD_{Al}}(c_{Ai}-c_{Al})=k_{Al}(c_{Ai}-c_{Al}) \tag{3.123}$$

从机理的完善程度来看，表面更新模型比溶质渗透模型更进了一步。

这些模型中都有一些很难确定的参数，双膜模型中的膜厚度δ、溶质渗透模型中的旋涡停留时间τ和表面更新模型中的更新频率 S 都不能从理论计算或直接测定，都只能通过宏观实验数据回归得到，还有很多理论能更准确地描述传递机理，都会有一些不确定的微观参数要靠宏观实验数据归回得到。因此，尽管双膜模型在微观机理描述上有缺陷，但所带来的误差可以通过宏观实验数据的回归加以弥补，在实际应用中也不失为一个简单、方便的模型。

3.7.2 气液反应宏观动力学

对于气相反应物 A 与液相反应物 B 发生气液反应：

$$\text{A(气)}+b\text{B(液)}\longrightarrow\text{产物} \tag{3.124}$$

如果气液传质符合双膜模型，反应过程包括以下几个步骤：

(1) 气相反应物 A 从气相主体通过气膜扩散到气液相界面。

(2) 气相反应物 A 自气液相界面通过液膜向液相主体扩散。

(3) 气相反应物 A 与液相反应物 B 接触并发生化学反应。

(4) 反应生成的液相产物留存在液相主体中，气相产物通过液膜扩散到相界面。

(5) 气相产物自相界面通过气膜扩散到气流主体中。

对于没有气相产物的反应，只存在(1)、(2)、(3)三个步骤。化学反应在液相中什么位置进行取决于化学反应速率与液相反应物B在液膜中的传质速率的大小。如果反应速率和液相反应物B在液膜中的传递速率都很快，反应将主要集中在气液界面上进行；如果反应速率很慢而反应物在液相中扩散相对较快，反应将会在整个液相主体空间进行。可以通过具体分析反应过程中每个步骤的速率，计算出总的宏观反应速率。

1. 瞬间不可逆反应

像酸碱吸收反应(NaOH溶液吸收CO_2的反应)、快速氧化还原反应(碘液吸收SO_2的反应)等，其在液相中发生的均相反应速率非常快，气相反应物A在到达液相主体的瞬间(反应物B的扩散速率很小)或到达液相主体之前便完全反应并被全部消耗。该模型是八田(Hatta)于1928年分析以苛性碱吸收CO_2的反应时提出的，组分A、B的浓度分布情况如图3.19所示。气相反应物A由相界面向液膜中扩散，同时液相反应物B从相反的方向由液相主体向液膜中扩散。由于反应极快，A、B在液膜内某一厚度趋于零的平面上即完成了反应，该平面称为反应面(surface reaction zone)。A和B在向反应面扩散的过程中浓度逐渐降低，直至反应面$c_A=c_B=0$。这时，只有当A和B不断地扩散到反应面上，反应才能继续进行，整个反应过程由扩散控制。

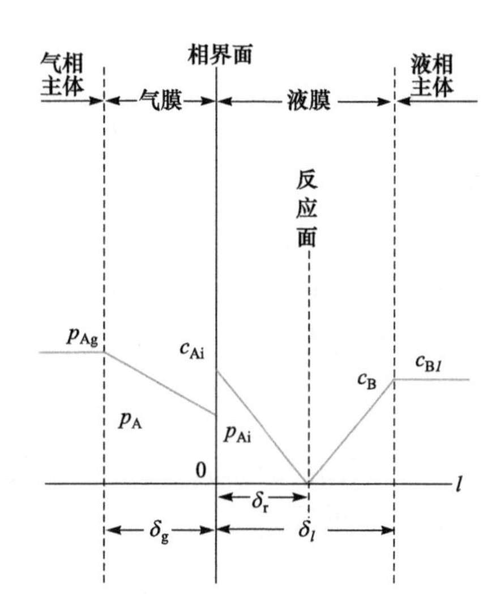

图3.19　瞬间不可逆反应

反应面的位置取决于气相反应物A与液相反应物B在液膜中扩散的相对大小。反应物B在液相主体中的浓度越高，在液膜中分子扩散的速率越快，反应界面便越靠近相界面；反之，反应界面就越靠近液相主体。当过程达到稳定时，反应速率等于反应物扩散到反应界面的扩散速率。因此，反应物A和反应物B的反应速率分别可以写为(反应界面上A、B浓度为0，$c_A=c_B=0$)

$$r_A = N_A=(D_{Al}/\delta_r)\,c_{Ai} \tag{3.125}$$

$$r_B=N_B=[D_{Bl}/(\delta_l-\delta_r)]c_{Bl} \tag{3.126}$$

式中，δ_r为相界面到反应面之间液膜的厚度。代入式(3.124)中反应物之间的计量关系，$r_A=r_B/b$，解得δ_r与δ_l之间有如下关系：

$$\delta_r=\delta_l/[1+D_{Bl}c_{Bl}/bD_{Al}c_{Ai}] \tag{3.127}$$

代入式(3.125)可得

$$r_A=N_A=(D_{Al}/\delta_l)[1+D_{Bl}c_{Bl}/bD_{Al}c_{Ai}]c_{Ai} \tag{3.128}$$

$$=k_{Al}[1+D_{Bl}c_{Bl}/bD_{Al}c_{Ai}]c_{Ai} \tag{3.129}$$

比较无化学反应存在时的传质速率方程式(3.119)可以看出，有化学反应存在时，气相反应物A的反应速率(传质速率)多了一个系数$1+D_{Bl}c_{Bl}/(bD_{Al}c_{Ai})$。由于该系数总是大于1，可以看成是化学反应的作用使传质速率增大一个倍数 $1+D_{Bl}c_{Bl}/(bD_{Al}c_{Ai})$，用$\beta$表示。$\beta$称为增强因子(enhancement factor)，其定义为

$$\beta = \frac{\text{有化学反应时的传质速率}}{\text{无化学反应时的传质速率}} \tag{3.130}$$

从物理意义上来说，增强因子是化学反应使气相反应物在液膜中扩散的距离缩短(从δ_l变为δ_r)而降低了液相传递阻力带来的宏观效果。不同反应情况下的增强因子表达式是不同的，对于瞬间不可逆反应，增强因子表达式为

$$\beta=1+D_{Bl}c_{Bl}/(bD_{Al}c_{Ai}) \tag{3.131}$$

瞬间不可逆气液反应的宏观速率可以简单表示为

$$r_A=\beta k_{Al}c_{Ai} \tag{3.132}$$

由式(3.131)可知，增大液相反应物 B 的浓度 c_{Bl}，反应速率增大，反应面越靠近相界面，相界面上气相反应物 A 的浓度 c_{Ai} 也随之降低。继续增大反应物 B 的浓度，当反应界面移到相界面时($c_{Bl} \gg c_{Ai}$，$\delta_r\approx 0$)，此时反应物 B 在液相主体的浓度称为临界浓度 c_{Bl}^*。

液相反应物 B 的主体浓度大于临界浓度时，$c_{Bl}>c_{Bl}^*$，反应开始由气膜扩散控制，再提高液相反应物 B 的浓度对反应速率不再产生影响。此时，气相反应物 A 的界面浓度为零，反应速率可以写为

$$r_A=N_{Ag}=k_{Ag}p_{Ag} \tag{3.133}$$

临界浓度可以通过气液传质平衡求解。$c_{Bl}=c_{Bl}^*$ 时，反应物 B 从液相传递到相界面上的传质速率(B 的反应速率)为

$$r_B=N_{Bl}=(D_{Bl}/\delta_l)\, c_{Bl}^* \tag{3.134}$$

代入 r_A 与 r_B 之间的化学计量关系，联立式(3.133)和式(3.134)求得

$$c_{Bl}^* = \frac{bD_{Al}k_{Ag}}{D_{Bl}k_{Al}}p_{Ag} \tag{3.135}$$

而 $c_{Bl}<c_{Bl}^*$ 时，必须同时考虑气膜阻力和液膜阻力，其宏观反应速率式为

$$r_A = \frac{(D_{Bl}/bD_{Al})c_{Bl}+p_{Ag}/H_A}{1/H_A k_{Ag}+1/k_{Al}} \tag{3.136}$$

2. 极慢反应

某些氧化和氯化反应，反应需要很长时间才能完成；生物好氧发酵的过程，微生物的生长周期往往是数天或更长。这些反应中，气相反应物的相间传质阻力可以忽略不计，反应物 A、B 的浓度分布如图 3.20 所示。气相反应物 A 在液相主体的浓度近似等于其饱和溶解浓度，反应发生在整个液相空间内。从动力学角度，可作为液相均相反应处理，反应速率可以单位液相体积计的本征反应速率 r_A[单位为 kmol/(m^3 · s)]表示

$$r_A = kf(c_{Al},c_{Bl}) \tag{3.137}$$

式中，$f(c_{Al},c_{Bl})$为本征速率式的浓度函数。

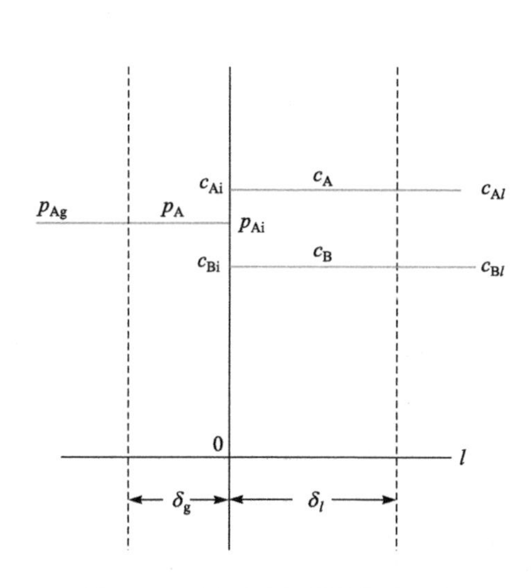

图 3.20　反应速率极慢的气液反应

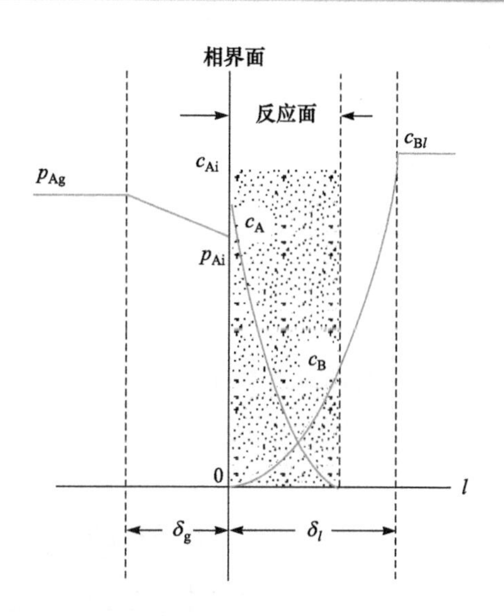

图 3.21　在液膜反应区内进行的快速气液反应

3. 中等速率反应

实际反应体系总是处于瞬间反应与慢反应之间，宏观动力学过程要比前两种特殊情况复杂，传质对反应过程的影响不可忽略。为了求解中速气液反应的宏观速率，可以从液膜微元上反应物 A、B 的物料衡算开始，对于厚度为 dl 的液膜微元进行质量衡算可得微分方程组

$$\left.\begin{aligned} D_{Al}\frac{\mathrm{d}^2 c_A}{\mathrm{d}l^2} &= r_A \\ D_{Bl}\frac{\mathrm{d}^2 c_B}{\mathrm{d}l^2} &= r_B = br_A \end{aligned}\right\} \tag{3.138}$$

根据不同的反应条件，代入相应的边界条件可以求解液膜内反应物的浓度分布和该条件下的反应速率，以二级不可逆快反应和拟一级不可逆快反应为例说明。

1) 二级不可逆快反应

这类反应速率较快，在液膜内反应物浓度变化较快，但由于反应不是在瞬间便可完成，反应不能形成瞬间反应时的反应界面，反应在液膜内形成一个反应区域。反应区域内的反应速率方程为

$$r_A = kc_Ac_B \tag{3.139}$$

其浓度分布见图 3.21。此时，气液反应的边界条件为

$$\text{气液界面上}\quad l=0，c_A=c_{Ai}，\mathrm{d}c_B/\mathrm{d}l=0$$

$$\text{液相主体}\quad l=\delta_l，c_B=c_{Bl}$$

另外，如果反应在液膜内完成，则液流主体气相反应物浓度为零，即

$$\text{液相主体}\quad l=\delta_l，c_A=0 \tag{3.140}$$

对微分方程组(3.138)求解可得

$$r_A=\beta k_{Al}c_{Ai} \tag{3.141}$$

其中

$$\beta = \sqrt{M\phi} / \mathrm{th}\sqrt{M\phi} \tag{3.142}$$

而

$$\phi=(\beta_0-\beta)/(\beta_0-1) \tag{3.143}$$

$$M=D_{Al}kc_{Bl}/k_{Al}^2 \tag{3.144}$$

式中，β_0 为瞬间反应条件下的增强因子，$\beta_0=1+D_{Bl}c_{Bl}/(bD_{Al}c_{Ai})$，通过试差和迭代可以求出反应速率。也可利用图 3.22，根据β_0和 M 值直接查取β。从图 3.22 中可以看到，当$\sqrt{M}>10\beta_0$时，所有曲线都与横轴平行，$\beta=\beta_0$，反应可作为瞬间反应处理。

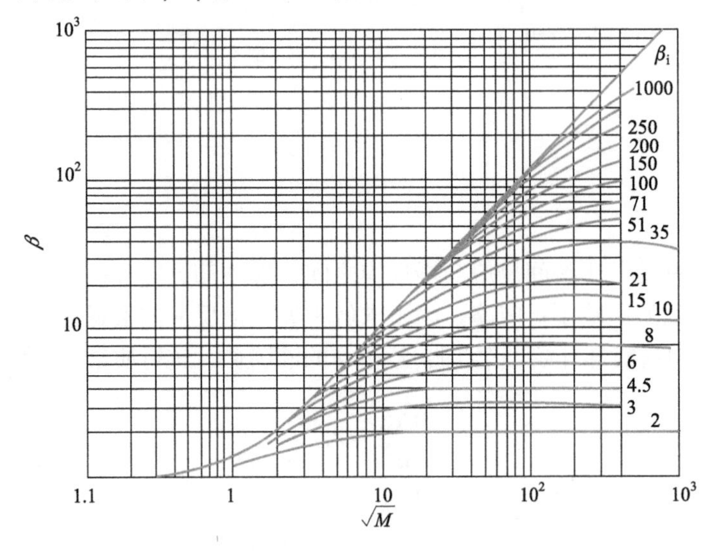

图 3.22 以β_i为参数增大因子与八田数的关系图

如果反应不是太快，不能在液膜内进行完全，有一部分气相反应物要扩散进入液流主体继续反应，这时液流主体内的气相反应物浓度不为 0，边界条件(3.140)应为

$$液相主体 \quad l=\delta_l,\ c_A=c_{Al} \tag{3.145}$$

求解微分方程时，必须联立液相主体的反应速率方程才能求解。一般不能得到解析解，可以利用计算机进行数值解。

2) 拟一级不可逆快反应

当反应速率与液相反应物 B 的浓度无关，或由于液膜中组分 B 的扩散速率远大于其反应消耗速率，在液膜中的浓度变化极小时，其反应速率方程可写为

$$r_A=kc_A \tag{3.146}$$

此时，反应为二级不可逆反应的一种特殊情况。在衡算微分方程组中可以不对组分 B 进行衡算，微分方程组(3.138)简化为对 A 的单个微分方程

$$D_{Al}\frac{\mathrm{d}^2c_A}{\mathrm{d}l^2}=r_A \tag{3.147}$$

当反应在液膜内便进行完全时，其边界条件为

$$\text{气液相界面上} \quad l=0, \ c_A = c_{Ai}$$

$$\text{液流主体} \quad l=\delta_l, \ c_A=0$$

代入边界条件，可解得

$$r_A=\beta k_{Al}c_{Ai} \tag{3.148}$$

$$\beta = \sqrt{M} / \text{th}\sqrt{M} \tag{3.149}$$

$$M=D_{Al}k/k_{Al}^2 \tag{3.150}$$

由双曲函数知，当$\sqrt{M}>3$时，$\text{th}\sqrt{M}\to 1$，则$\beta\to\sqrt{M}$，而$\beta=\sqrt{M}$正好是图3.22中各曲线所汇集的对角线。由图中各曲线还可看到，只有当$\sqrt{M}<\beta_0/2$时，$\beta=\sqrt{M}$。这说明$\beta_0>2\sqrt{M}$是二级反应可作为一级反应处理的必要条件。

当气相反应物不能在液膜内完全消耗掉时，浓度分布见图3.23，其边界条件为

$$\text{气液相界面上} \quad l=0, \ c_A=c_{Ai}$$

$$\text{液流主体} \quad l=\delta_l, \ c_A=c_{Al}$$

代入微分方程(3.147)可解得反应速率为

$$r_A=\beta k_{Al}c_{Ai} \tag{3.151}$$

$$\beta = \left(1-\frac{c_{Al}}{c_{Ai}\text{ch}\sqrt{M}}\right)\frac{\sqrt{M}}{\text{th}\sqrt{M}} \tag{3.152}$$

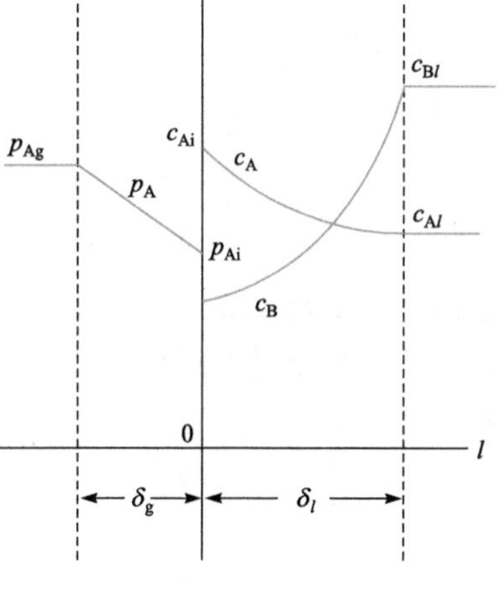

图3.23 中速反应

与式(3.149)相比，式(3.152)中因子$\left(1-\frac{c_{Al}}{c_{Ai}\text{ch}\sqrt{M}}\right)$反映了化学反应速率减慢时对过程宏观速率的影响程度。

4. 可逆反应

很多反应是可逆的，如脂肪酸的酰胺化、酯类水解的催化精馏等，由于反应受产物浓度的影响，在反应衡算微分方程组中还应该增加产物的衡算方程。一般情况下微分方程很难求出解析解，可以通过计算机求解微分方程组的数值解。只有特殊情况下，通过必要的简化，微分方程组才能求得分析解，如可逆反应

$$A+bB \rightleftharpoons pP \tag{3.153}$$

当液相反应物B及产物P在液相中的浓度相对气相反应物A的浓度高很多，液相中只有A的浓度变化较为明显，此时，只需要求解组分A的衡算微分方程，其相应的化学反应速率方程是对反应物A的浓度的拟一级方程。反应过程宏观反应速率可表示为

$$r_A=\beta k_{Al}(c_{Ai}-c_{Ae}) \tag{3.154}$$

式(3.154)中的增强因子β可近似地由式(3.149)求取，c_{Ae}为A的平衡浓度。

对于反应(3.153)，如果液相中组分 B 的浓度远远大于组分 A 及 P 的浓度，这时需求解组分 A 及 P 的衡算微分方程组。假设反应较快，在液膜内已反应完毕，液流主体处于平衡状态，且 $D_{Al}\approx D_{Pl}$，宏观反应速率式仍可写为式(3.154)形式，但解得的增强因子β为

$$\beta=\frac{1+K}{1+K\text{th}\sqrt{M(1+K)/K}\bigg/\sqrt{M(1+K)/K}} \tag{3.155}$$

式中，K 为修正的化学反应平衡常数，$K=c_{Pl}/c_{Ae}$。

如果反应在相界面瞬间便达到平衡，反应过程的宏观速率方程式仍可写为式(3.154)的形式，其增强因子β为

$$\beta=\left[1+\frac{D_{Pl}(c_{Pi}-c_{Pl})}{pD_{Al}(c_{Ai}-c_{Al})}\right] \tag{3.156}$$

所有的气液反应宏观动力学问题都归纳为求解增强因子的问题，采用求解物理扩散速率同样的方法，考虑气膜扩散的影响，求解并代入 c_{Ai} 可以求出反应过程总的反应速率方程为

$$r_A=\frac{p_{A0}/H_A-c_{Al}}{1/(H_Ak_{Ag})+1/\beta k_{Al}} \tag{3.157}$$

式(3.157)是对于单位气液界面求解的反应速率。对于具体的反应器，反应界面面积的求解根据反应器类型的不同有所不同。对于填料类的气液接触设备，可以用填料的面积作为基础数据。而对于鼓泡式的设备，很难准确计算出接触表面积 a，往往是将 $k_{Al}a$ 或 $k_{Ag}a$ 作为一个整体参数通过实验求得。

习　题

3.1 在半径为 R 的球形催化剂上进行气固催化反应 A══P。若组分 A 和 P 在气流主体中、催化剂外表面及催化剂颗粒中心的浓度分别为 c_{Ag}、c_{As}、c_{Ac} 和 c_{Pg}、c_{Ps}、c_{Pc}，平衡浓度为 c_{Ae} 和 c_{Pe}，对下述情况，作反应物 A 和产物 P 在催化剂颗粒上的径向浓度分布示意图：

(1) 过程为内扩散控制。

(2) 过程为化学动力学控制。

(3) 外扩散阻力可以忽略。

(4) 化学反应阻力可以忽略。

3.2 某催化反应在 500℃下进行，已知本征反应速率 $r_A=7.696\times10^{-5}\,p_A^2$ mol/(g · s)(式中的单位为 MPa)，催化剂为ϕ 5mm×5mm 圆柱体，ρ_p=0.8g/cm³，颗粒外表面 A 的分压 p_A=0.101325MPa，颗粒内组分 A 的有效扩散系数 D_e=0.025cm²/s。求催化剂的内扩散有效因子。

3.3 在固定床微分反应器中进行物质 A 的催化氧化反应 $A+1/2O_2\longrightarrow P$。已知催化剂比表面积相当直径 d_s=3.92mm，气流主体温度 T_g=460℃，总压 p=788mmHg，气流质量流速 $G=3.4\times10^{-2}$g/(s · cm²)，A 的加料速率 $F_{A0}=4.8\times10^{-2}$mol/min，空气加料速率 $F_{空气}=6.8\times10^{-1}$mol/min，宏观反应速率 $R_A=9.44\times10^{-2}$mol/(h·gcat)，单位质量催化剂外表面积 $a_m=10.5$cm²/g，反应混合物黏度 $\mu=3.21\times10^{-2}$Pa·s，平均相对分子质量 $M_m=31.0$，各组分的二元分子扩散系数(cm²/s)如下：

$D_{N_2\text{-}O_2}$	$D_{N_2\text{-}A}$	$D_{N_2\text{-}P}$	$D_{O_2\text{-}A}$	$D_{O_2\text{-}P}$	$D_{A\text{-}P}$
0.910	0.600	0.520	0.596	0.470	0.305

试计算催化剂颗粒外表面上的气体组成，当反应热 $-\Delta H_r=23.00$kcal/mol，反应混合物比热容

$\overline{C}'_p = 0.260\text{cal}/(\text{g}\cdot℃)$，导热系数$\lambda = 8.80\times10^{-5}\text{cal}/(\text{cm}\cdot\text{s}\cdot℃)$时，计算颗粒外表面的温度。

3.4　一种 Al_2O_3 所制成的颗粒，其固体密度 $\rho_s = 3.9\text{g/cm}^3$，颗粒密度 $\rho_p = 1.9\text{g/cm}^3$，比表面积 $S_g = 150\text{m}^2/\text{g}$，计算这种 Al_2O_3 颗粒的孔隙率、孔容和平均孔半径。若 CH_4 和 H_2 在该颗粒的微孔中进行等分子逆向扩散，估计 1atm、600℃时 CH_4 的综合扩散系数。

3.5　合成甲醇催化剂的孔容 $V_g = 0.2\text{cm}^3/\text{g}$，孔隙率 $\varepsilon_p = 0.438$，比表面积 $S_g = 160\text{m}^2/\text{g}$，曲节因子 $\tau = 4.2$。若在该催化剂中扩散的混合气为 CO 和 H_2，试分别计算：

(1) 温度为 30℃、压力为 1atm 时 CO 的有效扩散系数。

(2) 温度为 30℃、压力为 200atm 时 CO 的有效扩散系数。

3.6　某催化剂的孔隙率 $\varepsilon_p = 0.41$，比表面积 $S_g = 210\text{m}^2/\text{g}$，颗粒密度 $\rho_p = 1.9\text{g/cm}^3$，曲节因子 $\tau = 4.0$，试计算 600℃、1atm 时乙烷和氢的有效扩散系数。

3.7　由很多资料查得气固催化反应 $A \longrightarrow P$ 均为 A 的二级反应，并已被实验证实。为了证明这点，某人也在实验室进行验证，但实验结果总表现为一级，请说明该实验者错在何处。

3.8　等温条件下，在半径为 R 的球形催化剂上进行一级不可逆反应 $A \longrightarrow P$，试推导有效因子的数学表达式。

3.9　在直径为 2mm 的球形催化剂上进行一级不可逆反应 $A \longrightarrow P$。催化剂外表面上 $c_{As} = 9.5\times10^{-5}\text{mol/cm}^3$，$T_s = 623\text{K}$，反应速率常数 $k(T_s) = 11.8(1/\text{s})$。该反应的反应热 $-\Delta H_r = 3.15\times10^4\text{cal/mol}$，活化能 $E = 2.48\times10^4\text{cal/mol}$。催化剂的有效导热系数 $\lambda_e = 4.8\times10^{-4}\text{cal}/(\text{cm}\cdot\text{s}\cdot\text{K})$，反应物的有效扩散系数 $D_e = 1.5\times10^{-2}\text{cm}^2/\text{s}$，试计算：

(1) 颗粒中心与催化剂外表面的最大温差。

(2) 按等温处理的催化剂的有效因子。

(3) 按非等温处理的催化剂的有效因子。

(4) 比较(2)、(3)的结果并进行讨论。

3.10　在某固定床反应器中，Pt/Al_2O_3 催化剂上发生氧化反应 $H_2+1/2O_2 = H_2O$，催化剂表面温度 T_s=100℃，催化剂表面的氧浓度为 $2\times10^{-6}\text{mol/m}^3$，操作条件下该反应的热效应可近似为−500kJ/mol。氧的有效扩散系数为 $0.2\text{cm}^2/\text{s}$，在实验条件下其外扩散阻力可忽略，有效导热系数 $\lambda_e = 2\times10^{-3}\text{J}/(\text{s}\cdot\text{cm}\cdot℃)$。当催化剂颗粒粒径为 2cm 时，测得其反应速率为 $2.4\times10^{-5}\text{mol}/(\text{g}\cdot\text{s})$。为了测得其本征动力学，研究者将其粒径逐渐减小，但催化剂的装填量并不发生改变。当粒径减小到 250 目时，反应速率维持相对恒定，其值为 $2.5\times10^{-5}\text{mol}/(\text{g}\cdot\text{s})$，求：

(1) 催化剂颗粒内的最大温差。

(2) 操作条件下，催化剂颗粒粒径为 2cm 时该催化剂颗粒的有效因子。

(3) 在该反应器中，如何操作才能有效消除外扩散的影响?

(4) 在此类放热反应中，是否可能出现存在内扩散影响时，其反应效率高于消除内扩散影响时的反应效率的情况?

3.11　在球形催化剂上进行等温一级不可逆反应 $A \longrightarrow P$，保持空速及反应温度恒定不变，取得三组实验数据如下：

实验号	1	2	3
气体流量/(L/min)	30	15	30
催化剂直径/mm	3	3	6
转化率/%	50	50	25

已知反应速率常数 $k_V = 2(1/\text{s})$，有效扩散系数 $D_e = 2\times10^{-4}\text{cm}^2/\text{s}$，求直径 6mm 球形催化剂在该反应条件下的有效因子。

3.12　若某反应的本征动力学方程为 $r_A = k_V c_{As}^2$，宏观动力学方程为 $R_A = k_{表} c_{As}^m$。如果在某催化剂上进行该反应时 Thiele 模数 $\phi > 10$，m 应为何值?

3.13 用内循环无梯度反应器测定甲烷蒸汽转化催化剂的活性，温度 600℃，压力 1atm，催化剂用量 2.53g。新鲜空气组成为 $CH_4$20%、H_2O(气)80%，忽略反应过程中气体混合物总物质的量的变化。在稳态下，维持反应器出口 CH_4 转化率为 32%时，测得不同颗粒直径 d_p 与新鲜气量(标准状态)的关系如下：

d_p/mm	0.3	0.5	0.8	2.0	3.0	4.0	5.0
新鲜气量	4.15	4.15	3.57	3.19	2.76	2.35	2.01

试求此情况下各粒度催化剂的内表面利用率及无内扩散影响时 CH_4 的反应速率。

3.14 用 1atm H_2 还原铁矿，在无水的情况下，反应式为

$$4H_2+Fe_3O_4 \longrightarrow 4H_2O+3Fe$$

假设反应过程可近似用收缩未反应芯模型表示。反应速率近似正比于气相中 H_2 的浓度，已测得反应速率常数 $k=1.93\times10^5\exp\left(-\dfrac{2400}{RT}\right)$cm/s。铁矿颗粒 r_s=5mm，ρ_B=4.6g/cm^3，H_2 通过固体产物层的扩散系数 D_e=0.03cm^2/s。如果排除气膜扩散阻力的影响，该过程有无阻力控制？试计算 500℃时铁矿的完全反应时间。

3.15 直径为 5mm 的球形锌粒溶于某一元酸溶液中，过程为锌粒表面化学反应控制。实验测得特定酸浓度下，酸的消耗速率 $r_a=kc_a=3\times10^{-4}$kmol/(m^2 · s)。试分别计算锌粒溶解一半和完全溶解所需的时间。(锌粒密度 ρ_B=4.13g/cm^3)

3.16 炭与氧的燃烧反应受氧气向炭表面的气膜扩散控制，其完全反应时间

$$\tau_f=\frac{\rho_B y R_s^{3/2}}{2bDM_B c_{Ag}}$$

式中，R_s 为炭粒的初始半径。试求球形炭粒燃烧到原粒径一半时，以下各种情况所需时间占完全反应时间的分率。

(1) 气膜控制时。

(2) 如果改变反应条件，反应受化学反应控制时。

(3) 如果不是纯炭，反应过程受灰层扩散控制时。

3.17 用 25℃的水以逆流接触的方式从空气中脱除 CO_2。已知 CO_2 在空气和水中的传质数据为

$$k_{Ag}a=80\text{mol/(L · h · atm)}$$

$$k_{Al}a=25(\text{l/h})$$

$$H_A=50(\text{atm · L/mol})$$

试计算这一吸收过程中，气膜和液膜相对阻力的大小。据此给出设计吸收塔时，拟用速率方程的最简形式。

3.18 含有 0.1%H_2S 的气体在 20kg/cm^2、20℃时，用含有 0.25mol/L 甲醇胺($HOCH_3NH_2$)的溶液进行吸收。H_2S 和甲醇胺的反应为

$$H_2S+RNH_2 \longrightarrow HS^-+RNH_3^+$$

由于这是一个酸碱中和反应，可以当作不可逆瞬间反应。已知：

$$k_{Al}a=0.30(\text{l/s})$$

$$k_{Ag}a=6\times10^{-5}\text{mol/(cm}^3\text{ · s · atm)}$$

$$D_{Al}=1.5\times10^{-5}\text{cm}^2\text{/s}$$

$$D_{Bl}=10^{-5}cm^2/s$$

$$H_A=0.115(atm \cdot L)/mol \quad (对\ H_2S-H_2O)$$

试确定适用于该条件下速率方程式的形式，并比较用甲醇胺溶液对 H_2S 进行化学吸收及用纯水对 H_2S 进行物理吸收速率的相对大小。

3.19　在 20.1℃等温下，亚硫酸铵水溶液的氧化浓度为 0.03879mol/L，氧的溶解度为 0.00133mol/L，反应速率常数为 $1.489\times10^6 L/(mol\cdot s)$ 。氧及 $(NH_4)_2SO_3$ 在溶液中的扩散系数分别为 $2.25\times10^{-5}cm^2/s$ 和 $1.71\times10^{-5}cm^2/s$ ， $k_{O_2,l}=0.075cm/s$ ，试计算此条件下氧的反应速率。

3.20　用 NaOH 吸收 CO_2，溶液中 NaOH 的浓度为 0.5mol/L，若 $k_G=0.5kmol/(m^2\cdot atm\cdot h)$ ， $k_l=5\times10^{-5}m/s$ 。 $H_{CO_2}=40(atm\cdot m^3)/kmol$ ，反应速率常数 $k=10^4 m^3/(kmol\cdot s)$ ， $D_{CO_2,l}=1.8\times10^{-9}m^3/s$, $D_{Bl}/D_{CO_2,l}=1.7$ ，试求该碱液与 CO_2 分压为 0.05atm 的气相相接触时的吸收速率，判断可否用拟一级反应的模型计算。

第 4 章　非等温反应器设计

前面在讨论反应器行为时，对浓度、温度条件对反应速率的影响是分别考虑的，分别将浓度和温度作为独立参数来处理，即在一定温度下分析浓度变化对反应的影响，或者是在浓度限定的情况下分析温度变化对反应特性的影响。在实验室研究中，液相反应器通常是试管(test tube)、烧杯(beaker)或烧瓶(flask)等，反应放出或吸收的热与反应器和环境交换的热量相比很少，常常将反应器置于恒温水浴中来保持恒温；实验室气固催化反应通常用恒温电炉对反应器进行保温。只要恒温装置控制在一定温度，最终反应转化率只与反应气体组成、反应器混合状态及反应器停留时间等参数有关，改变温度控制系统参数，反应器又在另一个恒定温度下进行反应。

实际反应器中，由于反应规模很大，反应放出或吸收的热量很难通过强化反应器与外界的热交换来保持反应器恒温操作(很多情况下也没有必要)。对于放热(exothermic)反应来说，反应放出的热量可能部分被导出反应器，而部分未能及时导出的反应热量转变为反应物料的显热(sensible heat)，使反应器内温度升高。对于吸热(endothermic)反应，未能及时导入足够的热量可能使反应器温度降低。反应热效应引起反应器操作温度变化，对反应过程产生直接影响。实际反应器中的温度效应往往与浓度效应相互偶联。

搅拌槽反应器中，如果流体处于理想混合状态，各点的温度都是均匀的，反应器操作温度由反应的转化率(conversion)、反应热(reaction heat)、传热速率(heat exchanging rate)及进口温度(inlet temperature)决定。在进口条件固定的反应中，反应最终转化率与反应温度有关，但反应温度由反应过程放出的热量决定，又直接与最终转化率相关。因此，实际的工业反应器操作状况下，必须对反应器内的质量和能量操作方程同时求解，才能得出反应器准确的操作状态。

在有反应热效应存在工业管式反应器(tubular reactor)中，反应器的进口和出口之间反应速率变化较大，不同位置放热或吸热速率不同，反应温度沿管长方向变化。等温情况下，管式反应器的设计是通过计算管内轴向的反应物浓度分布，再将轴向反应速率积分而得。实际反应器中，不仅要考虑轴向浓度变化，同时必须考虑轴向温度分布。确定浓度、温度分布后，根据反应动力学方程可以求出反应速率轴向分布，积分计算整个反应器的反应行为。

实际反应器中的化学反应和热量传递是一个相互影响的耦合过程。温度对反应速率的影响符合 Arrhenius 方程，反应速率对温度的依赖具有强烈的非线性特征。实际反应器中便形成了流体流动、浓度效应及温度效应之间的强烈交互作用和反馈效应，可能出现同样外部条件、不同内部反应结果的多重定态(multiple steady states)问题，反应器操作条件细微变化引起反应器内部特征突变的敏感性(sensibility)问题，反应器难以稳定控制的周期振荡(periodic fluctuation)问题等复杂现象。

所以，反应器设计不仅要分析反应器总的行为，还必须考虑反应器内各点的分布情况，既要分析反应器的稳态特性，也要研究反应器的动态特性，本章将着重讨论理想反应器内的浓度、温度分布耦合问题，定量分析理想反应器中反应器操作参数改变对反应行为的影响关系及反应器操作状态对外部条件的依赖关系。

4.1　反应器能量平衡

在第 2 章中讨论了反应器的质量衡算方程，反应器的状态是浓度的单变量函数。等温情况下，即反应器不受能量条件约束的情况下(传热速率相对于反应生热速率无限快，温度不受反应进程和反应速率的影响)，反应器的设计方程只包含质量衡算方程。但是，对于一个必须考虑热效应的反应器，反应状态的变量就包括浓度和温度两个变量，设计方程中还必须考虑能量的限制条件。

磷酸生产中，硫酸分解磷矿的反应是强放热反应，由于反应器内部防腐的需要，反应器内壁衬有一层橡胶，因此，反应器内的操作温度不能高于橡胶的最高允许温度。通常，生产中使部分反应料浆冷却后回到反应槽，由于反应槽中料浆循环量很大，可以认为是全混流反应器。根据全混流反应器设计方程，可以得到反应器的体积应为

$$V=N/r(c,\ T) \tag{4.1}$$

式中，N 为反应器所要求的生产能力，kmol/s。只要知道反应器内的反应速率 $r(c,\ T)$[单位为 $\mathrm{kmol/(m^3 \cdot s)}$]，便可计算出反应器所需要的体积。而实际设计反应器时会遇到两类问题，一是究竟反应温度会达到多少，只有首先确定了反应温度，式(4.1)的反应速率 $r(c,\ T)$才能确定；二是如果要限定反应温度(至少不超过最高允许温度)，反应过程需要移走多少热。要计算确切的反应温度，或设计反应器的换热面积，只有通过对反应器的热量衡算方程求解。

假设生产 1kmol 磷酸放出热量为$-\Delta H$，kJ/kmol，单位时间反应总共放热量为 $N(-\Delta H)$，kJ。如果单位时间通过料浆冷却从反应器移走的热量为$-Q$，kJ，单位体积料浆比热容为 C_p，$\mathrm{kJ/(m^3 \cdot K)}$，则对反应系统进行热量衡算得

$$vC_p(T-T_0)=N(-\Delta H)+Q \tag{4.2}$$

式(4.2)可以理解为未移出的反应热用于升高反应物料温度，T_0 为反应物料的进料温度。在已知反应器移热速率 Q 的情况下，可以通过式(4.2)求出反应温度，并代入式(4.1)计算反应器体积；如果给定反应温度上限，可以通过式(4.2)求出所需要的最小换热量，进而求出基本的换热面积。

连续流动搅拌槽反应器实际上是一个定态的反应器，如上面的磷酸萃取反应器。在这个反应器中，反应体系的状态是不随时间改变的。反应器状态变量浓度和温度由质量衡算方程和能量衡算方程联立求解得到，两个方程中不含时间变量。但是，不是所有的反应器都是定态操作，如间歇反应器，反应体系的浓度和温度参数都是随时间变化的，在反应器设计方程中就包含时间变量，或者包含浓度或温度状态参数随时间变化的微分函数。又如，连续流动搅拌槽反应器或其他连续流动反应器，在反应开车启动或停车关闭过程中，其状态参数都不是恒定的，是随时间变化的，这时的反应器在非定态的状况下操作。

【例 4.1】 钛铁矿酸解反应在很多硫酸法钛白粉生产厂中是一个间歇反应过程。对该反应过程的研究可采用一个类似的简单反应装置，如图 4.1 所示(张成刚 等，2000)。

硫酸与钛铁矿反应是放热反应，但是反应要在 120℃以上才能发生，在接近 200℃时反应才剧烈进行。在实验室中反应器采用圆底烧瓶，反应装置小，放热量少，很难靠自身反应热将温度提高到反应温度，需要采用油浴加热反应器。采用 500mL85%硫酸溶液和 15g 矿粉反应，实验证明可以靠控制油浴的温度来改变反应温度。测定不同反应温度下反应钛铁矿转化率随时间的变化曲线，可以根据积分方程得到该反应具有以下动力学方程：

$$t=[0.00766/(2.74\times10^{7}e^{-68400/RT})][1-(1-x)^{1/3}]\times\{1+(Y/6)[1+(1-x)^{1/3}-2(1-x)^{2/3}]\} \tag{4.3}$$

式中，$Y=66-0.095T$；t 为反应时间，min；T 为反应温度，K。

工业反应过程中，酸矿比都在 1：(1.4～1.5)，为了更接近工业状况，加大矿粉的加入量，结果发现矿粉加入量增加时，反应器的温度不再能很好地控制在恒定的温度下。因此，为了对温度变化的非等温过程进行模拟，需要对反应器进行热量衡算。

假设反应开始时加入反应器的矿粉量为 N_0，mol，玻璃烧瓶加上反应物的总热容为 C_p，J/K，传热系数乘以烧瓶传热面积为 kA，J/(K · s)，则反应的热平衡方程为

$$-\Delta HN_0\mathrm{d}x=C_p\mathrm{d}T/\mathrm{d}t+kA(T-T_h) \tag{4.4}$$

式中，T 和 T_h 分别为反应器内温度(假设搅拌条件下反应器内温度是均匀的)和油浴的温度，K。

联立解式(4.3)和式(4.4)可以解得反应器中温度随时间变化的关系。传热系数原则上可以从相关关联式计算，但 kA 的计算误差较大。实际模拟中可采用实验方法测定 kA，在不加矿粉的情况下，将高于油浴温度的反应体系(温度为 T_0)置于油浴中，让其在油浴中冷却。这时，式(4.4)中左边项为 0，得

$$\ln\frac{T_0-T_h}{T-T_h}=\frac{kA}{C_p}t \tag{4.5}$$

测定任意两点的温度可以算出 kA=4.30J/(K · s)。模拟的结果示于图 4.2，可以看出对反应器的模拟结果与实验测得的温度随时间变化规律是相符的，该方法用于实际工业反应器的计算也取得了很好的结果。

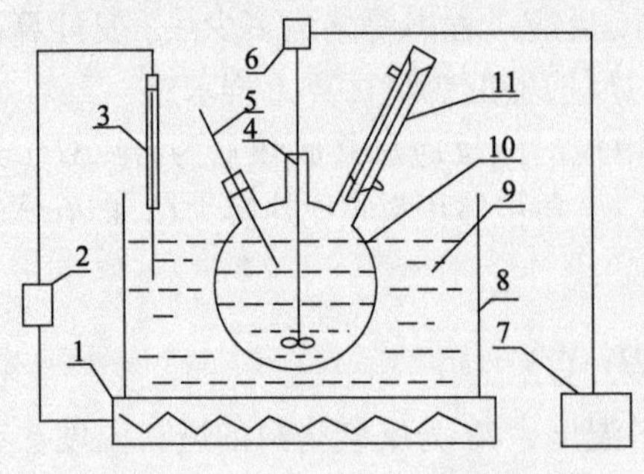

图 4.1 实验室钛铁矿酸解反应器

1. 电炉；2. 电子继电器；3. 水银温度计；4. 密封塞；5. 水银温度计；6. 搅拌器；7. 计数器；8. 恒温槽；9. 加热介质；10. 三口圆底烧瓶；11. 冷凝器

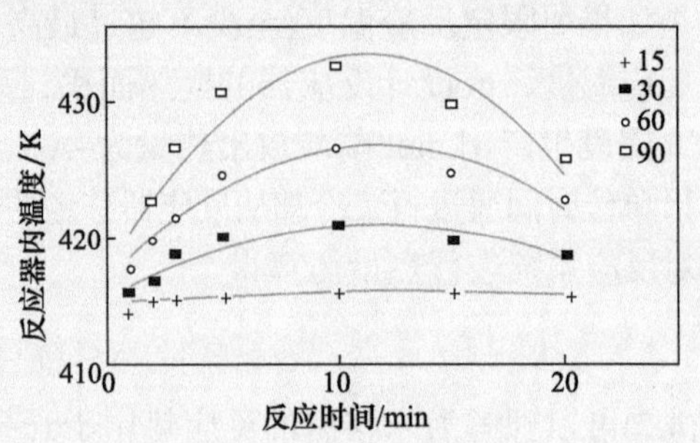

图 4.2 反应过程中不同矿酸比条件下反应器温度随反应时间的变化

更普遍的情况是考虑一个流动的反应器，对反应器进行物料衡算和能量衡算。其物料衡算方程可以写为

积累速率=输入速率−输出速率−反应消耗速率+反应生成速率

对于每一个关键物种都能写出一个衡算方程，对于物种 i 可以写为

$$dn_i=[v_{in}c_{i0}-v_{out}c_i-\sum V_r r_{ic}+\sum V_r r_{if}]dt \tag{4.6}$$

式中，V_r 为反应器体积，m^3；n_i 为反应器内物种 i 的物质的量，mol；c_{i0} 和 c_i 分别为进、出反应器的物种 i 的浓度，mol/m^3；v_{in} 和 v_{out} 分别为进、出反应器物流的体积流率，m^3/s；r_{ic} 和 r_{if} 分别为反应器中 i 物种作为反应物消耗和作为产物生成的反应速率，$mol/(m^3 \cdot s)$。

对任意反应器进行能量衡算，可以得

$$\begin{pmatrix}\text{系统内能量}\\\text{积累速率}\end{pmatrix}=\begin{pmatrix}\text{流入系统}\\\text{的热流量}\end{pmatrix}-\begin{pmatrix}\text{系统对环境}\\\text{做的功}\end{pmatrix}+\begin{pmatrix}\text{物料流入系统}\\\text{带入的能量}\end{pmatrix}-\begin{pmatrix}\text{物料流出系统}\\\text{带出的能量}\end{pmatrix}$$

如果有 n 个物料组分，各组分摩尔流率 F_i，其能量平衡方程可以写为

$$\frac{dE}{dt}=Q-W+\sum_{i=1}^{n}E_i F_i\Big|_{in}-\sum_{i=1}^{n}E_i F_i\Big|_{out} \tag{4.7}$$

以下分项对式(4.7)中各项的计算方法分别进行描述。

4.1.1　反应系统能量

式(4.7)中 E 代表反应器内所包含的物系的总能量。严格讲，能量 E 包括热力学能(U)、动能($u^2/2$)、位能(gz)和其他形式的能量，如电磁能、光能等，但在化学反应器中，与焓值、传热、功相比，动能、位能和其他形式能量的变化一般可以忽略，通常用体系的热力学能 U 代替。

对于物系相态和组成不发生变化的恒容体系，热力学能只与温度有关

$$\Delta U=\int_{T}^{T+\Delta T}C_V dT \tag{4.8}$$

对于一个由多种反应物及产物组成的理想混合体系，反应体系的热力学能为各组分的热力学能之和(非理想混合体系需要考虑偏摩尔能)。体系的热力学能为

$$U=\sum x_i U_i \tag{4.9}$$

4.1.2　热量交换速率

式(4.7)右边第一项热量交换速率(Q)为单位时间内反应器与外界通过热传递交换的热量。

热交换通过反应器的壁面或反应器内的换热面进行，规定热量流入反应器为正，流出反应器为负。当换热面内外的温度都恒定时[如夹套(jacket)换热的全混流反应器]，换热量与换热面积 A 和传热温差的关系可由传热方程表示

$$Q=hA(T_a-T) \tag{4.10}$$

式中，A 为反应器换热面积，m^2；h 为传热系数，$W/(m^2 \cdot K)$；T 为反应器内温度，K；T_a 为加热介质(或冷却介质)温度，K。

当换热面内外温度不均匀时，反应器换热面上存在温度差的分布，此时换热量按下面曲面积分计算

$$Q=\iint h(T_a-T)dA \tag{4.11}$$

如果反应器用管式换热器，换热面上的温度分布为随管道长度变化的一维分布，换热量计算的公式(4.11)就转换为一个线积分

$$Q=\int ha(T_a-T)\mathrm{d}l \tag{4.12}$$

式中，a 为单位管长换热面积，m^2/m。

例如，用一蛇管换热器(coil heat exchanger)对全混流反应器进行加热(或冷却)时，反应温度在各换热面上是均匀的，但加热(或冷却)介质的温度 T_a 将会随加热管长度方向变化，此时在冷却表面存在不同温度的换热介质。要计算总的传热量，可以通过换热介质本身的热量衡算求出各点的介质温度，再积分求出总的传热量。

在蛇管较长情况下，如果换热介质进、出换热蛇管的温度分别为 T_{a1}、T_{a2}，反应器内温度为 T，根据化工原理的知识，可以采用平均温差 ΔT_m 来求解总的传热量，有

$$Q=hA\Delta T_m \tag{4.13}$$

平均温差 ΔT_m 由下式计算：

$$\Delta T_m=\frac{T_{a1}-T_{a2}}{\ln[(T_{a1}-T)/(T_{a2}-T)]}$$

4.1.3 功耗

式(4.7)中右边第二项 W 是系统对环境做功(环境对系统做功为负)，它包括轴功(shaft work)、流动功(flow work)、膨胀功(expansion work)等，输出功为正，输入功为负。搅拌槽式反应器中，通常搅拌轴功与反应热相比可以忽略不计，只有在低反应热系统和高黏度、高搅拌功率的反应器中，搅拌功才需要考虑。流动管式反应器中，气体的流动功也通过摩擦阻力的方式转化为热能，此部分功与反应过程中的热效应和传热量相比，通常也可以忽略，只有在超高速流动过程中，如高速射流反应器，才需要核算这部分能量。在气体节流和压缩时，或者液体气化时会产生另一种功，即流体的膨胀功。流体的膨胀功恒压下可以用下式计算

$$W=\int p\mathrm{d}V$$

此部分功可以同能量衡算式(4.7)中的热力学能项合并，写为

$$\frac{\mathrm{d}E}{\mathrm{d}t}=Q-W_s+\sum_{i=1}^{n}F_i(E_i+pV_i)\Big|_{in}-\sum_{i=1}^{n}F_i(E_i+pV_i)\Big|_{out} \tag{4.14}$$

式中，由物料带入的能量与膨胀功之和可以近似用焓(enthalpy)值来表示

$$F_i(E_i+pV_i)\approx F_i(U_i+pV_i)=F_iH_i \tag{4.15}$$

以下标 0 表示进口状态，代入式(4.14)得

$$\frac{\mathrm{d}E}{\mathrm{d}t}=Q-W_s+\sum_{i=1}^{n}F_{i0}H_{i0}-\sum_{i=1}^{n}F_iH_i \tag{4.16}$$

可以看出，一般情况下功的计算只需考虑轴功。

4.1.4　摩尔流率

对于只发生以下单一反应的反应系统：

$$\mathrm{A}+b\mathrm{B}\longrightarrow c\mathrm{C}+d\mathrm{D} \tag{4.17}$$

如果系统内无积累(稳定流动状态)，各组分的化学计量系数为 ν_i，以 A 组分的转化率 x_A 表示的组分 i 的摩尔流率 F_i 为

$$F_i=F_{i0}+\nu_i F_{A0}x_A \tag{4.18}$$

式(4.18)中化学计量系数对反应物为负、产物为正，惰性组分摩尔流率始终等于初始摩尔流率。

以 SO_2 氧化为 SO_3 反应为例：

$$SO_2(A)+0.5O_2(B)=\!=\!=SO_3(C)$$

原料气中有部分 N_2，N_2 是惰性气体，不参与反应，因而有

$$F_A=F_{A0}-F_{A0}x_A$$

$$F_B=F_{B0}-0.5F_{A0}x_A$$

$$F_C=F_{C0}+F_{A0}x_A$$

$$F_I=F_{I0}$$

4.1.5　热焓

式(4.16)中，各物质的焓值是用该物质的绝对焓值计算的，反应热包含于各物质的绝对焓值变化之中。对于反应(4.17)，反应物料进口热焓：

$$\sum F_{i0}H_{i0}=F_{A0}H_{A0}+F_{B0}H_{B0}+F_{C0}H_{C0}+F_{D0}H_{D0}+F_{I0}H_{I0} \tag{4.19}$$

反应物料出口热焓：

$$\begin{aligned}\sum F_iH_i&=F_AH_A+F_BH_B+F_CH_C+F_DH_D+F_IH_I\\&=\sum(F_{i0}+\nu_iF_{A0}x_A)H_i\end{aligned} \tag{4.20}$$

式中，下标 I 表示惰性组分，惰性组分化学计量系数为 0。

显然，式(4.16)中的进出口焓差为

$$\begin{aligned}\sum_{i=1}^{n}F_{i0}H_{i0}-\sum_{i=1}^{n}F_iH_i=&\ [F_{A0}(H_{A0}-H_A)+F_{B0}(H_{B0}-H_B)+F_{C0}(H_{C0}-H_C)+F_{D0}(H_{D0}-H_D)\\&+F_{I0}(H_{I0}-H_I)]-F_{A0}\left(-H_A+bH_B+cH_C+dH_D\right)x_A\end{aligned} \tag{4.21}$$

根据式(4.19)和式(4.20)，进出物料反应热焓差值可以表示为

$$\sum_{i=1}^{n}F_{i0}H_{i0}-\sum_{i=1}^{n}F_iH_i=\sum_{i=1}^{n}F_{i0}(H_{i0}-H_i)-F_{A0}x_A\sum_{i=1}^{n}\nu_iH_i \tag{4.22}$$

或代入 $F_{i0}=F_i-\nu_iF_{A0}x_A$ 得

$$\sum_{i=1}^{n}F_{i0}H_{i0}-\sum_{i=1}^{n}F_iH_i=-F_{A0}x_A\sum_{i=1}^{n}\nu_iH_{i0}+\sum_{i=1}^{n}F_i(H_{i0}-H_i) \tag{4.23}$$

式(4.22)和式(4.23)可写为

$$\sum_{i=1}^{n} F_{i0}H_{i0} - \sum_{i=1}^{n} F_i H_i = -\Delta H_1 + F_{A0}x_A(-\Delta H_r)$$

$$= F_{A0}x_A(-\Delta H_r^0) - \Delta H_2 \tag{4.24}$$

式中，ΔH_1 为进口原料加热到出口温度所需的热量；ΔH_2 为进口温度反应后产物加热到出口温度所需要的热量；$-\Delta H_r$ 为出口温度下进行反应的反应热；$-\Delta H_r^0$ 为进口温度下进行反应的反应热。根据热力学原理，如左图所示，不论是反应物料先升温到出口温度再反应，还是在进口温度反应后再升温到出口温度，反应热效应都是不变的。

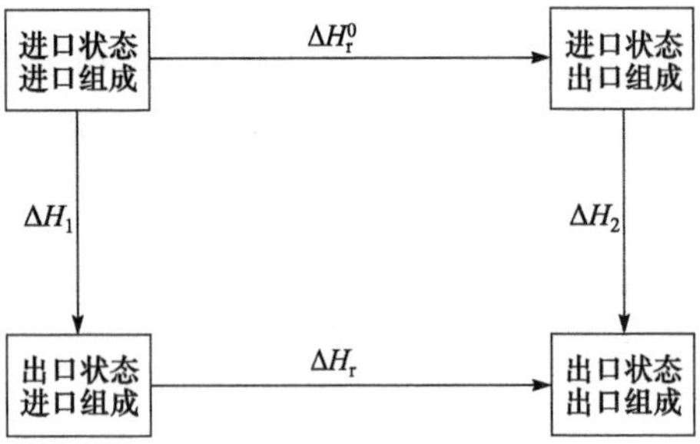

进口状态 进口组成 —ΔH_r^0→ 进口状态 出口组成

ΔH_1 ↓ ΔH_2 ↓

出口状态 进口组成 —ΔH_r→ 出口状态 出口组成

各物质的焓值 H_i 可根据参考温度 T_r(通常取摄氏零度或 25℃为参考温度)下的生成焓计算

$$H_i = H_{fT_r,i} + \int_{T_r}^{T} C_{p,i}\mathrm{d}T \tag{4.25}$$

式中，$H_{fT_r,i}$ 为 i 物质在参考温度下的生成焓值，J/mol；$C_{p,i}$ 为 i 物质的摩尔比热容，J/(mol · K)。

代入可以计算反应在出口温度下进行的反应热为

$$(-\Delta H_r) = -\left(\sum_{i=1}^{n} \nu_i H_{fT_r,i} + \int_{T_r}^{T} \sum_{i=1}^{n} \nu_i C_{p,i}\mathrm{d}T\right) \tag{4.26}$$

有

$$\sum_{i=1}^{n} F_{i0}H_{i0} - \sum_{i=1}^{n} F_i H_i = F_{A0}x_A(-\Delta H_r) - \sum_{i=1}^{n} F_{i0}\int_{T_0}^{T} C_{p,i}\mathrm{d}T$$

或

$$= F_{A0}x_A(-\Delta H_r^0) - \sum_{i=1}^{n} F_i \int_{T_0}^{T} C_{p,i}dT \tag{4.27}$$

当反应物料为真实体系，且物质的混合热不能忽略时，还应该考虑体系的偏摩尔混合焓ΔH_M；体系中如有相变时，应考虑物质的相变热ΔH_P。将式(4.27)代入式(4.16)，能量方程可写为

$$\frac{\mathrm{d}E}{\mathrm{d}t} = Q - W_S - \sum_{i=1}^{n}\int_{T_0}^{T} F_{i0}C_{p,i}\mathrm{d}T - \Delta H_r(T)F_{A0}x_A \tag{4.28}$$

4.1.6 反应热的计算

式(4.28)中的 $\Delta H_r(T)$是反应器出口温度状态下的反应热，对于反应(4.17)为

$$\Delta H_r(T) = \left[cH_C(T_r) + dH_D(T_r) - H_A(T_r) - bH_B(T_r)\right] + \int_{T_r}^{T}\left[cC_{p,C} + dC_{p,D} - C_{p,A} - bC_{p,B}\right]\mathrm{d}T \tag{4.29}$$

式(4.29)右端括号内第一项为参考温度下的反应热，即

$$\Delta H_r(T_r) = cH_C(T_r) + dH_D(T_r) - H_A(T_r) - bH_B(T_r) \tag{4.30}$$

式(4.29)右端的积分项表示每反应 1mol A 物质反应物系总比热容的变化量，以 ΔC_p 表示：

$$\Delta C_p = cC_{p,\mathrm{C}} + dC_{p,\mathrm{D}} - C_{p,\mathrm{A}} - bC_{p,\mathrm{B}} \tag{4.31}$$

式(4.29)可简单表示为

$$\Delta H_\mathrm{r}(T) = \Delta H_\mathrm{r}(T_\mathrm{r}) + \int_{T_\mathrm{r}}^{T} \Delta C_p \mathrm{d}T \tag{4.32}$$

由式(4.32)可计算出在任何温度 T 的反应热。对于比热容随温度变化不大的反应体系，通常将比热容视为常数，式(4.32)可写为

$$\Delta H_\mathrm{r}(T) = \Delta H_\mathrm{r}(T_\mathrm{r}) + \Delta C_p (T - T_\mathrm{r}) \tag{4.33}$$

为了简单起见，对比热容变化较大的反应体系，也可以对比热容变化取温度 $T_\mathrm{r} \sim T$ 之间的平均值 $\Delta \overline{C}_p$ 进行计算

$$\Delta \overline{C}_p = \frac{\int_{T_\mathrm{r}}^{T} \Delta C_p \mathrm{d}T}{T - T_\mathrm{r}} \tag{4.34}$$

4.2 稳态连续流动反应器能量衡算

实际反应器很难做到等温，反应的热效应总是或多或少地影响反应系统的温度。例如，对于放热反应，在某些放热量大的区域，如果不及时移走反应热，局部温度会升高；而在某些放热量较少的区域，局部温度降低。对于吸热反应，也同样会因为反应速率和反应吸热的不均匀，很难严格控制反应器内各点的温度相等。因此，非等温反应器的最大特点是温度随反应器空间变化。

连续流动搅拌槽反应器内温度都是均匀的，其非等温性主要是指反应槽出口温度与进口温度之间有差值，反应温度与进口物料温度之间的差值是由反应放热速率和反应器的移热速率所决定的，只有通过能量衡算才能计算出反应温度。

在热效应较大的反应过程中，要靠反应器与外界的热交换使反应器内各点的温度都处于一固定的温度往往需要很大的传热面积和很高的传热效率，不仅反应器的造价会很高，往往也不现实。事实上，很多时候往往还需要考虑反应热的综合利用，通过反应热来合理调节与控制反应温度，使反应在一个经济的范围内进行。例如，在连续流动搅拌槽反应器中进行的放热反应，可以通过适当的移热和有效控制进口温度，利用反应热加热反应物料，将反应温度控制在一个较好的操作点上。而对于一个平推流反应器，只要反应器温度不超过反应允许温度上限，有一定的温度分布对反应并不一定有害，往往反应不同的阶段要求有不同的适宜温度，还需要人为地控制温度分布以提高反应的效率。总之，只要合理地利用反应热，完全可以使反应器在更经济、更高效的状况下操作。

因此，在实际反应器的设计中，必须同时考虑反应器的质量和能量平衡才能保证反应器在稳定、经济的状况下操作。为了便于理解，同时考虑质量、能量平衡的情况下反应器的设计问题，首先分析一个非等温平推流反应器的设计过程。

【例 4.2】 在平推流反应器中进行液相放热不可逆基元反应，$\mathrm{A} \longrightarrow \mathrm{B}$，反应器绝热操作(adiabatic operation)，试计算反应转化率为 70%所需的反应器体积。

解 根据物料平衡设计方程，平推流反应器体积可以由以下积分公式求得

$$\frac{V}{v_0}=c_{A0}\int_0^{x_A}\frac{dx_A}{r_A}$$

当液相反应物料体积不变时，对一级反应有

$$V=v_0\int_0^{x_A}\frac{dx_A}{k(1-x_A)} \tag{4.35}$$

等温情况下，反应速率常数 k 为常数，应用式(4.35)可以直接对 x_A 积分求得反应器体积。但因为反应是绝热进行的，反应放出的热量全部用于加热反应物料而转化为反应体系的显热。因此，由于反应热效应的影响，反应管内各点温度是不断变化的(图 4.3)，反应速率常数也根据温度的变化随着管长而变化。反应速率常数可以根据反应温度由 Arrhenius 方程计算

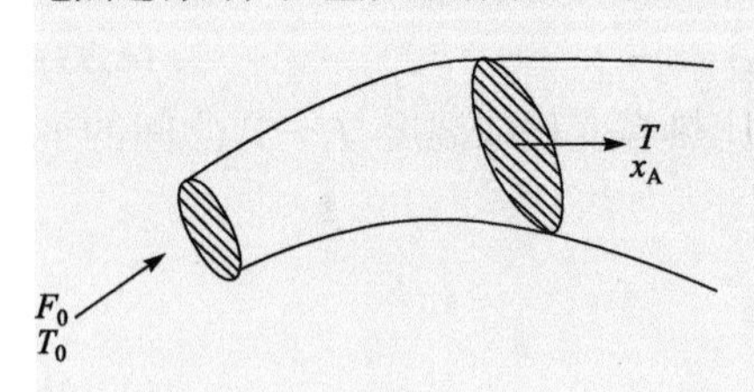

图 4.3　非等温管式反应器

$$k=k_0\exp(-E/RT)$$

如果能够找到反应器内反应温度与反应转化率的对应关系，将反应速率常数表示为反应转化率的函数代入式(4.35)，便可求得非等温平推流反应器的体积。

假设反应物料的总摩尔流率 F_0、混合物摩尔热容 C_p 和反应热 $(-\Delta H_r)$随反应进程和温度变化不大，在反应器内某点的反应温度为 T，则反应物料温度从进入反应器时的 T_0 升高到该点温度 T 所吸收的显热为

$$F_0C_p(T-T_0)$$

从反应器进口到该点的转化率为 x_A，则反应总共放出的热量为

$$F_{A0}x_A(-\Delta H_r)$$

绝热稳态操作时，反应器移热量 Q 为零，反应器内能量 dE/dt 积累为零，如果不考虑轴功，W_s 也为零，即反应放出的热量全部用于升高反应物料的温度，由式(4.28)可得

$$F_0C_p(T-T_0)=F_{A0}x_A(-\Delta H_r)$$

即

$$T=T_0+\frac{(-\Delta H_r)F_{A0}}{F_0C_p}x_A \tag{4.36}$$

将式(4.36)代入体积积分式(4.35)便可求得该绝热操作平推流反应器体积

$$V=v_0\int_0^{x_A}\frac{dx_A}{k_0\exp\left(\dfrac{-E}{R\left[T_0+\dfrac{F_{A0}(-\Delta H_r)}{F_0C_p}x_A\right]}\right)(1-x_A)} \tag{4.37}$$

如果考虑反应物系热容与反应热随温度和组成变化，可以利用反应器能量衡算的普遍式(4.28)计算反应器内各点的温度。式(4.28)是关于整个反应器的能量衡算方程，而对于反应器内某一点，其反应温度为 T，反应物 A 的转化率为 x_A，根据平推流反应器前后物料无返混的特点，可以将该点以前的反应器空间认为是一个单独的反应器，便可利用式(4.28)对反应器前半部分进行能量衡算。

在绝热、稳定、无轴功的情况下，式(4.28)简化可得

$$\sum_{i=1}^{n}\int_{T_0}^{T}F_{i0}C_{p,i}dT=-\Delta H_r(T)F_{A0}x_A \tag{4.38}$$

解积分方程式(4.38)可得到反应温度与转化率之间的关系，再将 Arrhenius 方程代入式(4.35)积分，可求出反应器的体积。

通常情况下，分析求解式(4.35)中的积分是困难的，一般采用数值积分的方法求解。数值计算具体的步骤如下：

(1) 假设反应最终转化率为 $x_{A,n}$，将反应器按转化率分为 m 段，每段出口转化率分别为 $x_{A,1}$，$x_{A,2}$，…，$x_{A,j}$，…，$x_{A,m}$。

(2) 根据能量衡算式(4.38)，可以计算出各段出口的反应物料温度 T_1，T_2，…，T_j，…，T_m 和各段反应物料热容 $C_{p,i}^j$。由矩形积分公式可得

$$\sum_{i=1}^{n}\int_{T_0}^{T_1}F_{i0}C_{p,i}\mathrm{d}T=\left(\sum_{i=1}^{n}F_{i0}C_{p,i}^0\right)(T_1-T_0)$$

$$T_1=T_0+\frac{[-\Delta H_\mathrm{r}(T_0)]F_{A0}x_{A,1}}{\sum_{i=1}^{n}F_{i0}C_{p,i}^0}$$

$$T_2=T_1+\frac{[-\Delta H_\mathrm{r}(T_1)]F_{A0}(x_{A,2}-x_{A,1})}{\sum_{i=1}^{n}F_{i0}C_{p,i}^1}$$

……

$$T_j=T_{j-1}+\frac{[-\Delta H_\mathrm{r}(T_{j-1})]F_{A0}(x_{A,j}-x_{A,j-1})}{\sum_{i=1}^{n}F_{i0}C_{p,i}^{j-1}}$$

(3) 代入 Arrhenius 方程可以求得各段反应器中的速率常数，$k(T_j)=k_0\exp(-E/RT_j)$。

(4) 将 $k(T_j)$代入式(4.35)中可以求出反应器体积 V，利用梯形积分公式得

$$V=v_0\int_0^{x_A}\frac{\mathrm{d}x_A}{k(1-x_A)}$$

$$=v_0\frac{x_A}{2m}\left[\frac{1}{k(T_0)}+2\sum_{j=1}^{m-1}\frac{1}{k(T_j)(1-x_{A,j})}+\frac{1}{k(T_m)(1-x_{A,m})}\right]$$

从以上例子可以看到，实际反应器中浓度、温度是相关的，要解决反应器的设计问题，必须同时考虑反应器内的质量和能量平衡，通过质量、能量衡算方程的联立求解才能得到反应器的准确操作状态。

4.2.1　全混流反应器

全混流反应器内浓度、温度在空间上是均匀的，反应器内的均匀性依靠大量物料和热量的返混来维持。只有在反应物料进口温度与反应器内温度和出口物料温度完全相同的情况下，全混流反应器才被认为是等温操作(isothermal operation)，不需要考虑反应器的热平衡问题。而在实际反应器中，反应物流在反应器的进口有一个很大的阶跃式的浓度、温度突变(break)，温度突变是由反应的热效应造成的，此时全混流反应器的设计就必须考虑反应热效应的影响。

假设反应物 A 的进口摩尔流量为 F_{A0}，要求反应转化率为 x_A，由全混流反应器的质量衡算可以求出反应器的体积为

$$V=F_{A0}x_A/r_A \tag{4.39}$$

式中，反应速率为反应物浓度和温度的函数，只有通过对全混流反应器的能量衡算方程进行

求解才能知道反应器的操作温度，或者通过能量方程求出适当的换热条件才能保证反应在规定的操作温度下进行。

对于绝热操作的全混流反应器，反应温度通常靠进口温度来调节。反应器内的搅拌轴功与反应热相比通常可以忽略(但高黏度反应物料轴功不能忽略)。在绝热和忽略轴功、稳定操作的情况下，由式(4.28)，全混流反应器能量衡算方程为

$$\sum_{i=1}^{n}\int_{T_0}^{T} F_{i0}C_{p,i}\mathrm{d}T = -\Delta H_{\mathrm{r}}(T)F_{\mathrm{A0}}x_{\mathrm{A}} \tag{4.40}$$

下面以一级不可逆液相反应 A ⟶ B 为例，说明非等温全混流反应器的设计过程。

情况一 已知出口转化率 x_A，物料流量 v_0，组分 A 进口浓度 c_{A0}，计算反应器体积 V。这是关于反应器的设计问题。求解步骤如下：

(1) 用试差法求解式(4.40)，得到操作温度 T，当反应物料热容和反应热变化不大时，由方程式(4.40)可得

$$T=T_0+(-\Delta H_{\mathrm{r}})vc_{\mathrm{A0}}x_{\mathrm{A}}/(F_0C_p)$$

式中，F_{A0} 和 F_0 分别为反应器进料中 A 的摩尔流率和总的进料摩尔流率；C_p 为反应物料的平均热容。其中

$$F_{\mathrm{A0}}=vc_{\mathrm{A0}}$$

$$F_0C_p=\sum_{i=1}^{n}F_{i0}C_{p,i} \tag{4.41}$$

(2) 由 Arrhenius 方程计算反应速率常数 k 和反应速率 r_A。

(3) 由全混流体积设计方程式(4.39)计算反应器体积 V。

情况二 已知物料流量 v_0，组分 A 进口浓度 c_{A0}，反应器体积 V 和各组分流量 F_{i0}，求反应器出口温度、浓度或转化率。这是关于反应器的分析问题，求解步骤如下：

(1) 由反应器质量衡算式，求得反应转化率与温度的关系为

$$x_{\mathrm{A}}=\frac{\tau k_0\exp(-E/RT)}{1+\tau k_0\exp(-E/RT)} \tag{4.42}$$

式中，空时 $\tau=V/v_0$。

(2) 求解能量平衡方程，可以求得转化率 x_A 与温度 T 的关系

$$x_{\mathrm{A}}=\sum_{i=1}^{n}\int_{T_0}^{T}F_{i0}C_{p,i}\mathrm{d}T/[-\Delta H_{\mathrm{r}}(T)F_{\mathrm{A0}}] \tag{4.43}$$

(3) 联立求解式(4.42)和式(4.43)可以解得反应温度。简单的方法可以采用作图的办法求解，可以在 x_A-T 图上分别根据式(4.42)和式(4.43)作 x_A-T 曲线，两条曲线的交点便是该全混流反应器操作点，其交点对应的 x_A、T 便是反应器内和反应器出口物料的转化率和反应温度。作图的方法过去较常使用，现在一般采用计算机求解，在 Office 系统中的 Excel 软件就有方程求根的功能，可以很方便地解出反应温度 T。

【例 4.3】　绝热全混流反应器中以硫酸为催化剂，由环氧丙烷生产丙二醇

$$C_3H_6O+H_2O \xrightarrow{H_2SO_4} C_3H_6(OH)_2$$

反应器体积为 1.14m³。环氧丙烷进料速率为 1134kg/h(19.5kmol/h)，甲醇与环氧丙烷等体积混合后进料，速率为 1045kg/h(32.6kmol/h)，进水中含硫酸 0.1%(质量分数)，体积流量为环氧丙烷的 2 倍，6562kg/h(364kmol/ h)。忽略水-环氧丙烷-甲醇混合后的体积变化，混合前物料温度为 15℃，混合热效应使混合后物料进料温度升高至 24℃。反应速率对环氧丙烷浓度为一级，速率常数

$$k = 16.96\times10^{12}\,\mathrm{e}^{-75362/RT}\,(1/\mathrm{h})$$

活化能单位 kJ/kmol。由于环氧丙烷沸点较低(34.3℃)，为不使其大量挥发，操作温度不能超过 52℃。试求该绝热反应器的操作温度、反应出口转化率。

解　已知反应器体积，属于反应器分析问题。绝热反应过程如图所示。反应简单表示为 A+B⟶C。首先查物理化学手册，得 20℃下各物质物化数据如下。

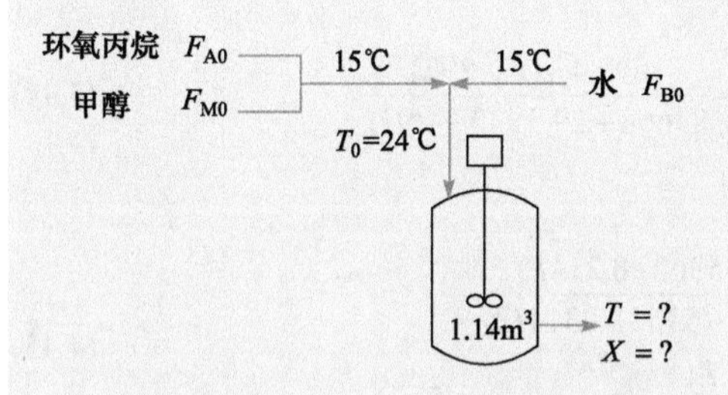

符号	物质	相对分子质量	密度/(g/cm³)	C_p/[kJ/(kmol · K)]
A	环氧丙烷	58.08	0.859	146.5
B	水	18.02	0.9941	75.4
C	丙二醇	76.11	1.036	192.6
M	甲醇	32.04	0.7914	81.6

温度 T 时的反应热可由式(4.33)计算

$$\Delta H_r(T) = \Delta H_r(T_r) + \Delta\overline{C}_p(T - T_r)$$

$$H_A(20℃) = -154912\text{kJ/kmol}$$

$$H_B(20℃) = -286098\text{kJ/kmol}$$

$$H_C(20℃) = -525676\text{kJ/kmol}$$

$$\begin{aligned}\Delta H_r(20℃) &= H_C(20℃) - H_B(20℃) - H_A(20℃)\\ &= (-525676) - (-286098) - (-154912)\\ &= -84666(\text{kJ/kmol})\text{环氧丙烷}\end{aligned}$$

$$\Delta\overline{C}_p = \overline{C}_{p,C} - \overline{C}_{p,B} - \overline{C}_{p,A} = 192.6 - 75.4 - 146.5 = -29.3[\text{kJ/(kmol}\cdot\text{K)}]$$

$$\Delta H_r(T) = -84666 + (-29.3)(T - 293)$$

进入反应器的体积流量

$$v_0 = v_{A0} + v_{M0} + v_{B0} = \frac{1134}{0.859} + \frac{1045}{0.7914} + \frac{6562}{0.9941} = 9241.5\ (\text{L/h})$$

空时

$$\tau = \frac{V}{v_0} = \frac{1.14}{9.24} = 0.123(\text{h})$$

环氧丙烷初始浓度

$$c_{A0} = \frac{F_{A0}}{v_0} = \frac{19.5}{9.24} = 2.11(\text{kmol/m}^3)$$

能量平衡式中

$$\sum_{i=1}^{n} F_{i0}\overline{C}_{p,i} = F_{A0}\overline{C}_{p,A} + F_{B0}\overline{C}_{p,B} + F_{M0}\overline{C}_{p,M}$$
$$= 19.5\times146.5 + 364\times75.4 + 32.6\times81.6$$
$$= 32962.51(\text{kJ/K})$$

$$T_0 = 24 + 273 = 297(\text{K})$$

$$T_r = 20 + 273 = 293(\text{K})$$

对绝热反应器进行能量衡算，忽略搅拌器轴功，由式(4.43)得

$$x_A = \frac{\sum_{i=1}^{n} F_{i0}\overline{C}_{pi}(T - T_0)}{-F_{A0}[\Delta H_r(T_r) + \Delta\overline{C}_p(T - T_r)]}$$

代入相关数据得

$$x_A = \frac{32962.51\times(T-297)}{-19.5\times[-84666 - 29.3\times(T-293)]} = \frac{1690.4\times(T-297)}{84666 + 29.3\times(T-293)} \tag{4.44}$$

由物料平衡式(4.42)有

$$x_A = \frac{0.123\times16.96\times10^{12}\exp(-75362/8.314T)}{1+0.123\times16.96\times10^{12}\exp(-75362/8.314T)} = \frac{2.086\times10^{12}\exp(-9064.5/T)}{1+2.086\times10^{12}\exp(-9064.5/T)} \tag{4.45}$$

对 A 采用图解法，在 x_A-T 坐标图上分别作出物、热平衡关系：

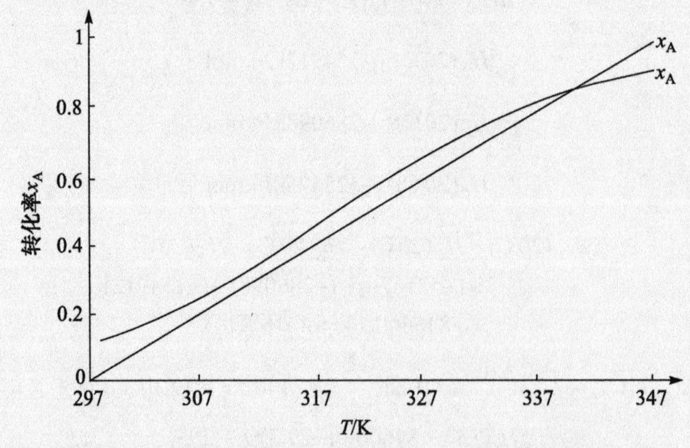

图中物、热平衡线交点为反应器操作温度和出口转化率，操作温度 341K(68℃)，出口转化率约 85%。

对 B 利用 Excel 软件计算，操作步骤如下表，取一个预设初值 T，逐步按照式(4.44)计算转化率 x_{A1}，式 (4.45) 计算转化率 x_{A2}，比较两个转化率。

序号	A
1	输入初值 T=300　(单元格 A1)
2	计算数组=A1−293　(单元格 A2)
3	计算 x_{A1}=1690.4*(A1−297)/(84666+29.3*A2)　(单元格 A3)
4	计算数组=2.086E+12*exp(−9064.5/A1)　(单元格 A4)
5	计算 x_{A2}=A4/(1+A4)　(单元格 A5)
6	计算差值 x_{A1}−x_{A2}=A5−A3 (单元格 A6)

实际 Excel 表格如下：

序号	A
1	300
2	7
3	0.059751788
4	0.157436901
5	0.136022017
6	0.076270228

应用 Excel 软件中的单变量求解工具，点击“工具”按钮，然后点击“单变量求解”，在对话框目标单元格中输入 A6，目标值输入 0，可变单元格输入 A1，然后选择“确定”按钮，得到结果对话框：

序号	A
1	340.2044491
2	47.20444912
3	0.848734141
4	5.595692548
5	0.848385898
6	−0.000348243

计算结果得出口温度为 340.2 K，出口转化率为 84.8%。

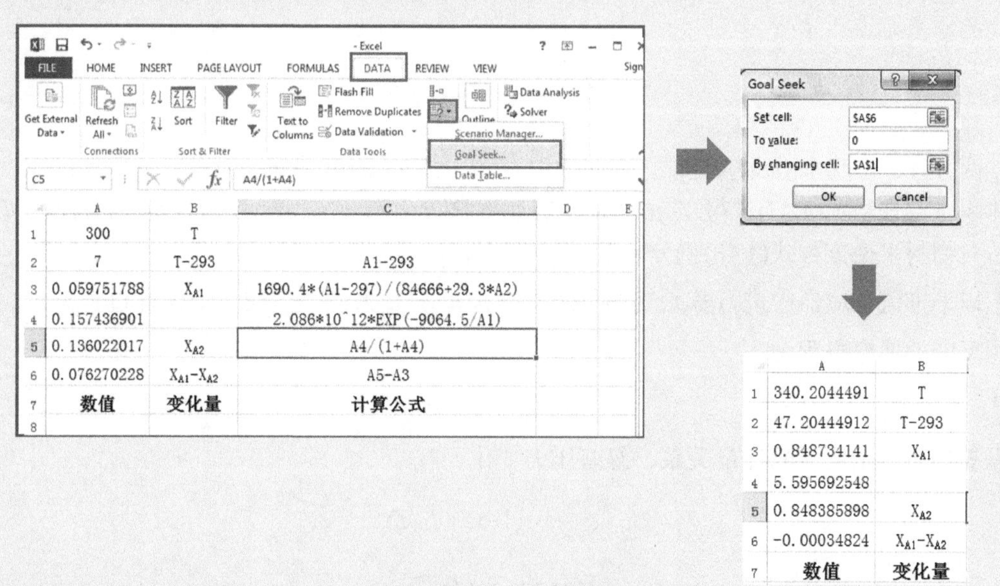

绝热操作温度显然超过了 52℃，需要对反应器进行降温操作。

如果反应器不绝热操作，反应过程中利用夹套通入冷却水冷却，换热面积 3.72m²，冷却水量较大，可保持在 29℃，总传热系数 0.5678kW/(m²·K)，求操作温度和出口转化率。

对反应器进行能量衡算，考虑稳态操作并忽略轴功，由式(4.6)、式(4.10)和式(4.27)得

$$hA(T_a - T) - [\Delta H_r(T_r) + \Delta\overline{C}_p(T - T_r)]F_{A0}x_A = \sum_{i=1}^{n} F_{i0}\overline{C}_{p,i}(T - T_0)$$

冷却换热项

$$hA=0.5678\times 3.72\times 3600=7604(\text{kJ/K})$$

代入得

$$x_A = \frac{\sum_{i=1}^{n} F_{i0}\overline{C}_{p,i}(T - T_0) + hA(T - T_a)}{-F_{A0}[\Delta H_r(T_r) + \Delta\overline{C}_p(T - T_r)]} = \frac{1690.4\times(T - 297) + 390\times(T - 302)}{84666 + 29.3\times(T - 293)} \tag{4.46}$$

物料衡算方程仍满足式(4.45)，故将物料平衡式(4.45)、热平衡式(4.46)联立求解，经迭代试差，得反应器操作温度 T=309 K，反应器出口转化率为 29%。

4.2.2 绝热管式反应器

一般的管式反应器，由于管内外传热温差随长度发生变化，加热或冷却的换热速率也沿反应管轴向长度变化，对其进行热量衡算确定反应器内任何一点的浓度(或转化率)、温度求解很困难。但是，工业上的管式反应器大多绝热操作，没有热量传递项，反应物料做功也可忽略，比较容易由热量平衡方程确定反应器内任一点的浓度(或转化率)、温度之间的关系。

由绝热、稳定、无轴功过程的能量平衡方程式(4.38)

$$F_{A0}x_A[-\Delta H_r(T)] = \sum_{i=1}^{n}\int_{T_{i0}}^{T} F_{i0}C_{p,i}\mathrm{d}T \tag{4.47}$$

与物料平衡方程

$$F_{A0}\frac{\mathrm{d}x_A}{\mathrm{d}V} = r_A(x_A, T) \tag{4.48}$$

联立两方程，可获得沿反应器管长方向的浓度(转化率)、温度分布。要进行反应器设计，确定其体积，首先从式(4.47)求得 $T=f(x_A)$，反应速率常数 $k(T)=Kf(x_A)$，反应速率 $r_A=r[x_A, f(x_A)]$，然后对物料平衡方程式(4.48)积分，获得反应器体积。

以平推流反应器中进行基元气相可逆反应 $A \rightleftharpoons B$ 为例，说明以上设计过程。

反应的速率方程为

$$r_A=k(c_A-c_B/K_e)$$

根据等物质的量反应的计量关系，忽略压力变化，有

$$c_A=c_{A0}(1-x_A)(T_0/T)$$

$$c_B=c_{A0}x_A(T_0/T)$$

由物料平衡方程式(4.48)，有

$$V = F_{A0}\int_0^{x_A}\frac{\mathrm{d}x_A}{kc_{A0}[(1-x_A)-(x_A/K_e)]T_0/T}$$

解能量平衡方程式(4.47)，得 T-x_A 的关系，以计算在给定转化率 x_A 条件下的速率常数 $k(T)$、

平衡常数 $K_e(T)$，从而获得反应器体积 V。由于管式反应器转化率随管长逐渐增加，计算过程是使转化率 x_A 由零增加至出口转化率的一个迭代循环过程，具体步骤如下：

(1) 赋 x_{A0} 初值，$x_{A0}=0$。

(2) 由能量平衡方程式(4.47)获得 T-x 关系

$$x_A=\frac{\sum_{i=1}^{n}\int_{T_{i0}}^{T}F_{i0}C_{p,i}\mathrm{d}T}{-F_{A0}\Delta H_r(T)}$$

采用平均热容，并假定各物料进料温度相等，$T_{i0}=T_0$，积分上式得

$$x_A=\frac{\sum_{i=1}^{n}F_{i0}\overline{C}_{p,i}(T-T_0)}{-F_{A0}[\Delta H_r(T_r)+\Delta\overline{C}_p(T-T_r)]}$$

解出 T-x_A 关系

$$T=\frac{x_AF_{A0}[-\Delta H_r(T_r)]+\sum_{i=1}^{n}F_{i0}\overline{C}_{p,i}T_0+x_AF_{A0}\Delta\overline{C}_pT_r}{\sum_{i=1}^{n}F_{i0}\overline{C}_{p,i}+x_AF_{A0}\Delta\overline{C}_p}$$

(3) 计算 T/T_0。

(4) 以 Arrhenius 方程计算速率常数

$$k=k_0\exp[-E/(RT)]$$

(5) 计算反应平衡常数 K_e，由 van’t Hoff 方程

$$\frac{\mathrm{d}\ln K_p}{\mathrm{d}T}=\frac{\Delta H_r(T)}{RT^2}=\frac{\Delta H_r(T_r)+\Delta\overline{C}_p(T-T_r)}{RT^2}$$

积分得

$$\ln\frac{K_p(T)}{K_p(T_1)}=\frac{\Delta H_r^{\ominus}(T_r)-T_r\Delta\overline{C}_p}{R}\left(\frac{1}{T_1}-\frac{1}{T}\right)+\frac{\Delta\overline{C}_p}{R}\ln\frac{T}{T_1}$$

对于等物质的量反应，$K_p=K_c=K_e=K$。

(6) 计算反应速率

$$r_A=kc_{A0}[(1-x_A)-(x_A/K_e)](T_0/T)$$

(7) 增加 x_A，返回步骤(2)，直至计算出新的反应速率 r_A 后，又赋 x_A 以新的增加值，返回步骤(2)继续循环，直至 x_A 等于设定值。

(8) 构造 r_A-x_A 数值表，用于数值积分，计算反应器体积

$$V=F_{A0}\int_0^{x_A}\frac{\mathrm{d}x_A}{r_A}$$

计算框图如下：

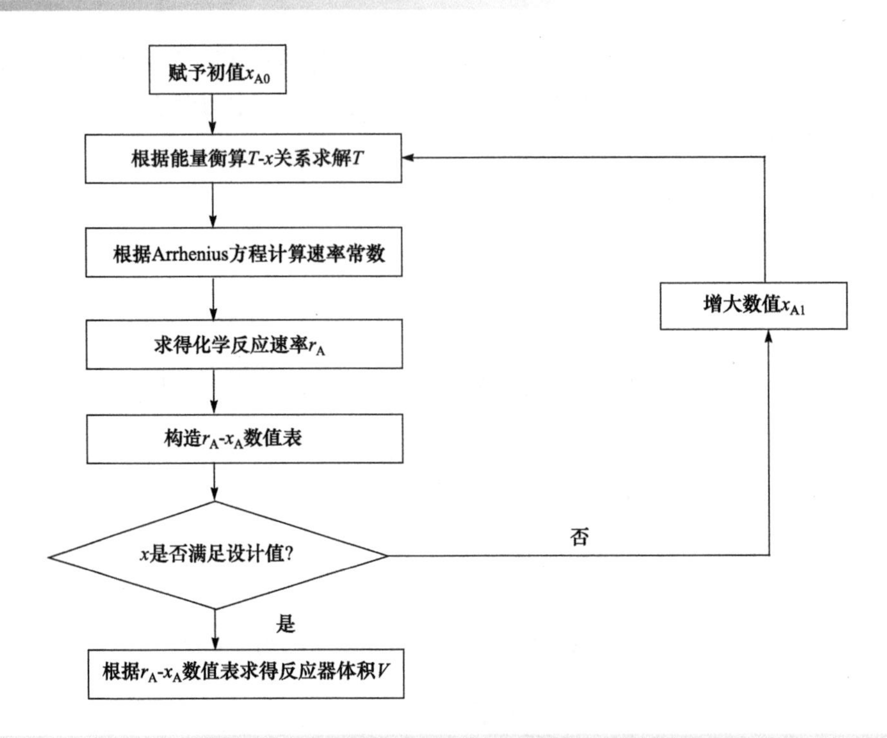

【例 4.4】 乙酸酐生产过程的一个关键步骤是气相丙酮裂解为乙烯酮和甲烷

$$CH_3COCH_3 \longrightarrow CH_2CO + CH_4$$

该反应对丙酮为一级反应，反应速率常数与温度有以下关系：

$$\ln k = 34.34 - 34222/T$$

式中，k 的单位为 1/s，T 的单位为 K。纯丙酮进料，流量为 8000kg/h，进口温度 1035K，裂解反应器为绝热管式反应器，可看作平推流，操作压力 162kPa，出口转化率 20%。试计算管式反应器体积。

解 以 A 代表 CH_3COCH_3，B 代表 CH_2CO，C 代表 CH_4，反应方程表示为

$$A \longrightarrow B + C$$

由于反应过程中有体积、温度变化，反应器内的摩尔流量随转化率变化关系为

$$F = F_{A0}(1 + x_A)$$

$$F_A = F_{A0}(1 - x_A)$$

管内反应物 A 的摩尔分率为

$$y_A = F_A/F = (1 - x_A)/(1 + x_A)$$

根据理想气体状态方程可以计算出反应物 A 在反应器内的浓度

$$c_A = c_{A0}\frac{T_0}{T}\frac{(1 - x_A)}{(1 + x_A)}$$

根据平推流反应器设计方程，反应器体积的计算式可表示为

$$V = F_{A0}\int_0^x \frac{dx_A}{r_A}$$

一级反应速率方程为 $r_A = kc_A$，体积设计方程为

$$V = v_0 \int_0^x \frac{T}{T_0} \frac{1+x_A}{k(1-x_A)} dx_A$$

由于体积计算式中包含温度 T 的变量，需要通过能量平衡方程确定反应温度 T 与转化率 x_A 的关系并代入积分，才能最终计算出反应器体积。

根据反应器能量平衡方程式，稳定系统在绝热、无轴功情况下，转化率为

$$x_A = \frac{\sum_{i=1}^{3} \int_{T_{i0}}^{T} F_{i0} C_{p,i} dT}{-\Delta H_r(T) F_{A0}}$$

根据焓的状态函数性质，可以假设反应物从进口温度升高到反应温度再在反应温度下进行反应。因此，对于纯反应物 A 进料，上式中分子项只有反应物 A 的显热变化项

$$\sum_{i=1}^{3} \int_{T_0}^{T} F_{i0} C_{p,i} dT = \int_{T_0}^{T} F_{A0} C_{p,A} dT$$
$$= F_{A0} \left[\alpha_A (T - T_0) + \frac{\beta_A}{2} (T^2 - T_0^2) + \frac{\gamma_A}{3} (T^3 - T_0^3) \right]$$

$$\Delta H_r = \Delta H_r(T_r) + \Delta\alpha(T - T_r) + (\Delta\beta/2)(T^2 - T_r^2) + (\Delta\gamma/3)(T^3 - T_r^3)$$

$$x_A = \frac{\alpha_A(T_0 - T) + (\beta_A/2)(T_0^2 - T^2) + (\gamma_A/3)(T_0^3 - T^3)}{\Delta H_r(T_r) + \Delta\alpha(T - T_r) + (\Delta\beta/2)(T^2 - T_r^2) + (\Delta\gamma/3)(T^3 - T_r^3)}$$

反应速率参数计算如下：

$$F_{A0} = \frac{8000}{58} = 137.9(\text{kmol/h}) = 38.3(\text{mol/s})$$

$$c_{A0} = \frac{p_{A0}}{RT} = \frac{162}{8.31 \times 1035} = 0.0188(\text{kmol/m}^3) = 18.8(\text{mol/m}^3)$$

$$v_0 = \frac{F_{A0}}{c_{A0}} = \frac{38.3}{18.8} = 2.037(\text{m}^3/\text{s})$$

热量平衡参数计算如下：

298K 时各物质标准摩尔生成焓 $\Delta H_f(298)$ 为

丙酮　　$\Delta H_f^{\ominus}(298) = -216.67(\text{kJ/mol})$

乙烯酮　　$\Delta H_f^{\ominus}(298) = -61.09(\text{kJ/mol})$

甲烷　　$\Delta H_f^{\ominus}(298) = -74.81(\text{kJ/mol})$

$$\Delta H_r^{\ominus}(298) = (-61.09) + (-74.81) - (-216.67) = 80.77(\text{kJ/mol})$$

摩尔热容：

丙酮　　$C_{p,A} = 26.63 + 0.183T - 45.86 \times 10^{-6} T^2 [\text{J/(mol·K)}]$

乙烯酮　　$C_{p,B} = 20.04 + 0.0945T - 30.95 \times 10^{-6} T^2 [\text{J/(mol·K)}]$

甲烷　　$C_{p,C} = 13.39 + 0.077T - 18.71 \times 10^{-6} T^2 [\text{J/(mol·K)}]$

$$\Delta\alpha = \alpha_C + \alpha_B - \alpha_A = 13.39 + 20.04 - 26.63 = 6.8[\text{J/(mol·K)}]$$

$$\Delta\beta = \beta_C + \beta_B - \beta_A = 0.077 + 0.0945 - 0.183 = -0.0115[\text{J/(mol·K}^2)]$$

$$\Delta\gamma = \gamma_C + \gamma_B - \gamma_A = (-18.71 \times 10^{-6}) + (-30.95 \times 10^{-6})$$
$$- (-45.86 \times 10^{-6}) = -3.8 \times 10^{-6} [\text{J/(mol·K}^3)]$$

$$x_A = \frac{26.63(1035-T)+(0.183/2)(1035^2-T^2)+(-45.86\times10^{-6}/3)(1035^3-T^3)}{80770+6.8(T-298)+(-0.0115/2)(T^2-298^2)-(3.8\times10^{-6}/3)(T^3-298^3)}$$

反应吸热，温度沿反应器管长方向下降，选择不同的温度值 T，分别计算转化率 x_A、速率常数 k，然后通过数值积分计算反应器体积 V。温度与转化率的计算结果如下：

T/K	1035	1025	1000	975	950	925	900	850
x_A	0	0.021	0.073	0.124	0.174	0.224	0.271	0.365

表示为 T-x_A 关系曲线：

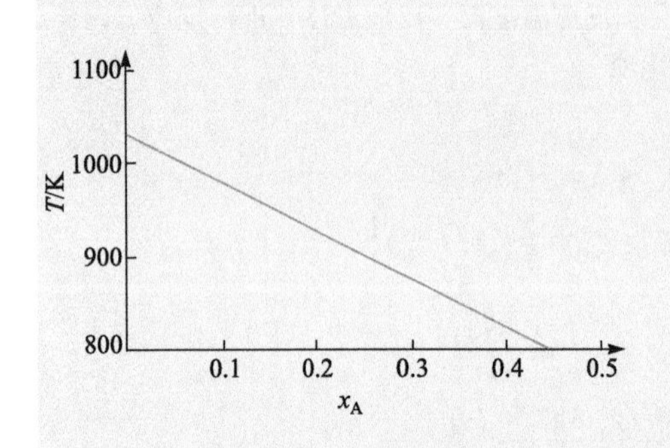

根据转化率与温度的关系，计算体积积分的步骤如下：

(1) 以初始浓度和初始温度求出初始反应速率，并求出该点的被积函数值。

(2) 从转化率初值 x_0 开始，取一步长 Δx，求出新的转化率 x_1。

(3) 利用 x_1 求出对应的反应温度 T_1，再利用 Arrhenius 方程求出反应速率常数 k。

(4) 求出 x_1 点的反应速率，并求出该点的被积函数值。

(5) 增加转化率步长，进一步求出转化率为 x_2, x_3, x_4 等点的被积函数值。

(6) 利用 Simpson 公式或梯形公式可以积分得到反应器体积。

计算列表如下：

x	T	k	T/T_0	$f(x)=\frac{c_{A0}}{r_A}=\frac{T}{T_0}\frac{(1+x)}{k(1-x)}$
0	1035	3.58	1.00	f_1=0.279
0.05	1010	1.57	0.98	f_2=0.690
0.1	985	0.68	0.95	f_3=1.708
0.15	960	0.27	0.93	f_4=4.660
0.20	937	0.11	0.90	f_5=12.274

采用复化 Simpson 公式求积分得

$$\begin{aligned} V &= v_0\times\frac{1}{6}\times\frac{0.2}{2}\times(f_1+4f_2+2f_3+4f_4+f_5) \\ &= 2.037\times\frac{0.05}{3}\times(0.279+4\times0.690+2\times1.708+4\times4.660+12.274) \\ &= 1.27\ (\text{m}^3) \end{aligned}$$

由数值方法获得温度、转化率与反应器体积的关系如下图所示。图中可以看到，由于反应吸热，反应器绝热操作，当反应器体积超过 1.25m³ 以后，温度已经下降了很多，转化率增长缓慢，反应实际上逐渐“熄火”。为保持一定的反应速率，可在反应物料中加入惰性气体(如氮气)作为热载体，以维持一定的反应温度。

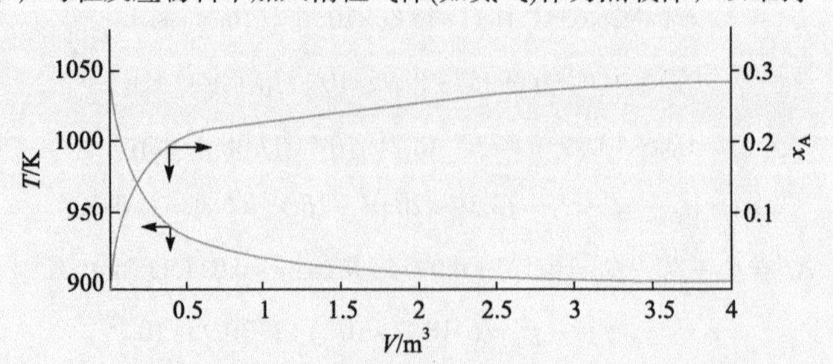

4.2.3　换热式管式反应器

对于与外界有热量交换的管式反应器，如果从管壁传递的热量为

$$Q=\int_0^V ha(T_a-T)\mathrm{d}V$$

如图 4.4 所示，稳态条件下，不计反应流体做功，能量衡算方程式(4.28)为

$$\int_0^V ha(T_a-T)\mathrm{d}V-\sum_{i=1}^{n}\int_{T_0}^{T}F_{i0}C_{p,i}\mathrm{d}T-\left[\Delta H_r(T_r)+\int_{T_r}^{T}\Delta C_{pc}\mathrm{d}T\right]F_{A0}x_A=0 \tag{4.49}$$

写成 dV 微元的微分形式

$$ha(T_a-T)-(\sum_{i=1}^{n}F_{i0}C_{p,i}+F_{A0}x_A\Delta C_{pc})\frac{\mathrm{d}T}{\mathrm{d}V}-F_{A0}\left[\Delta H_r(T_r)+\int_{T_r}^{T}\Delta C_{pc}\mathrm{d}T\right]\frac{\mathrm{d}x_A}{\mathrm{d}V}=0 \tag{4.50}$$

代入反应速率表达式 $r_A=F_{A0}\mathrm{d}x_A/\mathrm{d}V$，式(4.50)可表示为

$$\frac{\mathrm{d}T}{\mathrm{d}V}=\frac{ha(T_a-T)+r_A[-\Delta H_r(T)]}{\sum_{i=1}^{n}F_{i0}C_{p,i}+F_{A0}x_A\Delta C_{pc}} \tag{4.51}$$

根据式(4.51)可以确定反应温度随反应器体积的变化关系，联立管内浓度随反应器体积的变化关系可以解得反应器内各点的浓度(转化率)、温度分布，从而对反应器进行分析和设计。

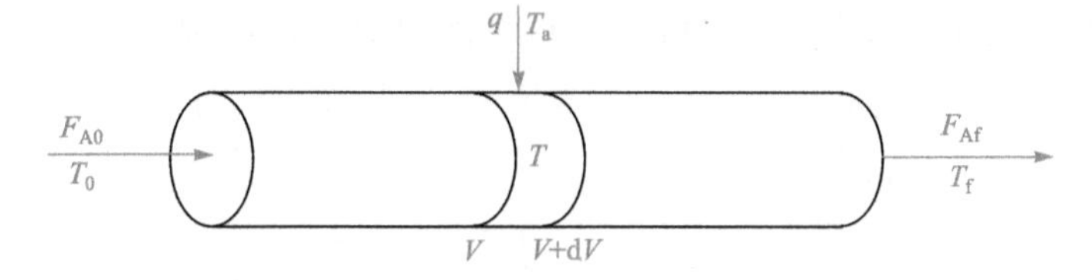

图 4.4　管式反应器热量交换

【例 4.5】　如果例 4.4 中的丙酮气相裂解成乙烯酮和甲烷的反应在列管加热式管式反应器中进行，纯丙酮进料温度仍为 1035K，管壳程内载热气体温度恒定在 1150K。反应器由 1000 根直径 25mm 的管子并联组成，总传热系数 110J/(m$^2\cdot$s$\cdot$K)。试确定沿反应器管长方向的温度及转化率分布。

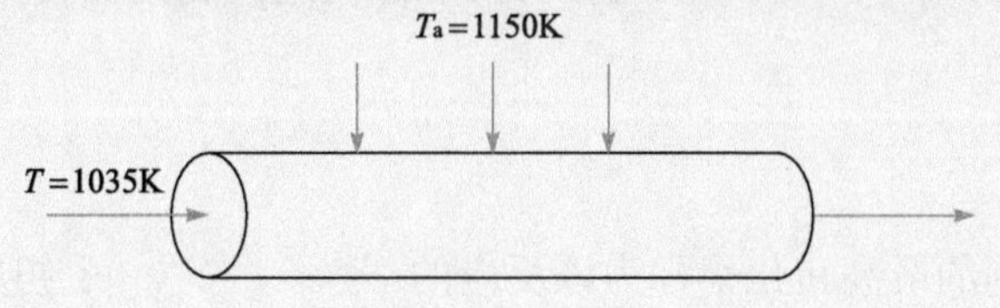

解　物料平衡方程为

$$\frac{\mathrm{d}x_A}{\mathrm{d}V}=\frac{r_A}{F_{A0}}$$

速率方程为

$$r_A=kc_A$$

$$r_A=\frac{kc_{A0}(1-x_A)}{(1+x_A)}\frac{T_0}{T}$$

能量平衡方程

$$\frac{dT}{dV}=\frac{ha(T_a-T)+r_A[-\Delta H_r(T)]}{\sum_{i=1}^{n}F_{i0}C_{p,i}+F_{A0}x_A\Delta C_p}$$

物料平衡参数(以单根反应管为基准)：$v_0=0.002\ m^3/s$，丙酮进料浓度为18.8mol/m³，故丙烷进料摩尔流率为

$$F_{A0}=c_{A0}v_0=0.0376(mol/s)$$

反应速率常数为

$$\ln k=34.34-34222/T$$

能量平衡参数(以单根反应管为基准)：

反应热为

$$\Delta H_r(T)=80770+6.8(T-298)-0.0115/2\times(T^2-298^2)-3.8\times10^{-6}/3\times(T^3-298^3)$$

管子单位体积传热面积为

$$a=\frac{\pi DL}{(\pi D^2/4)L}=\frac{4}{D}=\frac{4}{0.0266}=150\ (1/m)$$

传热系数

$$ha=16500[J/(m^3\cdot s\cdot K)]$$

将以上各参数代入物、热衡算方程，以数值方法求解可得到如下图所示结果。

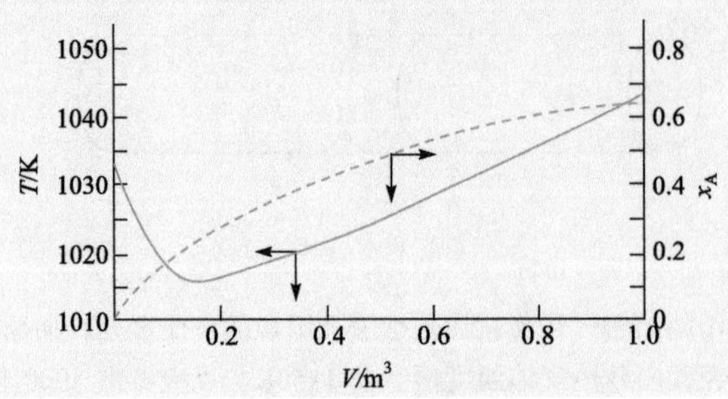

由以上例子计算可知，对于吸热反应，管间加热对达到更高的转化率通常是必要的。

4.3 平衡转化率

可逆反应能够达到的最高转化率称为该反应的平衡转化率。可逆吸热反应的平衡转化率随温度升高而增高；而可逆放热反应的平衡转化率随温度升高而下降。给定反应温度下的平衡转化率很容易从反应的平衡常数计算得到，但在温度变化的反应器中，局部反应体系的平衡转化率必须根据对应的温度条件计算。可逆反应的最大转化率是反应物系的平衡转化率，可以通过求解平衡转化率-温度关系式求得，而反应物系的温度可以通过能量衡算方程式求得。

可逆绝热反应器中，反应温度随反应进行而上升，当温度和转化率升高到某一值时，转化率已经达到该温度下的平衡转化率，反应达到平衡，不再继续反应，此时的转化率便是绝热反应器能达到的最大转化率。由稳态、绝热、无轴功时的能量衡算方程，在反应前后体系比热容变化不大的情况下，反应器中转化率与反应温度的关系为

$$x_A = \left[\left(\sum F_{i0}C_{p,i}\right)/F_{A0}(-\Delta H_r)\right](T-T_0) \tag{4.52}$$

式中，转化率 x_A 为反应中的实际操作转化率，式(4.52)称为绝热操作线方程。

反应平衡常数 K_p 值与温度的关系符合 van't Hoff 方程，根据不同的反应温度可以计算出 K_p 值，进而计算出平衡转化率 x_{Ae}。

比热容和反应热随温度变化可以忽略的情况下，绝热操作线中转化率 x_A 与绝热反应温度的变化关系(4.52)为一条直线。平衡转化率随温度变化的关系为一单调下降的曲线。如图 4.5 所示，将两条曲线同时绘于 x-T 图中，两条线的交点便是绝热反应器所能达到的最高转化率。从图中可以看出，不同的进料温度能达到的最高转化率是不同的，进料温度越高，绝热反应器达到的最高转化率越低。

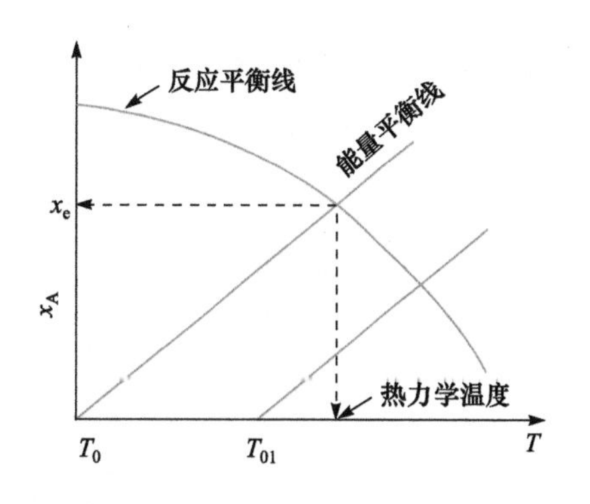

图 4.5 图解法求解热力学温度和平衡转化率

【例 4.6】 有液相一级可逆反应 A⇌B，如果进料只有反应物，进料温度为 300K，反应参数为 $H_A(298)$=−40 kcal/mol，$H_B(298)$=−60 kcal/mol，$C_{p,A}$=50cal/(mol · K)，$C_{p,B}$=50cal/(mol · K)，温度 298K 时，$K_e=1\times10^5$。试确定绝热操作的最高转化率和对应的反应温度。

解 反应速率为

$$r_A=k(c_A-c_B/K_e)$$

反应平衡关系

$$K_e=c_{Be}/c_{Ae}$$

对于恒容过程 $c_{A0}(1-x_{Ae})=c_{A0}x_{Ae}/K_e$，得

$$x_{Ae}=K_e(T)/[1+K_e(T)]$$

平衡常数与温度的关系为

$$\ln\frac{K_e(T)}{K_e(T_r)}=\frac{\Delta H_r(T_r)}{R}\left(\frac{1}{T_r}-\frac{1}{T}\right)$$

$$\Delta H_r(298)=H_B-H_A=-20 \text{ kcal/mol}$$

$$K_e(T)=1\times10^5\exp\left[\frac{-20000}{1.987}\left(\frac{1}{298}-\frac{1}{T}\right)\right]=1\times10^5\exp\left[-33.78\left(\frac{T-298}{T}\right)\right]$$

平衡转化率为

$$x_{Ae}=\frac{K_e(T)}{1+K_e(T)}=\frac{1\times10^5\exp[-33.78(T-298)/T]}{1+1\times10^5\exp[-33.78(T-298)/T]} \tag{4.53}$$

从温度 298K 至 500K 计算的平衡转化率结果如下：

T/K	298	350	400	425	450	475	500
K_e	10000	661.60	18.17	4.14	1.11	0.34	0.12
x_{Ae}	1.00	1.00	0.95	0.80	0.53	0.25	0.11

绝热反应的能量平衡方程可写为

$$x_A=\frac{C_{p,A}(T-T_0)}{-\Delta H_r(298)}=2.5\times10^{-3}(T-300) \tag{4.54}$$

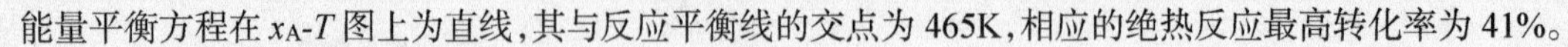

能量平衡方程在 x_A-T 图上为直线，其与反应平衡线的交点为 465K，相应的绝热反应最高转化率为 41%。

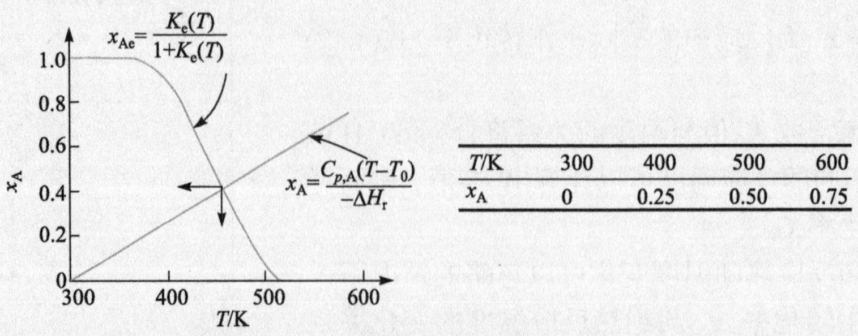

T/K	300	400	500	600
x_A	0	0.25	0.50	0.75

该计算过程采用 Excel 表格方程求根功能计算非常容易，设定反应出口温度初值，将式(4.53)和式(4.54)分别写入两个单元格，求两个转化率差值为零。计算步骤如下：

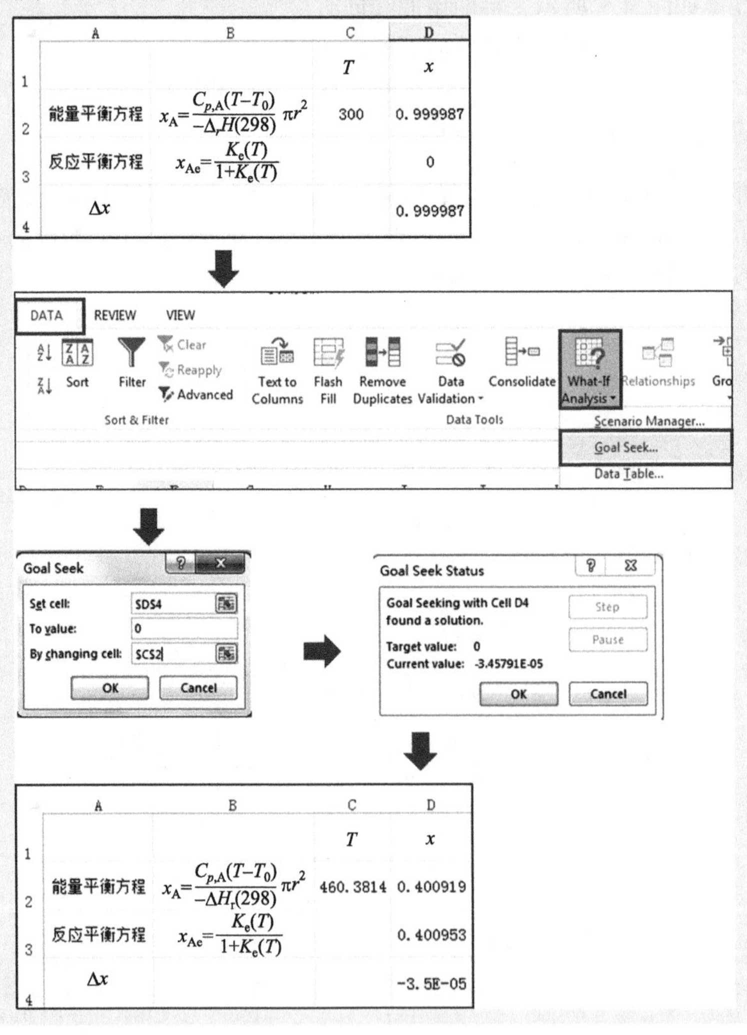

可以看出，绝热进行的可逆放热反应，由于受到平衡转化率的限制，其能达到的最高转化率往往是很低的，特别是在放热量较大的反应过程中，这种限制更为明显。降低进口温度，可以提高反应能达到的最高转化率，但是，当进口温度降低时，反应速率明显降低，反应器的体积会大幅度增大，在催化剂存在的情况下，进口温度不能低于催化剂的起燃温度。为达

到较高的转化率，工业上普遍采用段间换热式多段绝热反应器操作。

如图 4.6 所示的段间冷却三段绝热反应器，当一段反应器转化率受平衡限制时，将反应物料冷却降温后再进入第二段反应器反应，多段反应后最终转化率将会有很大的提高。将其操作状态表示在 x_A-T 图上如图 4.7 所示。

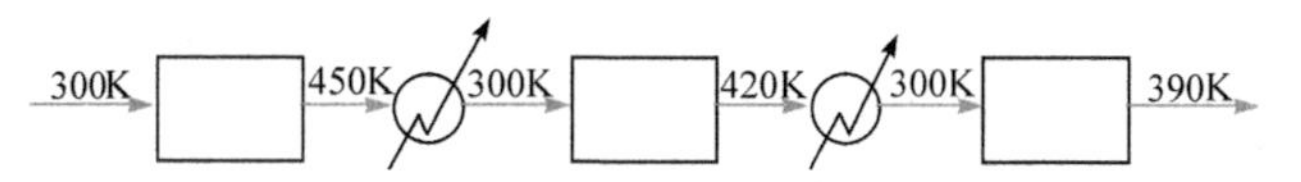

图 4.6　段间换热式多段绝热反应器示意图

可逆吸热反应平衡转化率随温度升高而增加。对于绝热操作的吸热反应，理论上反应进口温度足够高时反应便可得到较高的转化率。但在很多情况下，进口温度要受到很多限制，如反应器材质的限制、加热热源的限制和技术经济的限制等。在一些特殊的反应中，进口温度还受副反应速率等限制，因此需要综合考虑。

例如，将直链烷烃 A 异构化(isomerization)的反应，在生成支链烷烃、环烷烃 B 的同时，环烷烃可能进一步脱氢生成芳烃 C：

$$A \rightleftharpoons B \rightleftharpoons C$$

该串联反应的第一步是控制步骤，且每一步都是强吸热反应。同时，允许的操作温度范围很窄，温度超过 530℃后，将发生不需要的副反应，温度低于 430℃，几乎不发生反应。为使反应维持在所需的温度范围，采用绝热反应器串联、反应器之间加热反应物料的方案，其操作状态表示在 x_A-T 图上如图 4.8 所示。

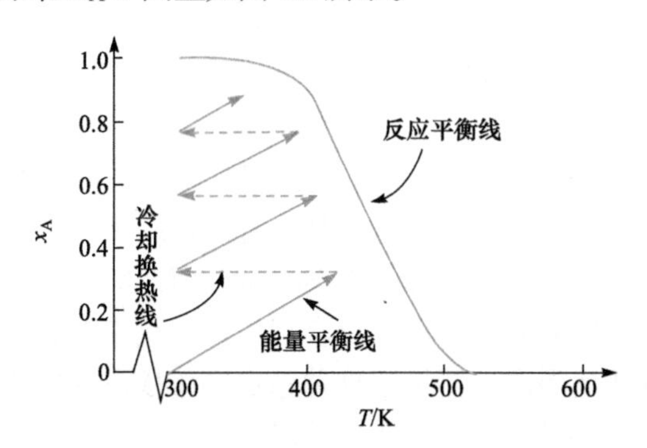

图 4.7　段间换热式多段绝热反应器操作状态图
可逆放热反应

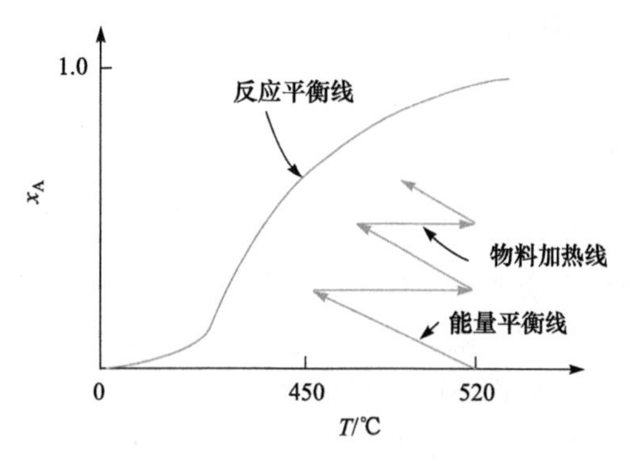

图 4.8　段间换热式多段绝热反应器操作状态图
可逆吸热反应

4.4　均相全混流反应器的热稳定性

前面分析的反应过程都是针对稳定生产过程进行的，在稳定操作条件下反应器内无物料和能量积累，对于大多数生产过程来说，要求装置稳定操作是重要的。但也有一些过程需要间歇操作，如蓄热式甲烷蒸汽转化，要求首先进行燃烧反应提供并储备必要的热量，再进行吸热的蒸汽转化反应，此时，催化反应器内的能量是不断变化的。即使是稳定过程，装置的开停车必然要经历非稳定的过渡阶段。类似的情况都必须考虑反应器的操作轨迹和反应器内的浓度、温度随反应进程的变化规律。

在反应器处于不稳定操作的过渡阶段时，反应器内的物料平衡就必须考虑物料积累量的变化

积累速率=输入速率−输出速率−反应消耗速率+反应生成速率

写成数学表达式为

$$F_{i0} - F_i + \int_0^V r_i \mathrm{d}V = \frac{\partial N_i}{\partial t} \tag{4.55}$$

这时反应器内浓度不仅存在空间分布，对时间也有其变化规律，物料衡算方程便是同时包括时间和空间变量的偏微分方程(partial differential equation)。

非稳定操作的反应器，其能量平衡方程应考虑热力学随时间的变化

$$\frac{\mathrm{d}E}{\mathrm{d}t} = Q - W_\mathrm{s} + \sum_{i=1}^{n} F_{i0} H_{i0} - \sum_{i=1}^{n} F_i H_i \tag{4.56}$$

如果考虑反应器内的温度分布，式(4.56)中的各项便是反应器位置的函数，也是一个对时间和空间的偏微分方程。只有对于全混流反应器，物料和能量方程才是只对时间的常微分方程。

实际生产过程中，绝对稳定的反应过程是不存在的，由于实际过程中存在很多不确定的扰动影响，所有的反应系统都是在一定的参数范围内不断波动的。由于过渡态的存在，反应系统是否在一定参数范围内可控，就取决于反应器受到扰动后的过渡态变化轨迹，需要研究反应器的稳定性问题。

4.4.1 反应器的定态与稳定性

化学反应器在操作过程中，可以是连续稳定的，也可以是不稳定的(如间歇反应器)。稳定操作的连续流动反应器因其反应条件不随时间变化，可以保证反应产品具有稳定的质量，同时使反应器易于控制。实际化工生产中，特别是大规模生产过程，都会尽量采用连续稳定的反应操作。稳定操作状态下，反应器的进料状态、反应器内温度、反应器出口转化率等所有操作参数都不随时间变化，总是保持在规定的波动范围内。要描述这种稳定操作状态的形成和维持，反应器的定态(steady state)和稳定性(stability)是两个非常重要的概念。

定态是指体系处于一种平衡状态，体系的各种参数不随时间而改变。但实际处理过程中，绝对的定态是不存在的，通常所指的定态值是指体系的关键参数(在感兴趣的时间、空间尺度下)不随时间改变。例如，一个站立的人，是处于一个定态，是针对空间参数(space parameter)而言；匀速移动的物体，也可以认为其处于一个定态，是针对空间速率而言。二者都达到力的平衡。连续流动的反应器处于定态的条件是物料流动的平衡和能量的平衡，在有催化剂存在的催化反应器中，还包括要求催化剂活性在观察的时间尺度下不变。

稳定性是指处于定态的体系抵抗外力影响的能力。人可以站着，也可以躺着，是两种不同的定态。但躺着明显比站着稳定，人站着的时候，必须要靠人不断地调整自己的重心，使之总处于两脚的连线上。当人的控制能力减弱时，人便会摔倒。连续操作的反应器处于定态时，要求反应器的进口状态、环境状态及流动状态等所有参数都必须保持恒定不变。但绝对的恒定不变是没有的，系统中总是存在很多扰动(fluctuation)，这些扰动是随机的、不可控制

的，如果反应器在受到扰动后能自我调节使系统参数回到定态，反应器便可稳定地围绕定态进行操作，此时，反应器便是稳定的。如果反应器在经受一定的扰动后便远离定态，如遇到火星爆炸的气体、受温度波动而飞温的反应器、受环境波动而变异的生化系统等，此时的反应器是不稳定的。

反应器的设计便是寻找反应器能在给定条件下正常操作的定态点，只有在稳定的定态点反应器的操作参数才不会随时间漂移。但实际的反应条件是围绕给定值波动的动态参数，一旦反应器的任何一个条件偏离定态点，反应器的状态便不能精确地平衡在定态点上，反应器必须靠自身的调节能力使系统回到平衡点。讨论反应器的稳定性问题，便是研究如何控制操作参数以保持反应器平稳操作的问题。

4.4.2　全混流反应器的多重定态

从一个全混流反应器开始讨论反应器的多重定态和稳定性问题，可以清楚地看到反应器多重定态的产生原因。动态条件下操作的全混流反应器，反应器内的物料量随时间发生变化的速率为

$$\mathrm{d}W_\mathrm{R}/\mathrm{d}t=W_\mathrm{in}-W_\mathrm{out} \tag{4.57}$$

式中，W_R 为反应器内物料总质量，kg；W_in、W_out 分别为进料总质量和出料总质量，kg/s。

对于体积不变的液相反应过程或密度恒定的流动过程，可以写为

$$\mathrm{d}V_\mathrm{R}/\mathrm{d}t=V_\mathrm{in}-V_\mathrm{out} \tag{4.58}$$

式中，V_R 为反应器内液体物料体积，m^3；V_in、V_out 分别为进料总体积和出料总体积，m^3/s。对全混流反应器的动态过程进行物料衡算，反应器内反应物 j 的浓度随时间的变化速率为

$$V_\mathrm{R}\mathrm{d}c_\mathrm{j}/\mathrm{d}t=v_\mathrm{in}c_\mathrm{j0}-v_\mathrm{out}c_\mathrm{j}-V_\mathrm{R}r_\mathrm{j} \tag{4.59}$$

进行能量衡算，反应器内温度随时间的变化速率为

$$V_\mathrm{R}C_p\mathrm{d}T/\mathrm{d}t=v_\mathrm{in}C_pT_0-v_\mathrm{out}C_pT+(-\Delta H_\mathrm{r})V_\mathrm{R}r_\mathrm{j}-Q \tag{4.60}$$

式中，c_j 为反应物 j 的浓度，$\mathrm{kmol/m^3}$；C_p 为反应物料的恒压体积比热容(假设反应前后物料比热容近似相等)，$\mathrm{kJ/(m^3\cdot K)}$；T_0、T 分别为进料和出料温度，K；ΔH_r 为反应的焓变，kJ/kmol；Q 为反应器的移热速率，kJ/s。

反应器的定态是指开放反应系统在物、热平衡状态下操作，操作参数不随时间变化。全混流反应器的动态模型方程式(4.57)或式(4.58)和式(4.59)、式(4.60)中的时间导数项为零，即表示全混流反应器处于定态。此时，反应器各操作参数之间的关系为代数方程，由这些代数方程解出的解便是反应器处于定态时的参数值。由于反应速率与温度是非线性的 Arrhenius 关系，式(4.59)、式(4.60)中导数为零时，方程组的解理论上不是唯一的。可能有多组参数值都能满足反应器的平衡方程，因此，反应器在理论上存在不同的操作定态，而这些状态点上反应器内的物料和能量进出都是平衡的。这就是说，反应器存在多重定态现象。反应器的多重定态是指反应器输入参数一定的情况下可能存在不止一组的输出参数使反应器处于物料和热量的平衡。

现以定态操作的全混流反应器中进行一级不可逆恒容放热反应 A$\longrightarrow$B 为例，分析定态多重性问题。假定反应物料的密度恒定，对组分 A 进行物料衡算：

$$v_0(c_{A0}-c_A)-V_R k c_A=0 \tag{4.61}$$

得

$$c_A=\frac{c_{A0}}{1+k\tau} \text{ 或 } x_{Af}=\frac{k\tau}{1+k\tau} \tag{4.62}$$

若反应器采用夹套冷却方式移走部分反应热，冷却夹套中冷却介质的温度为 T_c，对全混釜反应器进行热量衡算：

$$v_0 C_p(T_0-T)-hA(T-T_c)+(-\Delta H_r)kc_A V_R=0 \tag{4.63}$$

或

$$(T_0-T)-\frac{hA}{v_0 C_p}(T-T_c)+\frac{(-\Delta H_r)}{C_p}kc_A\tau=0 \tag{4.64}$$

反应过程的移热速率 Q_r 为夹套移热和反应物流净带出热两项组成：

$$Q_r=v_0 C_p(T-T_0)+hA(T-T_c) \tag{4.65}$$

或

$$q_r=(1+I)T-(T_0+IT_c) \tag{4.66}$$

式中，$q_r=\frac{Q_r}{v_0 C_p}$，$I=\frac{hA}{v_0 C_p}$。由式(4.66)可知，移热速率与反应温度的关系为一直线。而反应器内热量产生的速率(生热速率) Q_g 为反应放热

$$Q_g=(-\Delta H_r)kc_A V_R \text{ 或 } q_g=J\frac{k\tau}{1+k\tau} \tag{4.67}$$

式中，$q_g=\frac{Q_g}{v_0 C_p}$，$J=\frac{-\Delta H_r c_{A0}}{C_p}$。

若反应速率常数 k 与温度的关系符合 Arrhenius 方程，则式(4.67)变为

$$q_g=J\frac{\tau k_0\exp(-E/R_gT)}{1+\tau k_0\exp(-E/R_gT)} \tag{4.68}$$

可见，放热速率随温度呈非线性变化，对于很多放热反应，反应放热速率与温度的关系呈 S 形。

当放热速率与移热速率相等时，$Q_g=Q_r$，即 $q_g=q_r$，满足方程式(4.64)，此时反应器同时处于物料和热量平衡，即为反应器的操作定态。

将式(4.66)和式(4.68)在 q-T 图中标绘，如图 4.9 所示。交点处，q_g=q_r，此点的温度即为定态温度。将定态温度代入式(4.62)可以求出定态浓度。

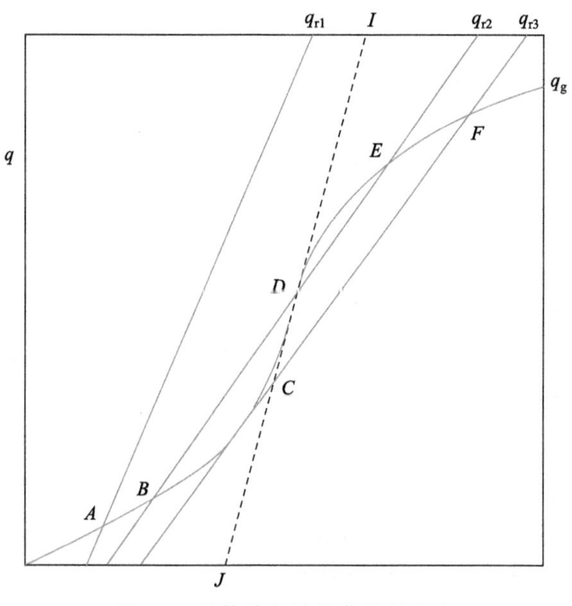

图 4.9　移热线与放热曲线的交点

4.4.3　定态点的稳定性分析

由图 4.9 知，放热曲线与移热直线的交点数目最多为三个，最少为一个。当交点多于一个时，即为多定态系统。但是，并非所有的定态点都能够稳定操作，从图 4.9 中 B、D、E 三个定态点分析，虽然均符合定态必要条件 $q_g=q_r$，但各点的操作特性是不同的。

1) 反应器在 E 点操作

当系统受到某种干扰而使温度升高时，放热速率增大，但移热速率增加更快。在反应器温度高于 E 点的邻域内，由于 $q_r>q_g$，移走的热量大于反应放出的热量，反应物料被冷却。如果保持进料状态恒定，反应器内的温度会逐渐回复到 E 点。而当外界干扰使系统温度下降到 E 点以下时，放热速率减小，移热速率减小更快。此时 $q_g>q_r$，反应器内物料温度又逐渐回升到 E 点。这就是说，E 点具有抵抗温度波动干扰的能力，是稳定的定态点。

2) 反应器在 B 点操作

同样的分析也适合 B 点，即 B 点也是稳定的定态点。但该点操作温度低，反应速率慢，转化率低。一般说来是不经济的，不宜采用。对于很多反应，此点的温度下反应速率非常慢，基本处于不反应状态。在很多反应器中，如果反应器没有预热到反应温度，反应器处于不反应状态，流进的反应物不发生反应便流出了反应器，此时也可以维持反应器的物料、能量平衡，但没有实际的生产意义。

3) 反应器在 D 点操作

D 点虽然也满足 $q_g=q_r$ 这一条件，是反应器的一个操作定态，但此时反应器不能抵抗温度波动的干扰。当外界干扰使温度升高到超过 D 点时，由于放热速率增加比移热速率增加快，来不及移走的反应热会使反应物料的温度继续上升，直到 E 点。反之，当外界干扰使温度下降到 D 点以下时，放热速率减小比移热速率减小快。由于 $q_r>q_g$，物料温度将继续下降，直到 B 点。因此，D 点实际上不能稳定操作，为不稳定的定态点。

由图 4.9 可以看出：

$$\left(\frac{\mathrm{d}q_{\mathrm{g}}}{\mathrm{d}T}\right)_D > \frac{\mathrm{d}q_{\mathrm{r}}}{\mathrm{d}T};\quad \left(\frac{\mathrm{d}q_{\mathrm{g}}}{\mathrm{d}T}\right)_B < \frac{\mathrm{d}q_{\mathrm{r}}}{\mathrm{d}T};\quad \left(\frac{\mathrm{d}q_{\mathrm{g}}}{\mathrm{d}T}\right)_E < \frac{\mathrm{d}q_{\mathrm{r}}}{\mathrm{d}T}$$

由以上的分析可知，能使定态点稳定操作的两个条件是

$$q_{\mathrm{g}}=q_{\mathrm{r}} \tag{4.69}$$

$$\frac{\mathrm{d}q_{\mathrm{r}}}{\mathrm{d}T} > \frac{\mathrm{d}q_{\mathrm{g}}}{\mathrm{d}T} \tag{4.70}$$

式(4.70)表明，全混流反应器中进行放热反应，移热线斜率要大于生热线斜率，该式常称为全混流反应器热稳定的斜率条件。

事实上，以上是以温度扰动为例讨论反应器的稳定问题，反应器的其他扰动也同样可以影响反应器状态的变化。但在能量方程中，其他扰动可以与反应过程的温度联系起来，如反应物料浓度发生变化时，反应器的生热速率会发生变化，最终反映为反应器内的物料温度发生漂移。对于其他参数发生扰动时，可以采用其对温度产生的漂移对体系进行分析，当然也可以直接用这些漂移参数对平衡方程进行分析。

4.4.4 操作参数对多重定态的影响

改变全混流反应器的操作参数，如进料体积流量 v_0、原料组成 c_0、进料温度 T_0、冷却介质温度 T_c、间壁冷却器的传热面积 A 及传热系数 h 等，都会对反应器的热稳定性产生不同程度的影响。

1. 进料或换热介质温度的影响

当进料流量 v_0 一定且传热系数 h 及反应物料的比热容 C_p 可视为常数时，进料或换热介质温度改变只使移热曲线的位置发生变化，而不影响放热曲线。不同的进料温度或换热介质温度，反映在图 4.10 中其移热线平行位移。图 4.10 中直线 1、2、3、4 和 5 表示进料温度分别为 T_1、T_2、T_3、T_4 和 T_5 时的移热线，a 至 i 点对应于不同进料温度(或冷却介质温度)下的定态点。这里有三种情况：只有一个定态点(线 1 和线 5)；有两个定态点(线 2 和线 4)；或同时有三个定态点(线 3)。如果极慢地提高进料温度，可使定态温度从点 a 变至点 d，到了点 d 后，由于该点为不稳定的定态点，只要操作条件出现微小的变化，便向稳定的定态点转化。进料温度稍微增加，定态点即从点 d 跳至点 h，出现不连续现象。这种情况称为起燃(ignition)，点 d 称为起燃点(ignition point)。如逐渐降低进料温度，如 $T_5 \to T_4 \to T_3 \to T_2 \to T_1$，则定态点的变化是 $i \to h \to g \to f$，而点 f 为不稳定的定态点，定态点将跳至 b，即不经过点 c、d、e。这种情况称为熄火(extinction)，点 f 称为熄火点(extinction point)。图 4.11 表示了这种滞后回线。

2. 进料量的影响

流量改变时，移热直线和放热曲线的位置均发生变化。先讨论两种极端的情况。

(1) 若流量 $v_0=\infty$，$I=0$，此时移热直线的斜率为最小值，等于 1，而所有移热直线均应处于该线的左边。

(2) 若流量 $v_0=0$，$I=\infty$，移热线与纵轴相平行。

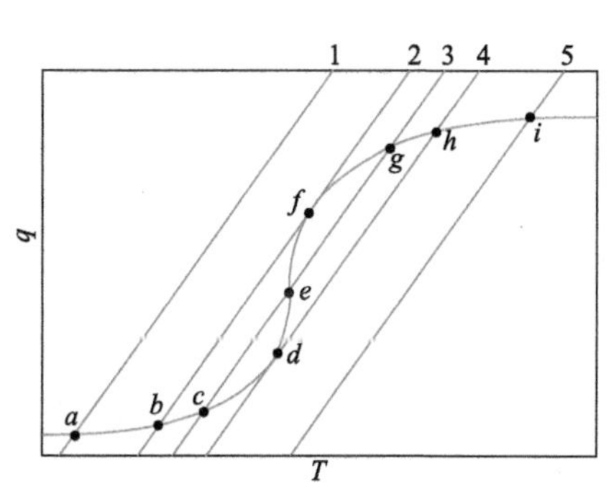

图 4.10　进料温度不同时的定态点

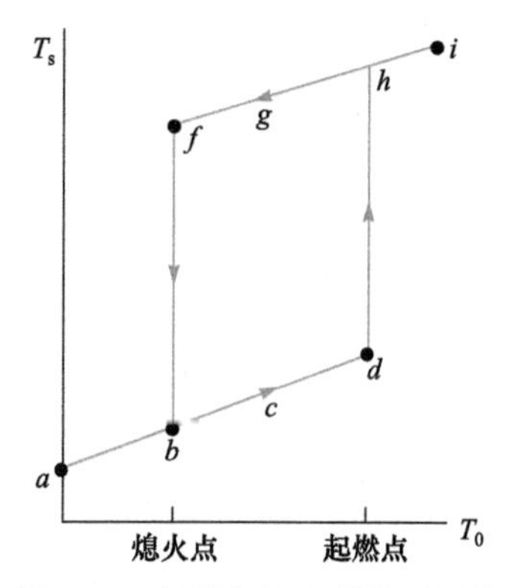

图 4.11　起燃和熄火的滞后回线

因此，流量改变时，移热线的位置变化应在以上两种极端情况之间。流量减小，I 值增加，移热线的斜率变大。但是流量不同的移热线均相交汇于一点，该点的坐标为(T_c, T_c−T_0)(式 4.66)，见图 4.12。对于反应体积一定的反应器，流量改变将引起接触时间改变，因而生热曲线随之而变(式 4.67)。图 4.12 中，流量大，物料停留时间短，反应转化率低，单位体积反应物料在反应器中放出的热量减少，生热曲线向右方移动。生热曲线越向左，流量越小。图中同一流量的移热线与生热曲线是一一对应相交的，例如，移热线 1 与生热曲线①相交于点 a，移热线 2 与生热曲线②交于点 b 与点 f 等。由图 4.12 可见，定态点最多时为三个，最少则只有一个。多重定态的出现只存在于一定的流量范围之中，超出此流量范围时，定态点则是唯一的。因此，有时也可以通过调节流量来保证反应器只有一个操作定态。

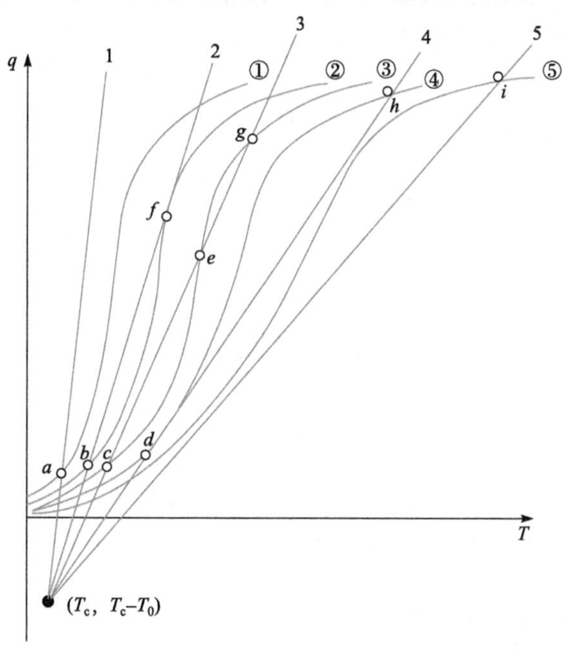

图 4.12　流量不同时的定态点

图 4.13 表示定态温度与流量的关系。增加流量时，定态点的变化为 a→b→c→d，由于 d 点为不稳定的定态点，流量稍微增加，定态点即从点 d 跳至点 h，流量再增加时定态点则移向点 i，所以点 d 是一个转折点，为起燃点。相反，当缓慢地减小流量时，定态点从 i→h→g→f→b→a，到 f 点发生突变，为熄火点。

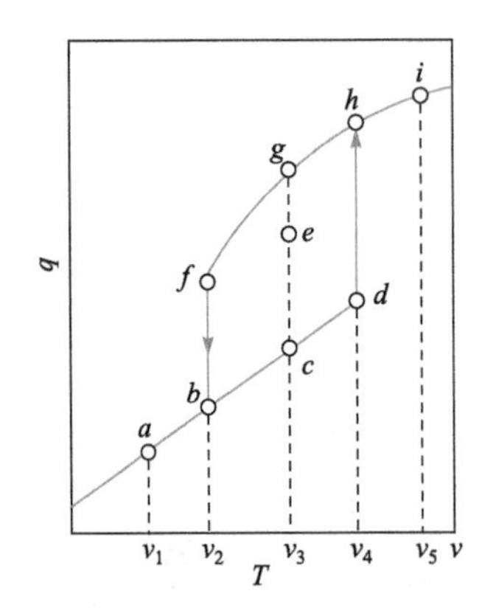

图 4.13　定态温度与流量的关系

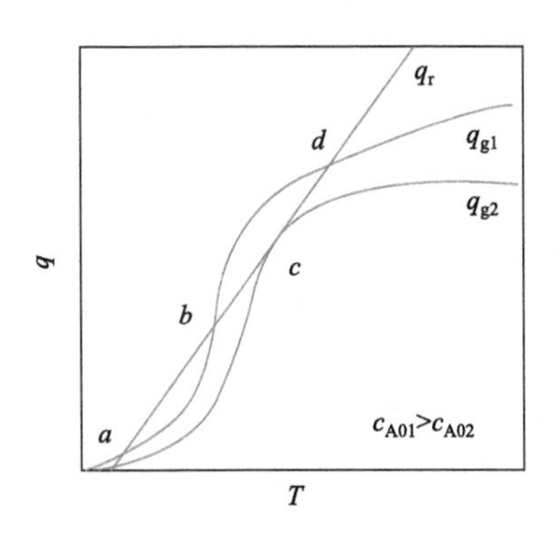

图 4.14　进料浓度不同时的定态点

3. 反应物浓度的影响

以一级不可逆放热反应为例，移热速率是传热过程，与进料组成无关，而生热速率由反应速率决定，与进料反应物浓度成正比，从式(4.66)和式(4.67)可以看出。当 c_{A0} 降低时，放热曲线变得平坦，如图 4.14 所示。当反应物 A 的初始浓度由 c_{A01} 降低到 c_{A02} 时，由于反应速率降低，生热速率减小，也可能造成熄火。

例 4.7　某一级不可逆反应 A⟶B，在容积为 $10m^3$ 的全混流反应器中进行绝热操作。体积流量 v_0=$0.6m^3/min$，进料浓度 c_{A0}=$5kmol/m^3$，反应热$\Delta H_r(A)$=–20kJ/mol，反应速率常数 k=$10^{13}\exp(-12000/T)$(1/s)，比热容 C_p= 1870 kJ/($m^3\cdot K$)。试求进料温度分别为17℃、27℃和37℃时反应器可操作的温度和能达到的转化率。

解

$$\tau=(10/0.6)\times 60=1000(s)$$

对于一级不可逆反应，可利用式(4.62)，得

$$x_A=\frac{k\tau}{1+k\tau}=\frac{10^{13}\exp(-12000/T)\times 10^3}{1+10^{13}\exp(-12000/T)\times 10^3} \tag{a}$$

$$\begin{aligned} r_A&=kc_{A0}(1-x_A)=\frac{kc_{A0}}{1+k\tau}\\ &=\frac{10^{13}\exp(-12000/T)\times 5\times 10^3}{1+10^{13}\exp(-12000/T)\times 10^3}[mol/(m^3\cdot s)] \end{aligned} \tag{b}$$

代入式(4.67)整理可得

$$q_g=\frac{(-\Delta H_r)kc_{A0}V_R}{1+k\tau}=\frac{10^{19}\exp(-12000/T)}{1+10^{16}\exp(-12000/T)}(kJ/s) \tag{c}$$

在绝热条件下，式(4.66)可简化为

$$q_r=v_0C_p(T-T_0)=0.01\times 1870(T-T_0)(kJ/s) \tag{d}$$

由式(c)和式(d)分别计算出不同温度下的 q_r 和 q_g，其值列于下表：

T	290	300	310	320	330	340	350	360	370
q_g	10.58	40.75	133.74	341.05	617.21	824.52	927.95	970.92	987.98
q_{r1}	0	187	374	561	748	935	1122		
q_{r2}		0	187	374	561	748	935	1122	
q_{r3}			0	187	374	561	748	935	1122

用上表中的数据标绘出 q-T 图，根据图对题目要求问题求解：

(1) 当 T_0=290K 时，q_{r1} 与 q_g 只有一个交点，交点处温度为 T=290.6K，代入式(a)可计算出转化率为 1.15%。

(2) 当 T_0=300K 时，q_{r1} 与 q_g 有三个交点，其中 B 和 D 是稳定的定态点，相应操作温度分别为 303.3K 和 349.4K，代入式(a)可计算出转化率分别为 6.16%和 92.39%。

(3) 当 T_0=310K 时，q_{r1} 与 q_g 只有一个交点，交点处温度为 T=362.2K，代入式(a)可计算出转化率为 97.61%。

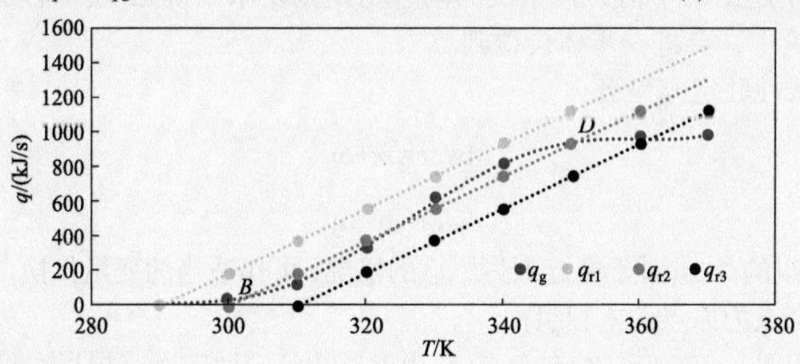

4.4.5　线性微分方程的稳定性

在其他条件变化不明显的情况下，反应器内的浓度、温度是反应器控制的两个关键状态参数，反应器内的状态变化轨迹可以由式(4.59)和式(4.60)两个微分方程加以描述。为了进一步说明反应器的稳定性问题，需要根据简单的线性微分方程组稳定性分析加以阐述。

假设一阶微分方程组：

$$dx/dt=X(t;x,y) \tag{4.71}$$

$$dy/dt=Y(t;x,y) \tag{4.72}$$

式中，x，y 为微分方程中的状态参数，以 x，y 为坐标构成的平面称为微分方程组(4.71)和(4.72)的相平面。微分方程组的解随时间的变化状态参数 $x(t)$，$y(t)$在相平面上构成一条曲线，这条随时间变化的曲线称为微分方程组的轨迹。当微分方程的右端为不含时间 t 的函数时

$$dx/dt=X(x,y) \tag{4.73}$$

$$dy/dt=Y(x,y) \tag{4.74}$$

方程组称为驻定方程组。当状态参数 x，y 在点(x^*，y^*)满足 $X(x,y)=0$，$Y(x,y)=0$，该点称为方程组的奇点(对应于反应器状态方程，为反应器的定态点)。

在讨论微分方程的稳定性之前，有必要对系统稳定性的两种稳定状态进行必要的阐述。如果 $\boldsymbol{X}(t)$为系统的状态参数矢量，$\boldsymbol{X}$=0 是系统的零解(定态)。在零解的邻域内，当时间 $t=t_0$ 时，$\boldsymbol{X}(t_0)=\boldsymbol{X}_0$，对于任意给定 $\varepsilon>0$，$\delta>0$，当

$$\|\boldsymbol{X}_0\|<\delta$$

由初始条件 $\boldsymbol{X}(t_0)=\boldsymbol{X}_0$ 确定的解 $\boldsymbol{X}(t)$，对于一切 $t>t_0$，均有

$$\|\boldsymbol{X}(t)\|<\varepsilon$$

则称系统的零解 $\boldsymbol{X}$=0 为稳定的。

当零解 $\boldsymbol{X}$=0 稳定，且存在一个 $\delta_0>0$，使当

$$\|\boldsymbol{X}_0\|<\delta_0$$

时，满足初始条件 $\boldsymbol{X}(t_0)=\boldsymbol{X}_0$ 的解 $\boldsymbol{X}(t)$均有

$$\lim_{t \to +\infty} \boldsymbol{X}(t) = 0$$

则称零解 $\boldsymbol{X}=0$ 为渐近稳定的。

显然，系统渐近稳定在数学意义上是比稳定更强的一种稳定状态，系统稳定只要求系统在受到扰动后不超出某个值，而系统的渐近稳定则要求系统在受到扰动后回到系统的定态。在以后的讨论中，会进一步体会得到。

现考虑以下线性驻定方程组：

$$\mathrm{d}x/\mathrm{d}t=ax+by \tag{4.75}$$

$$\mathrm{d}y/\mathrm{d}t=cx+dy \tag{4.76}$$

原点(0, 0)为方程组的奇点(对于奇点不为原点的情况，可作适当的变量代换，$\xi=x-x^*$,$\eta=y-y^*$，将方程组变换成奇点为原点的方程组)。

现在讨论方程组(4.75)和(4.76)在奇点(0, 0)附近的稳定性问题。根据方程组的系数矩阵，可以写出微分方程组的特征方程

$$\det(\lambda\boldsymbol{E}-\boldsymbol{A})=0 \tag{4.77}$$

即

$$\lambda^2-(a+d)\lambda+ad-bc=0 \tag{4.78}$$

显然，方程(4.77)有两个根，λ_1、λ_2称为微分方程组的两个特征根。

对于非线性齐次方程组，都可以通过 Taylor 级数展开，忽略高阶项情况下写为式(4.75)和式(4.76)的微分方程组。根据方程参数不同，特征根有如下四种形式：

(1) $\lambda_1\neq\lambda_2$，皆为不为 0 的实数。如果λ_1、λ_2都为负，相平面上所有的轨迹都指向原点，此时，原点是渐近稳定的，原点(奇点)被称为稳定结点；而当λ_1、λ_2都为正时，所有的轨迹都通过原点，但走向相反，原点是不稳定的，为不稳定的结点；如果$\lambda_1<0<\lambda_2$，此时原点为鞍点，也是不稳定的(图 4.15)。

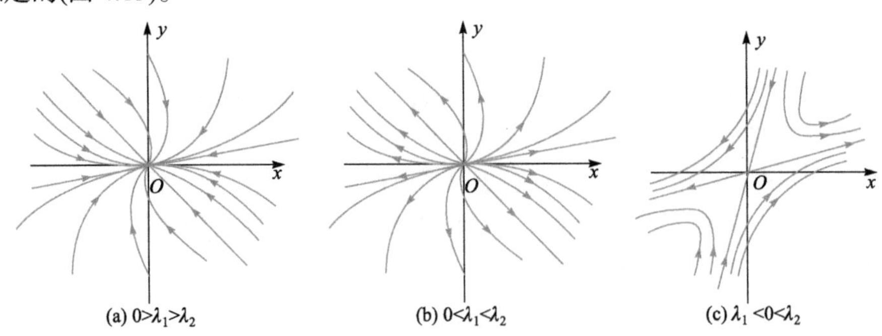

图 4.15 微分方程特征根为非零实根

(2) $\lambda_1=\lambda_2\neq 0$，为重根。重根小于 0，原点为稳定退化节点，轨迹是渐近稳定的；若重根大于 0，则为不稳定退化节点(图 4.16)。

(3) λ_1、λ_2为共轭虚根，$\alpha\pm i\beta$，实部α不为 0。$\alpha<0$，原点为稳定的焦点，轨迹振荡收敛于原点；$\alpha>0$，原点为不稳定的焦点，轨迹振荡从原点发散(图 4.17)。

(4) λ_1、λ_2为共轭虚根，$\alpha\pm i\beta$，实部α为 0。此时，原点是稳定的，但不是渐近稳定的，轨迹是振荡不收敛的，在相平面上是围绕特定轨迹的闭合轨迹(图 4.18)。

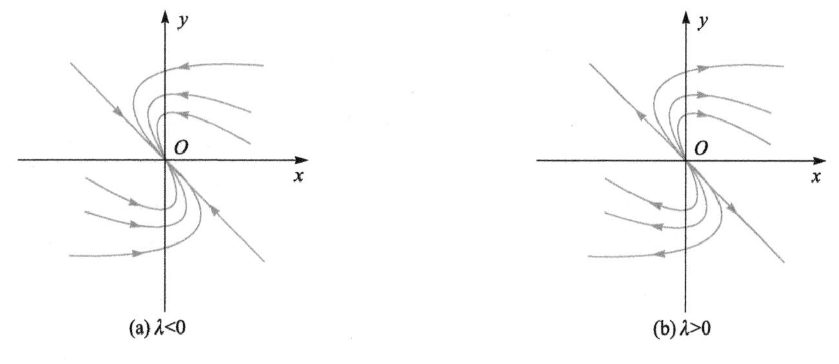

图 4.16 有重实根的退化节点

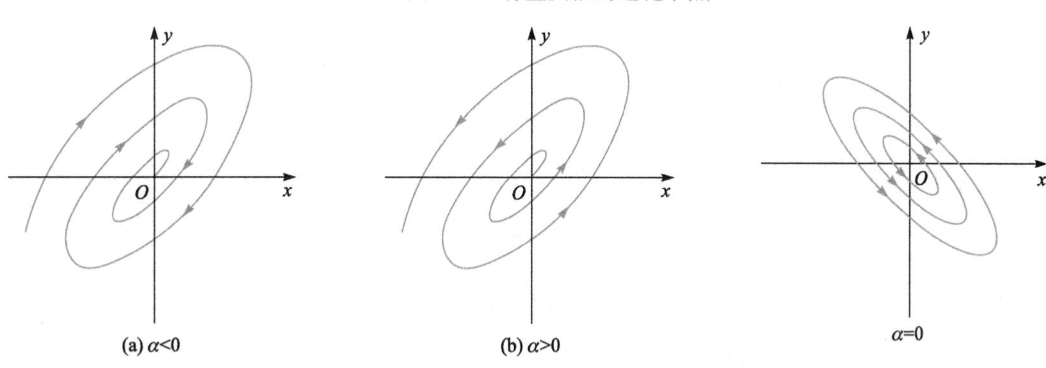

图 4.17 有实部不为零的共轭复根时的节点

图 4.18 有实部为零的共轭复根

以上微分方程的稳定性讨论是根据线性微分方程稳定性进行讨论的，对于很多实际的工程问题，微分方程是非线性的。根据对微分方程的研究结果，可以将非线性微分方程线性化，在线性化后的微分方程特征根具有不为零实根和实部不为零虚根的情况下，非线性微分方程的稳定性在零解附近与线性化后的微分方程的稳定性是一致的。对于具有零实根或具有零实部虚根的情况，问题很复杂，还是数学研究中的重要问题，不在本书中讨论。

4.4.6 全混流反应器的瞬态特性

反应器在定态条件下的操作参数扰动，是操作参数随时间变化的动态过程。在反应器操作条件设计时，应确保反应器能抗衡外界干扰，设计的定态应处于稳定区域，否则，反应器难以控制，没有可操作性。一旦反应器的操作定态处于不稳定区，微小的反应条件波动便可能造成反应器的熄灭或飞温等严重后果。开车阶段，操作条件的选择应使反应器能达到设计的稳定运行状态。因此，需要对反应器的动态行为及其稳定性进行深入的定量分析。本节将应用微分方程稳定性原理，对反应器的定态稳定性进行分析。

为了简化起见，设反应器内物料体积恒定，反应为放热反应，关键反应组分的化学计量系数为 1，略去其下标，并定义以下量纲为一的变量

$$\xi=\frac{c}{c_0},\tau=\frac{t}{V_{\mathrm{R}}/v},\eta=\frac{C_pT}{(-\Delta H_{\mathrm{r}})c_0},P=\frac{V_{\mathrm{R}}r}{vc_0},U=\frac{q}{vc_0(-\Delta H_{\mathrm{r}})}$$

式中，ξ、τ、η、P、U 分别为反应器的无量纲浓度、无量纲时间、无量纲温度、无量纲速率和无量纲移热速率。动态条件下全混流反应器无量纲形式的物料和能量衡算方程式(4.59)、式(4.60)可写为

$$\frac{d\xi}{d\tau}=1-\xi-P(\xi,\eta) \tag{4.79}$$

$$\frac{d\eta}{d\tau}=\eta_0-\eta+P(\xi,\eta)-U(\eta) \tag{4.80}$$

由于反应速率与温度呈强非线性关系，动态模型方程组(4.79)和(4.80)难以获得解析解。对于受操作参数扰动的定态稳定性，Aris 和 Amundson(Aris R et al, 1958)引入 Liapounoff 原理，在定态点附近，对非线性微分方程用 Taylor 展开式作线性近似，分析线性化系统的稳定性。

微分方程组(4.79)和(4.80)可写为

$$\frac{d\xi}{d\tau}=\bar{P}(\xi,\eta) \tag{4.81}$$

$$\frac{d\eta}{d\tau}=\bar{Q}(\xi,\eta) \tag{4.82}$$

对于定态操作点(ξ_s, η_s)有

$$\bar{P}(\xi_s,\eta_s)=0 \tag{4.83}$$

$$\bar{Q}(\xi_s,\eta_s)=0 \tag{4.84}$$

在定态点(ξ_s, η_s)附近，将 $\bar{P}(\xi,\eta)$ 、$\bar{Q}(\xi,\eta)$ 作 Taylor 展开

$$\bar{P}(\xi,\eta)=\bar{P}(\xi_s,\eta_s)+\left.\frac{\partial\bar{P}}{\partial\xi}\right|_s(\xi-\xi_s)+\left.\frac{\partial\bar{P}}{\partial\eta}\right|_s(\eta-\eta_s)+O^2 \tag{4.85}$$

$$\bar{Q}(\xi,\eta)=\bar{Q}(\xi_s,\eta_s)+\left.\frac{\partial\bar{Q}}{\partial\xi}\right|_s(\xi-\xi_s)+\left.\frac{\partial\bar{Q}}{\partial\eta}\right|_s(\eta-\eta_s)+\omega^2 \tag{4.86}$$

将式(4.83)、式(4.84)和式(4.85)、式(4.86)代入式(4.81)、式(4.82)并忽略二阶及以上的高阶项，作变量代换，有

$$\frac{d}{d\tau}(\xi-\xi_s)=\left.\frac{\partial\bar{P}}{\partial\xi}\right|_s(\xi-\xi_s)+\left.\frac{\partial\bar{P}}{\partial\eta}\right|_s(\eta-\eta_s) \tag{4.87}$$

$$\frac{d}{d\tau}(\eta-\eta_s)=\left.\frac{\partial\bar{Q}}{\partial\xi}\right|_s(\xi-\xi_s)+\left.\frac{\partial\bar{Q}}{\partial\eta}\right|_s(\eta-\eta_s) \tag{4.88}$$

线性微分方程组的通解是指数函数 $\exp(\lambda\tau)$的线性组合

$$\begin{aligned}\xi-\xi_s&=c_1\exp(\lambda_1\tau)+c_2\exp(\lambda_2\tau)\\ \eta-\eta_s&=c_3\exp(\lambda_1\tau)+c_4\exp(\lambda_2\tau)\end{aligned} \tag{4.89}$$

式中，λ 为方程组(4.87)和(4.88)系数矩阵的特征值，可以通过求解特征方程

$$\det(\boldsymbol{A}-\lambda\boldsymbol{E})=0 \tag{4.90}$$

获得。系数矩阵

$$\boldsymbol{A}=\begin{pmatrix}\left.\dfrac{\partial\bar{P}}{\partial\xi}\right|_{\mathrm{s}} & \left.\dfrac{\partial\bar{P}}{\partial\eta}\right|_{\mathrm{s}}\\ \left.\dfrac{\partial\bar{Q}}{\partial\xi}\right|_{\mathrm{s}} & \left.\dfrac{\partial\bar{Q}}{\partial\eta}\right|_{\mathrm{s}}\end{pmatrix} \tag{4.91}$$

式中，$\boldsymbol{E}$ 为单位矩阵。

为便于求解特征方程(4.90)，定义三个量纲为一的数

$$\alpha=\left.\frac{\partial P}{\partial\xi}\right|_{\mathrm{s}}=\left.\frac{V_{\mathrm{R}}}{v}\frac{\partial r}{\partial c}\right|_{\mathrm{s}},\quad \beta=\left.\frac{\partial U}{\partial\eta}\right|_{\mathrm{s}}=\left.\frac{1}{vC_p}\frac{\partial q}{\partial T}\right|_{\mathrm{s}},\quad \gamma=\left.\frac{\partial P}{\partial\eta}\right|_{\mathrm{s}}=\left.\frac{V_{\mathrm{R}}(-\Delta H_{\mathrm{r}})}{vC_p}\frac{\partial r}{\partial T}\right|_{\mathrm{s}}$$

则

$$\left.\frac{\partial\bar{P}}{\partial\xi}\right|_{\mathrm{s}}=-1-\alpha,\quad \left.\frac{\partial\bar{P}}{\partial\eta}\right|_{\mathrm{s}}=-\gamma,\quad \left.\frac{\partial\bar{Q}}{\partial\xi}\right|_{\mathrm{s}}=\alpha,\quad \left.\frac{\partial\bar{Q}}{\partial\eta}\right|_{\mathrm{s}}=-1-\gamma-\beta$$

特征方程(4.90)化为

$$\lambda^2+(1+\alpha+1+\beta-\gamma)\lambda+[(1+\alpha)(1+\beta)-\gamma]=0 \tag{4.92}$$

其根

$$\lambda=\frac{1}{2}\left\{-(1+\alpha+1+\beta-\gamma)\pm\sqrt{(1+\alpha+1+\beta-\gamma)^2-4\left[(1+\alpha)(1+\beta)-\gamma\right]}\right\} \tag{4.93}$$

对于不同的特征根数值，微分方程组(4.87)和(4.88)的解可能出现随时间增长，趋于零的渐近稳定解，趋于某一定值或周期振荡收敛的稳定解，或振幅不断增大的发散解，分别对应于反应器在定态点(ξ_{s}, η_{s})的稳定、振荡和不稳定操作状态，分别讨论如下。

1. 渐近稳定解

如果两个特征根 λ_1，λ_2 均为负实数，则微分方程的解($\xi-\xi_{\mathrm{s}}$)、($\eta-\eta_{\mathrm{s}}$)[式(4.89)]随时间增长将单调趋于零，即当 $t\to\infty$时，解趋近于定态点

$$\xi\to\xi_{\mathrm{s}}$$
$$\eta\to\eta_{\mathrm{s}}$$

对应于反应器操作，受操作参数扰动偏离定态后，经过一段足够长的时间，扰动$\xi-\xi_{\mathrm{s}}$，$\eta-\eta_{\mathrm{s}}$趋于零，系统可以自动回复到原来的状态，这一操作条件下的定态是渐近稳定的。从式(4.93)可以看出，通常只有在以下条件成立时才能使特征根为负

$$1+\alpha+1+\beta-\gamma>0$$

即

$$1+\alpha+1+\beta>\gamma \tag{4.94}$$

$$(1+\alpha)(1+\beta)-\gamma>0$$

即

$$(1+\alpha)(1+\beta)>\gamma \tag{4.95}$$

随初始条件不同，微分方程的解大致有如图 4.19 中曲线 1、2、3 的情况，曲线 1 和 3，在受到扰动的初期，反应器操作有较大幅度的波动，但随时间增长，扰动逐渐消失并趋于零。

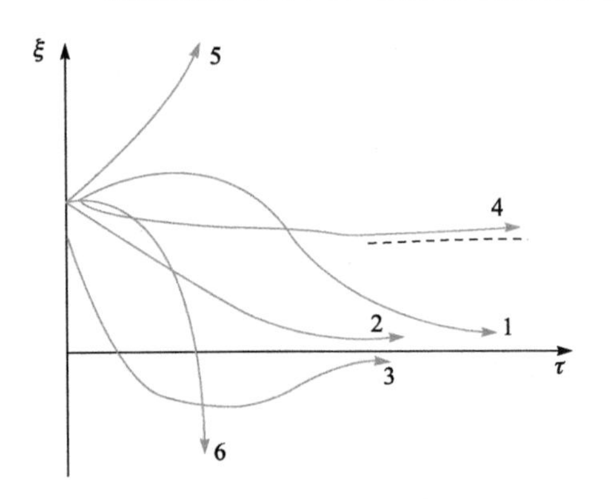

图 4.19 微分方程解的类型

特征方程的根为实根时

事实上，对于一级不可逆反应，如果把量纲为一的 α, β, γ 的定义代入式(4.95)，化简后所得结果就是 4.4.3 节中的斜率条件式(4.70)。

在满足式(4.94)和式(4.95)的情况下，特征根有可能为一对具有负实部的共轭复根 $\lambda \pm i\mu$，方程解(4.89)可写成

$$\xi-\xi_s=A_1\sin(\mu t+\varphi_1)\exp(\lambda t) \tag{4.96}$$

$$\eta-\eta_s=A_2\sin(\mu t+\varphi_2)\exp(\lambda t) \tag{4.97}$$

由于实部 λ 为负，虽然解随时间不断振荡，但振幅随时间的指数关系衰减并趋于零，如图 4.19 中解曲线 1。这也是反应器能够稳定操作的定态。

式(4.93)是定态解渐近稳定的判断准则，式(4.95)的斜率条件为必要条件，与式(4.94)构成解稳定的充分必要条件。

2. 稳定解

如果特征根其一为零，另一个为负，微分方程解(4.89)将随时间趋于某个定值，而不是零解

$$\xi-\xi_s\to c_2,\quad \eta-\eta_s\to c_4 \tag{4.98}$$

即反应器受扰动作用，系统不能完全克服外界干扰，在原设计的定态操作点(ξ_s, η_s)附近趋于稳定，而不是回复到原来的状态，如图 4.19 中解曲线 4 所示。这不是严格意义上的稳定定态，定态虽然是稳定的，但不是渐近稳定的。

从特征方程解式(4.92)分析，如果

$$(1+\alpha)(1+\beta)-\gamma=0$$

即

$$(1+\alpha)(1+\beta)=\gamma \tag{4.99}$$

则特征方程有零解，式(4.99)和式(4.94)是反应器受扰动后能够稳定的必要条件。

3. 周期振荡解

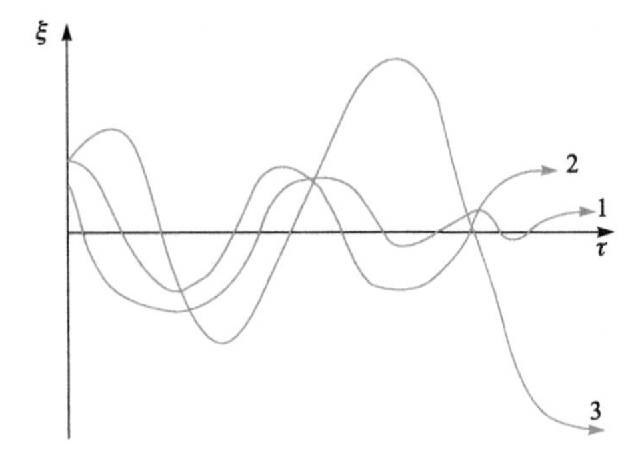

图 4.20 微分方程解的类型

特征方程的根为复根时

特征方程解为一对复根，而且实部为零，微分方程解(4.89)是周期振荡的，如图 4.20 中解曲线 2 所示。反应器受外界干扰后，将围绕原定态点(ξ_s, η_s)做有界周期振荡操作，有如下必要条件

$$1+\alpha+1+\beta-\gamma=0$$

即

$$1+\alpha+1+\beta=\gamma \tag{4.100}$$

$$(1+\alpha)(1+\beta)-\gamma>0$$

即
$$(1+\alpha)(1+\beta)>\gamma \tag{4.101}$$

4. 发散不稳定解

若特征方程的一对共轭复根实部为正，微分方程解(4.89)随时间变化，是幅度不断扩大的振荡解，如图 4.20 中解曲线 3。如果特征方程根为两个正实数，或其中一个为正实数，微分方程解的绝对值与时间呈指数函数关系而迅速增大，如图 4.19 中解曲线 5 和 6。从特征解(4.92)可以知道，以下条件

$$1+\alpha+1+\beta-\gamma<0$$

即
$$1+\alpha+1+\beta<\gamma \tag{4.102}$$

和式(4.93)满足时将产生以上发散情况。反应器操作过程受到干扰后，完全不能稳定在原设计的定态，操作状态将迅速改变。

根据线性化微分方程组系数矩阵的特征值，可以分析反应器操作的稳定性。特征值的实部为负，反应器操作是稳定或渐近稳定的；如果特征值实部为正，则反应器受操作参数扰动后，将迅速偏离原设计的定态，没有可操作性，反应器参数设计要避免这种操作定态。

必须指出，以上对全混流反应器的定态稳定性分析是对非线性微分方程线性化后，对线性微分方程组进行零解($\xi-\xi_s=0$，$\eta-\eta_s=0$)稳定性讨论获得的。线性近似的前提是操作参数围绕定态点做微小扰动。微分方程理论指出，在充分小的扰动下，非线性微分方程组的零解稳定性态与其线性近似的方程组的零解稳定性态一致(王高雄 等，1983)。对于扰动较大的情况，线性化方法不一定能给出正确结论，这是常微分方程稳定性理论的重大课题。对于全混流反应器的动态特性讨论，1974 年，Uppal、Ray 和 Poore(Uppal A et al，1974)通过大量数值计算，求解原非线性微分方程，获得了全混流反应器完整的动态特性。结果很复杂，有兴趣可参考原著。

全混流反应器中，对于有热效应的反应，需要考虑反应器的热稳定性问题，因为反应的热效应会反馈到反应器中引起反应的自身振荡。如果进行等温反应，浓度的反馈效应并不明显，通常可以不考虑。但对自催化反应一类的反应，浓度的反馈效应不可忽视，便需要考虑等温情况下反应器的多重定态和稳定性问题。

反应器的稳定性问题是研究反应器在定态点附近的动态特性，目的是在生产过程中能够稳态操作。但对于一些特殊的情况，反应器的设计就是需要动态操作。例如，反应器开车初期，需要将反应器温度提高到反应温度，就需要通过研究反应器的状态变化轨迹来设计反应器的操作参数控制方案；对于反应器停车时，也需要研究改变操作参数对反应器的状态变化轨迹，防止反应器在停车过程中出现意外。有一些反应器为了达到更好的反应特性，需要对反应进行非稳态操作，而并非在定态下操作。例如，对于聚合反应，反应的定态可能是高转化率和较高温度的稳定定态，反应可能会遇到体系黏度太大、传质不均匀等问题，而在中间的不稳定定态附近进行周期操作，可能会得到更好的反应效率。

对于具体的非稳态操作有很多专门的研究，特别是在非稳态情况下造成的特殊的浓度、温度分布，在某些情况下可能会得到比稳定操作更高的转化率或选择性。例如，在低浓度二

氧化硫的转换反应中，催化剂起燃温度应在 400℃以上，如果采用稳定操作，进口气体需要反应后的高温气体换热并达到起燃温度后才能进入反应器。由于低浓度气体反应热量小，如果要完全靠反应热提供，需要很大的换热面积才能使反应系统达到自热。如果采用周期切换操作，可以用低温反应气体进料，反应气体靠高温催化剂床层积蓄的热量加热到反应温度后开始反应，并将反应放出的热量用于加热后端的催化剂床层，催化剂床层热点逐渐后移。当反应床层热点移到靠出口的反应后端时，将反应气体切换到原来的反应器出口进料，再次利用反应床层蓄热。如此反复切换，反应器维持自热操作而不需要换热器，可以大大节约反应系统投资。

在乙烷氧化脱氢制乙烯的反应中，气相氧很容易使乙烯进一步氧化成 CO 或 CO_2，而催化剂上的晶格氧对乙烯有很高的选择性。如果采用传统的稳态操作，反应气相中的氧气氛会限制反应对乙烯的选择性。有研究表明，如果采用乙烷和氧气的间歇切换通入，乙烷可以完全由催化剂上的晶格氧氧化并得到高的乙烯选择性，在催化剂晶格氧消耗后再通入氧气使催化剂上的晶格氧再生，从而得到高的乙烯选择性。

非稳态反应过程是在 20 世纪 90 年代研究较多的反应技术，已经在很多特殊的反应中得到了应用，本书不拟进行深入的讨论，有兴趣的读者可以查阅有关资料。

习　题

4.1 液相基元吸热反应 A+B$\longrightarrow$2C 在带蒸气夹套的全混流反应器中进行，反应器体积 473L，蒸气夹套面积 0.93m^2，以温度为 185.5℃的饱和蒸气加热，夹套总传热系数 0.85kW/(m^2 · K)，以 A 物质为基准的反应热 $\Delta H_r = +46.52$kJ/mol(与温度无关)，反应速率常数 $k_0=3\times10^{-4}$L/(h · mol)，在该反应温度区间，E=86kJ/mol，A、B 等物质的量进料，速率 10mol/h，进料不含产物 C，进料温度 27℃。各物质摩尔热容为 $C_{p,A}$ 213.5J/(mol · K)，$C_{p,B}$ 184.2J/(mol · K)，$C_{p,C}$ 199J/(mol · K)；摩尔质量(g/mol)M_A 128，M_B 94；密度(g/cm^3)ρ_A 1.009，ρ_B 1.076，ρ_C 1.041。

(1) 计算稳态操作时反应的转化率和温度。

(2) 若反应过程中考虑轴功，搅拌桨功率 20kW，求稳态操作时的温度。

4.2 反应 A+B$\rightleftharpoons$C+D 进行绝热平衡转化，反应器采用多级绝热固定床反应器串联、级间冷却的方案，反应物最低进料温度为 25℃，A、B 等物质的量进料。反应物进料温度 25℃。现有三个反应器，两个冷却器，每一反应器内的催化剂量可足以使反应达到平衡转化率的 99.9%。试求最终平衡转化率。物化数据及操作参数如下：

$\Delta H_r = -30000$cal/mol A，$C_{p,A}=C_{p,B}=C_{p,C}=C_{p,D}$=25cal/(mol · K)，$K_e$(25℃)=500000，$F_{A0}$=10mol/min。

4.3 在连续流动反应器中进行不可逆基元液相有机反应 A+B$\longrightarrow$2C，A、B 等物质的量进料，进料中不含产物 C，体积流量 2L/s，进料温度 27℃。各物质生成热为 H_A(273K)=−20kcal/mol，H_B(273K)=−15kcal/mol，H_C(273K)=−41kcal/mol，c_{A0}=0.1mol/L，各物质摩尔热容为 $C_{p,A}=C_{p,B}$=15cal/(mol · K)，$C_{p,C}$=30cal/(mol · K)，300K 时反应速率常数 k=0.01L/(mol · s)，活化能 E=10000cal/mol。

(1) 反应转化率 85%，试计算在平推流反应器中进行绝热反应所需要的反应器体积。

(2) 对于平推流反应器，作出反应转化率、反应温度沿反应管长度的变化关系。

(3) 若在全混流反应器中进行，计算转化率为 85%时反应器的体积及反应出口温度。

(4) 如果反应物全部转化，绝热反应器操作，反应温度不超过液相反应物的沸点 570K，进料最高温度为多少?

(5) 计算 500L 绝热全混流反应器的转化率。

(6) 若改变进料温度至 30℃，确定 500L 绝热全混流反应器的出口转化率。

4.4 在平推流固定床催化反应器中绝热进行不可逆基元气相反应 A$\longrightarrow$B+C，纯 A 以 20L/s 的体积流量、20atm、温度 450K 进入反应器，各物质摩尔热容为 $C_{p,A}$=40J/(mol · K)，$C_{p,B}$=25J/(mol · K)，$C_{p,C}$= 15J/(mol · K)；

各物质在 273K 的生成热为 $H_A=-70$kJ/mol，$H_B=-50$kJ/mol，$H_C=-40$kJ/mol，反应速率常数与温度的关系为 $k=0.133\exp\dfrac{E}{R}\left(\dfrac{1}{450}-\dfrac{1}{T}\right)$ L/(kgcat · s)，活化能 E=31.4kJ/mol。

(1) 若不考虑反应体积变化，反应器内最多能填充 50kg 催化剂，反应转化率要求达到 80%，试作出反应转化率与温度沿反应器管长方向的变化关系。

(2) 如果平推流固定床反应器内压力与催化剂质量的关系为

$$\frac{\mathrm{d}p}{\mathrm{d}W}=-\frac{\alpha}{2}\frac{T}{T_0}\frac{p_0}{(p/p_0)}(1+\varepsilon X)\qquad \alpha=0.019\ \text{atm/kgcat}$$

ε 为反应的体积膨胀率。试作出反应温度、转化率、压力沿反应器管长方向的变化关系，并讨论参数 α 和进料压力 p_0 的变化对反应转化率的影响。

(3) 如果反应器管式换热，且由于冷却换热器内冷却剂流速很快，冷却介质温度恒定在 40℃。对于平推流反应器，$\dfrac{ha}{\rho_p}=0.8\ \text{J/(s}\cdot\text{kgcat}\cdot\text{K)}$，式中，$\rho_p$ 为催化剂颗粒密度，kg/m^3；a 为反应器单位体积的换热面积，m^2/m^3；h 为总传热系数，J/(s · m^2 · K)。试计算反应着火的最低进料温度。(需对反应转化率和催化剂质量作合理估计)

(4) 若不考虑反应体积变化，反应在全混流反应器中绝热进行，要达到 80%转化率，催化剂填充量为多少？

(5) 对于全混流反应器，ha=500J/(s · K)，若进行可逆反应，催化剂质量 8kg，可逆反应的速率常数为

$$k_r=0.2\exp\frac{E_r}{R}\left(\frac{1}{450}-\frac{1}{T}\right)\ \left(\frac{L^2}{\text{kgcat}\cdot\text{mol}\cdot\text{s}}\right),\ E_r=51.4\text{kJ/mol}$$

计算反应着火的最低进料温度。

(3) 考察参数(ha/ρ_p)从 0.1J/(s · kgcat · K)变化到 20J/(s · kgcat · K)和冷却剂温度对反应器操作性能的影响。

4.5 在半连续流动反应器中进行不可逆基元液相有机反应 $A+B\longrightarrow 2C$，A、B 等物质的量进料，反应放热 50kcal/mol，反应器容积 V=50L，首先加入 500mol 的 A 物质，温度 25℃，然后 B 物质以 10mol/min、50℃加入反应器，B 物质加入反应器 500mol 后停止加料。c_{A0}=0.1mol/L，各物质摩尔热容为 $C_{p,A}=C_{p,B}$=15cal/(mol · K)，$C_{p,C}$=30cal/(mol · K)，300K 时反应速率常数 k=0.01L/(mol · min)，活化能 E=10000cal/mol。

(1) 反应器绝热操作，反应时间 3h，计算反应温度和转化率随时间变化的关系。

(2) 如果反应器夹套换热，ha=100cal/(min · K)，换热介质温度保持 50℃不变，反应时间 3 h，计算反应转化率随时间的变化关系。

(3) 如果反应为可逆反应，逆反应速率常数 $k_r=10^{-4}$(1/s)，在(2)条件下，计算反应转化率随时间的变化关系。

4.6 间歇反应器中进行绝热反应 $A+B\longrightarrow C$，反应体积恒定，反应速率为

$$r_A=k_1c_A^{1/2}c_B^{1/2}-k_2c_C$$

物化数据为 k_1(373K)=0.002(1/s)，E_1=100kJ/mol，k_2(373K)=3×10^{-5}(1/s)，E_2=150kJ/mol，c_{A0}=0.1mol/L，$C_{p,A}$=25J/(mol · K)，c_{B0}=0.125mol/L，$C_{p,B}$=25J/(mol · K)，ΔH_r(298K)= −40000J/mol A，$C_{p,C}$=4025J/(mol · K)。试作出反应转化率、反应物浓度随时间的变化关系。

4.7 基元气相可逆反应 $A\rightleftharpoons B$，在平推流或全混流反应器中进行，进料仅含 A，进口压力 500 kPa，温度 70℃。A 的进料速率为 20mol/s。

(1) 如果反应管横截面积为 0.01m^2，绝热操作，作出 r_A、x_A、T 沿反应管长度的变化关系。如果进口条件变化对以上结果有何影响？

(2) 采用全混流反应器，容积 1.5m^3，反应器内设置换热器，求反应转化率。

(3) 在(2)的条件下，计算反应起燃的最低进料温度。

(4) 如果反应吸热，热效应与放热量的绝对值相等，进料温度 277℃，全混流反应器，容积 1.5m^3，确定反应转化率。

物化数据：273K 时，k=0.035L/(mol · min)，E=70kJ/mol；H_A= −40kJ/mol，$C_{p,A}$=25J/(mol · K)，H_B= −50kJ/mol，

$C_{p,B}$=15J/(mol · K)，K_B=25000；换热器数据：总传热系数 h=10W/(m^2 · K)，传热面积 2m^2，换热介质温度 17℃。

4.8 基元气相反应，进料温度 27℃，含 A 80%，其余为惰性组分，进料速率 100L/min，A 进料浓度 0.5mol/L，达到 80%的绝热平衡转化率。

(1) 反应在平推流反应器中绝热进行，计算反应器体积。

(2) 如果平推流反应器管径为 5cm，作出反应转化率和温度沿反应器管长度的变化关系。

(3) 反应在全混流反应器中绝热进行，计算反应器体积。

(4) 如果反应在平推流反应器中进行，不绝热，反应器直径为 5cm，环境温度为 27℃，总传热系数 h=10W/(m^2 · K)，计算反应转化率、温度沿反应器管长度方向的变化关系。

物化数据：$C_{p,A}$=12J/(mol · K)，$C_{p,B}$=10J/(mol · K)，$C_{p,I}$=15J/(mol · K)，300K 时反应热 ΔH_r= −75000J/mol A，300K 时 k_1=0.217(1/min)，K_e=70000mol/L，k_1 随温度变化，340K 时，k_1=0.324(1/min)。

4.9 全混流反应器中进行零级液相反应 A⟶B，反应器内操作温度 85℃，反应容积 0.2m^3，夹套冷却介质温度为 0℃，传热系数为 h=120W/(m^2 · K)，反应速率常数 k(40℃)=1.127kmol/(m^3 · min)，k(50℃)=1.421kmol/(m^3 · min)，反应物系比热容 2J/(g · K)，溶液密度 0.9kg/L，反应热 ΔH_r= −250J/g，进料温度 40℃，进料速率 90kg/min，A 物质相对分子质量 90。试确定不致使反应器飞温、爆炸的最小传热面积。

4.10 丙酮气相绝热裂解，在 1000 根内径 25mm、长 10m 的管式反应器中进行，丙酮流率 6000kg/h，压力 500kPa，进料最高温度 1050K，氮气与丙酮一起加入反应器以提供反应显热。

(1) 总流率一定，计算转化率与 θ_{N_2} 的关系。

(2) 总流率随氮气所占流率的分率 θ_{N_2} 增加而增加，计算转化率与 θ_{N_2} 的关系。

第5章　气固催化反应器

气固催化反应是指气体反应物在固体催化剂的作用下生成气体反应产物的反应过程，是反应气体在与固体催化剂接触的过程中在催化剂内外表面上完成的反应。由于参加反应的反应物和产物都是气体，很容易同固体催化剂分离开来。通常，固体催化剂以颗粒形式填装于反应器中，形成催化剂床层。当气体反应物自上而下通过反应器时，固体催化剂颗粒在重力和气体冲击力的作用下静止不动，气体反应物只能通过固体催化剂颗粒之间的空隙(voidage)流过，此时反应床层称为固定床反应器(fixed bed reactor)。当小流量气体反应物自下而上通过催化剂床层时，气体向上的冲力不足以克服固体颗粒的重力，固体催化剂颗粒仍然处于静止状态，此时，反应床层仍然是固定床反应器。随着反应气体流速增大，催化剂颗粒受到的气流向上的曳力增大，当催化剂颗粒所受的向上的曳力和浮力之和等于或大于其受到的重力时，固体颗粒床层开始松动，床层体积膨胀。随着气体流速进一步增大，床层进一步膨胀，直到固体颗粒在床层中可以自由地翻滚运动，固体颗粒的运动体现出流体的性质(如从床层开口处流出，从高位流向低位等)，此时反应器称为流化床反应器(fluidized bed reactor)。在剧烈的流化床反应器中，由于气体气泡的聚并和破裂，常常引起床层较大的扰动，就像沸腾液体一样，这时的流化床反应器也常称为沸腾床反应器。

固定床反应器中反应流体基本以平推流的流型通过反应器，轴向返混较小，反应转化率高。同时，由于气体通过反应器床层不需要克服固体颗粒的重力，反应系统动力消耗较小。因此，固定床反应器在化工过程中被广泛采用。而气固流化床反应器中，气体必须克服颗粒的重力，需要较高的气速，动力消耗较大。同时，由于催化剂颗粒不停地翻转和碰撞，催化剂颗粒磨损较大。但在催化剂容易失活的反应体系中，失活的催化剂颗粒要不断排出，新鲜催化剂颗粒要及时补充，如果让催化剂颗粒处于流化状态，排出和补充较为容易，流化床反应器得到较多应用。为了兼顾固定床与流化床反应器的优点，有时也使用以较慢速率置换的固定催化剂床层，气体在床层中的流动与固定床基本相同，但固体颗粒不断地从反应器的底部慢慢排出，此类反应器称为移动床反应器(moving bed reactor)。

本章着重介绍各类固定床反应器，也对流化床反应器及移动床反应器作简要介绍。

5.1　固定床反应器设计基础

固定床反应器是应用最广泛的气固催化反应器，催化剂被填充在反应器中，不需要对催化剂进行移动和搅拌，设计上要比流化床、移动床反应器简单一些，技术上也较为成熟。理论上讲，催化剂颗粒内的反应速率与该催化剂颗粒外表面的浓度和温度相联系，如果计算出固定床反应器中各点的反应物浓度和温度，根据气固催化反应动力学可以算出每个催化剂颗粒内单位时间转化的反应物物质的量，即以颗粒计的反应速率。将每颗催化剂上的反应速率相加，便可得到整个床层的反应速率。在催化剂颗粒与反应器尺寸相差悬殊的情况下，通常以拟均相过程分析固定床反应器，认为反应器内的浓度、温度及反应速率变化是连续函数，对于整个反应器的行为，可以通过对反应器的体积积分得到。

实际操作中，气体流过反应器时可能不是均匀的，必须在设计反应器时充分注意以下工程因素：

(1) 催化剂的填装不均匀或机械失效使床层的阻力分布不均，导致气体通过催化剂床层可能形成死区和短路，床层截面上存在气体的流速分布，同时也产生气相反应物的停留时间不均匀分布。

(2) 对于大直径床层，存在轴向和径向二维浓度、温度分布，对于非圆柱形反应器还存在三维浓度、温度分布问题。

(3) 高压反应过程，气体通过颗粒床层的动量损失较大。同时，过高的压降可能给催化剂带来附加的压应力，导致催化剂的机械失效，如粉化、破裂等。

(4) 由无机材料构成的催化剂颗粒存在传热不良问题，因而产生较大的床层温度差。

5.1.1 固定床内的传递现象

1. 颗粒床的特点

1) 粒径

粒径是用来表征固体催化剂颗粒尺寸的特征参数，固体催化剂颗粒的大小对固定床反应器床层压降和催化剂微孔内扩散阻力有重要影响。对于球形的催化剂颗粒，粒径 d_p 是催化剂颗粒的外表面直径。但对于非球形颗粒，从不同的方向测定颗粒的轮廓尺寸各不相同。为了方便起见，总是把非球形颗粒的某些形状特征参数与球形颗粒比较，用具有相当特征参数的球形颗粒直径作为非球形颗粒的粒径，该粒径称为非球形颗粒的当量直径(equivalent diameter)。

颗粒形状特征有多种表征方式。在与颗粒质量直接相关的计算中，如颗粒的悬浮、流化速率计算等，常用与颗粒体积相等的球形粒子直径来表征颗粒的粒径

$$d_{p,V} = (6V_p/\pi)^{1/3} \tag{5.1}$$

此时的当量直径 $d_{p,V}$ 称为等体积当量直径。式中，V_p 为固体颗粒的体积。

而在计算颗粒表面传质、传热及流体摩擦系数等过程中，固体的表面积非常重要，经常用具有与颗粒相同外表面积的球形颗粒直径来表征固体颗粒的粒径，此时的粒径称为等表面积当量直径

$$d_{p,a}=(S_p/\pi)^{1/2} \tag{5.2}$$

式中，S_p 为催化剂颗粒的外表面积。

在与催化剂外比表面积关系较大的计算中，如颗粒内微孔扩散等过程，常采用具有相同比表面积的球形颗粒直径来表征固体颗粒的粒径，该粒径称为等比表面积当量直径

$$d_{p,s} = 6V_p/S_p \tag{5.3}$$

测量固体颗粒粒径有很多方法，对于一般固定床来讲，所用的催化剂颗粒粒径都在几毫

米到十几毫米之间，可以通过卡尺等工具直接测量。采用打片、挤条或团粒方法制得的催化剂颗粒，其形状和粒径都是规则柱状或球形，但是对于破碎得到的颗粒，粒径和形状便有一定的随机性。

对于较小、不能直接测量的固体颗粒，如流化床中经常使用的 1mm 以下的颗粒，常用筛分的方法对粒径进行分级。标准筛(standard screen)筛分方法是利用一组从上到下筛孔逐渐减小的标准筛对颗粒进行筛分，根据颗粒通过筛子的情况来确定固体颗粒的粒径。图 5.1 为常用的标准筛实物照片。

图 5.1　实验用标准筛

如果颗粒通过标准筛时留在两个标准筛之间，通常取固体粒径为两标准筛孔尺寸的几何平均值。常用的两种标准筛规格列于表 5.1 和表 5.2。筛子的目数是每平方英寸($1in^2=6.4516cm^2$)上筛孔数目，但采用不同的丝线编织，孔的尺寸就会有一定的出入。因此，同样目数的不同的筛其孔径是有差异的。

表 5.1　标准筛部分规格

目数	20	40	60	80	100	120	140
孔径/mm	0.920	0.442	0.272	0.196	0.152	0.121	0.105

表 5.2　泰勒(Tyler)标准筛部分规格

目数	孔径/μm	目数	孔径/μm	目数	孔径/μm
10	1.68(mm)	42	354	115	125
20	841	48	297	170	88
24	707	60	250	250	63
28	595	80	177	325	44
32	500	100	149	400	37

在固定床中，除了颗粒粒径参数外，颗粒的形状也常对流体力学、传质传热特性等有很大影响。形状规则的颗粒形成的颗粒间的空隙通道比较规则，对流体的阻力也较小。球形颗

粒被认为是最规则的形状，相同体积的固体颗粒中，球形颗粒的外表面积最小。颗粒越不规则、与球形相差越远，其外比表面积越大。

为了表征固体颗粒的形状差异，通常采用与球形颗粒比较的方法来表征，采用等体积球形颗粒与固体颗粒的外表面积比值来表征固体颗粒与球形颗粒之间的形状差异：

$$\varphi_s = S_s/S_p \leqslant 1 \tag{5.4}$$

式中，φ_s 称为颗粒的形状系数，或球形度；S_s 为与催化剂颗粒具有相同体积的球形颗粒的外表面积。

形状系数小于或等于 1。形状系数越大，固体颗粒越接近球形，球形颗粒的形状系数为 1。颗粒形状系数可以由实验测定，表 5.3 列出了部分常见颗粒的形状系数。

表 5.3 非球形颗粒的形状系数

物料	形状	φ_s	物料	形状	φ_s
鞍形填料	鞍形	0.3	砂	各种形状平均	0.75
拉西环	环形	0.3		尖角状	0.65
烟尘	粒状	0.89		圆形	0.83
	聚集状	0.55		有角状	0.73
天然煤灰	<10mm	0.65	硬砂	尖片状	0.43
破碎煤粉		0.75	碎玻璃屑	尖角状	0.65

2) 床层空隙率

床层空隙率ε_b是指颗粒堆积床层中空隙体积(包括催化剂成形孔等气体可以流通的全部空间)在整个床层体积中所占的分率，是固定床设计计算的重要数据。床层空隙率与颗粒特征(形状、大小、表面粗糙度等)、颗粒直径与床层直径之比 d_p/D_b 及床层径向位置有关(图 5.2 和图 5.3)。由于壁面的限制，越接近反应器器壁，空隙率越大，如图 5.4 所示，这就是常见的壁效应。壁效应的存在，可能使靠近壁面的位置造成沟流，而影响反应效率。实验证明，减小 d_p/D_b 可以减小壁效应的影响，当 $d_p/D_b<1/8$ 时，床层的壁效应通常可以忽略。

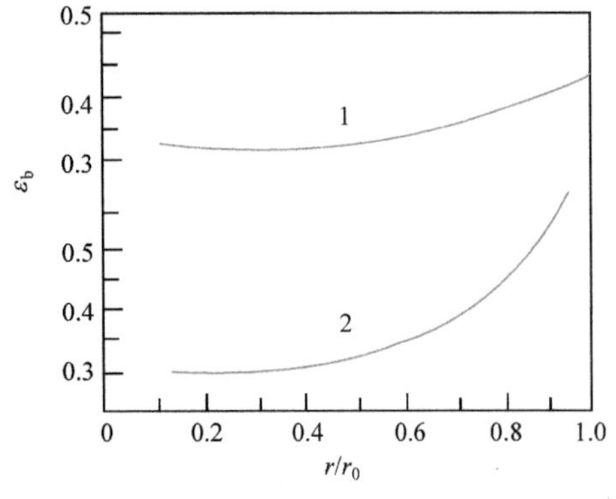

图 5.2 固定床空隙率随径向位置的变化

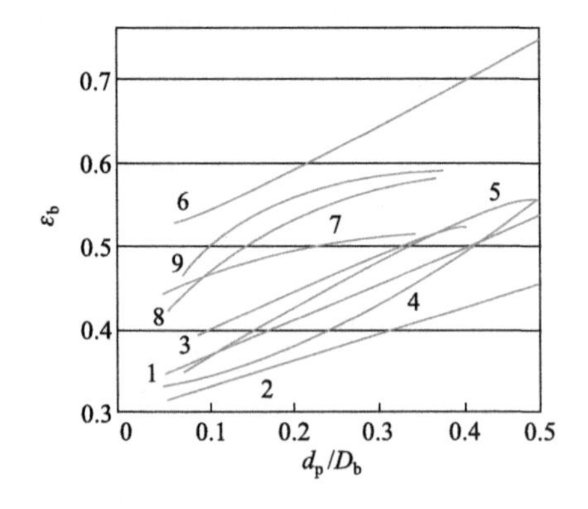

图 5.3 填充床的空隙率

球形：1. 光滑(均一尺寸)，2. 光滑(非均一尺寸)，3. 黏土；
圆柱形：4. 光滑(均一尺寸)，5. 刚玉(均一尺寸)，6. 1/4 英寸陶质拉西环；
不规则形：7. 熔融磁铁，8. 熔融刚玉，9. 铝砂

3) 固定床当量直径

流体流经固定床内颗粒间的空隙时，空隙通道的大小和形状对床层压降的影响是明显的。流体在空隙通道流过时，通道壁面对流体的黏滞阻力是流体动量损失的主要原因之一，流体力学中通常用水力半径作为管道流动过程中的管壁影响参数。

固定床流体通道的水力半径按下式计算：

$$R_H = \frac{\text{通道截面积}}{\text{润湿周边}} = \frac{\text{床层空隙体积}}{\text{颗粒润湿表面积}}$$

若忽略颗粒堆积时重叠部分，颗粒润湿表面积应为所有颗粒的外表面积。当床层空隙率为ε_b时，单位体积床层的空隙体积为ε_b，单位体积床层中固体颗粒外表面积为$(1-\varepsilon_b)S_p/V_p$。结合式(5.3)，有

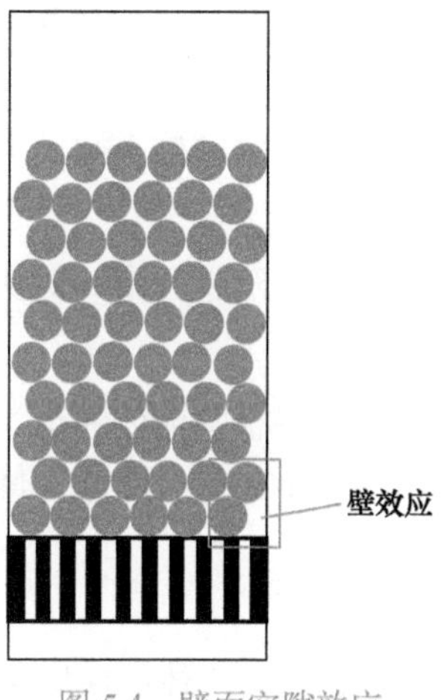

图 5.4　壁面空隙效应

$$R_H = \frac{\varepsilon_b}{(1-\varepsilon_b)S_p/V_p} = \frac{\varepsilon_b}{(1-\varepsilon_b)}\frac{d_{p,s}}{6}$$

对于圆管，水力半径等于圆管直径的 1/4，流体力学中常用 4 倍水力半径来表示非圆管的流动当量直径。因此，固定床流体通道的当量直径 d_e 用式(5.5)计算：

$$d_e = 4R_H = \frac{2}{3}\left(\frac{\varepsilon_b}{1-\varepsilon_b}\right)d_{p,s} \tag{5.5}$$

2. 固定床的压降

流体流经颗粒床层时，流体与颗粒表面由黏滞曳力产生的摩擦、由不规则流体通道造成的流体湍动等都会造成流体动量损失。理论上讲，可以利用流体力学中的 Navior-Stokes 方程求解。事实上，固定床中由于固体颗粒的不规则排布和流体的湍流流动(turbulence)，很难确定流动边界条件，要得到解析解或者数值解是不可能的。因此，很多床层压降计算公式都是建立在模型分析和实验数据回归基础上，对于极少数的规则通道可以利用计算流体力学(CFD)计算得到。

对于圆管中的流动，可以采用 Funning 公式计算

$$\Delta p = 4f\rho\frac{L}{d}\frac{u^2}{2} \tag{5.6}$$

对于气固催化固定床反应器，空隙内实际流速与空塔流速之间的关系为

$$u = u_0/\varepsilon_b \tag{5.7}$$

代入式(5.5)中的当量直径，可以得到用于固定床压降计算的欧根(Ergun)公式。Ergun 公式(Ergun S, 1952)是最常用的压降计算公式

$$\Delta p = f_m\frac{1-\varepsilon_b}{\varepsilon_b^3}\frac{\rho u_0^2}{d_{p,s}}L \tag{5.8}$$

式中，f_m 为修正的摩擦系数；u_0 为以床层截面积计算的流体的平均流速(空塔气速)，m/s；ρ 为流体的密度，kg/m^3；L 为床层高度，m；ε_b 为床层空隙率；Δp 为压降，Pa。

修正的摩擦系数 f_m 可以根据修正雷诺数 Re_m 由以下经验式计算

$$f_m=150/Re_m+1.75 \tag{5.9}$$

参照圆管内流动雷诺数的定义

$$Re=d\rho u/\mu$$

床层空隙流体通道当量直径 d_e 正比于$\varepsilon_b d_{p,s}/(1-\varepsilon_b)$，而空隙内流体实际的流动速率为空塔速率的 $1/\varepsilon_b$ 倍。因此，修正雷诺数定义为

$$Re_m=\frac{1}{1-\varepsilon_b}\frac{d_{p,s}G}{\mu} \tag{5.10}$$

式中，μ 为流体的黏度，kg/(m · s)；G 为以空塔面积计算的流体质量流速，$kg/(m^2 \cdot s)$。流体滞流流动时，$Re_m<10$，式(5.9)可近似为

$$f_m=150/Re_m \tag{5.11}$$

固定床压降公式可简化为

$$\Delta p=150\frac{(1-\varepsilon_b)^2}{\varepsilon_b^3}\frac{\mu u_0}{d_{p,s}^2}L \tag{5.12}$$

当 $Re_m>1000$，流体处于完全湍流状况，式(5.9)可简化为

$$\Delta p=1.75\frac{1-\varepsilon_b}{\varepsilon_b^3}\frac{\rho u_0^2}{d_{p,s}}L \tag{5.13}$$

多数气固反应器中，反应物流的浓度、温度都或多或少地发生改变，流体的物理性质如密度ρ、黏度μ等都会有一定程度的变化。对于反应过程中物质的量改变或温度变化较大的情况，气体的流速随床层变化较大。此时，流体在床层各个部位所受到的阻力不同。更精确的压降计算方法需要对床层沿轴向方向进行积分

$$\Delta p=\frac{1-\varepsilon_b}{\varepsilon_b^3 d_{p,s}}\int_0^L f_m\rho u_0^2\mathrm{d}l \tag{5.14}$$

某些催化剂床层是由不同粒径的颗粒构成，如合成氨催化剂是熔铁催化剂破碎得到，也有如 SO_2 转化催化剂是采用挤条的方式生产的，长度不可能控制得很均匀，有时催化剂的破损也会使催化剂颗粒粒度不均匀。此时计算床层阻力时，颗粒的当量直径应该用颗粒的平均直径计算

$$\frac{1}{\overline{d}_{p,s}}=\sum_i\frac{w_i}{d_{pi,s}} \tag{5.15}$$

对于较小的管式反应器，如管径 D 与催化剂颗粒粒径 d_p 的比值小于 8 时，管内流体流动的壁效应较大，计算压降时必须考虑。一般的做法是先对颗粒直径进行校正

$$d_s=\left[\frac{1}{\overline{d}_{p,s}}+\frac{2}{3(1-\varepsilon_b)D}\right]^{-1} \tag{5.16}$$

再计算床层阻力。

Ergun 公式只是计算固定床中气体流动阻力的一种典型模型，对无相变、密度变化不大的

过程比较适合。但影响床层阻力的因素较多，如催化剂的形状、床层内的压力梯度、物料的相变及颗粒粒度的分布参数等。高压操作的反应器，气体的可压缩性和不同床层高度上的压力特征对压降的影响很大。因此，有不同的模型估算床层压降，具体计算时要注意模型的条件。

操作过程中，流体流过反应器的压降是非常重要的参数，特别是在大流量情况下，压降增加会使动力消耗急剧上升。对某些反应，床层压降造成的压力梯度可能引起反应特性的变化，如超临界反应体系、近相变点的反应体系等，对压力变化非常敏感。因此，通常要求床层压降不能太大，宜控制在床内压力的15%。

气固催化反应中，流速越高气固传质系数越高，同样的反应器生产能力越大。但床层压降与流速的平方成正比，高气速意味着高的动力消耗。常压气固反应器中，流速多在0.5～2m/s(空塔气速)。随着压力的提高，由于流体密度增加流速应适当减小。在对流动阻力要求较严的系统，常要求反应器采用低气速操作，增大反应器直径不仅可以降低气体穿过床层的速度，还可以降低床层高度，从而大幅度降低床层压降。但太小的床层长径比可能引起床层沟流和反应器制造费用的上升(特别是加压反应)。径向流动的反应器可以大大缩短气体流通距离，减小床层流速，丹麦Topsøe公司开发的1500t/d径向合成氨反应器已经在一些合成氨厂应用，一些传统反应器的径向床开发也逐渐应用于工业化生产过程。当然径向反应器同样存在气体不易均匀分布、内部构件制造费用较高、反应器有效空间较小等缺点。在设计反应器形式和流速时，必须综合考虑反应效率、生产能力及动力消耗等多种因素。

催化剂粒度对床层阻力有很大的影响。催化剂颗粒尺寸决定了流体通道的当量尺寸。催化剂颗粒越大，床层压降越小。但催化剂的有效因子也与颗粒尺寸密切相关，应该在床层压降与反应效率之间寻求平衡。对于催化剂有效因子较高的反应，可以采用较大的催化剂颗粒，而有效因子较小的反应，则采用较小的催化剂颗粒。

增加床层空隙率可以降低床层阻力，如果改变催化剂颗粒尺寸不能满足床层阻力和反应效率因子的要求，可以考虑采用环形、车轮形等异形催化剂(图5.5)，以减少催化剂内扩散阻力和床层压降。床层空隙率增大会使反应器填充率降低。近年发展起来的规整床层是降低床层阻力的新型反应床层，可以弥补上述不足。由于规整床层中流体通道规则排列，床层压降可以降低到同样空隙率散堆催化剂床层的1/10或更低，广泛用于机动车尾气处理、VOC催化氧化等环境保护装置。

图5.5　开孔的异形催化剂

【例 5.1】 在内径为 50mm 的管子内装有 4m 高的熔铁催化剂，其粒径分布如下(形状系数$\varphi_s = 0.65$)：

粒径 $d_{p,V}$/mm	3.40	4.60	6.90
质量分率 w	0.60	0.25	0.15

在反应条件下，气体的物性参数：ρ=2.46×10^{-3}g/cm^3，μ=2.30×10^{-4}g/(cm · s)，如气体以 G = 6.20kg/(m^2 · s)的质量流速通过，床层空隙率ε_b=0.44，求床层压降。

解 由式(5.15)求平均粒径

$$\overline{d}_{p,V} = \left(\frac{0.60}{3.40}+\frac{0.25}{4.60}+\frac{0.15}{6.90}\right)^{-1} = 3.96(\text{mm})$$

根据颗粒等体积当量直径与等比表面积当量直径的定义

$$\overline{d}_{p,s} = \phi_s \overline{d}_{p,V} = 0.65\times 3.96 = 2.57(\text{mm})$$

有

$$Re_m = \frac{\overline{d}_{p,s}G}{\mu(1-\varepsilon_b)} = \frac{2.57\times10^{-1}\times6.20\times10^{-1}}{2.30\times10^{-4}(1-0.44)} = 1.24\times10^3 > 1000$$

又

$$u_0 = \frac{G}{\rho} = \frac{6.20\times10^{-1}}{2.46\times10^{-3}} = 2.52\times10^2(\text{cm/s})$$

代入式(5.13)，得压降

$$\begin{aligned}\Delta p &= \frac{1.75\times(1-0.44)\times2.46\times10^{-3}\times(2.52\times10^2)^2\times4.00\times10^2}{0.44^3\times2.57\times10^{-1}}\\ &= 2.797\times10^6[\text{g/(cm}\cdot\text{s}^2)]\\ &= 2.854\times10^5(\text{N/m}^2)\end{aligned}$$

3. 固定床中的传质

固定床中的传质分为两个方面，反应气体与催化剂颗粒之间的传质和催化剂颗粒内的扩散传质。但从反应器整体来看，如果反应器内各点的浓度存在差异，在反应器尺度上的整体传质就会存在。任何空间的传质总是从高浓度区域向低浓度区域传递，浓度差越大，传质速率越大。反应器内各点的物质传递通量可以模拟 Fick 定律来计算

$$N_A = -D\,\nabla c_A \tag{5.17}$$

床层中任何一点的传质通量正比于该点的浓度梯度，传质方向与浓度梯度的方向相反。通常也将该式中的比例系数 D 称为该点物质 A 的扩散系数，但它与 Fick 定律定义的分子扩散系数有很大的差别。式(5.17)中的 D 包括了对流扩散和分子扩散，通常情况下对流扩散远比分子扩散快得多，占主要地位。由于对流扩散取决于流体流动速率和方向，对流扩散在床层各个方向上是不同的，因此，D 在各个方向上的值可能会有很大的差别。

对于一个轴向(axial)流动的圆管固定床反应器，当其径向(radial)方向的浓度相等时，反应器在径向没有扩散传质。随着反应不断进行，反应器轴向的浓度差是明显的，轴向方向的扩

散传质也就不可避免(图 5.6)。在任何一个截面上，物质的通量包括流体流动带入的通量 uc 和由于浓度差而引起的扩散通量。对两个相近的截面间微元进行质量衡算，可以得到管式反应器的质量微分方程

$$D_{A,a}\frac{d^2c_A}{dl^2}-u\frac{dc_A}{dl}-r_A=0 \tag{5.18}$$

此时的扩散系数 $D_{A,a}$ 便是反应物 A 在轴向方向的扩散系数(transfer coefficient of A in axial direction)。对于较短的床层，轴向的扩散是明显的。但当反应器长度比其直径大得多时，反应器在轴向的浓度梯度会减小，扩散也相应减弱。

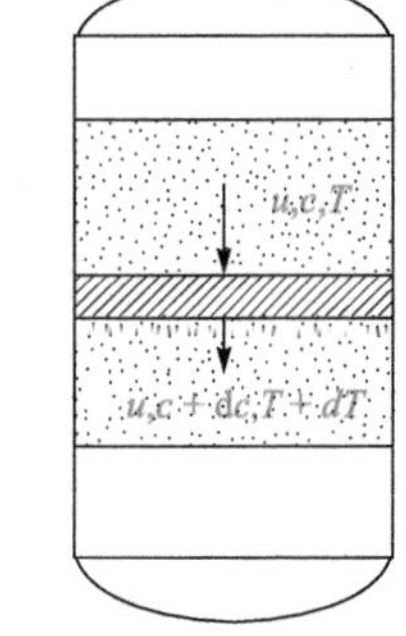

图 5.6　固定床衡算模型

一些与管壁有物质交换(膜反应器)或热量交换(换热管式反应器)的圆柱形管式填充床反应器，由于物质和热量的传递在径向方向产生较大的浓度差，此时的径向扩散是不能忽略的。管式反应器的质量微分方程应包括轴向和径向两个分量

$$D_{A,r}\left(\frac{\partial^2c_A}{\partial r^2}+\frac{1}{r}\frac{\partial c_A}{\partial r}\right)+D_{A,a}\frac{\partial^2c_A}{\partial l^2}-u\frac{\partial c_A}{\partial l}-r_A=0 \tag{5.19}$$

式中，$D_{A,r}$ 和 $D_{A,a}$ 分别为扩散系数在径向和轴向的两个分量。式(5.19)便是管式反应器的二维模型。固定床反应器与均相反应器的差别只是在扩散系数的差别上，固体催化剂颗粒填充会使反应器在各个方向上的传质速率发生改变。

在固定床中，常以颗粒尺寸为特征尺寸的佩克莱数来反映床层的返混程度。由于径向和轴向的扩散系数不同，径向和轴向的佩克莱数分别定义为

$$Pe_r=d_pu/D_{A,r} \tag{5.20}$$

$$Pe_a=d_pu/D_{A,a} \tag{5.21}$$

扩散系数的单位为 m^2/s，平均流速 u 的单位为 m/s。根据理论分析及实验测定，径向佩克莱数在 5～13，对于多数处于充分湍流状态的反应器内，可取 Pe_r=10。对于气相反应器，L/d_p>100 时，只要轴向 Pe_a >2，固定床反应器内的轴向返混可以忽略，反应器可按拟均相平推流反应器设计。

4. 固定床中的传热

对于放热或吸热量较大的反应，都必须通过反应器与外界换热来移走或提供热量。城市煤气甲烷化是提高煤气使用安全性和提高燃气热值的有效方法。但煤气中的一氧化碳与氢反应生成甲烷是强放热反应，温度升高平衡转化率急剧下降，同时，温度剧烈升高还会引起催化剂失活、反应器寿命缩短等问题。因此，实际操作中采用间壁导热油冷却的管式固定床反应器。而在甲烷蒸汽重整制氢过程中，反应要吸收大量热量，大型制氢装置都采用外加热式固定床管式反应器。对这样的反应器进行热量衡算时，就必须考虑固定床反应器的床层传热特性。

图 5.7 是典型的列管式固定床催化反应器示意图，催化剂装填在列管内，管外流体为冷

却或加热介质，反应流体从列管内通过催化剂床层。列管反应器一般用于放热量大或催化剂温度限制较严的反应过程，可以及时传走热量。对于吸热量大的反应，也经常采用具有高传热表面的列管式反应器。

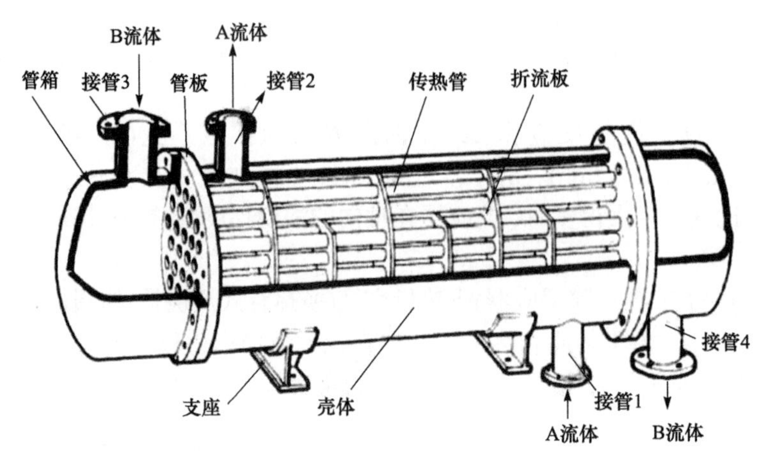

图 5.7　典型列管式换热固定床催化反应器

均相反应器中，计算外界与反应器壁之间的换热量可以根据传热方程写为

$$q = hA(T - T_c)$$

传热温差为反应气体与冷却剂之间的温度差，传热系数 h 可以由管内外给热系数和管壁的导热系数计算。而在固定床反应器中，由于固体催化剂颗粒的存在，气体的对流传热尺度受到影响，加上固定床反应器一般要求有相当的直径以消除边界效应，床层本身便存在温度分布问题。

如果以反应器内壁气体的温度 T 为参数计算反应器的换热量，反应器与冷却介质之间的换热方程可以写为

$$q = K_w A(T - T_c) \tag{5.22}$$

式中，K_w 包括壁外冷却介质的给热系数、器壁的导热系数和器内壁给热系数。

对于有相当直径的普通反应器，器壁内外的换热面积变化不大，可近似为平板式一维换热。根据传热原理，K_w 值可由式(5.23)计算

$$1/K_w = 1/\alpha_c + \delta/\lambda_w + 1/\alpha_w \tag{5.23}$$

式中，α_c、α_w 分别为反应器器壁外和器壁内的给热系数；δ 为器壁厚度；λ_w 为器壁导热系数。

对于管径较小的反应器，器壁内外的换热面积差异不容忽略，在计算反应器总传热系数时需要考虑内外层传热面积的差异：

$$\frac{1}{AK_w} = \frac{1}{A_c\alpha_c} + \frac{\delta}{A_m\lambda_w} + \frac{1}{A_b\alpha_w} \tag{5.24}$$

式中，A 为总壁面传热系数参考面积(可以是 A_c、A_m 或 A_b 中的任何一个面积)；A_c、A_m、A_b 分别为冷却剂侧壁面积、管壁平均面积和床层侧壁面积，其中

$$A_m = (A_c - A_b)/\ln(A_c/A_b) \tag{5.25}$$

式(5.23)中的 λ_w 可以从普通手册中查到，器壁外侧给热系数 α_c 的计算方法也是比较成熟

的。但是，固定床层对器壁的给热系数α_w的计算比普通的流固表面给热系数计算要复杂一些。床层对壁面的传热过程包括固体颗粒与器壁接触产生的固体导热和流体与壁面的对流传热，在高温反应情况下还要考虑辐射传热项。在固定床反应器中，气流经过表面时气体绕过固体颗粒，流型不断变化，对流传热系数与普通气固界面给热系数有较大区别。

式(5.23)中的器内壁滞流层给热系数α_w的计算有一些经验公式。对于床层高度大于 1m 的固定床反应器，球形催化剂颗粒粒径和床层直径之比 d_s/D 在 0.05～0.3，雷诺数在 20～7600 时，其壁膜给热系数可按式(5.26)计算

$$\alpha_w d_s/\lambda_f = 0.17(Gd_s/\mu)^{0.79} \tag{5.26}$$

式中，G 为质量流速。对于 d_s/D 在 0.03～0.2，雷诺数在 20～800 的圆柱形颗粒床层，其壁膜给热系数可由式(5.27)计算

$$\alpha_w d_s/\lambda_f = 0.16(Gd_s/\mu)^{0.93} \tag{5.27}$$

两式中的参数λ_f是流体的导热系数，单位为 J/(m · s · K)。对于不同的颗粒床层，壁膜给热系数的计算公式有所不同，α_w值一般在 100～290J/(m^2 · s · K)。

利用壁膜给热系数求解固定床传热问题时，需要测定反应器内壁流体温度。对于空管传热，处于湍动状态的流体主体温度是均匀的，流体主体温度与传热面之间的温差便是通过滞流膜的温差。但对于固定床反应器，当床层内热量传递较差或反应热效应较大时，床层内可能形成较为明显的温度分布。此时，测定滞流膜内侧温度很困难，实际上无法确定应该在壁内什么位置才能真正测到滞流膜的流体温度。该温度与双膜理论中液液界面或颗粒传质中的气固界面温度一样，很难直接测定。通常解决的办法是测定床层中心或不同点的温度，或通过床层导热系数(heat conductivity)计算出床层的温度分布，联立温度分布和壁面传热系数解出床层传热速率和滞流膜内侧流体温度。

固定床的床层导热系数与普通物质导热系数有很大的差别，固定床层内的导热系数是包括了流体的导热和对流传热、固体物质的导热及辐射传热在内的总的热量传递系数。显然，在流体静止和流动情况下的床层导热系数差别很大。同时，由于流体流动的方向不同，径向和轴向的床层导热系数也不一样。一般情况下，轴向的导热量与流体流动带走的热量相比要小得多，除了在极少数强放热反应情况下，一般可以不考虑轴向传热。经常用到的床层导热系数是径向的导热系数，用λ_{er}表示。

有效径向导热系数λ_{er}很难从理论推导得到，大部分计算公式都是基于实验数据回归或建立在理论分析基础上的经验式。不同的催化剂和不同形状颗粒床层之间的导热系数差别较大，而测定中的偶然性也较大，所以，不同的经验公式之间有一定的出入。中国科学院大连化学物理研究所(朱葆琳 等，1957)给出的有效径向导热系数关联式如下：

$$\lambda_{er}/\lambda_f = A\,Re^B(D_b/d_s)^C \tag{5.28}$$

式中，λ_f为流体导热系数；Re 为雷诺数，$Re = d_sG/\mu$；D_b为床层直径。A、B、C 可按表 5.4 查得。

表 5.4　式(5.28)中的系数 A、B 和 C 值

固体颗粒特性		A	B	C
低导热系数	球形	0.182	0.75	0.45
	圆柱或单孔圆环	0.220	0.75	0.60
高导热系数	球形	0.300	0.72	0.60
	圆柱或单孔圆环	0.380	0.72	0.69

对于不同直径的床层，有各种不同的算法求径向导热系数，径向导热系数一般在 1～10J/(m · s · K)。事实上，有效导热系数和壁面给热系数的计算都很难做到准确，在此基础上计算温度分布和壁面温度来计算传热速率不可避免会引入较大的误差。

为了简化起见，通常测定床层平均温度，并通过床层平均温度来求得床层总的给热系数。如果床层某一截面上的平均温度为 T_m，换热面内侧的壁面温度为 T_w，相应界面的传热速率方程可以写为

$$dQ=\alpha_t(T_m-T_w)dA \tag{5.29}$$

式中，α_t 为床层总给热系数。

理论上，固定床的总给热系数 α_t 可以由壁面给热系数 α_w 和床层导热系数 λ_{er} 解得。但计算误差较大，实际应用中是通过 α_t 的经验关联式计算，将床层看作径向温度分布均匀的一维模型处理，某截面上的床层温度用平均温度 T_m 代替。常被很多资料引用的有以下两个公式：

$$\alpha_t D_b/\lambda_f=2.03Re^{0.8}\exp(-6d_{p,s}/D_b) \tag{5.30}$$

该式中使用的雷诺数是以颗粒粒径计算的雷诺数，$Re=d_{p,s}G/\mu$；该式适用于在 $20<Re<7600$，$0.05<d_{p,s}/D_b<0.3$ 的球形颗粒。而对于圆柱形颗粒，可用式(5.31)计算

$$\alpha_t D_b/\lambda_f=1.26Re^{0.95}\exp(-6d_{p,s}/D_b) \tag{5.31}$$

该式的适用范围为 $20<Re<800$，$0.03<d_{p,s}/D_b<0.2$。通常 α_t 在 17～90J/(m² · s · K)，比相同流速时空管的传热系数大数倍。这主要是固体颗粒的存在增大了流体的涡流，而流体的涡流促进了床层内流体的径向传热，并降低了管内壁层流边界层的厚度所致。

【例 5.2】 在直径为 10cm 的反应管内，疏松填充有平均粒径为 0.5cm 的球形催化剂，其填充高度为 1m，床层平均温度 400℃，气体以 2m/s 的空床流速通过。已知气体及催化剂的导热系数分别为 0.055J/(m · s · K)及 0.582kcal/(m · s · K)，求床层的径向有效导热系数及壁膜给热系数。

解 若通过床层的气体物性与空气相近，则以空气的物性参数作为计算依据，即 $\rho_f=0.524\text{kg/m}^3$，$\mu=3.37\times10^{-5}\text{kg/(m}\cdot\text{s)}$。

(1) 计算床层径向有效导热系数 λ_{er}。

由已知条件可知该催化剂为低导热系数催化剂，由表 5.4 可取

$$A=0.182，B=0.75，C=0.45$$

雷诺数 $Re=d_sG/\mu=d_s\rho_f u_0/\mu=5\times10^{-3}\times0.524\times2/(3.37\times10^{-5})=155.49$

由式(5.28)可得径向有效导热系数

$$\lambda_{er}=0.055\times0.182\times155.49^{0.75}\times(10/0.5)^{0.45}=1.70[\text{J/(m}\cdot\text{s}\cdot\text{K)}]$$

(2) 计算壁膜给热系数 α_w。

由于 $d_s/D=0.05$，$Re=155.49$，可根据式(5.26)求壁膜给热系数

$$\alpha_w=0.17(\lambda_f/d_s)Re^{0.79}=0.17\times0.055\times155.49^{0.79}/5\times10^{-3}=100.76[\text{J/(m}^2\cdot\text{s}\cdot\text{K)}]$$

5.1.2 固定床反应器的数学模型

工业上经常根据在实验室装置、中试装置或工厂现有生产装置上所得到的操作条件数据，如空速、时空产率、生产强度等，按反应装置的生产要求对催化剂用量进行估算。设计的前提是所设计反应器与提供数据的反应装置应具有相同的操作条件，如催化剂性质、粒径、原

料组成、气体流速、温度、压力等。这种方法主要依赖实验和生产经验，称为经验设计法。根据不同的参考数据，催化剂用量(床层体积)的计算方法主要有以下几种。

1) 已知空速 SV 和原料气流量

空速(space velocity, SV)是单位体积床层上通过的气体体积流量。对于气体反应物，体积流量随反应压力和温度变化较大，因此，通常用每小时通过反应器的气体在标准状态下的体积表示，也称为气空速(gas hourly space velocity, GHSV)，定义为

$$SV=V_0/V_b \tag{5.32}$$

式中，V_0 为原料混合物标准状态体积流量，m^3/h；V_b 为催化剂床层体积，m^3。因此，空速的量纲可写作时间的负一次方，而工厂常用 1/h。

工业反应活性评价装置上，通常测定在与反应器气体进料组成、温度条件相同情况下达到给定转化率的气体空速，也可以从操作条件相同的反应器中计算出达到给定转化率的气体空速。根据式(5.32)可求得催化剂床层体积

$$V_b = V_0/SV \tag{5.33}$$

对于有液体参加的反应，如轻油制氢、渣油加氢等过程，工业上也经常使用液体的体积流量表征空速(即使有时反应器进口使用液体蒸气进料)，此时的空速称为液空速(liquid hourly space velocity, LHSV)。

利用空速经验数据计算反应床层催化剂体积时，必须保证测定空速的各种参数与所设计的反应器相同，对于有相同规模、使用相同催化剂的反应器可以借鉴时，设计通常较准确。但如采用实验反应器数据时，其温度、浓度分布很难与工业反应器完全相同，特别是工业反应器是绝热的情况，由于实验室反应器绝热性能较差，估算误差较大。

2) 已知空速和单位时间产量

首先由单位时间产量求取原料消耗量。若为单一反应，则由产物产量及转化率可求得关键组分消耗量;若为复杂反应,则由产物产量、收率(或转化率)和选择性求得关键组分消耗量。若原料不只关键组分，应根据原料配比计算总原料混合物的消耗量，并且换算成标准体积流量 V_0，然后就可由式(5.33)求得催化剂床层体积 V_b。

3) 已知单位时间产量 W 及反应器生产强度 S_t

反应器生产强度 S_t 是指单位体积催化剂床层在单位时间生产目标产物的产量，$kg/(h \cdot m^3)$。有的催化剂厂家提供催化剂的生产强度指标，根据实际反应器的目标产量 W(kg/h)可以计算催化剂的体积

$$V_b = W/S_t \tag{5.34}$$

工业上还有一些估算催化剂体积的经验方法，如根据吨产品催化剂用量估算反应器催化剂用量。但催化剂的经验估算必须建立在有成熟的催化反应器样本或完整的催化剂活性评价基础上。如果没有相同操作条件的催化反应器可借鉴，或反应器操作条件变更时，经验估算法是不可靠的。通常需要由小的实验反应器逐级放大(scale up)，放大过程中不断修正参数。由于放大过程中反应器内的浓度、温度等参数分布、流体分布、扩散特性等都随反应器尺寸的改变不断变化，放大倍数不能太大，这在新反应器的开发上会带来很大的投资浪费和放大风险。

对于新开发的反应过程或反应条件变化较大的反应，最有效的反应器设计是利用反应在催化剂上的动力学方程，通过物料衡算、热量衡算等基本定理建立描述反应器内浓度、温度

分布的微分方程，求解微分方程可以获得反应器内各点的反应条件，从而准确计算反应器内反应量和反应速率。描述反应器内参数变化的微分方程组便是常说的反应器数学模型(mathematical model)，通过数学模型求解可以更准确地计算反应器。在新反应器开发的过程中，利用数学模型方法可以减小反应器设计的误差，提高放大实验参数倍数，从而大幅度节约反应器开发的费用。

反应器数学模型通过对反应器内的物理、化学过程进行数学表述和数值求解，获得反应器内各参数的变化关系，是反应工程研究的重要手段。气固催化固定床反应器的数学模型通常比较复杂，由于气体反应物在催化剂上反应包括多个过程，必须同时建立描述每个过程的微分方程。催化剂表面、催化剂颗粒内及催化剂颗粒外流体主体之间的浓度、温度是有差别的，要求解整个反应器中的反应特性，必须将流体主体浓度和温度随空间变化的微分方程同催化剂颗粒内外的浓度、温度变化微分方程联立求解。

如图 5.8 所示，假设固定床任意截面上的气流主体浓度、温度是均匀的，则可以对反应器的 $\mathrm{d}l$ 薄层进行衡算。同均相反应器的衡算一样，如果流进微元的反应物 A 的摩尔流量为 F_A，流出微元的反应物流量为 $F_\mathrm{A}+\mathrm{d}F_\mathrm{A}$，则稳定状态下微元中单位时间反应的量为

$$-\mathrm{d}F_\mathrm{A}=\mathrm{d}R_\mathrm{A} \tag{5.35}$$

式中，$\mathrm{d}R_\mathrm{A}$ 为微元内所有催化剂颗粒上的反应速率之和。由于 $\mathrm{d}l$ 很小，可以认为 $\mathrm{d}l$ 微元内的各催化剂颗粒所处的浓度、温度相等，只要计算出相应反应条件下微元内各催化剂颗粒的催化反应速率，相加便可得到整个微元内的反应速率 $\mathrm{d}R_\mathrm{A}$。

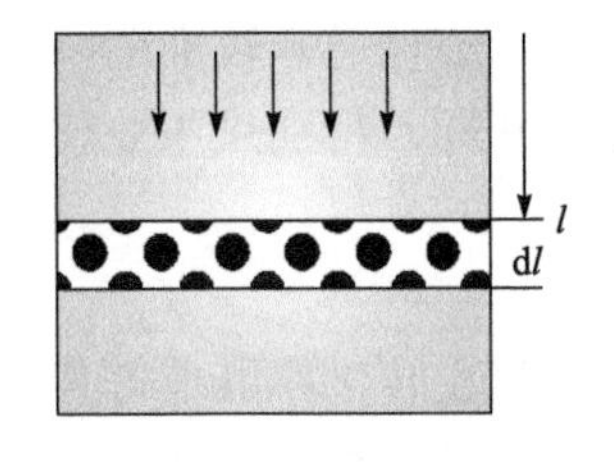

图 5.8　一维固定床模型

根据前面对气固催化反应动力学的讨论，每个催化剂颗粒上的反应速率可以通过对颗粒内的浓度、温度建立微分方程求解，或采用有效因子修正的方法得到。如果不考虑每个催化剂颗粒上反应速率的差别，或对微元空间内所有催化剂颗粒上的反应速率取平均值，微元内总的反应速率 $\mathrm{d}R_\mathrm{A}$ 便等于每个颗粒上反应速率的平均值乘以微元内催化剂颗粒数。

如果固体催化剂的本征反应速率为 r_A^*，mol/(kgcat · s)，催化剂的有效因子为 η，催化剂的堆密度为 ρ_b，kg/m^3，床层截面积为 A_b，m^2，则微元内的反应速率 $\mathrm{d}R_\mathrm{A}$ 为

$$\mathrm{d}R_\mathrm{A}=\eta\, r_\mathrm{A}^*\rho_\mathrm{b}A_\mathrm{b}\mathrm{d}l \tag{5.36}$$

代入式(5.35)整理可得固定床气固催化反应器的设计方程

$$-\mathrm{d}F_\mathrm{A}/\mathrm{d}l=\eta\, r_\mathrm{A}^*\rho_\mathrm{b}A_\mathrm{b} \tag{5.37}$$

如果以单位体积床层的反应速率 $r_\mathrm{A}(=\eta\, r_\mathrm{A}^*\rho_\mathrm{b})$表示反应速率，则反应器的设计方程与均相反应器并无差别。事实上，对于固定床催化反应器，在催化剂颗粒比床层尺寸小得多时，可以通过床层内的平均化将反应器当作均相反应器来处理，这时的反应器模型称为拟均相模型(pseudo-homogeneous model)。拟均相模型中的反应参数，如浓度、温度等，采用流体主体的参数来计算。由于流体主体与催化剂颗粒内部及颗粒表面都有一定的差距，对于传热、传质阻力较大的反应，这种差距是很明显的。因此，拟均相反应的准确度是由 r_A 与流体参数(主要是浓度和温度)之间的关联式的准确度决定的。在无法求出分析解时，就必须通过对不同流体参数下均化的体积反应速率来计算反应器体积。

1. 一维拟均相理想置换模型

一维拟均相模型是对于反应器径向各参数基本相等的情况的近似模型。假设：

(1) 床层径向上无浓度梯度和温度梯度，在同一截面上无浓度和温度梯度，按气相主体的浓度和温度进行计算。

(2) 流体在床层中的流动为理想置换流型，轴向扩散可忽略，没有返混存在。

(3) 模型采用宏观反应速率，固定床传热系数为气膜传热系数。

根据以上假定，通过质量衡算式、能量衡算式、动量衡算式及反应速率方程得到的一组方程即为一维拟均相反应器模型

$$dx_A/dl = (A_b/F_{A0})r_A \tag{5.38a}$$

$$dT/dl = (-\Delta H_r)r_A/(G\overline{C_p'})-4h(T-T_c)/(d_bG\overline{C_p'}) \tag{5.38b}$$

$$dT_c/dl = h\pi d_b(T-T_c)/(G_c C_{pc}') \tag{5.38c}$$

$$dP/dl = f_m[(1-\varepsilon_b)/\varepsilon_b^3](\rho u_0^2/d_s) \tag{5.38d}$$

$$r_A = k(T)f(x_A) \tag{5.38e}$$

式中，A_b、d_b 分别为催化剂床层截面积和直径；T、T_c 分别为反应流体和换热介质温度；G 为以床层截面积计算的反应流体质量流速，kg/(m^2 · s)；G_c 为换热介质质量流量，kg/s；$\overline{C_p'}$、C_{pc}' 分别为单位质量反应流体和换热介质的恒压比热容[J/(kg · ℃)]。

求解微分方程组的边界条件如下：

$$l=0\ 时，\ x_A = x_{A0},\ \ T=T_0,\ \ T_c=T_{c0},\ \ p=p_0 \tag{5.38f}$$

以上模型是发生单一反应时的反应器模型。如果副反应不明显，可以直接使用。对于多个反应同时存在的反应系统，可以对每个独立反应组分进行质量衡算，而式右边的反应速率为该组分在各反应中的消耗和生成叠加后的净消耗速率。能量方程中的反应热项为各反应热效应的总和。

对于像二氧化硫转化反应器、冷激式合成氨反应器、甲醇合成反应器等无内换热元件的固定床反应器，如果器壁的热传导可以忽略，催化剂颗粒尺寸远小于反应器尺寸，在反应器内没有明显的气体沟流存在时，可以认为反应器在径向方向上是均匀的，设计该类反应器时只需要考虑反应参数在轴向的变化，得到的拟均相模型为只与轴向有关的一维模型(one dimensional model)。

2. 二维拟均相反应器模型

对于有明显流动不均，或有内部换热与外部换热的反应器，同一截面上的浓度、温度等参数不同，这时的反应器模型就必须考虑径向的参数变化。对于放热反应，反应流体和床层的温度会随反应的进行逐渐升高；而对于吸热反应，反应流体和床层的温度会随反应的进行逐渐降低。工业上，为了维持反应在一定的温度范围内进行，需要在反应过程中移走部分反应热(放热反应)或提供部分反应热(吸热反应)。例如，甲烷蒸汽转化、烃类裂解反应等是强吸热反应，必须由外部供给热量，通常采用管式反应器增加传热量，显然，管壁处的温度与管

中心处的温度有很大差别，温差的大小取决于反应的快慢和传热阻力的大小。城市煤气甲烷化是强放热反应，常用管式反应器并通过管外的冷却剂移走热量；乙炔与乙酸合成乙酸乙烯时，反应所用的催化剂对温度很敏感，乙酸乙烯合成反应器通常设计为以导热油为冷却剂的列管反应器。对于这类管式反应器，可以采用二维的反应器模型进行模拟。

二维模型(two dimensional model)与一维模型不同之处在于考虑了床层中径向上的热、质传递。当催化剂床层直径不是太小，反应热效应又很大时，径向温差有时可达数十摄氏度，这时必须考虑床层内的浓度、温度在径向的分布。

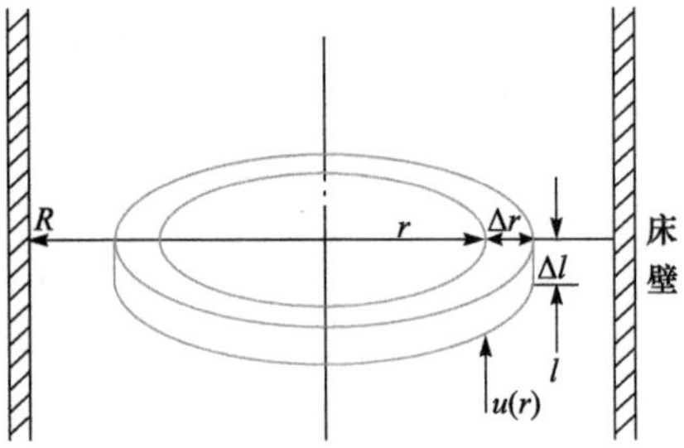

工业固定床反应器很多是圆柱形，可以利用圆形截面上反应参数的对称性建立二维模型。取环绕床中心轴、径向在 $r \sim r+\Delta r$、轴向在 $l \sim l+\Delta l$ 处的一个微元环柱体(图 5.9)，对关键组分 A 进行物料衡算及热量衡算，可得二维浓度、温度分布微分方程。

图 5.9 固定床二维模型环状微元示意图

二维模型认为床层中的流动为非理想流动，因此，进行物料衡算时，在轴向上除了要考虑由流体流动带入、带出微元的物料量外，还要考虑由返混所引起的扩散量；同样进行热量衡算时，除了要考虑流体在轴向上流动所带入、带出微元的热量外，还要考虑由热传导带入、带出的热量。再加上径向上的物、热传递及微元体内的反应量，得固定床二维模型：

$$\left.\begin{aligned}
&\left(uc_{\mathrm{A}}-D_{\mathrm{l}}\frac{\partial c_{\mathrm{A}}}{\partial l}\right)_{l}2\pi r\Delta r+\left(-D_{\mathrm{r}}\frac{\partial c_{\mathrm{A}}}{\partial r}\right)_{r}2\pi r\Delta l\\
&=\left(uc_{\mathrm{A}}-D_{\mathrm{l}}\frac{\partial c_{\mathrm{A}}}{\partial l}\right)_{l+\Delta l}2\pi r\Delta r+\left(-D_{\mathrm{r}}\frac{\partial c_{\mathrm{A}}}{\partial r}\right)_{r+\Delta r}2\pi(r+\Delta r)\Delta l+r_{\mathrm{A}}2\pi r\Delta r\Delta l\\
&\left(G\overline{C'_p}T-\lambda_{\mathrm{el}}\frac{\partial T}{\partial l}\right)_{l}2\pi r\Delta r+\left(-\lambda_{\mathrm{er}}\frac{\partial T}{\partial r}\right)_{r}2\pi r\Delta l\\
&=\left(G\overline{C'_p}T-\lambda_{\mathrm{el}}\frac{\partial T}{\partial l}\right)_{l+\Delta l}2\pi r\Delta r+\left(-\lambda_{\mathrm{er}}\frac{\partial T}{\partial r}\right)_{r+\Delta r}2\pi(r+\Delta r)\Delta l-(-\Delta H_{\mathrm{r}})r_{\mathrm{A}}2\pi r\Delta r\Delta l
\end{aligned}\right\}\tag{5.39}$$

如果将床层内的混合扩散系数 D_{l} 及 D_{r}、有效导热系数 λ_{el} 及 λ_{er}、流速 u、反应热$(-\Delta H_{\mathrm{r}})$、比热容 $\overline{C'_p}$ 近似为常数，由扩散引起的传质与由流体流动引起的质量变化相比可以忽略，同时由热传导引起的换热量与由流体流动引起的热量变化相比可以忽略，上述微分方程组可简化为

$$\left.\begin{aligned}
u\frac{\partial c_{\mathrm{A}}}{\partial l}&=D_{\mathrm{r}}\left(\frac{\partial^2 c_{\mathrm{A}}}{\partial r^2}+\frac{1}{r}\frac{\partial c_{\mathrm{A}}}{\partial r}\right)-r_{\mathrm{A}}\\
G\overline{C'_p}\frac{\partial T}{\partial l}&=\lambda_{\mathrm{er}}\left(\frac{\partial^2 T}{\partial r^2}+\frac{1}{r}\frac{\partial T}{\partial r}\right)+(-\Delta H_{\mathrm{r}})r_{\mathrm{A}}
\end{aligned}\right\}\tag{5.40}$$

其边界条件为

$$l=0,\quad 0\leqslant r\leqslant R,\quad c_{\mathrm{A}}=c_{\mathrm{A0}},\quad T=T_0$$

$$r=0,\quad 0\leqslant l\leqslant L,\quad \frac{\partial T}{\partial r}=0,\qquad \frac{\partial c_{\mathrm{A}}}{\partial r}=0$$

$$r=R,\quad 0\leqslant l\leqslant L,\quad \frac{\partial c_{\mathrm{A}}}{\partial r}=0,\qquad -\lambda_{\mathrm{er}}\left(\frac{\partial T}{\partial r}\right)=\alpha_{\mathrm{w}}(T_{\mathrm{R}}-T_{\mathrm{w}})$$

式中，R 及 L 分别为床层半径和床层高度；T_{R} 及 T_{w} 分别为床层与器壁接触处床层一侧及器壁一侧的温度。

5.2　绝热固定床反应器

为了维持反应床层的温度，往往需要在反应床层中添加换热设备，如列管式固定床反应器，可以通过管间的冷却介质移走热量或者通过管间的加热介质补充热量。对于热效应较小或者对温度要求不是太高的情况，也可以在固定床反应器中填埋换热元件，如换热列管、换热盘管或换热夹套等。但是，在反应器中设置换热元件会使反应器的结构很复杂，同时会减小反应器的有效空间和催化剂的填充量。因此，一般对于大型的化学反应器都会尽量将反应的换热单元放置在反应器外，或者采用不换热的绝热反应床层。

在反应热效应不太大的情况下，采取绝热操作(adiabatic operation)，反应放出的热转化为物料的显热使反应流体温度升高(吸热反应吸收的热量消耗反应物料的显热，使反应流体温度降低)。物料的温度变化不大，可以使反应在催化剂活性温度范围内进行。绝热固定床反应器结构简单，催化剂均匀堆积于反应器中支承板上，催化剂的装填相对简单，可以节省反应器投资和操作费用。

当反应热量较大时，或者催化剂的活性温度区域不太宽时，采用单段绝热操作可能会导致较高的反应温度，从而使催化剂失活。这时，需要控制绝热反应的转化率，将高温气体引出反应器进行降温后，再进行一次绝热反应操作，可以达到较高的转化率。

对于可逆放热反应，反应速率随反应温度增加存在最大值，在反应转化率较小的阶段，较高的反应温度可以加快反应速率，随着转化率的增加，反应平衡的限制更加明显，反应需要在较低的反应温度下进行。对热效应较大的可逆放热反应，在转化率要求较高或催化剂活性温区较小时，可采用段间冷却(interstage cooling)的多段绝热固定床反应器来完成。即将床层分成若干段，在每段床层内仍采用绝热反应，段与段之间根据需要进行换热。段间换热器虽然也要交换同样的热量，但在大规模生产中，换热器的制造已经标准化，其制造费用远比反应器中加换热元件低，同时反应器的可靠性也大大提高。

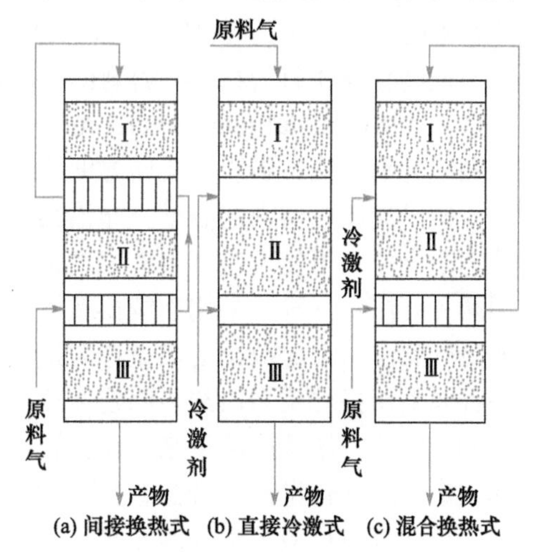

图 5.10　多段固定床绝热反应器

按段间冷却方式的不同，多段绝热固定床反应器又分为间接换热式、直接换热式及混合换热式，见图 5.10。图 5.10(a)为间接换热式多段绝热固定床反应器示意图，段间冷、热流体是通过间壁换热来完成热量交换的。图 5.10(b)为直接冷却(冷激)式多段绝热固定床反应器示意图，它是将冷流体直接与反应热流体混合进行热量交换。作为冷激剂的冷流体可以是冷原料气，也可以是非原料气。图 5.10(c)为混合换热式，它实际上就是图 5.10(a)和(b)两种换热形式的合并，同样，它的冷激剂可以是原料气，也可以是非原料气。示意图中段间换热器设在反应器内，很多工业反应器，特别是大规模工业生产中，段间换热器体积都较大，不可能全部放在反应器内部，一般都设计在反应器周围，通过接管与反应器连接。

5.2.1 气固催化反应的最佳操作温度

气固催化反应过程中，温度对反应混合物的平衡组成及反应速率都有很大的影响。由于不可逆反应和可逆吸热反应的反应速率均会随反应温度的升高而增大，因此，只要在反应器材质及催化剂能承受的温度范围内，对反应选择性没有影响的前提条件下，应选择尽可能高的温度，见图 5.11(a)。图中曲线 r=0 表示平衡曲线，在这条曲线上反应速率为 0，其他三条曲线分别表示反应速率为 r_{A1}、r_{A2}、r_{A3} 的等值线。显然，$r_{A1}>r_{A2}>r_{A3}>0$，越接近于平衡线，反应速率越小。

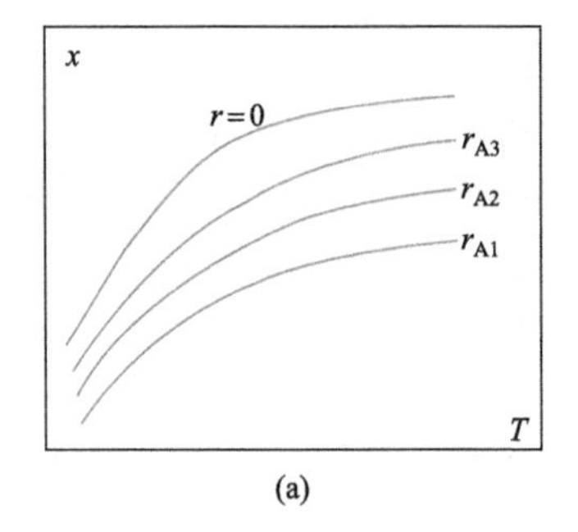

(a)

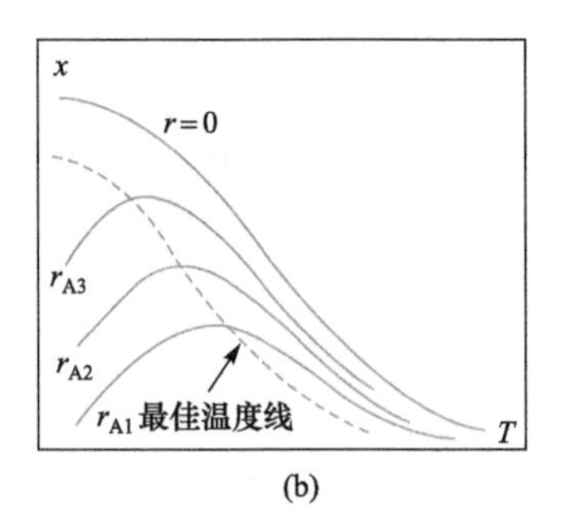

(b)

图 5.11 反应过程中转化率与反应温度关系示意图

在一定的温度范围内，组成一定的可逆放热反应的反应速率随温度变化存在一个极大值，该极值所对应的温度称为最佳操作温度(optimal operation temperature)。很显然，反应器不同位置上的转化率和反应物组成不同，其相对应的最佳操作温度和平衡温度也不同，见图 5.11(b)。将不同转化率下计算(或实验)测得的最佳温度或平衡温度分别连接起来，就得到了如图中的最佳温度线(optimal temperature curve)或平衡温度线(equilibrium temperature curve)。图中 r=0 的曲线为平衡线，虚线为最佳温度线。

假设让反应器内的温度分布沿最佳温度线变化，反应器内每一点都处于反应速率最大的状态下操作，可使反应器生产强度保持最大，而所需催化剂用量最少。要达到这一目的可采用两种办法：一种是采用连续换热固定床反应器，在催化剂床层中埋设适当高度和适当数量的冷却管，将反应放出的热量适时适量地带走，使反应操作轨迹尽量沿最佳温度线进行；另一种是采用换热式多段绝热固定床反应器，当反应热使系统温度升高超过最佳温度时，用换热的方式将系统温度降下来，使操作温度在最佳温度线左右尽量靠近它变化。这就是多段绝热固定床的优化设计，将在 5.2.3 节中进行讨论。

可逆放热反应的最佳温度与平衡温度间有一定的关联性，凡影响平衡的因素，如操作压力、反应混合物初始组成等，都会使最佳温度发生改变。图 5.12 是 N-2 型催化剂上进行氨合成的实验数据，从数据中可以看出反应的最佳温度线与平衡温度线之间的相关性。但另一方面，如果改变催化剂，虽然平衡曲线不变，但是最佳温度线将会产生变化。

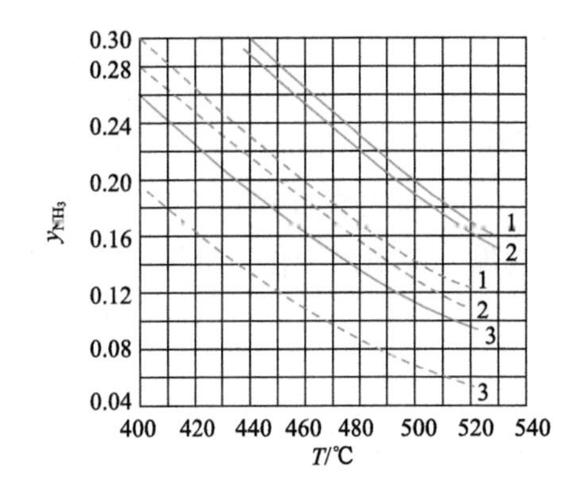

	p	$y_{H_2,0}$	$y_{N_2,0}$	$y_{Ar,0}$	$y_{CH_4,0}$
1	300atm	0.66	0.22	0.08	0.04
2	300atm	0.64	0.21	0.04	0.11
3	150atm	0.66	0.22	0.08	0.04

图 5.12　反应压力及惰性气分率对氨合成平衡温度线及最佳温度线的影响
实线为平衡温度线，虚线为最佳温度线

内扩散过程对最佳操作温度线也会产生影响。实际多相反应器中，最佳温度影响因素较多，很难根据反应的速率方程和平衡方程分析求解，只能通过实验对具体反应过程作出 r_A-T 曲线，再连接各曲线顶点(极值点)，即可得真实的最佳温度线。图 5.13 所示 Zn-Cr_2O_3 催化剂上进行合成甲醇反应的反应速率-温度曲线，图中虚线为动力学控制(也可以看作无内扩散影响的小颗粒催化剂上进行反应)时不同转化率下的 r_A-T 曲线，曲线 A 为其最佳温度曲线；实线则为有内扩散影响(或用大颗粒催化剂)时的 r_A-T 曲线，曲线 B 为其最佳温度曲线。根据两条最佳温度线可见，同等条件下，使用大颗粒催化剂的最佳温度比小颗粒的低；转化率越低时，最佳温度降低得越多。

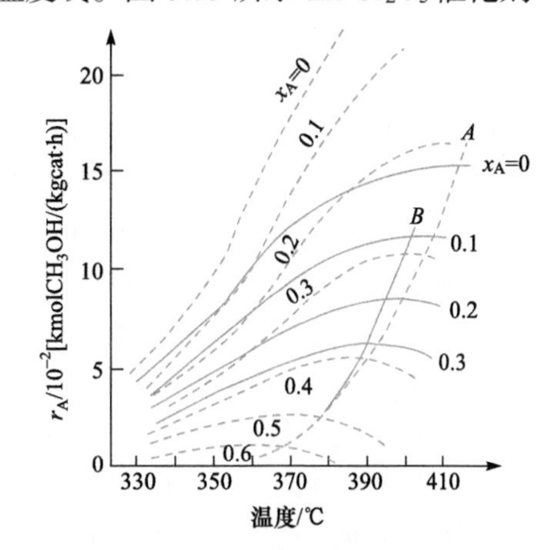

图 5.13　反应速率-温度图
$CO+2H_2 \rightleftharpoons CH_3OH$；$p$=280atm
原料组成：12%CO，80%H_2，8%惰性气体
催化剂 Cr_2O_3-ZnO

各种催化剂都具有一定的活性温度范围，当计算的最佳温度超过该温度范围的上限时就失去了意义。由可逆放热反应的 x_A-T 图可知，转化率越低，最佳温度越高。因此，当转化率较低时，容易出现计算的最佳温度超过催化剂耐热温度情况，这一点在计算单段绝热固定床或多段绝热固定床第一段出口温度时应特别注意。

5.2.2　单段绝热固定床反应器

对于反应热效应不大，或热效应虽大但转化率极低的反应，选择单段绝热固定床是适宜的。当 d_b/d_p>8，L/d_p>100，催化剂堆放均匀，且流体在床层内流速较大时，可以假定流体在床层中的流动为平推流。若已知宏观动力学方程，则可选一维拟均相理想置换固定床模型进行设计。

对于绝热操作，在不考虑压降影响情况下，模型方程组式(5.38)可简化为

$$dx_A/dl=(A_b/F_{A0})r_A \tag{5.41a}$$

$$dT/dl=(-\Delta H_r)r_A/(G\overline{C'_p}) \tag{5.41b}$$

$$r_A=k(T)f(x_A) \tag{5.41c}$$

$$\text{边界条件}\quad l=0,\ x_A=x_{A0},\ T=T_0 \tag{5.41d}$$

与绝热操作的均相平推流反应器设计计算一样，将式(5.41a)与式(5.41b)联立，并忽略反应过程中反应热$(-\Delta H_r)$、混合气体平均比热容$\overline{C'_p}$及系统总摩尔流量的变化，可得绝热操作线方程：

$$T-T_0=\lambda(x_A-x_{A0}) \tag{5.42}$$

式中，λ为绝热温升，它表示绝热操作条件下，关键组分完全转化时系统温度的变化值

$$\lambda=\frac{y_{A0}(-\Delta H_r)}{\overline{C}_p}=\frac{w_{A0}(-\Delta H_r)}{M_A\overline{C'_p}} \tag{5.43}$$

式中，$\overline{C_p}$为 1mol 物料的恒压比热容。

单段绝热固定床反应器催化剂用量由式(5.41a)积分计算得到

$$V_b=\int_0^L A_b dl=F_{A0}\int_{x_{A0}}^{x_{Af}}\frac{dx_A}{r_A} \tag{5.44}$$

式(5.44)中的反应速率r_A(以单位体积计)是温度T、转化率x_A的函数，利用绝热操作线方程式(5.42)将温度T化成转化率的函数，便可积分求解反应器体积。对于多段绝热反应器，将式(5.44)积分上下限分别换成某段的进出口床高及进出口转化率,便可求得该段所需催化剂量V_{bi}。

绝热操作线方程式(5.42)表明，在绝热床层中温度变化与浓度变化之间为线性关系。当然，这是在做了一系列假设的前提下所得的近似关系。在实际生产中，当关键组分起始浓度y_{A0}不高，或者y_{A0}虽高但转化率较低时，将λ视为常数是可以的。对于y_{A0}很高，反应过程中混合物组成变化又很大时，可把床层划成若干小段，将各小段中绝热操作线仍当作直线，这在固定床的工程计算上是允许的。

实际工业生产中，一般反应器进出口关键组分的转化率是工艺设计指标。单段绝热固定床反应器内进行可逆放热反应时，若λ近似为常数，绝热操作线在x_A-T图上是一条直线(图 5.14)。由不同的进口温度可得一组斜率为$1/\lambda$的绝热操作线，对于不同进口温度在达到相同的工艺所要求的转化率时，尽管在T-x图上得到很相似的平行操作线组，但是所需要的催化剂用量会有很大的差别。由于可逆放热反应存在最佳操作温度，相同转化率下反应速率最大，反应效率最高，故通过调节进口温度，可以改变催化剂床层的效率，理论上存在一个催化剂用量最小值。相应地，所对应的进口温度即为单段绝热固定床的最佳进口温度(optimum feed temperature)。虽然理论上最佳进口温度可由经典的求极值的方法(令$dV_b/dT=0$)求得，但实际计算中往往采用试算的方法，即在催化剂适用温度范围内选一系列温度作为进口温度，计算各进口温度对应所需的催化剂用量，其中催化剂用量最少所对应的进口温度即为最佳进口温度。

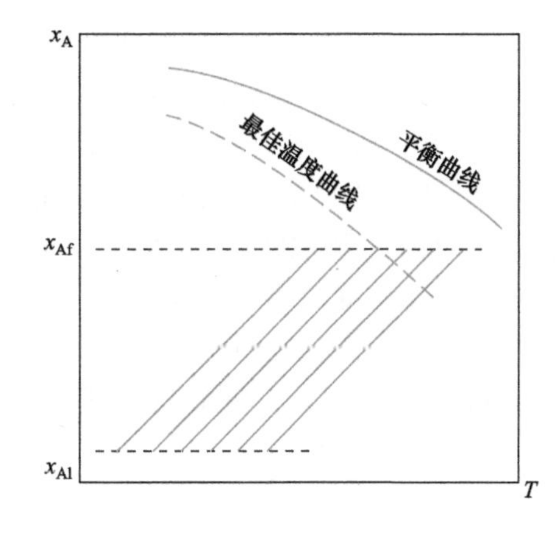

图 5.14　单段绝热催化床

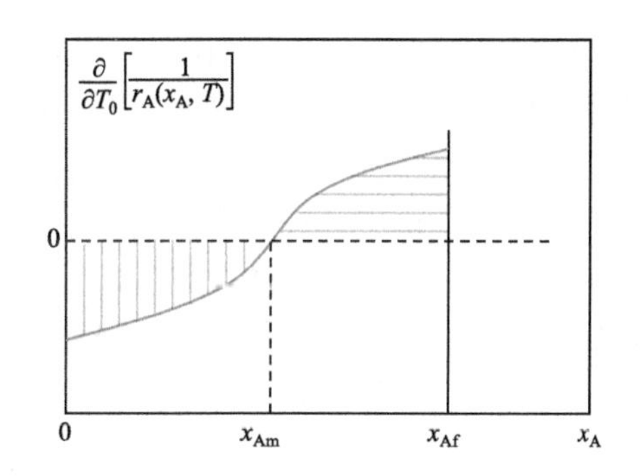

图 5.15　单段反应床层最佳进口温度条件示意图

根据式(5.44)，进口温度为 T_0，求导得

$$\frac{\partial V_b}{\partial T_0}=F_{A0}\int_{x_{A0}}^{x_{Af}}\frac{\partial}{\partial T_0}\left[\frac{1}{r_A(x_A,T)}\right]dx_A=0 \tag{5.45}$$

在反应进行到最佳温度之前，反应速率随温度增加而增加，而当反应进程到达最佳温度之后，反应速率随温度增加而降低。由式(5.45)可以看出，微分 $\frac{\partial}{\partial T_0}\left[\frac{1}{r_A(x_A,T)}\right]$ 在最佳温度以前为负，而在最佳温度以后为正。因此，最佳进口温度下绝热操作线总是横跨最佳温度线，并使式(5.45)成立。如图 5.15 所示，$\frac{\partial}{\partial T_0}\left[\frac{1}{r_A(x_A,T)}\right]$ 随 x_A 变化曲线在反应前段为负，后段为正，上下两块面积相等时，所对应的进口温度是单段反应床层的最佳进口温度。

在绝热操作条件下进行可逆放热反应时，其出口温度往往很高。如果达到设计所要求的转化率时出口温度已超出催化剂的活性温度范围，这时可增大绝热操作线的斜率。由式(5.43)及式(5.42)可知，只要适当降低关键组分的初始浓度 y_{A0}，λ 减小，则达到相同转化率时的出口温度就会降低。但减小进口反应物浓度将会导致反应器生产能力的降低，因此，对于反应热效应大、反应物浓度高的反应，通常采用多段绝热固定床反应器，可以提高反应器的生产强度和催化剂的利用率。

5.2.3　多段绝热固定床反应器

多段绝热固定床反应器主要用于可逆放热反应。其特点为段内绝热反应，段间换热降温。按照其换热情况及冷却介质的不同分别进行讨论。

1. 间接换热式多段绝热固定床反应器

间接换热式多段绝热固定床反应器一般是将冷原料气与各段出口热气体进行换热后预热到反应温度进入床层进行绝热反应，同时使进入下一段的反应气体达到相应的设定温度。图 5.16 为一个间接换热式三段绝热固定床反应器的示意图及操作状态图。

图 5.16 中的平衡曲线是操作的极限，如果在平衡状态下操作，理论上所需的催化剂量为无限多，因此操作线处于平衡线的下方才是有意义的。O 点为与三段出口气体进行换热之前

的冷原料气的状态。直线 OA 为冷原料气在三段段后换热器中的预热过程。AB、CD、EF 分别为Ⅰ、Ⅱ、Ⅲ段催化剂床层中的绝热操作线，当绝热温升 λ 近似为常数时，则 $AB//CD//EF$。直线 BC、DE、FG 分别表示Ⅰ、Ⅱ、Ⅲ段段后换热器中反应气体的冷却情况，由于冷热流体不直接接触，且换热过程中又无其他物料加入，没有化学反应发生，故换热过程中转化率不变，冷却线为水平直线。G 点的温度取决于整个反应系统及换热系统的热量衡算。当段数无限多时，可以使由绝热线和冷却线组成的折线无限趋近于最佳温度曲线。这说明，理论上若将多段绝热固定床反应器的段数取为无限多时，可使反应器生产强度达到最大。但是，段数越多，配套设备越多，流程和操作越复杂，这在经济上并不一定合理，实际工业生产中常见2～3段，5～6段以上的极为少见。

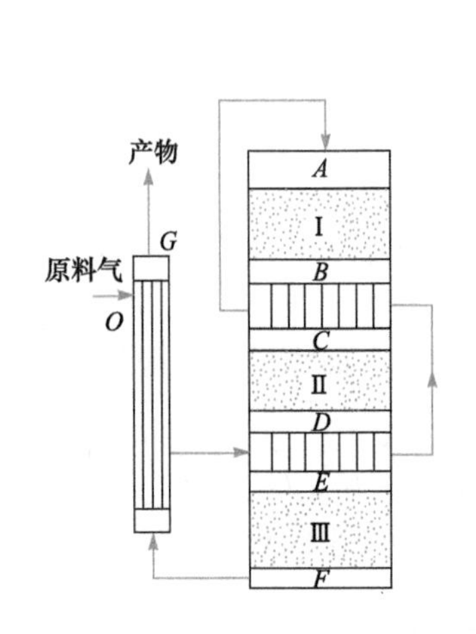

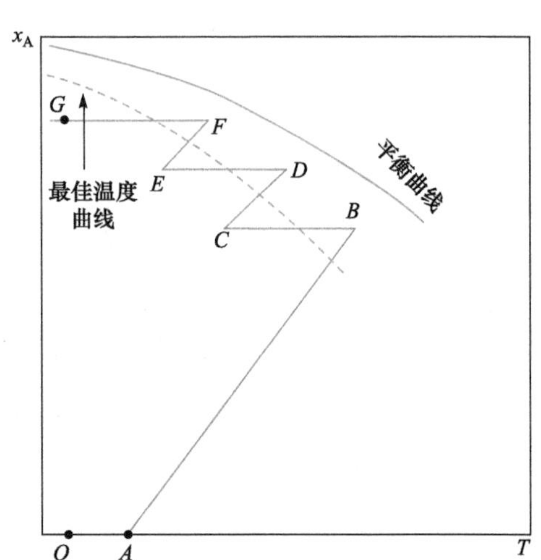

图 5.16 三段间接换热式催化反应过程

多段绝热固定床反应器的段数确定之后，当原料气初始组成一定，要达到规定的最终转化率，各段进出口状态(温度、转化率)有无数种分配方案。若确定优化目标为总催化剂用量最少，则这些方案中只有一个为最优分配方案。

假设间接换热式多段绝热固定床反应器段数为 m，x_{Ai} 和 x'_{Ai} 分别为第 i 段的进出口转化率，T_i 和 T'_i 分别为第 i 段的进出口温度，若第 i 段的催化剂用量为 V_{bi}，则总催化剂用量为

$$\begin{aligned} V_b &= \sum_{i=1}^{m} V_{bi} \\ &= F_{A0}\left[\int_{x_{A1}}^{x'_{A1}} \frac{dx_A}{r_A(T, x_A)} + \int_{x_{A2}}^{x'_{A2}} \frac{dx_A}{r_A(T, x_A)} + \cdots + \int_{x_{Am}}^{x'_{Am}} \frac{dx_A}{r_A(T, x_A)}\right] \end{aligned} \tag{5.46}$$

由式(5.46)可知，当动力学方程 $r_A(T, x_A)$已知，F_{A0}一定时，V_b 为 x_{Ai}、x'_{Ai}、T_i、T'_i $(i=1, 2, \cdots, m)$ 共 $4m$ 个变量的函数。多元函数的极值可用经典的方法，令该函数对各独立变量的一阶导数为零而求得。但目标函数 V_b 的这 $4m$ 个变量由于受到一些约束条件的限制，并不全是独立的。在这 $4m$ 个变量中，非独立变量有

(1) 已知第一段进口及 m 段出口转化 x_{A1} 和 x'_{Am}，共 2 个。

(2) 根据间接换热特点，上一段出口转化率等于下一段进口转化率，即 $x'_{Ai-1} = x_{Ai}$ $(i=2, 3, \cdots, m)$，共 $m-1$ 个。

(3) 绝热操作按操作线方程，$T'_i-T_i=\lambda(x'_{Ai}-x_{Ai})$ (i =1, 2, …, m)，共 m 个。

除去 2m+1 个非独立变量，可选择 2m−1 个变量作为独立变量，通常选择各段(除第一段外)进口转化率 x_{Ai} (i=2, 3, …, m)和各段进口温度 T_i (i=1, 2, …, m)，令反应器总体积对这些变量的一阶导数为零，得

$$\partial V_b/\partial x_{Ai}=0, \quad i=2, 3, \cdots, m \tag{5.47}$$

$$\partial V_b/\partial T_i=0, \quad i=1, 2, \cdots, m \tag{5.48}$$

利用以上 2m−1 维偏微分方程组求解 2m−1 个变量,求解结果即为反应器的最佳操作参数。由式(5.47)和式(5.46)(对间接换热，$x'_{Ai-1}=x_{Ai}$)可得

$$\partial V_b/\partial x_{Ai}=1/r_A(T'_{i-1},x_{Ai})-1/r_A(T_i,x_{Ai})=0 \tag{5.49}$$

即

$$r_A(T'_{i-1},x_{Ai})=r_A(T_i,x_{Ai}) \quad i=2, 3,\cdots,m \tag{5.50}$$

式(5.50)是使反应器催化剂体积最小应满足的冷却条件，指反应气体在从上一段出口冷却后进入下一段反应床层时，应保证下一段进口反应速率等于上一段出口反应速率。从物理意义上看，是尽量保证反应条件在最适宜温度线的两侧均衡。此条件称为多段反应器优化的第一类条件，共 m−1 个。

由式(5.46)和式(5.48)可得

$$\frac{\partial V_b}{\partial T_i}=\frac{\partial}{\partial T_i}\int_{x_{Ai}}^{x'_{Ai}}\frac{dx_A}{r_A(T,x_A)}=0 \tag{5.51}$$

即

$$\frac{\partial}{\partial T_i}\int_{x_{Ai}}^{x'_{Ai}}\frac{dx_A}{r_A[T_i+\lambda(x_A-x_{Ai}),x_A]}=0 \quad i=1, 2, \cdots, m \tag{5.52}$$

式(5.52)指多段反应器达到优化操作的段内操作优化条件，与式(5.45)等价，称为第二类条件式，共 m 个。

在已知动力学方程、原料处理量、初始组成、最终转化率及段数的情况下，可以利用两类优化条件求出最小的反应器催化剂床层体积。具体计算步骤如下：

(1) 假定第一段出口转化率 x'_{A1}，因 x_{A1} 已知，可由第二类条件式确定第一段进口温度 T_1。

(2) x_{A1}、x'_{A1} 及 T_1 均已确定，可由绝热操作线方程确定第一段出口温度 T'_1。

(3) 第一段出口状态(T'_1, x'_{A1})已知，由第一类条件式确定第二段进口温度 T_2。

(4) 已知第二段进口状态(T_2、$x_{A2}=x'_{A1}$)，由第二类条件式确定第二段出口转化率 x'_{A2}。

(5) 重复以上(2)、(3)、(4)步骤计算，计算出第 m 段出口转化率 $(x'_{Am})_{计}$，与给定的最终转化率 x'_{Am} 比较，如果偏差满足要求，可认为所求各段进出口温度和转化率符合最佳分配，进行下面的步骤(6)；否则，回到步骤(1)，重新假设 x'_{A1}，继续进行以上步骤，直到符合要求为止。

(6) 由确定的各段进出口温度和转化率计算各段催化剂用量，加和即得所求催化剂最少总用量。

工业生产所用的催化剂都有一个活性温度范围，如按理论计算所得的温度在这个温度范围之外，则是无效的。若低于该温度范围下限，则取下限温度代替计算温度；若高于该温度范围上限，则用上限温度代替计算温度。由于活性温度范围的存在，实际第一段进口温度是

可以预先选定的，通常取略高于催化剂的起燃温度，较高的进口温度意味着较高的换热负荷。一般在反应初期，催化剂活性较高，可选高于下限温度 5～10℃作为第一段进口温度。因此，更常见的情况是已知动力学方程、原料处理量、初始组成、第一段进口温度、最终转化率及段数 m，求各段进出口转化率及温度。此时的计算步骤如下：

(1) 已知 x_{A1} 和 T_1，由第二类条件式和绝热操作线方程计算出第一段出口转化率 x'_{A1} 和第一段出口温度 T_1'。

(2) 将上一步确定的第一段出口状态代入第一类条件式，确定第二段进口温度 T_2。

(3) 已知第二段进口状态，由第二类条件式确定第二段出口转化率 x'_{A2}。

(4) 仿照(2)及以后同样的步骤，确定直到 m 段的转化率及温度。根据计算结果与给定条件的偏差判断是否符合要求，如果计算出口转化率低于设定值，可以增加段数保证生产能力；如果高于设定值，也可以减少段数。

(6) 根据确定的各段进出口温度和转化率计算催化剂总用量。

催化剂用量确定之后，可根据生产上对床层压降的要求来确定床层直径和床层高度。段间换热器及段后换热器可根据热平衡及温度条件进行设计。

【例 5.3】 合成氨生产中的中温变换常采用绝热固定床反应器。现拟设计一个间接换热式二段绝热固定床反应器进行一氧化碳变换反应

$$CO+H_2O=\!=\!=CO_2+H_2 \tag{a}$$

要求催化剂总用量最小。已知操作压力 p=1atm，原料气处理量为 3500Nm³/h，干气组成如下：

组成	CO	CO_2	H_2	N_2	O_2+Ar	CH_4	合计
体积分数/%	30.4	9.46	37.8	21.3	0.25	0.79	100

进变换炉 H_2O/CO(物质的量比)=4.6。催化剂为ϕ 8.9mm×7.67mm 的圆柱形氧化铁催化剂，堆积密度 1.5kg/L，床层空隙率 0.3，活性温度范围 350～500℃，测得该催化剂在此温度范围内的宏观动力学方程为

$$r_A^* = k_{表} p_A(1-\beta) \qquad \text{kmol/(kg·min)} \tag{b}$$

式中，$k_{表}$为宏观反应速率常数，它与热力学温度的关系为

$$k_{表}=22\exp(-13000/RT) \qquad \text{kmol/(kg · min)} \tag{c}$$

$$\beta = p_C p_D/(p_A p_B K_p) \tag{d}$$

式中，p_A、p_B、p_C 及 p_D 分别为一氧化碳、水、二氧化碳及氢的分压；K_p 为平衡常数，它与热力学温度的关系为

$$K_p=0.0165\exp(8759/RT) \tag{e}$$

忽略反应热随温度及混合物比热容随温度和组成的变化，取$(-\Delta H_r)$=41.03kJ/mol，$\overline{C_p}=33.49$J/(mol · K)。若要求一氧化碳最终转化率达 91.7%，试确定各段进出口温度、转化率及催化剂总用量，并根据压降小于操作压力 15%确定床层直径。

解 (1) 催化剂用量。

先计算湿原料气组成，若以 100mol 干原料气为基准，由已知条件可得

$$y_{A0}=\frac{30.4}{100+30.4\times4.6}=12.67\%$$

同理可算得其余组分的湿气分子分率，一并列表如下：

组成	CO	CO_2	H_2	N_2	O_2+Ar	CH_4	H_2O	合计
体积分数/%	12.67	3.94	15.75	8.875	0.1042	0.3292	58.33	100

由于将整个过程中的$(-\Delta H_r)$和$\overline{C_p}$视为常数，且段间为间接换热，y_{A0}不变，故绝热温升λ也可看作常数，由式(5.42)得

$$\lambda = \frac{y_{A0}(-\Delta H_r)}{\overline{C}_p} = \frac{0.1267\times 41.03\times 10^3}{33.49} = 155.2\ (℃)$$

绝热操作线方程为

$$T_i' = T_i + 155.2(x_{Ai}' - x_{Ai}) \tag{f}$$

根据催化剂的活性温度范围，可选第一段进口温度 T_1=360℃，下面按计算步骤进行计算：

(i) 设第一段出口转化率为 85%。

(ii) 由式(f)可得第一段出口温度。

$$T_1' = T_1 + 155.2(x_{Ai}' - x_{Ai}) = 360+155.2\times 0.85 = 491.9(℃)$$

该出口温度未超出活性温度范围，是有效的。

(iii) 利用第一类条件式(5.50)，由已知第一段出口 $T_1' = 491.9℃$，$x_{A1}' = 0.85 = x_{A2}$，计算第二段进口温度 T_2。首先计算第一段出口的反应速率，由于是常压等分子反应，总压 p=1atm

$$p_A = p_{A0}(1-x_A) = py_{A0}(1-x_A) = y_{A0}(1-x_A)$$
$$p_B = y_{B0} - y_{A0}x_A$$
$$p_C = y_{C0} + y_{A0}x_A$$
$$p_D = y_{D0} + y_{A0}x_A$$

代入式(d)，得

$$\beta = \frac{(y_{C0} + y_{A0}x_A)(y_{D0} + y_{A0}x_A)}{y_{A0}(1-x_A)(y_{B0} - y_{A0}x_A)K_p} \tag{g}$$

第一段出口温度 $T_1' = 491.9℃$，即 765.1K 时

$$k_{表}=22\exp[-13000/(1.987\times 765.1)]=4.253\times 10^{-3}[\text{kmol/(kg · min · atm)}]$$

$$K_p=0.0165\exp[8759/(1.987\times 765.1)]=5.244$$

$$\beta = \frac{(0.0394+0.1267\times 0.85)\times(0.1575+0.1267\times 0.85)}{0.1276\times(1-0.85)\times(0.5833-0.1267\times 0.85)\times 5.244} = 0.8228$$

将已知数据代入式(b)，得第一段出口反应速率

$$r_{A1}'^{*} = 4.253\times 10^{-3}\times 0.1267\times(1-0.85)\times(1-0.8228)$$
$$= 1.432\times 10^{-5}[\text{kmol/(kg·min)}]$$

根据第一类条件式，满足优化操作的条件是第二段进口反应速率应与第一段出口反应速率相等，取第二段进口温度 T_2=390℃，即 663.2K，这时

$$k_{表}=1.143\times 10^{-3}\text{kmol/(kg · min · atm)}$$

$$K_p=12.71$$

$$\beta=0.3397$$

第二段进口反应速率为

$$r_{A2}^{*} = 1.143\times 10^{-3}\times 0.1267\times(1-0.85)\times(1-0.3397)$$
$$= 1.434\times 10^{-5}[\text{kmol/(kg·atm)}]$$

比较$r_{A1}'^{*}$和r_{A2}^{*}，可见满足第一类条件式(5.50)，可以认为所取的第二段进口温度 T_2=390℃是适合的。(如果初步取定的温度下，第二段进口反应速率与第一段出口反应速率相差较大，应重新设定第二段进口温度，直至满足第一类条件式)

(iv) 利用第二类条件式(5.52)，由第二段进口条件 x_{A2}=0.85，T_2=390℃，确定第二段出口转化率。由于$r_A=\rho_b r_A^*$，式(5.52)可写为

$$\frac{\partial V_b}{\partial T_i}=\frac{\partial}{\partial T_i}\int_{x_{Ai}}^{x'_{Ai}}\frac{dx_A}{\rho_b r_A^*(T,x_A)}=\frac{1}{\rho_b}\int_{x_{Ai}}^{x'_{Ai}}\frac{\partial[1/r_A^*(T,x_A)]}{\partial T_i}dx_A=0$$

由于

$$\frac{\partial(1/r_A^*)}{\partial T_i}=-\frac{1}{r_A^{*2}}\frac{\partial r_A^*}{\partial T_i} \tag{h}$$

代入速率方程式可得

$$\frac{\partial r_A^*}{\partial T_i}=\frac{\partial}{\partial T_i}[k_{表}y_{A0}(1-x_A)(1-\beta)]$$

$$=y_{A0}(1-x_A)\frac{\partial k_{表}}{\partial T_i}-\frac{(y_{C0}+y_{A0}x_A)(y_{D0}+y_{A0}x_A)}{(y_{B0}-y_{A0}x_A)}\frac{K_p\frac{\partial k_{表}}{\partial T_i}-k_{表}\frac{\partial K_p}{\partial T_i}}{K_p^2}$$

而

$$\frac{\partial k_{表}}{\partial T_i}=\frac{13000k_{表}}{RT_i^2}$$

$$\frac{\partial K_p}{\partial T_i}=-\frac{8759K_p}{RT_i^2}$$

将以上各式代入(h)，化简后可得

$$\frac{\partial(1/r_A^*)}{\partial T_i}=\frac{828.9k_{表}(1-x_A)(1.674\beta-1)}{T_i^2 r_A^{*2}}$$

用数值积分法从$x_{A2}=0.85$开始计算，当选定x'_{A2}值使积分$\int_{x_{A2}}^{x'_{A2}}\frac{\partial(1/r_A^*)}{\partial T}dx_A=0$时，$x'_{A2}$即为优化的第二段出口转化率。计算结果列于下表：

x_A	T/K	$k_{表}\times10^3$	K_p	β	$r_A^*\times10^5$	$(1/r_A^{*2})\times10^{-9}$	$\frac{\partial(1/r_A^*)}{\partial T}$
0.85	663.2	1.143	12.71	0.3397	1.434	4.861	−677.8
0.86	664.8	1.171	12.51	0.3766	1.295	5.964	−677.6
0.87	666.3	1.197	12.32	0.4164	1.151	7.553	−664.4
0.88	667.9	1.225	12.13	0.5186	0.8966	12.44	−448.0
0.89	669.4	1.252	11.95	0.5264	0.8265	14.64	−443.2
0.90	671.0	1.282	11.76	0.5942	0.6591	23.02	−28.85
0.91	672.5	1.310	11.59	0.6825	0.4743	44.46	1369
0.916	673.4	1.327	11.49	0.7477	0.3563	78.76	4039
0.917	673.6	1.331	11.47	0.7570	0.3401	86.44	4662
0.918	673.8	1.335	11.45	0.7666	0.3237	95.42	5404

采用梯形或 Simpson 积分方法可以求得：当 $x'_{A2}=0.917$ 时，$\int_{x_{A2}}^{x'_{A2}}\frac{\partial(1/r_A^*)}{\partial T}dx_A=0$，符合第二条件式。说明第二段出口的最佳转化率应为 0.917。

(v) 根据绝热操作线方程式(f)，计算第二段出口温度

$$T'_2=T_2+155.2(x'_{A2}-x_{A2})=390+155.2\times(0.917-0.85)=400(℃)$$

归纳以上计算结果，该中温变换炉各段温度、转化率分配如下：

性质	第一段		第二段	
	进口	出口	进口	出口
转化率/%	0	85	85	91.7
温度/℃	360	492	390	400

(vi) 催化剂总用量计算。

由于该例所给 r_A^* 是以催化剂质量计的反应速率，故按一维拟均相理想置换模型计算的催化剂床层体积应为

$$V_b=V_{b1}+V_{b2}=\frac{F_{A0}}{\rho_b}\left(\int_{x_{A1}}^{x'_{A1}}\frac{dx_A}{r_A^*}+\int_{x_{A2}}^{x'_{A2}}\frac{dx_A}{r_A^*}\right)\tag{i}$$

式中一氧化碳初始摩尔流量为

$$F_{A0}=\frac{3500\times0.304}{22.4\times60}=0.7917(\text{kmol/min})$$

式(i)中的两个积分仍采用梯形积分法计算，第一段数据见下表：

x_A	T/K	$k_{表}\times10^3$	K_p	$\beta\times10^2$	$r_A^*\times10^5$	$(1/r_A^*)\times10^{-3}$
0	633.2	0.7163	17.41	0.4823	9.032	11.07
0.1	648.7	0.9169	14.75	0.9232	10.36	9.654
0.2	664.2	1.160	12.58	1.664	11.56	8.649
0.3	679.8	1.454	10.81	2.895	12.52	7.986
0.4	695.3	1.802	9.351	4.953	13.02	7.680
0.5	710.8	2.213	8.144	8.459	12.83	7.792
0.6	726.3	2.693	7.134	14.70	11.64	8.590
0.7	741.8	3.251	6.285	26.69	9.059	11.04
0.75	749.6	3.564	5.908	37.16	7.094	14.10
0.80	757.4	3.899	5.561	53.77	4.568	21.89
0.85	765.1	4.253	5.244	82.28	1.432	69.82

$$\begin{aligned}\int_{x_{A1}}^{x'_{A1}}\frac{dx_A}{r_A^*}&=\int_0^{0.85}\frac{dx_A}{r_A^*}\\&=0.1\times\left(\frac{11.07+11.04}{2}+9.654+8.649+7.986+7.680+7.792+8.590\right)\times10^3\\&\quad+0.05\times\left(\frac{11.04+69.82}{2}+14.10+21.89\right)\times10^3\\&=9961.6[(\text{kg}\cdot\text{min})/\text{kmol}]\end{aligned}$$

第一段催化剂床层体积为

$$V_{b1}=\frac{F_{A0}}{\rho_b}\int_0^{0.85}\frac{dx_A}{r_A^*}$$
$$=\frac{0.7917\times 9961.6}{1.5\times 10^3}=5.258(m^3)$$

第二段催化剂用量可借用前面 x_A 从 0.85～0.917 变化时表中的 r_A^* 数据计算，即

$$V_{b2}=\frac{F_{A0}}{\rho_b}\int_{0.85}^{0.917}\frac{dx_A}{r_A^*}$$
$$=\frac{0.7917\times 9961.6}{1.5\times 10^3}\times\left[0.01\times\left(\frac{0.6974+2.108}{2}+0.7722+0.8688+1.115+1.210+1.517\right)\right.$$
$$\left.+0.07\times\left(\frac{2.108+3.089}{2}\right)\times 10^5\right]$$
$$=4.731(m^3)$$

若考虑催化剂使用过程中因中毒、老化等所引起的活性下降，取备用系数 20%，则催化剂总用量应为

$$V_b=1.2(V_{b1}+V_{b2})=12(m^3)$$

(2) 催化剂床层直径。

床层直径的选取主要取决于床层压降。由于是常压操作，催化剂用量较多，可将床层直径选大一些。若选床层直径为 2.4m，各段催化剂用量分别为第一段 6.3m³、第二段 5.7m³，则各段床层高度为

第一段 $$L_1=\frac{6.3}{2.4^2\pi/4}=1.393(m)$$

第二段 $$L_2=\frac{5.7}{2.4^2\pi/4}=1.261(m)$$

初步确定催化剂床层直径和高度后，必须对催化剂床层的压降进行核算，以确定催化剂床层阻力是否在可操作范围，核算如下：

催化剂的比表面积相当直径

$$d_s=\frac{6V_p}{S_p}=\frac{6\times 0.0089^2\pi/4\times 0.00767}{2\times 0.0089^2\pi/4+0.0089\pi\times 0.00767}=8.448\times 10^{-3}(m)$$

原料处理量

$$F_{t0}=\frac{3500\times(1+0.304\times 4.6)}{22.4}=374.75(kmol/h)$$

原料混合物平均相对分子质量

$$M_m=\sum y_iM_i$$
$$=0.1267\times 28+0.0394\times 44+0.1575\times 2+0.08875\times 28+0.001042\times 36+0.003292\times 16+0.5833\times 18$$
$$=18.67(kg/kmol)$$

原料混合物质量流速

$$G=\frac{18.67\times 374.75/3600}{2.4^2\pi/4}=0.4296[kg/(m^2\cdot s)]$$

混合物黏度以各段进出口算术平均温度(第一段 426℃，第二段 395℃)为定性温度，查取各组分黏度后经计算求取，计算数据列于下表：

段数	组分	CO	CO_2	H_2	N_2	O_2+Ar	CH_4	H_2O	$\sum$
	M_i/(kg/kmol)	28	44	2	28	36	16	18	
	$(M_i)^{1/2}$	5.29	6.63	1.41	5.29	6	4	4.24	
一	y_i	0.1267	0.0394	0.1575	0.08875	0.001042	0.003292	0.5833	
	$y_i(M_i)^{1/2}$	0.67	0.26	0.22	0.47	0.006	0.013	2.47	4.11

续表

	组分	CO	CO_2	H_2	N_2	O_2+Ar	CH_4	H_2O	$\sum$
一	$\mu_i \times 10^5$ /[kg/(m·s)]	3.17	3.10	1.575	3.19	4.00	2.12	2.495	
	$\mu_i y_i (M_i)^{1/2} \times 10^9$	2.124	0.806	0.3465	1.499	0.024	0.02756	6.163	10.99
二	y_i	0.019	0.1471	0.2652	0.08875	0.001042	0.003292	0.4756	
	$y_i(M_i)^{1/2}$	0.1005	0.9753	0.3739	0.47	0.006	0.013	2.017	3.956
	$\mu_i \times 10^5$ /[kg/(m·s)]	3.07	2.98	1.526	3.10	3.88	2.02	2.33	
	$\mu_i y_i (M_i)^{1/2} \times 10^9$	0.3085	2.906	0.5706	1.457	0.02328	0.02626	4.700	9.992

第一段混合物黏度

$$\mu = \frac{\sum \mu_i y_i (M_i)^{1/2}}{\sum y_i (M_i)^{1/2}} = \frac{10.99 \times 10^{-5}}{4.11} = 2.674 \times 10^{-5} [\mathrm{kg/(m \cdot s)}]$$

计算修正雷诺数

$$Re_\mathrm{m} = \frac{Gd_\mathrm{s}}{\mu} \frac{1}{1-\varepsilon_\mathrm{b}} = \frac{0.4296 \times 8.448 \times 10^{-3}}{2.674 \times 10^{-5} \times (1-0.3)} = 1.939 \times 10^2$$

由于 10<Re_m<1000，应按式(5.9)计算修正摩擦系数

$$f_\mathrm{m} = \frac{150}{Re_\mathrm{m}} + 1.75 = \frac{150}{193.9} + 1.75 = 2.524$$

混合物密度

$$\rho = \frac{\sum y_i M_i}{22.4 \times \dfrac{T}{273.2} \times \dfrac{1}{p}} = \frac{18.67 \times 273.2 \times 1}{22.4 \times (426 + 273.2) \times 1} = 0.3257(\mathrm{kg/m^3})$$

第一段床层压降由式(5.8)计算可得

$$\begin{aligned}\Delta p_1 &= f_\mathrm{m} \frac{1-\varepsilon_\mathrm{b}}{\varepsilon_\mathrm{b}^3} \frac{\rho u_0^2}{d_\mathrm{s}} L \\ &= f_\mathrm{m} \frac{1-\varepsilon_\mathrm{b}}{\varepsilon_\mathrm{b}^3} - \frac{G^2}{\rho d_\mathrm{s}} L \\ &= \frac{2.524 \times (1-0.3) \times 0.4296^2 \times 1.393}{0.3^3 \times 0.3257 \times 8.448 \times 10^{-3}} \\ &= 6114(\mathrm{N/m^2}) = 623.3(\mathrm{kg/m^2})\end{aligned}$$

第二段床层压降计算

$$\mu = \frac{9.992 \times 10^{-5}}{3.956} = 2.526 \times 10^{-5} (\mathrm{kg/m \cdot s})$$

$$Re_\mathrm{m} = \frac{0.4296 \times 8.448 \times 10^{-3}}{2.526 \times 10^{-5} \times 0.7} = 2.053 \times 10^2$$

$$f_\mathrm{m} = \frac{150}{205.3} + 1.75 = 2.481$$

$$\rho = \frac{18.67 \times 273.2 \times 1}{22.4 \times (395 + 273.2) \times 1} = 0.3408(\mathrm{kg/m^3})$$

第二段床层压降为

$$\Delta p_2 = \frac{2.481\times(1-0.3)\times0.4296^2\times1.260}{0.3^3\times0.3408\times8.448\times10^{-3}}$$
$$= 5195\text{N/m}^2 = 529.6(\text{kg/m}^2)$$

床层总压降

$$\Delta p = \Delta p_1 + \Delta p_2$$
$$= 623.3 + 529.6 = 1152.9(\text{kg/m}^2) = 0.11529(\text{kg/cm}^2)$$

床层操作压强为

$$p = 1\text{atm} = 1.0332\text{kg / cm}^2$$

若考虑催化剂使用后压降的增加，取备用系数 1.3，则压降与操作压强之比

$$\frac{1.3\Delta p}{p} = \frac{1.3\times0.11529}{1.0332} = 14.5\% < 15\%$$

通过计算，压降符合要求，故床层直径选为 2.4m 是合适的。如果计算的压降与操作压强之比超过 15%，需要增加床层直径；如果远小于 15%，还可适当缩小床层直径，因为一般情况下小直径反应器造价要比大直径反应器低一些。

2. 原料气冷激式多段绝热固定床反应器

图 5.17 是原料气冷激式三段绝热固定床反应器示意图及相应的操作状态图。进口原料气分为两部分，一部分经预热后作为反应气体进入反应器，另一部分作为冷激原料气。热反应原料气体从顶端进入反应器，冷激原料气不经过加热直接进入各段段间。冷激气与反应后的高温气体直接混合，降低下一段反应器进气温度。

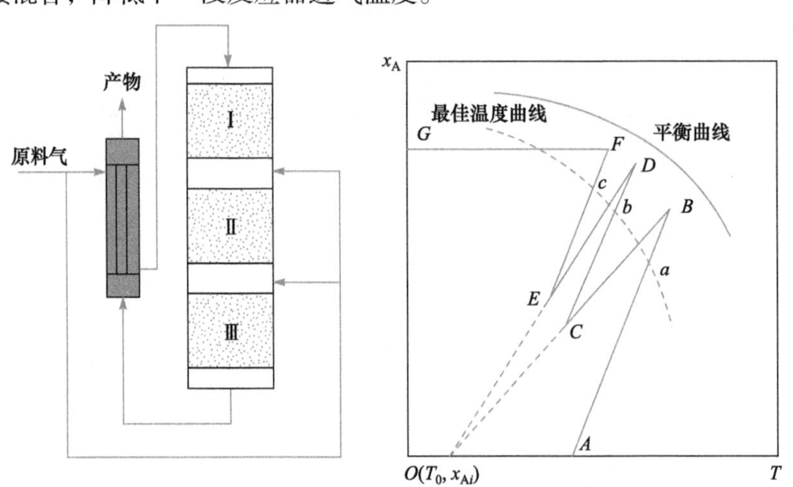

图 5.17　原料气冷激式三段绝热固定床反应器及操作状况

图 5.17 中 O 点仍为冷原料气状态点，OA 为冷原料气的预热过程。AB、CD、EF 分别为反应气体在第Ⅰ、Ⅱ、Ⅲ段催化剂床层中的绝热反应过程。由于段间加入的冷激气体与反应气体的初始组成完全相同，若各段反应过程中$(-\Delta H_r)$、$\overline{C}_p$ 的变化可忽略，λ为一常数，则绝热操作线 $AB//CD//EF$。BC 和 DE 分别为Ⅰ、Ⅱ段间和Ⅱ、Ⅲ段间的冷却线。由于在段间向已达到一定转化率的反应气体中加入未反应的冷原料气，混合后的气体不仅温度降低，转化率也有所下降。因此，冷却线不再平行于 T 轴。在一定条件下，冷却线的延长线均交于冷原料气状态点 O 点。

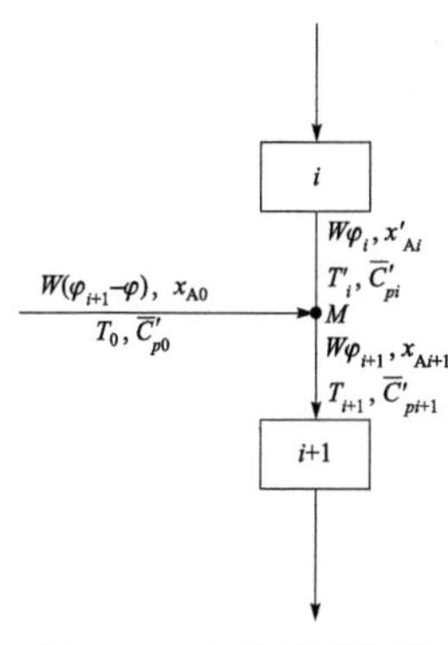

图 5.18 冷激过程衡算

各段物料的进出口温度和组成可通过对冷激过程的物料和热量衡算来确定。由于段间加入了冷激气体，单位时间内各段所处理的物料量各不相同。设进入反应系统的总原料气质量流量为 W， 原料气温度为 T_0，平均比热容为$\overline{C'_{p0}}$，其中关键组分的质量分率为 w_{A0}，转化率为 x_{A0}。第 i 段气体与总原料气质量流量之比为$\varphi_i=W_i/W$，若共有 m 段，则 $W_m=W$。

根据以上假设，对第 i 段和第 i+1 段间的冷激过程分别进行物料衡算和热量衡算，见图 5.18。由于冷激过程没有化学反应发生，混合点 M 处物质量和热量进出相等。进料有两股：第 i 段已反应气体及冷激用的原料气体；出料只有一股物料，即混合后进入第 i+1 段的气体。由图中所标各点状态，对关键组分 A 进行物料衡算如下

$$\varphi_i W w_{A0}(1-x'_{Ai})+(\varphi_{i+1}-\varphi_i)W w_{A0}(1-x_{A0})=\varphi_{i+1}W w_{A0}(1-x_{Ai+1})$$

整理后可得

$$\frac{\varphi_{i+1}}{\varphi_i}=\frac{x'_{Ai}-x_{A0}}{x_{Ai+1}-x_{A0}} \tag{5.53}$$

对混合气体进行热量衡算

$$\varphi_i W\overline{C'_{pi}}T'_i+(\varphi_{i+1}-\varphi_i)W\overline{C'_{p0}}T_0=\varphi_{i+1}W\overline{C'_{pi+1}}T_{i+1}$$

如果忽略$\overline{C}_p$的变化，令$\overline{C'_{pi}}=\overline{C'_{pi+1}}=\overline{C'_{p0}}=\overline{C'_p}$，则上式可简化为

$$\varphi_i T'_i+(\varphi_{i+1}-\varphi_i)T_0=\varphi_{i+1}T_{i+1}$$

整理后可得

$$\frac{\varphi_{i+1}}{\varphi_i}=\frac{T'_i-T_0}{T_{i+1}-T_0} \tag{5.54}$$

比较式(5.53)和式(5.54)，有

$$\frac{T'_i-T_0}{x'_{Ai}-x_{A0}}=\frac{T_{i+1}-T_0}{x_{Ai+1}-x_{A0}} \tag{5.55}$$

式(5.55)表明(T_0，x_{A0})、(T'_i，x'_{Ai})和(T_{i+1}，x_{Ai+1})三点共线。即上一段出口和下一段进口状态点连线应通过冷原料气状态点 O 点。这就是为什么图 5.17 中冷却线的延长线均要交于 O 点的原因。

3. 非原料气冷激式多段绝热固定床反应器

图 5.19 是非原料气冷激式三段绝热固定床反应器示意图及操作状态图。非原料气冷激加入的冷激剂不再是原料气，而往往用原料气中参加反应的某一种组分。例如，一氧化碳变换中冷激剂可以是原料气——半水煤气，也可以是原料气中的组分——水蒸气。图中 AB、CD、EF 仍是第Ⅰ、Ⅱ、Ⅲ段的绝热操作线。由于段间加入的是某一种非关键组分，相当于各段所对应的 y_{A0} 发生了变化，即使$(-\Delta H_r)$、$\overline{C}_p$ 的变化可以忽略，λ 也不再相同。各段之前加入非关键组分，使得相应的 y_{A0} 及λ 逐段减小，绝热操作线斜率则逐段增大，因此 AB、CD、EF 不再相互平行。y_{A0} 的不同还将影响平衡温度及最佳温度，因此，非原料气冷激式各段有各段的平衡温度线和最佳温度线，这一点和前两种反应器有所不同。BC、DE 为段间冷却线。由于冷激剂不含关键组分，加入后只会降低混合物温度而不会影响转化率，故冷却线为水平线。

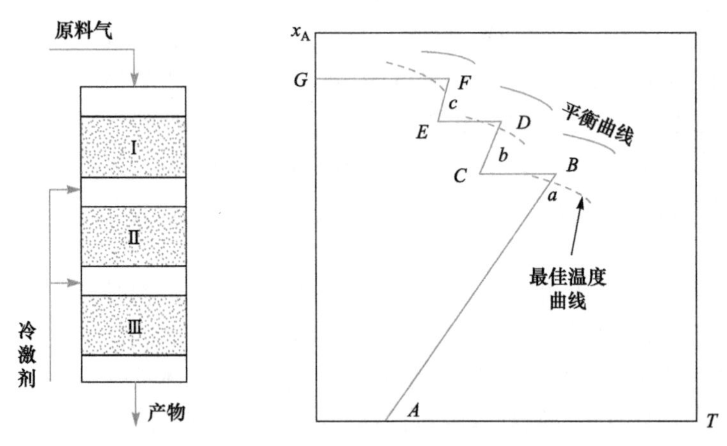

图 5.19 非原料气冷激式三段绝热固定床反应器及操作状况

对于直接冷激式多段绝热固定床反应器的设计计算这里不作介绍，需要时可参阅有关资料。

直接冷激式与间接换热式相比，虽然需增加冷激气气体分布器，但去掉了换热设备，因此，流程相对简单，温度调节更加灵活，基建投资减少。但原料气冷激式因返混造成的转化率降低及非原料气冷激(一级反应除外)使 y_{A0} 逐段减小都导致直接冷激式的生产强度不如间接换热式。同等条件下，直接冷激式所需的催化剂用量更大。

5.3 换热式固定床反应器

换热式固定床反应器是指催化剂床层中安装换热元件的反应器，在反应的同时有热量的交换。对于放热反应，需要将热量移走；对于吸热反应，需要外界提供反应热。如果这种热量的交换是与外系统之间进行的，则称为对外换热式固定床反应器。如果热量的交换是在本系统冷热流体间进行的，则称为自热式固定床反应器。例如，合成氨生产中的一段转化炉为对外换热式，其反应管内催化剂床层中甲烷蒸汽转化所需的热量是靠管外燃烧可燃气体获得。而带换热管的氨合成塔局部则为自热式，合成塔触媒层内氨合成反应为可逆放热反应，其热量通过埋设在触媒层中的冷管来预热反应所需的原料气，若冷管埋设的高度及数量适当，可让反应过程在尽量接近最佳温度线的温度条件下进行，从而使催化剂用量最省。

对于温度控制较严的催化剂床层，反应器中加热和冷却可能同时存在。例如，乙酸乙烯合成反应器，反应管外用导热油控制温度，在进口的一段床层内，反应原料温度低于导热油温度，导热油向反应气体传热提供热量使反应气体温度提高到反应温度。但在反应中段和后段，由于反应放热使反应气体温度超过换热介质温度，反应气体向介质传热，使反应气体温度逐渐降低，反应器内的传热方向由反应床层内的温度分布所决定。

与绝热固定床相比，换热固定床床层轴向温度分布是连续的，相对来说更加均匀，更适用于热效应较大的反应。换热式反应器分为列管式反应器和埋管式反应器。对于热效应大的反应，常采用列管式固定床反应器，将催化剂填装于反应管内，外部用换热介质控制温度。而对于热效应相对较小的放热反应过程，通常是在反应器催化剂床层中安装换热管移走热量，称为埋管式反应器。对于列管式反应器，只要掌握了单管的反应动力学规律，在反应管规格不变的情况下，放大时只需增加相应的管数，基本能符合要求。对于径向温度变化不大的单管反应器，可直接采用一维管式反应器模型；而对于径向温差较大的反应管，需要考虑采用二维模型。对于埋管式反应器，由于床层中各点与换热面距离不同，床层在径向方向存在温度和浓度分布，计算时必须采用二维或者更复杂的三维模型求解。不管是列管式还是埋管式反应器，换热固定床反应器与绝热固定床反应器相比，结构更复杂，反应器的有效空间也较小，催化剂的装卸也麻烦一些，催化剂填装不均匀时容易造成反应器内的沟流现象。因此，反应器设计时首先考虑采用绝热反应器，如氨合成塔，在早期小规模的合成氨装置中多采用换热式，而现在很多合成塔都改为多段冷激式了。

对于反应热效应不大，催化剂床层直径较小的列管式反应器，当流体流速较大时，可以认为反应管内径向方向上的温度和浓度分布比较均匀，可用一维模型进行计算。根据一维反应器模型，反应管在长度方向上的转化率分布可由下面微分方程计算

$$\frac{\mathrm{d}x_{\mathrm{A}}}{\mathrm{d}l}=\frac{A_{\mathrm{b}}}{F_{\mathrm{A0}}}r_{\mathrm{A}}(T,x_{\mathrm{A}}) \tag{5.56}$$

由于反应速率 r_{A} 随反应管轴向温度而变化，方程求解需要代入温度随长度的变化关系式。温度分布可由反应器内的热量衡算获得，与绝热操作不同，反应管内温度的变化不仅与反应热效应相关，而且与换热量有关。可以由式(5.57)计算

$$T=T_0+\lambda(x_{\mathrm{A}}-x_{\mathrm{A0}})-\int_0^l\frac{4h(T-T_{\mathrm{c}})}{d_{\mathrm{b}}GC_p'}\mathrm{d}l \tag{5.57}$$

式中，右端第二项是反应放热的绝热温升，λ为绝热温升系数，放热反应为正，吸热反应为负；右端第三项为移热项，是反应管从进口到 l 位置总的移热量；h 为传热系数；d_{b} 为反应管径。显然，当反应温度 T 高于传热介质温度 T_{c} 时，反应器向外传热，而当反应管内温度 T 低于外界介质温度 T_{c} 时，反应物料吸热。式(5.57)为反应温度分布微分方程的积分形式，对于管外由油浴、蒸汽及高温烟气、沸腾液相等作为换热介质的反应器，在管轴向方向 T_{c} 可以视为恒定。此时，可直接从该微分方程解出管内温度分布。

对于管外介质明显有定向流动的反应器，如套管式反应器等，管外换热介质温度 T_{c} 随管长变化，必须依靠对换热介质的热量衡算才能进一步求出 T_{c} 随管长的分布函数

$$F_{\mathrm{c}}C_{p\mathrm{c}}\mathrm{d}T_{\mathrm{c}}=h\pi d_{\mathrm{b}}(T-T_{\mathrm{c}})\mathrm{d}l \tag{5.58}$$

此时必须联立求解式(5.57)和式(5.58)才能求出反应温度随管长的变化关系。

式(5.56)～式(5.58)对所有的换热式管式反应器都是适用的，但不同的反应器其浓度和温度分布的边界条件不相同。根据换热介质与反应物料流向的不同，反应器分为如下四种情况(图 5.20)：

(1) 并流换热式[图 5.20(a)]，换热介质与反应物料相互独立，流动方向相同，此时反应器的边界条件为

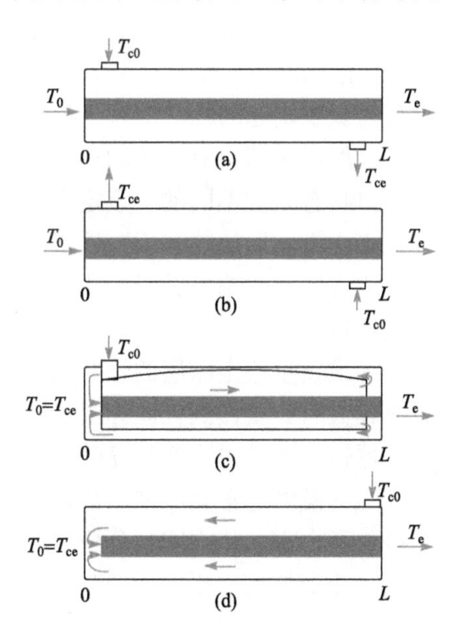

图 5.20　管式反应器的换热方式

$$\left.\begin{aligned} l=0, x_A=x_{A0}, T=T_0, T_c=T_{c0} \\ l=L, x_A=x_{Ae}, T=T_e, T_c=T_{ce} \end{aligned}\right\} \tag{5.59}$$

式中，下标 e 表示物料出口状态。

(2) 逆流换热式[图 5.20(b)]，换热介质与反应物料相互独立，但流动方向相反，此时的边界条件为

$$\left.\begin{aligned} l=0, x_A=x_{A0}, T=T_0, T_c=T_{ce} \\ l=L, x_A=x_{Ae}, T=T_e, T_c=T_{c0} \end{aligned}\right\} \tag{5.60}$$

(3) 并流自热式[图 5.20(c)]，冷却流体是冷的反应原料气，流动方向相同，此时，反应床层进口温度取决于换热情况，反应管进口温度与冷原料气被加热后的出口温度相同，边界条件为

$$\left.\begin{aligned} l=0, x_A=x_{A0}, T=T_0=T_{ce}, T_c=T_{c0} \\ l=L, x_A=x_{Ae}, T=T_e, T_c=T_0=T_{ce} \end{aligned}\right\} \tag{5.61}$$

此时的进口反应器边界条件与冷却介质的出口边界条件不是独立的，称为浮动边界条件，也就是说 T_0 和 T_{ce} 不是确定的，由反应状态和换热速率决定。

(4) 逆流自热式[图 5.20(d)]，冷却气体是冷的反应原料气，但冷却介质与反应管内气体流动方向相反，此时的边界条件也是浮动的边界条件，即

$$\left.\begin{aligned} l=0, x_A=x_{A0}, T=T_0=T_{ce}, T_c=T_{ce} \\ l=L, x_A=x_{Ae}, T=T_e, T_c=T_{c0} \end{aligned}\right\} \tag{5.62}$$

对于不同的反应器，可以采用不同的边界条件对微分方程式(5.56)、式(5.57)及式(5.58)联立求解，求出达到一定转化率时所需的床层高度及床层中温度、浓度在轴向的分布，也可根据床层高度求出可达到的最终转化率。

一般情况下，假设管式反应器没有轴向混合，进口状态确定，反应器最终状态便已确定，不存在多重定态问题。但对于第三、第四种自热情况，由于 T_0 和 T_{ce} 是靠反应及换热状况决定，虽然反应器没有物质的返混，但有能量的反馈，在一定的条件下可能出现进口状态一定而出口状态完全不同的多重定态。最极端的情况是在反应器未预热的情况下通入冷反应原料气，由于无反应放热，反应器进口温度仍是冷气体，反应器内便不会有反应发生，出口转化率即为进口转化率。关于管式反应器多重定态问题是反应器研究的深层次问题，可参阅有关研究资料。

一维模型假定床层的径向没有浓度梯度和温度梯度，但在使用直径较大的反应器或反应放热较大时，要做到径向等温是很困难的，当然浓度也随之变化。此时的数学模型应该包括反应器轴向和径向浓度和温度分布的偏微分方程，为二维模型。

二维模型通常只能采用数值方法求解，常用的方法是有限差分法，将反应器空间按轴向和径向两个方向将空间划分成等距离的小网格，网格上的每个节点之间的距离称为步长。对于 r，l 坐标空间，空间中的某一点(r，l)上的网格步长为Δr、Δl，此点的浓度及温度的偏微分分别表示为

$$\partial c/\partial r \approx [c(r+\Delta r, l)-c(r, l)]/\Delta r \tag{5.63}$$

$$\partial c/\partial l \approx [c(r, l+\Delta l)-c(r, l)]/\Delta l \tag{5.64}$$

$$\partial T/\partial r \approx [T(r+\Delta r, l)-T(r, l)]/\Delta r \tag{5.65}$$

$$\partial T/\partial l \approx [T(r, l+\Delta l)-T(r, l)]/\Delta l \tag{5.66}$$

同理可以定义二阶偏微分函数。根据微分方程和边界条件可以算出边界上的浓度和温度值及各阶微分的值，再根据上面等式可以计算出网格下一点的值 $c(r_0+\Delta r,\ l_0)$，$c(r_0,\ l_0+\Delta l)$和$T(r_0+\Delta r, l_0)$，$T(r_0, l_0+\Delta l)$，逐点计算可以求出整个空间的浓度、温度值。二维模型的求解本质上是偏微分方程组的求解，可以利用现成的计算机软件求解。

5.4　固体催化剂床层的稳定性

多相催化反应过程中，由于传递过程和化学反应过程同时进行，化学反应在颗粒的内表面上发生，反应热也必定在催化剂颗粒的表面上释放出来。实现催化剂颗粒定态操作的首要条件是将这些反应热及时移走，使颗粒表面上的反应放热速率等于颗粒向周围流体的传热速率。否则，一旦有显著的相间梯度存在，就会出现颗粒的多重稳态问题，如放热反应，Thiele 模数可能有 3 个值。研究定态解的数目与解的性质，对于化学反应器的设计、控制及开工等都是十分重要的。

对于换热式反应装置，特别是自热反应装置，由于有热量的反馈，可能出现多重定态问题。对于反应器的多重定态问题的研究，也直接影响反应器的安全和稳定操作。

5.4.1　单颗粒催化剂的多重定态

首先讨论单颗粒上进行反应的情况。假设在一无孔催化剂颗粒或金属丝催化剂上进行一级不可逆反应 $A \longrightarrow B$，由热量衡算及物料衡算得相应的定态方程

$$ha_m(T_s^s - T) = (-\Delta H_r)r_A(c_{As}^s, T_s^s) \tag{5.67}$$

$$k_G a_m(c_A - c_{As}^s) = r_A(c_{As}^s, T_s^s) \tag{5.68}$$

式中，T、c_A为反应器内流体主体的温度和浓度。合并以上两式，则有

$$c_{As}^s = c_A - \frac{h(T_s - T)}{k_G(-\Delta H_r)} \tag{5.69}$$

外表面上反应物浓度 c_{As} 可写成外表面温度 T_s 的函数。式(5.67)右端为发热项，是外表面温度 T_s 的函数。

对于一级不可逆反应，其化学反应速率方程式可写为

$$r_A(c_{As}^s, T_s^s) = k(T)c_{As}^s \exp\left[\frac{E}{R}\left(\frac{1}{T} - \frac{1}{T_s^s}\right)\right] \tag{5.70}$$

代入式(5.68)整理，可得

$$\frac{k_G}{k(T)} = \left[\frac{k_G(-\Delta H_r)c_A}{h(T_s^s - T)} - 1\right]\exp\left[\frac{E}{R}\left(\frac{1}{T} - \frac{1}{T_s^s}\right)\right] \tag{5.71}$$

令

$$\frac{k_{\mathrm{G}}}{k(T)}=\kappa, \quad \frac{k_{\mathrm{G}}(-\Delta H_{\mathrm{r}})c_{\mathrm{A}}}{hT}=\beta, \quad \frac{E}{RT}=\gamma$$

引用量纲为一的温度$\eta_{\mathrm{s}}=T_{\mathrm{s}}/T$，由式(5.71)可构成量纲为一的函数

$$F(\eta_{\mathrm{s}})=\frac{1+\beta-\eta_{\mathrm{s}}}{\eta_{\mathrm{s}}-1}\exp\left[\gamma\left(1-\frac{1}{\eta_{\mathrm{s}}}\right)\right]-\kappa \tag{5.72}$$

显然，$F(\eta_{\mathrm{s}})=0$为方程(5.71)的解。如果在观察的范围内，$F(\eta_{\mathrm{s}})$同时有小于0和大于0的取值，$F(\eta_{\mathrm{s}})$为连续函数，方程(5.71)有解。如果$F(\eta_{\mathrm{s}})$又为单调函数，定态是唯一的，否则可能存在多重定态。

对于放热反应，$T_{\mathrm{s}}\geqslant T$，$\eta_{\mathrm{s}}\geqslant 1$，而根据式(5.67)和式(5.68)，颗粒表面最高温度为

$$T_{\mathrm{s,max}}=T+\frac{(-\Delta H_{\mathrm{r}})k_{\mathrm{G}}c_{\mathrm{A}}}{h}$$

因此，有$1\leqslant\eta_{\mathrm{s}}\leqslant 1+\beta$。当$\eta_{\mathrm{s}}=1$，$F(\eta_{\mathrm{s}})=+\infty>0$；当$\eta_{\mathrm{s}}=1+\beta$，$F(\eta_{\mathrm{s}})=-\kappa<0$。所以，当$1\leqslant\eta_{\mathrm{s}}\leqslant 1+\beta$时，方程(5.71)有解。

在区间$1\leqslant\eta_{\mathrm{s}}\leqslant 1+\beta$内对$F(\eta_{\mathrm{s}})$求导

$$\frac{\mathrm{d}F(\eta_{\mathrm{s}})}{\mathrm{d}\eta_{\mathrm{s}}}=\frac{\exp\left[\gamma\left(1-\frac{1}{\eta_{\mathrm{s}}}\right)\right]}{(\eta_{\mathrm{s}}-1)^2\eta_{\mathrm{s}}^2}[(\beta+\gamma)\eta_{\mathrm{s}}^2-\gamma(2+\beta)\eta_{\mathrm{s}}+\gamma(1+\beta)] \tag{5.73}$$

显然，$[(\beta+\gamma)\eta_{\mathrm{s}}^2-\gamma(2+\beta)\eta_{\mathrm{s}}+\gamma(1+\beta)]$的符号决定了$\mathrm{d}F(\eta_{\mathrm{s}})/\mathrm{d}\eta_{\mathrm{s}}$的正负。由于该二次多项式为$\eta_{\mathrm{s}}$连续的函数，当该二次多项式无0解时，$\mathrm{d}F(\eta_{\mathrm{s}})/\mathrm{d}\eta_{\mathrm{s}}$恒大于0或恒小于0，式(5.72)有唯一解。

因此，只有当$[(\beta+\gamma)\eta_{\mathrm{s}}^2-\gamma(2+\beta)\eta_{\mathrm{s}}+\gamma(1+\beta)]$的判别式

$$\varDelta=\gamma^2(2+\beta)^2-4(\beta+\gamma)\gamma(1+\beta)<0$$

即

$$\gamma\beta<4(1+\beta) \tag{5.74}$$

成立时，式(5.72)有唯一解，反应是单定态的。

若式(5.74)不成立，则函数$F(\eta_{\mathrm{s}})$不是单调的，可能存在多重定态问题。对于吸热反应，在所考察的范围内，只有唯一解。

5.4.2 单颗粒催化剂的稳定性

对于单颗粒催化剂进行的放热反应，当出现多重定态时，各定态的稳定性与催化剂特性和反应条件相关。

同样以无内扩散阻力的一级不可逆反应$(\mathrm{A}\longrightarrow\mathrm{B})$为例，其瞬态方程可写为

$$\frac{1}{\rho_{\mathrm{p}}}\frac{\mathrm{d}c_{\mathrm{As}}}{\mathrm{d}t}=k_{\mathrm{G}}a_{\mathrm{m}}(c_{\mathrm{A}}-c_{\mathrm{As}})-r_{\mathrm{A}}(c_{\mathrm{As}},c_{\mathrm{s}}) \tag{5.75}$$

$$C_p \frac{\mathrm{d}T_\mathrm{s}}{\mathrm{d}t} = ha_\mathrm{m}(T - T_\mathrm{s}) + (-\Delta H_\mathrm{r}) r_\mathrm{A}(c_\mathrm{As}, T_\mathrm{s}) \tag{5.76}$$

令浓度、温度对时间的微分为零，定态方程则为式(5.67)和式(5.68)。

在定态附近，引进扰动参数 ξ 和 ζ，即

$$\xi = c_\mathrm{As} - c_\mathrm{As}^\mathrm{s} \qquad \zeta = T_\mathrm{s} - T_\mathrm{s}^\mathrm{s}$$

然后将式(5.75)、式(5.76)在定态 $\xi=0$、$\zeta=0$ 附近线性化，按泰勒(Taylor)级数展开略去高阶项可得

$$\frac{\mathrm{d}\xi}{\mathrm{d}t} = -\rho_\mathrm{p}(k_\mathrm{G}a_\mathrm{m} + k)\xi - \rho_\mathrm{p} c_\mathrm{As}^\mathrm{s} \zeta \left(\frac{\partial k}{\partial T_\mathrm{s}}\right)_\mathrm{s} \tag{5.77}$$

$$\frac{\mathrm{d}\zeta}{\mathrm{d}t} = \frac{(-\Delta H_\mathrm{r})k}{C_p}\xi + \left[\frac{(-\Delta H_\mathrm{r}) c_\mathrm{As}^\mathrm{s}}{C_p}\left(\frac{\partial k}{\partial T_\mathrm{s}}\right)_\mathrm{s} - \frac{ha_\mathrm{m}}{C_p}\right]\zeta \tag{5.78}$$

令

$$\rho_\mathrm{p}(k_\mathrm{G}a_\mathrm{m} + k) = L$$

$$\rho_\mathrm{p} c_\mathrm{As}^\mathrm{s} \left(\frac{\partial k}{\partial T_\mathrm{s}}\right)_\mathrm{s} = M$$

$$\frac{(-\Delta H_\mathrm{r})k}{C_p} = N$$

$$\frac{(-\Delta H_\mathrm{r}) c_\mathrm{As}^\mathrm{s}}{C_p}\left(\frac{\partial k}{\partial T_\mathrm{s}}\right)_\mathrm{s} - \frac{ha_\mathrm{m}}{C_p} = U$$

瞬态方程简化为常系数微分方程组

$$\frac{\mathrm{d}\xi}{\mathrm{d}t} = -L\xi - M\zeta \tag{5.79}$$

$$\frac{\mathrm{d}\zeta}{\mathrm{d}t} = N\xi + U\zeta \tag{5.80}$$

可以根据常系数微分方程组的稳定性讨论方法讨论单颗粒催化剂上发生放热反应定态的稳定性问题。可以得出定态稳定的充要条件为

$$L - U > 0 \text{ 及 } MN - LU > 0 \tag{5.81}$$

代入操作参数，式(5.81)还原为

$$\frac{ha_\mathrm{m}k_\mathrm{G}a_\mathrm{m}}{k_\mathrm{G}a_\mathrm{m} + k} + k_\mathrm{G}a_\mathrm{m}\rho_\mathrm{p}C_p > \frac{(-\Delta H_\mathrm{r})k_\mathrm{G}a_\mathrm{m}c_\mathrm{As}^\mathrm{s}}{k_\mathrm{G}a_\mathrm{m} + k}\left(\frac{\partial k}{\partial T_\mathrm{s}}\right)_\mathrm{s} \tag{5.82}$$

$$ha_\mathrm{m} > \frac{(-\Delta H_\mathrm{r})k_\mathrm{G}a_\mathrm{m}c_\mathrm{As}^\mathrm{s}}{k_\mathrm{G}a_\mathrm{m} + k}\left(\frac{\partial k}{\partial T_\mathrm{s}}\right)_\mathrm{s} \tag{5.83}$$

对于一级放热不可逆反应，定态热平衡方程为

$$ha_{\mathrm{m}}(T_{\mathrm{s}}^{\mathrm{s}}-T)=(-\Delta H_{\mathrm{r}})k_{\mathrm{G}}a_{\mathrm{m}}c_{\mathrm{A}}\frac{k}{k_{\mathrm{G}}a_{\mathrm{m}}+k} \tag{5.84}$$

左边等于移热速率 Q_{r}，右边则等于放热速率 Q_{g}，有

$$\left(\frac{\mathrm{d}Q_{\mathrm{r}}}{\mathrm{d}T_{\mathrm{s}}}\right)_{\mathrm{s}}=ha_{\mathrm{m}}$$

$$\left(\frac{\mathrm{d}Q_{\mathrm{g}}}{\mathrm{d}T_{\mathrm{s}}}\right)_{\mathrm{s}}=\frac{(-\Delta H_{\mathrm{r}})k_{\mathrm{G}}^{2}a_{\mathrm{m}}^{2}c_{\mathrm{A}}}{(k_{\mathrm{G}}a_{\mathrm{m}}+k)^{2}}\left(\frac{\partial k}{\partial T_{\mathrm{s}}}\right)_{\mathrm{s}}=\frac{(-\Delta H_{\mathrm{r}})k_{\mathrm{G}}a_{\mathrm{m}}c_{\mathrm{As}}^{\mathrm{s}}}{k_{\mathrm{G}}a_{\mathrm{m}}+k}\left(\frac{\partial k}{\partial T_{\mathrm{s}}}\right)_{\mathrm{s}}$$

由此可知，式(5.83)可写成

$$\left(\frac{\mathrm{d}Q_{\mathrm{r}}}{\mathrm{d}T_{\mathrm{s}}}\right)_{\mathrm{s}}>\left(\frac{\mathrm{d}Q_{\mathrm{g}}}{\mathrm{d}T_{\mathrm{s}}}\right)_{\mathrm{s}}$$

与釜式反应器定态稳定性条件相一致。

对于反应系统处于稳定但不渐进稳定的定态，颗粒上的反应会出现周期振荡现象。近年的实验研究表明，氢与空气的混合气(其中氢含量为 3.14%)，线速度为 36cm/s，气相主体温度为 70℃左右的实验条件下，在以硅铝胶为载体的铂催化剂(含铂 0.4%)上，发现浓度与温度出现周期振荡现象。这种输入恒定而输出则产生振荡的现象称为自激振荡。这种振荡现象至今还未得到满意的解释，可能是由于两类吸附的氧分子间比例周期变化，也可能是由温度对各反应组分的化学吸附及脱附速率不同所引起。自激振荡现象还可从一氧化碳在铂丝网上的等温氧化、氢在镍箔上氧化等催化过程中观察到。

对于反应器及其控制系统的设计，避免出现周期振荡是一个普遍的要求。但是，有时周期振荡对反应还起一定有利的影响，通过反应器的一个或多个输入周期性振荡，造成反应器操作周期变化，称为强制振荡。1973 年，Wandrey 和 Renken 进行铂网上环己烷氧化反应研究时发现，周期改变输入环己烷浓度，可以改变反应对二氧化碳和一氧化碳的选择性。同样的实验研究也用于甲烷偶联的反应以改善 C_2 烃的选择性。因为强制振荡可以改变稳定状态下催化剂所不能维持的中间过渡态，强制振荡成为 20 世纪 90 年代后期研究的一个热点。感兴趣的读者也可以参阅相关的文献。

5.4.3 固定床催化反应器的稳定性

固定床反应器很多情况下可以看作一个平推流反应器，而平推流反应器的最大特征是径向的均匀性和没有轴向的返混，在具有确定的初始条件和边界条件情况下，平推流反应器中各点的反应状态变化均不会影响其以前的空间点的反应状态。也就是说，平推流操作的固定床催化反应器是不存在多重定态问题的。

以平推流操作的固定床催化反应器，通常用一维拟均相基本模型进行描述，其可能出现多重定态现象的情况是催化剂颗粒上反应出现多重定态。这时，固定床反应器内的定态和定态稳定性问题可以用讨论单颗粒催化剂上发生化学反应时的定态讨论方法进行同样的讨论。但是，对固定床反应器内所有颗粒统计结果来讲，由于固定床不同轴向位置各点温度、浓度

参数不同，各催化剂颗粒的定态是不同的。因此，即使其中一些单颗粒催化剂存在多重定态的现象，从整体统计来讲也不一定会出现多重定态问题，此处不再单独讨论。

自热式操作的固定床反应器是另一类多重定态问题，如前面讲到的绝热式自热反应器和换热式自热反应器。绝热式自热反应器中，反应在绝热条件下进行，通过热交换器利用反应后的热气体预热原料气；而在换热式自热反应器中，反应与换热同时进行，利用冷原料气取走反应放出的热量。下面将对这两类自热反应器的稳定性问题进行讨论。

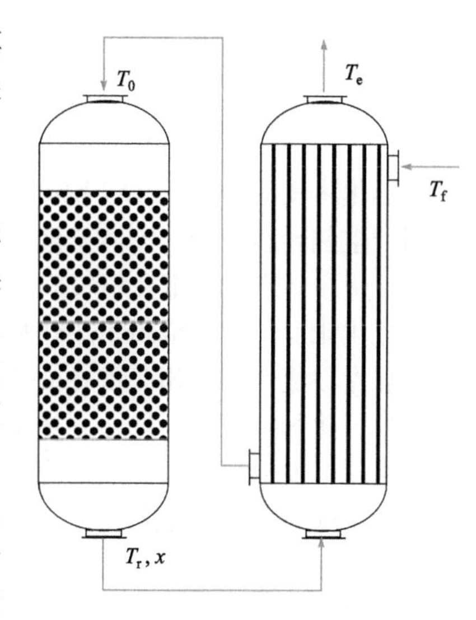

图 5.21　绝热式自热反应器

在工业生产中，绝热式自热反应器的应用是相当普遍的，最常见的有二氧化硫氧化、水煤气变换等。图 5.21 绘出了这种反应器与热交换器流程的示意图，冷原料气温度为 T_f，经过换热器后温度升到 T_0，即反应床层进口温度，经反应床层反应温度升到 T_r，反应转化率为 x，再经换热器后温度降为 T_e。

根据绝热操作线方程可得

$$T_r-T_0=\lambda x \tag{5.85}$$

式中，λ为绝热温升系数。当催化剂量及原料气的组成一定时，$x=f(\tau, T_0)$。

进行换热器的热量衡算，得

$$GC_p\mathrm{d}T_c=h(T-T_c)\mathrm{d}A \tag{5.86}$$

式中，T_c 为换热器中冷侧温度。积分式(5.86)并代入，得

$$T_r=T_f+\lambda x+\frac{hA}{GC_p}\Delta T_m \tag{5.87}$$

式(5.87)中 x 为反应流体出口温度的非线性函数，反应参数可能存在多解，也就是说，存在多重定态的可能性。

换热式自热反应器在工业生产中的应用也是比较普遍的，如合成氨、合成甲醇等列管式反应器，换热管埋于反应床层中间以便及时带走反应放出的热量。这种情况下，可以对反应床层进行衡算列出传热微分方程。在某一截面微元内，反应的微分方程可以写为

$$F_A\mathrm{d}x=r_A(c_A, T)\mathrm{d}l$$

$$GC_p\mathrm{d}T=(-\Delta H_r)r_A(c_A, T)\mathrm{d}l-ha(T-T_c)\mathrm{d}l$$

$$GC_p\mathrm{d}T_c=ha(T-T_c)\mathrm{d}l$$

式中，a 为单位床层截面上的换热面积。

以上微分方程组为换热式自热反应器的定态方程，代入边界条件可以求出微分方程的定态方程。同样可以发现，在一定情况下，反应系统也会出现多重定态问题。

5.5 流化床反应器

流化床反应器(fluidized bed reactor)中，固体催化剂或固体反应物颗粒在流体的冲击下在空间产生翻转和运动。流体是液体时，流化床称为液固流化床；流体是气体时，流化床称为气固流化床。本章着重介绍气固流化床反应器。

流化床反应器经常用于放热量大、导热性能差的催化反应过程。流化床反应器中，固体颗粒悬浮在流体中，相互重叠面积减小，流固有效接触比表面积增大，两相之间的传热和传质速率远比固定床高；加之固体颗粒剧烈运动对床层内置换热器表面不断冲刷，传热边界层不断更新，使床层内的换热效率明显提高。固定床中由于固体的导热速率较低，在局部出现热点是常见的。而在流化床中，固体颗粒在流化床中不断翻滚，使热量在床层中快速传递。因此，流化床内温度分布是均匀的，不会像固定床出现“热点”现象。流化床反应器从反应物料运动状态来讲，更接近于全混流反应器。流化床中固体粒子间强烈混合所造成的返混，也可能导致固体反应物的转化率和选择性降低。在高气速流化床中，气体也可能随颗粒循环而返混。实际生产中，对于转化率要求较高的反应过程，一般不采用单级流化床反应器。

气固流化床中，固体颗粒尺寸一般较小，因为大的粒子需要较大的流化气速，流化床的动力消耗将随流化颗粒的尺寸急剧上升。气固流化床采用的固体颗粒通常在6mm以下，常见的粒度在0.1～1mm，要比固定床所用的固体颗粒粒度(3～12mm)小很多。一般来讲，流化操作的催化反应中，催化剂的有效因子要比固定床高，催化反应的传质阻力比固定床小得多，适用于像燃烧、氧化等高温、快速且受传质控制的反应。

流化床反应器对设备和过程操作的要求比固定床苛刻，固体颗粒对传热表面和器壁的强力冲刷，不仅加大了金属表面的磨损，对颗粒的耐磨强度也是严峻的考验。当催化反应采用催化剂的流化状态操作时，催化剂必须选用耐磨载体，以防催化剂的损失。在流化床中流体的剧烈扰动和粒子的无规则运动，很容易使一些固体颗粒随流体带出反应器。如果粒子粒度不均匀，流体速度可能在达到大粒子的流化速度时，已经超过了小粒子的带出速度，要保证催化剂的充分流化，小粒子的带出是不可避免的。即使在反应初期加入的催化剂具有均匀的粒度，但随着反应的进行，催化剂不断磨损和破碎，也可能引起催化剂细粉的流失。因此，流化床出口必须设有很好的固体回收装置，对于以贵金属催化剂催化的反应，催化剂的回收对流化床操作是非常关键的。

流化床的另一大特点是固体物料的流体化。流化后的固体颗粒具有很多类似液体的性质，可以从高位流动到低位，可以从低流速区流到高流速区，利用流化床的流动特征很容易实现催化剂颗粒或固体反应物的连续更换和连续加料。工业上典型的流化床催化反应器有苯酐、丙烯腈、乙酸乙烯、三氯氢硅的催化合成，石油的催化裂化和催化重整等；典型的流化床非催化反应器有煤、硫铁矿、锌精矿、汞矿的沸腾焙烧等；石灰石的煅烧、水泥的烧结等也有采用流化床的。石油炼制中，石油的催化裂化是制备汽油的重要手段，但裂化催化剂失活快、几分钟之内便需要再生，采用固定床切换再生显然是不行的，由于在石油裂化中采用了可以方便传输固体催化剂颗粒的流化操作——流化催化裂化(FCC)，才有20世纪世界石油加工业的大发展，因此，FCC被誉为20世纪10项对人类最有影响的工业进步之一。

流化床的设计要比固定床复杂一些，流化床中必须考虑粒子的混合、传递，需要考虑流体的动能、流速分布等。本章将简单介绍流化床反应器的基本知识。

5.5.1　流化床反应器设计基础

一般固定床催化反应器中，气体从上往下经过催化剂颗粒床层空隙，流经催化剂床层。流体自上往下流经床层时，流体对颗粒的曳力与重力方向相同，使颗粒更加稳定地固定在床层中。但是，改变流体方向，当气体(液体)从下往上流经催化剂颗粒床层空隙时，流体对颗粒的曳力与重力方向相反。随着向上的曳力增大，颗粒逐渐脱离重力的束缚，产生运动并流化。

图 5.22 示出了不同的流化现象。当流体由下而上通过床层时，床层经历一个松动、膨胀的过程。流体流速较低时，固体颗粒静止不动，床层属于固定床阶段，床层阻力随流体流速增大而增大。流速增大，颗粒在流体中的浮力加流体对颗粒的曳力接近或等于颗粒所受重力及其在床层中的摩擦力时，颗粒开始松动悬浮，床层体积开始膨胀。当流速继续增大，几乎所有的粒子开始悬浮在床层空间，此时，床层称为初始流化床或临界流化床。此时的流速称为临界流化速度或最小流化速度(minimum fluidizing velocity) u_{mf}。

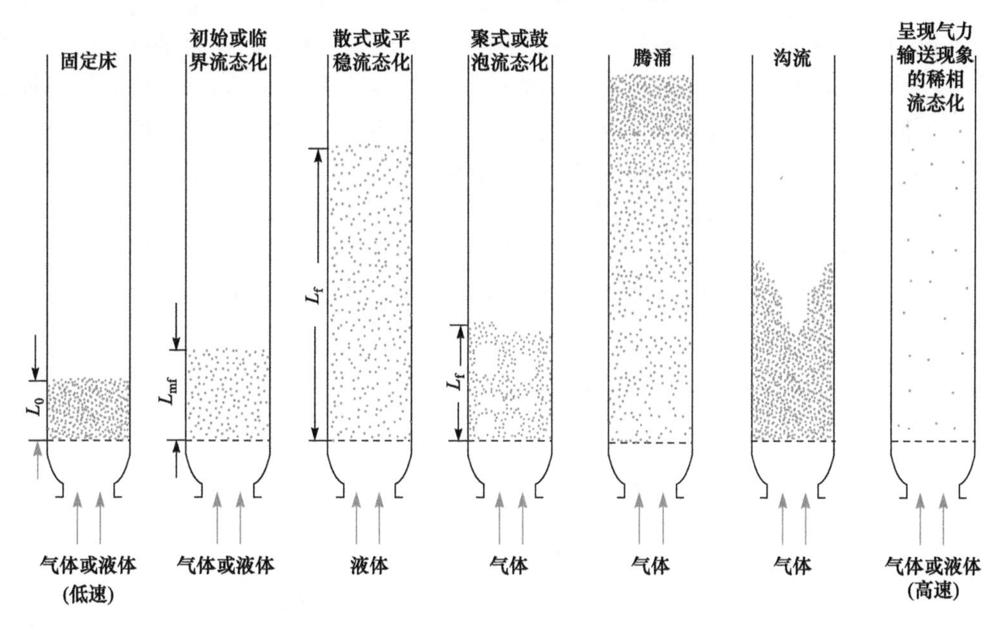

图 5.22　流化床操作状态示意图

液固流化床或某些小气速的气固流化床中，床层膨胀均匀且波动较小，此时的流化状态称为散式流态化或平稳流态化。对于大多数气固流化床，气泡的聚并引起床层的剧烈波动，床层中形成很多以气相为主的稀相空间和以颗粒为主的密相空间，此时的流化状态称为聚式流态化或鼓泡流态化(bubbling fluidization)。在较大的气速情况下，小尺寸的气固流化床容易出现腾涌，此时上升气泡的聚并形成直径与床径相当的大气泡，气泡带着颗粒柱塞式地上涌，直到某一高度又崩落下来，而在大尺寸流化床中，有时会因气体分布不均造成沟流，腾涌和沟流都是流化床不稳定的现象。

通常所说的流化床流体流速一般是指流体的空塔流速，如果考虑床层的空隙，流体在空间实际的流动速度应该是空塔流速除以床层的空隙率。固定床阶段，由于空隙率变化小，流体在空隙间的实际流速与空塔流速成正比。空塔流速增加，床层压降增大。当流体流速超过临界流化速度时，固体颗粒由于曳力与重力相等而悬浮在流体中。如果流速继续增加，流体对固体的曳力会进一步增大并超过颗粒所受到的重力，固体便会随流体带走。事实上，当粒子被流体悬浮时，床层膨胀使床层的空隙率增大，床层空塔流速的增大被床层空隙率增大所抵消，床层内通过固体空隙间的流体实际流速在很大的一段空间中维持不变，此时，流体通过床层的压降也基本维持不变，等于其克服固体颗粒重力和颗粒黏性力的总和。这也是流化床能够在一定范围内稳定操作的道理所在。如果继续加大流体的流速，固体颗粒与流体间的力平衡被打破，床层上界面消失，大部分颗粒被流体带走，床层呈稀相流态化状态，也称气力输送(pneumatic conveying)，能把固体颗粒带走的流体流速称为粒子的带走速度或终端速度(terminal velocity) u_t。

图 5.23 是均匀砂粒的流态化实验曲线，当流体流速较低时，压降与流速在对数坐标图上近似成正比，随着流速的增大，直到最大压降Δp_{max}(虚线 AB)，此时为固定床。Δp_{max}略大于床层静压，因为粒子流化除克服静压外，还要克服粒子之间的静摩擦力(使床层空隙率由固定床空隙率变化到临界床层空隙率ε_{mf})。粒子完全松动后，流速增加，压降值不再增加，反而又恢复到与静压相等，这时，系统中粒子与流体间达到力平衡，处于完全流化状态。图中 C 点为临界流化点，对应的流速即为临界流化速度 u_{mf}。流化阶段，流速增大而床层压降基本保持不变(如图 CD 实线所示)。当流速超过 D 点所对应的流速后，粒子开始被流体夹带“出局”，这时如果不连续补充粒子，固体颗粒将会随着流速的增大完全被带出反应器，床层压降急剧下降(如图中 DG)。D 点所对应的流速为最大流化速度，也称粒子带出速度 u_t。若在到达 D 点之前逐渐降低流态化床层流体的流速，床层高度也逐渐降低，到达临界点 C 点时，床层停止流化。继续降低流速，压降则沿 EF 实线(而不是 BA 虚线)下降。

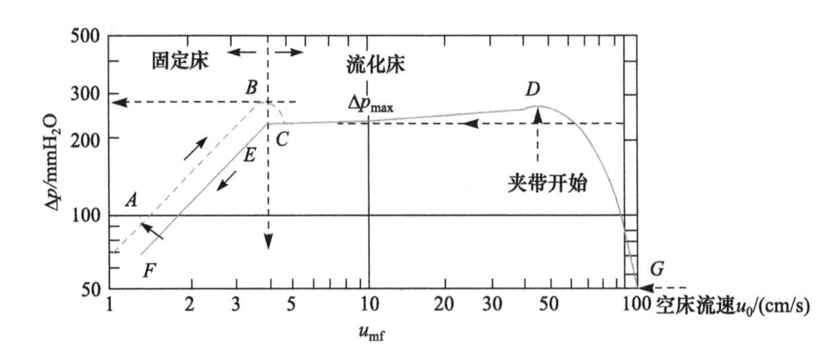

图 5.23 均匀砂粒的压降与气速的关系

除压降外，设计流化床反应器时流化床的临界流化速度和粒子带出速度是非常重要的操作参数。操作流速必须在两者之间才能保证流化床的稳定操作，因此，准确计算流化床的临界流化速度和粒子带出速度是设计流化床反应器的首要问题。

根据流化原理建立流化床压降计算关系式。在流化过程中，粒子与流体之间应该保持受力平衡，床层的压降应该等于流体克服固体颗粒摩擦阻力消耗的动能。流体与固体颗粒之间的摩擦阻力等于固体颗粒所受的重力和浮力之差，因此，对于床层高度为 L_f 的流化床，床层阻力应为

$$\Delta p=L_f(1-\varepsilon_f)(\rho_s-\rho_f)g \tag{5.88}$$

式中，Δp 为床层压降，Pa；L_f 为床层高度，m；ε_f 为床层空隙率；ρ_s、ρ_f 分别为固体颗粒和流体的密度，kg/m^3；g 为重力加速度，9.81m/s^2。

换一种角度，流化床压降也可以从固定床在临界流速下的压降来求得，因为流化床压降在流化段保持不变，可以通过其与固定床的交点 C 来计算。根据欧根公式，固定床在 C 点的压降可由式(5.89)计算

$$\Delta p = f_m \frac{1-\varepsilon_{mf}}{\varepsilon_{mf}^3} \frac{\rho_f u_{mf}^2}{d_s} L_{mf} \tag{5.89}$$

式中参数为床层在临界状态下的参数，f_m 为临界状态下的摩擦系数。

联立式(5.88)和式(5.89)便可得到临界流化速度的计算式，可以写为

$$u_{mf} = \frac{\mu(1-\varepsilon_{mf})}{d_s \rho_f}\left[\frac{1}{3.5}\sqrt{22500 + \frac{7\varepsilon_{mf}^3}{(1-\varepsilon_{mf})^2}} - \frac{300}{7}\right] \tag{5.90}$$

但式(5.90)计算临界流化速度时要求知道临界床层空隙率 ε_{mf}，而实际在设计时往往缺乏这个数据。这种情况下可以由一些经验公式进行估算，常采用以下两个经验公式：

对于小颗粒　　$Re_{mf} < 20$　　$$u_{mf} = \frac{(\rho_s - \rho_f) g d_p^2}{1650\mu} \tag{5.91}$$

对于大颗粒　　$Re_{mf} > 1000$　　$$u_{mf} = \left[\frac{(\rho_s - \rho_f) g d_p}{24.5\rho_f}\right]^{1/2} \tag{5.92}$$

在不同的资料中还可以看到很多不同的计算公式。不同实验条件下，临界速度的计算相差较大。

当反应器中的粒子存在粒径分布时，计算公式中的粒径可以由平均粒径计算。但在实际操作中，小粒子先流化而大粒子后流化，在粒度相差较大时，可能出现小粒子在上层空间流化而大粒子在下层空间流化的分级现象，更严重的可能出现流体流速已经达到小粒子的带出速度将小粒子带走，而大粒子还未开始流化的现象。因此，一般要求流化床中的粒径分布不能太宽，大小粒径之比不超过6。

流化床的粒子带出速度可以由粒子流化时在空间的受力平衡来计算，流体在流化床中受到的摩擦力可以写为

$$F = \xi(\pi d_p^2/4)(\rho_f u^2/2) \tag{5.93}$$

式中，ξ 为摩擦系数。当摩擦力等于或大于固体颗粒受到的重力时，颗粒被气体带走。因此

$$F = \xi(\pi d_p^2/4)(\rho_f u^2/2) = (\pi d_p^3/6)(\rho_s - \rho_f) g \tag{5.94}$$

根据式(5.94)可计算出不同粒径颗粒的带出速度。但在求解式(5.94)时，式中的 ξ 是流体雷诺数的函数，而雷诺数又是流体速度的函数，有

$$Re = d_p \rho_f u/\mu$$

$Re<0.4$ 时为层流　　$\xi = 24/Re$

$0.4<Re<500$ 时为过渡流　　$\xi = 10/Re^{0.5}$

$500<Re<2\times10^5$ 时为湍流　　$\xi = 0.43$

代入上面摩擦系数，求解式(5.94)可以得到不同流动速率条件下的颗粒流化速度，即反应床层的最大流化速度 u_t。粒子的带出速度为

$$Re<0.4 \text{ 时} \quad u_t = \frac{(\rho_s - \rho_f) g d_p^2}{18\mu} \tag{5.95}$$

$$0.4<Re<500 \text{ 时} \quad u_t = \left[\frac{4}{225}\frac{(\rho_s - \rho_f)^2 g^2}{\rho_f \mu}\right]^{1/3} d_p \tag{5.96}$$

$$500<Re<2\times10^5 \text{ 时} \quad u_t = \left[\frac{3.1(\rho_s - \rho_f) g d_p}{\rho_f}\right]^{1/2} \tag{5.97}$$

由于 Re 是流速的函数，最大流化速度也需要试差求解。

以上对带出速度的计算是基于单颗粒固体颗粒受力平衡推出的，在实际流化床中，由于其他粒子的影响，需要对粒子的带出速度进行校正。对于非球形粒子也需要对粒子进行球形化校正，具体的校正方法可以从有关手册上查到。对于颗粒不均匀的体系，小粒子的带出速度比大粒子的带出速度要小，为了保证小粒子不被带出而大粒子充分流化，一般采用小粒子的带出速度作为上限，而采用大粒子的流化速度作为下限。但在实际流化床反应器中，为了保证流化床的稳定操作，流化床流体流速应保证在临界流化速度的 3 倍以上。

气固流化床中，颗粒流化气速和临界流化气速之间相差较大，通常用流化数 $F_n=u_f/u_{mf}$ 来表示。理论上讲，采用尽量接近临界流速的流体速度，可以降低床层的动力消耗、颗粒磨损、粉尘回收等负荷，但在实际反应器中，为了追求更高的气固传热传质速率和反应效率，往往使用较高的气固相对速度。常见的石油流化催化裂化中，F_n 高达 300～1000；丙烯氨氧化流化床中，F_n 达 100 以上；萘氧化制苯酐的流化床中，F_n 在 10～40。只有在催化剂容易破碎、粉尘回收困难的场合，才采用较低的流化数。另外，对于停留时间要求较长或反应热效应小的反应，从提高反应转化率或减少气体带走反应热等角度考虑，也希望采用较小的操作气速。

u_t/u_{mf} 也是流化床的一个重要指标，它的大小表征床层操作弹性的大小，可以根据带出速度与临界流化气速的计算公式进行计算

$$\text{对于小颗粒} \quad Re<0.4 \quad u_t/u_{mf}=91.7 \tag{5.98}$$

$$\text{对于大颗粒} \quad Re>1000 \quad u_t/u_{mf}=8.71 \tag{5.99}$$

可以看出，小颗粒流化床具有较宽的适应范围和更大的操作灵活性。大颗粒流化床流化性能差，容易产生沟流、腾涌等不正常流化现象，可采用挡板或优化气体分布器来改善流化状态。

【**例 5.4**】 苯酐生产中所用的 V_2O_5 催化剂，其粒度分布如下：

粒径/μm	50～75	75～100	100～125	125～200	200～300
质量分率 w	0.167	0.250	0.333	0.167	0.083

固体密度 $\rho_s=900\text{kg/m}^3$，以空气作为氧化剂并使催化剂流化，操作条件下空气密度 $\rho_f=1.0\text{kg/m}^3$，黏度为 0.03cP，计算临界流化速度 u_{mf} 及带出速度 u_t。

解 先计算催化剂的平均粒径 $\overline{d}_p$。各筛分组粒子的粒径 d_{pi} 用几何平均值代替，即

$$d_{p1}=\sqrt{50\times 75}=61.24(\mu m)$$

同理可得

粒径/μm	50～75	75～100	100～125	125～200	200～300
d_{pi}/μm	61.24	86.60	111.80	158.11	244.95
$w_i/d_{pi}\times 10^3$	2.73	2.89	2.98	1.06	0.34

混合粒度催化剂的平均粒径为

$$\overline{d}_p=\left[\sum_i \frac{w_i}{d_{pi}}\right]^{-1}=100(\mu m)$$

由于ε_{mf}未知，故由式(5.91)估算临界流化速度，即

$$u_{mf}=\frac{(\rho_s-\rho_f)gd_p^2}{1650\mu}=\frac{(900-1)\times 10^{-3}\times 981\times(1\times 10^{-2})^2}{1650\times 3\times 10^{-4}}$$
$$=0.178(cm/s)$$

验算 $$Re_{mf}=\frac{d_p\rho_f u_{mf}}{\mu}=\frac{1\times 10^{-2}\times 0.178\times 10^{-3}}{3\times 10^{-4}}=0.0059<20$$

说明所选用的公式是恰当的。计算混合颗粒流化床的带出速度应按最小颗粒粒径，即 d_p=50μm 进行计算。假设用式(5.95)计算粒子带出速度，则

$$u_t=\frac{(\rho_s-\rho_f)gd_p^2}{18\mu}=\frac{(900-1)\times 10^{-3}\times 981\times(5\times 10^{-3})^2}{18\times 3\times 10^{-4}}=4.08(cm/s)$$

验算 $$Re=\frac{d_p\rho_f u_t}{\mu}=\frac{5\times 10^{-3}\times 1\times 10^{-3}\times 4.08}{3\times 10^{-4}}=0.068<0.4$$

所用公式恰当。

在气固流化床反应器中，气速达到临界流化速度 u_{mf}时，床层开始流化，当气速大于临界流化速度后将会有气泡产生。通常将床层分为两相：一相是流速大于 u_{mf}的气泡携带少量颗粒组成的气泡相；另一相是流速等于 u_{mf}的气相及悬浮在其中的大量的颗粒组成的乳化相。气泡在上升途中聚并、分裂，不断将反应组分传递到乳化相中的催化剂上，同时将生成的产物带走，其行为直接影响反应的结果。因此，气泡的行为是流化床研究中的重要组成部分。

流化床中，一个不受干扰的气泡顶部呈球形，尾部略内凹，见图 5.24。气泡在上升的过程中有一定的速度，尾部区域压强略低，内凹并卷入少量粒子形成局部涡流，这一区域称为尾涡。尾涡中的粒子随气泡的上升不断与周围的粒子互换位置，促进了全床层中粒子的循环和混合。当气泡较小且上升速度低于乳相中的气速时，乳相中的气流会穿过气泡上流；当气泡较大且上升速度高于乳相中的气速时，就会有部分气体穿过气泡形成环流，在泡外形成一层不与乳相气流混融的区域，称为气泡云。气泡云及尾涡均在气泡之外，合称为气泡晕，且伴随着气泡上升，其中所含粒子浓度与乳相中

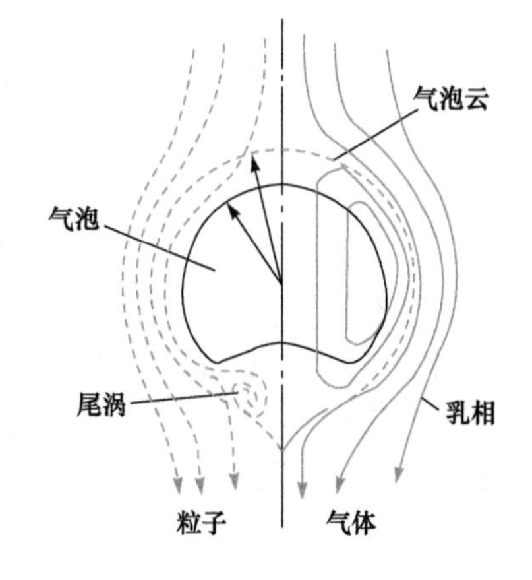

图 5.24 气泡及周围的流线情况

基本相同。床层中气泡上升的绝对速度 u_b 可用以下经验式计算

$$u_b=u_f-u_{mf}+0.711(gd_b)^{1/2} \tag{5.100}$$

式中，d_b 为气泡直径，它与距分布板的高度 l 呈线性关系，即

$$d_b=al+d_{b0} \tag{5.101}$$

式中，d_{b0} 为离开分布板时的气泡起始直径，与分布板形式有关。方程系数 a、气泡起始直径 d_{b0} 可采用经验式进行计算

$$a=1.4d_p\rho_s u_f/u_{mf} \tag{5.102}$$

$$d_{b0}=0.327[A_f(u_f-u_{mf})/N]^{0.4} \quad \text{多孔板} \tag{5.103}$$

$$d_{b0}=0.00376(u_f-u_{mf})^2 \quad \text{密孔板} \tag{5.104}$$

式中，A_f 为流化床床层截面积；N 为多孔板上的孔数。

固体颗粒在气泡、气泡晕及乳相中的含量是不一样的。气泡本身所含粒子的体积比 γ_b 很小，为 0.001～0.01，仅占床层所有粒子的 2‰～4‰，一般可以忽略不计。气泡云及尾涡中则含有大量的粒子，一般认为这些区域与周围乳化相一样处于临界流化状态，其浓度与乳化相相同。根据流化床的流化气速、气泡的运动速度及气泡大小等参数，可以估算出流化床床层高度、气体停留时间、气固传质面积等重要参数。

除了气泡相与乳化相之间的差别外，乳化相内固体颗粒和气体的流动都十分复杂。固体颗粒在乳化相中存在两种运动，一种是流化状态下的随机运动，另一种是由于气泡带动下的循环运动。一部分粒子随气泡的尾涡或气泡云上升，在气泡破裂后，这部分粒子由于重力的作用而从流化床上部下落，形成循环。在有气泡存在的流化床中，固体粒子的混合很均匀，可以认为是理想混合。

流化床中的气体运动总的方向是向上，但在乳化相中气体的运动状态也非常复杂，分为向上和向下流动两部分。向上流动的速度等于临界流化速度，但由于气体间的扩散、回流颗粒的夹带及气体在颗粒上的吸附等，又有一部分气体随固体颗粒的循环向下流动。乳化相中气体的上流和下流区域是随机变化的，当床层处于定常态时，整个床层截面上流气量和下流气量大致上是恒定的。增大气速，下流气量也随之增加。当流化数 $F_n>6$～11 时，下流气量超过上流气量，按净流量计，乳相中的气体整体上是向下流动，但乳相中的气体量在进入床层的总气体量中只占极少部分，大部分气体是以气泡的形式通过床层。因此，流化床中的气体存在很大的返混。

5.5.2 流化床中的质、热传递

流化床和固定床都是颗粒床层，反应的进行都依靠床层的传递将流体相中的反应物传递到固体催化剂表面上进行反应。但两种床层的传递性能有很大的差别，固定床更接近于管式反应器，而流化床更具有理想混合反应器的特征。流化床中的强力湍动使流化床中的传质传热过程得到了空前的强化。因此，流化床反应器经常用在要求有很高传质传热速率的反应体系，设计流化床反应器的主要内容之一便是对流化床反应器中的传质传热过程进行准确的计算。

1. 流化床反应器中的质量传递

如果将乳化相看作均匀的混合体系，气体在通过床层时主要以气泡通过床层。对于一般的中速或慢速反应，由于气泡内的催化剂颗粒较少，气泡内的反应与乳化相内的反应量相比可以忽略，气体反应物必须从气泡传递到乳化相才能与催化剂接触进行化学反应。因此，气体组分在气泡与乳化相之间的质量交换便是决定反应速率的重要因素。

对于气泡和乳化相之间的交换过程与气液之间的传质有相似之处，可以认为反应物首先从气泡传到气泡晕，再由气泡晕传到乳化相。假设 c_{Ab}、c_{Ac}、c_{Ae} 分别为组分 A 在气泡、气泡晕及乳相中的浓度，在稳定的传递过程中，气泡在 dt 时间内上升 dl 距离时，A 的传递量为

$$-\mathrm{d}n_{Ab}/(V_b\mathrm{d}t) = -u_b\mathrm{d}c_{Ab}/\mathrm{d}l \tag{5.105}$$

$$=K_{bc}(c_{Ab}-c_{Ac})$$

$$=K_{ce}(c_{Ac}-c_{Ae})$$

$$=K_{be}(c_{Ab}-c_{Ae})$$

式中，K_{bc}、K_{ce}、K_{be} 分别为气泡与气泡晕间、气泡晕与乳相间及气泡与乳相间交换系数。

气泡与气泡晕之间的质量交换由两部分组成。一部分是由气泡底部进入并穿过气泡从顶部流出的穿流量 q；另一部分是气泡与气泡晕间的扩散量。对单个气泡，单位时间内由气泡向气泡晕传递的组分 A 的量为

$$-\mathrm{d}n_{Ab}/\mathrm{d}t=K_{bc}(c_{Ab}-c_{Ac})V_b=(q+k_{bc}S_{bc})(c_{Ab}-c_{Ac}) \tag{5.106}$$

式中，q 为气体穿流量

$$q=(3/4)\pi d_b^2 u_{mf} \tag{5.107}$$

k_{bc} 为气泡与气泡晕间的传质系数，单位 cm/s，可由式(5.108)估算

$$k_{bc}=0.975D_e^{1/2}(g/d_b)^{1/4} \tag{5.108}$$

S_{bc} 为气泡与气泡晕间的相界面积。

气泡与气泡晕间的交换系数可由式(5.109)计算

$$K_{bc}=\frac{q+k_{bc}S_{bc}}{\dfrac{\pi}{6}d_b^3}=4.5\left(\frac{u_{mf}}{d_b}\right)+5.85\left(\frac{D_e^{1/2}g^{1/4}}{d_b^{5/4}}\right) \tag{5.109}$$

气泡晕与乳相间的交换系数可近似由式(5.110)计算

$$K_{ce}=6.78\left(\frac{\varepsilon_{mf}D_e u_b}{d_b^3}\right)^{1/2} \tag{5.110}$$

式中，D_e 为气体在乳相中的有效扩散系数。如果缺乏数据，可在 $\varepsilon_{mf}D$～D 之间选取，D 为气体的扩散系数。

以上两相间质量传递的讨论仅限于鼓泡区，即不包括反应器两端接近分布板的区域和床层上方的稀相区。对于快速反应，接近分布板的区域是主要反应区域，非常重要。但对于稀

相区的计算更为复杂，也是需要深入研究的领域。

2. 流化床中的热量传递

流化床反应器中由于颗粒和气体的大量循环返混，床层内的温度一般可以看作均匀的。气体在进入反应器后很短的距离内就能达到与床层内温度一致，设计时完全可作为等温操作处理。研究流化床中的热量传递，首先要计算床层与换热面之间的换热系数，进而计算出维持流化床内等温所需要的换热面积。

1) 床层与外壁间的传热

由于流化床中物料的剧烈运动，床层与外壁的给热系数α_w比空管及固定床都高，一般在400～1600W/(m^2 · K)。α_w的关联式较多，这里介绍常用的两个计算公式：

$$\frac{\alpha_w d_p}{\lambda_f}=0.16\left(\frac{C_p\mu}{\lambda_f}\right)^{0.4}\cdot\left(\frac{d_p\rho_f u_f}{\mu}\right)^{0.76}\cdot\left(\frac{C_{ps}\rho_s}{C_{pf}\rho_f}\right)^{0.4}\cdot\left(\frac{u_f^2}{gd_p}\right)^{-0.2}\cdot\left(\frac{u_f-u_{mf}}{u_f}\cdot\frac{L_{mf}}{L_f}\right)^{0.76} \tag{5.111}$$

式(5.111)适用于多种物料，但误差约为±50%

$$\frac{\alpha_w d_p}{\lambda_f}=\psi\left[1+7.5\exp\left(-0.44\frac{L_h}{d_t}\cdot\frac{C_{pf}}{C_{ps}}\right)\right](1-\varepsilon_f)\frac{C_{ps}\rho_s}{C_{pf}\rho_f} \tag{5.112}$$

式中，L_h为换热面高度；d_t为反应器直径；ψ值可由图5.25查取。式(5.112)的平均偏差约为±20%。

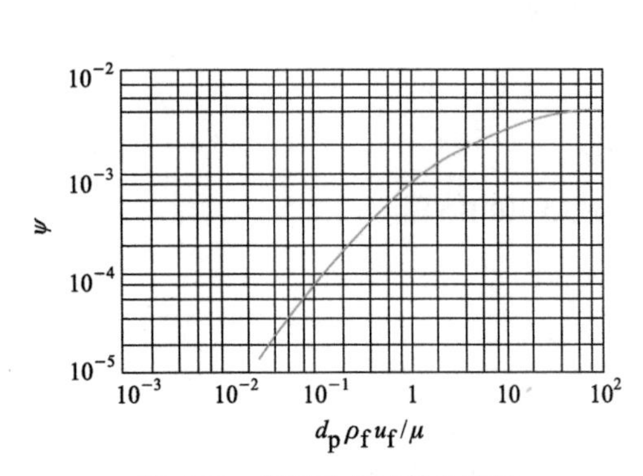

图5.25 器壁给热系数关联图

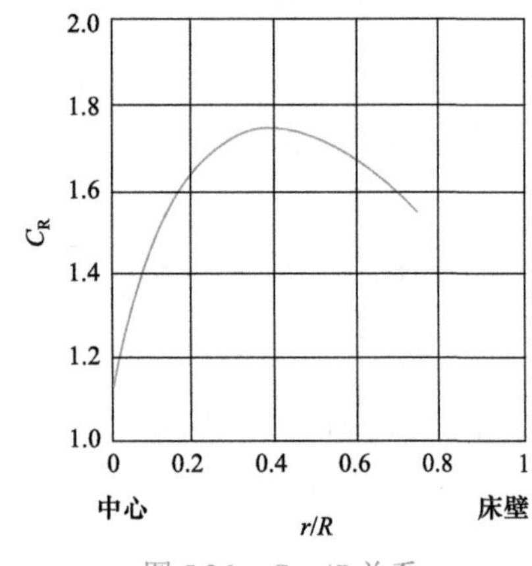

图5.26 C_R-r/R关系

2) 床层与内设换热器间的传热

内设换热器为垂直管时，可用下列经验式计算α_w：

$$\frac{\alpha_w d_p}{\lambda_f}=0.01844C_R(1-\varepsilon_f)\left(\frac{C_{pf}\rho_f}{\lambda_f}\right)^{0.43}\cdot\left(\frac{d_p\rho_f u_f}{\mu}\right)^{0.23}\cdot\left(\frac{C_{ps}}{C_{pf}}\right)^{0.8}\cdot\left(\frac{\rho_s}{\rho_f}\right)^{0.66} \tag{5.113}$$

式中，C_R为与垂直管在床层中径向位置有关的校正系数，可由图5.26查取。数群$(C_{pf}\rho_f/\lambda_f)$是有量纲的，单位为s/cm^2。该式应用范围为$d_p\rho_f u_f/\mu=10^{-2}$～$10^2$，在对323个数据的校验中，平均偏差为±20%。由式(5.113)可见，α_w与换热管管径、管长及流化床中粒子的形状等无关。α_w的最大值由图5.26可见，发生在床层半径约0.4倍处。

内设换热器为水平管时，由传热数据关联得到不同流型时α_w的计算式：

$d_p\rho_f u_f/\mu < 2000$ 时
$$\frac{\alpha_w d_p}{\lambda_f} = 0.66\left(\frac{C_{pf}\mu}{\lambda_f}\right)^{0.3} \cdot \left[\left(\frac{d_{t0}\rho_f u_f}{\mu}\right) \cdot \left(\frac{\rho_s}{\rho_f}\right) \cdot \left(\frac{1-\varepsilon_f}{\varepsilon_f}\right)\right]^{0.44} \tag{5.114}$$

$d_p\rho_f u_f/\mu > 2500$ 时
$$\frac{\alpha_w d_p}{\lambda_f} = 420\left(\frac{C_{pf}\mu}{\lambda_f}\right)^{0.3} \cdot \left[\left(\frac{d_{t0}\rho_f u_f}{\mu}\right) \cdot \left(\frac{\rho_s}{\rho_f}\right) \cdot \left(\frac{\mu^2}{d_p^3\rho_p g}\right)\right]^{0.3} \tag{5.115}$$

式中，d_{t0}为水平管外径。前面各式中的C_{pf}、C_{ps}分别为流体及固体颗粒的比热容。

流化床内设换热管多采用直立而少用水平，这是因为上下排列的水平管影响了固体颗粒与中间水平管的接触，使其给热系数α_w比直立管低 5%～15%。

影响给热系数α_w的因素很多，包括气体及固体颗粒的性质、流化情况、反应器的几何特性等。在使用以上关联式时，只有在与实验条件相近的情况下才较为可靠。

5.5.3　流化床反应器数学模型及设计计算

根据流化床不同的操作状态及模拟的精度要求，可以对流化床作不同的简化假设，有很多不同的模型。如果从宏观考虑，将流化床考虑成一个均匀的反应器，此时便是一个拟均相的反应器模型。当流化床中出现大量气泡，而反应速率又受气泡的影响很大时，可以同时考虑气泡和乳化相两相，流动模型为两相模型，此模型中必须考虑气泡与乳化相之间的传质。而同时考虑气泡、泡晕和乳化相的三相模型，对流化床反应行为的描述将更为准确，但获得准确的模型参数比较困难。

对于反应物流的流动，在不同的操作情况下有多种流型。一般来讲，可以认为固体颗粒在流化床中是空间和时间上的均匀混合相，固体颗粒(除在进口与出口相距很远的情况外)基本可以认为是处于理想混合状态。对于液固流化床来说，液体反应物是均匀通过流化床，可以认为液体处于理想置换状态。如果有旋流或沟流产生，液相流动返混的影响是不可低估的。

气体在流化床中的运动可以有多种情况。如果气体均匀流过颗粒空隙，可以认为气体是平推流流动。但随着流速的增大，床层内气泡的出现，气体在床层中的流动变得很复杂。如果要考虑气泡和乳化相两相，气泡内的气体可以看作平推流流过床层，而乳化相中的气体则是全混流或部分返混的。气速越大，由颗粒引起的气相返混越严重，乳化相中的气体在适当的流化数下也可以看成理想混合状态。

1. 两相模型

两相模型是流化床反应器数学模型中研究得较多的一种。它把流化床中的流动情况分为气泡相和乳化相，而物质的交换存在于两相之间。两相模型(示意图见图 5.27)假设：

(1) 气体以流速 u_0 进入床层后分为两部分：相当于最小流化速度u_{mf}的部分气体用于固体颗粒的分散，另一部分分率相当于u_0-u_{mf}的气体以气泡形式通过床层。

(2) 流化床床层高度 L_f与其起始流化时床层高度 L_{mf}之差是气泡体积增大的结果，即

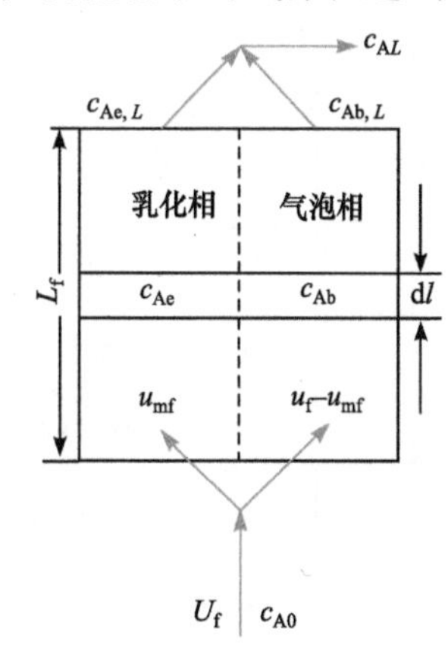

图 5.27　两相模型示意图

$$(L_f - L_{mf})A_b = n_b V_b \tag{5.116}$$

式中，A_b为床层截面积；n_b为单位体积床层中的气泡数；V_b为单个气泡的平均体积。

(3) 气泡相的流动为平推流，气泡中不含固体颗粒，故气泡相中不发生化学反应。

(4) 乳化相的流动为平推流，化学反应只发生在乳化相中。

(5) 气泡相与乳化相之间气体的交换量Q由气体的穿流量q与两相间的扩散量组成，即

$$Q = q + k_{be}S_{be} \tag{5.117}$$

式中，S_{be}为气泡与乳化相间的相界面积；k_{be}为两相间的传质系数。

由以上假设，对于一级不可逆反应，参照图 5.27 对微元体中气泡相进行反应物 A 的物料衡算得

$$-u_b V_b \, dc_{Ab}/dl = (q + k_{be}S_{be})(c_{Ab} - c_{Ae}) \tag{5.118}$$

对微元体中两相间进行反应物 A 的物料衡算得

$$(u_f - u_{mf})\frac{dc_{Ab}}{dl} + u_{mf}\frac{dc_{Ae}}{dl} + r_A(1 - n_b V_b) = 0$$

将$r_A = k_c c_{Ae}$代入上式并整理，得

$$\left(1 - \frac{u_{mf}}{u_f}\right)\frac{dc_{Ab}}{dl} + \frac{u_{mf}}{u_f}\frac{dc_{Ae}}{dl} + \frac{k_c c_{Ae}(1 - n_b V_b)}{u_f} = 0 \tag{5.119}$$

联立解式(5.118)和式(5.119)一阶微分方程组，可以解得气泡中及乳化相中反应物 A 浓度随床层高度的变化关系，微分方程组的边界条件为

$$l = 0,\quad c_{Ab} = c_{Ae} = c_{A0},\qquad dc_{Ab}/dl = 0 \tag{5.120}$$

$$l = L,\quad u_f c_{AL} = (u_f - u_{mf})c_{Ab,L} + u_{mf}c_{Ae,L} \tag{5.121}$$

当乳化相为全混流时，微分方程式(5.119)不存在，只需对微分方程式(5.118)求解便可得到气泡内反应物浓度随床层高度的变化关系。微分方程的边界条件为

$$l = 0,\quad c_{Ab} = c_{A0} \tag{5.122}$$

微分方程的解为

$$c_{Ab} = c_{Ae} + (c_{A0} - c_{Ae})\exp\left(-\frac{q + k_{be}S_{be}}{u_b V_b}l\right) \tag{5.123}$$

若进行一级反应$r_A = k_c c_{Ae}$，对全床层进行组分 A 的物料衡算

$$(u_f - u_{mf})(c_{A0} - c_{Ab,L}) + u_{mf}(c_{A0} - c_{Ae,L}) = L_{mf}k_c c_{Ae,L} \tag{5.124}$$

由式(5.123)、式(5.124)及式(5.121)即可求得乳化相为全混流时的出口转化率。

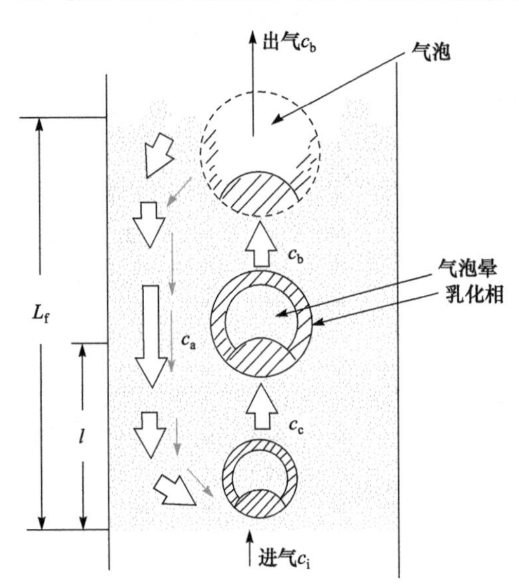

图 5.28　鼓泡床流况示意图

$u_f/u_{mf} > 6 \sim 11$

2. 鼓泡床模型

鼓泡床模型用于剧烈鼓泡、充分流化的流化床，在$u_f/u_{mf} > 6 \sim 11$时，乳化相中气体全部下行流动的情况，如图 5.28 所示。鼓泡床模型假定如下：

(1) 将床层分为气泡、气泡晕及乳化相三部分。

(2) 乳化相处于临界流化状态，超过临界流化速度的那部分气体以气泡形式通过床层。

(3) 整个床层内气泡大小一致。气泡的大小是决定流化床各参数的关键数据，用气泡有效直径 d_e 表示(当然 d_e 不一定等于实际气泡的直径)。

(4) 气泡、气泡晕及乳化相之间的传递是一个串级过程。

(5) 气泡、气泡晕及乳化相中均有化学反应发生。

当乳化相中的气体往下流动时，床层出口的气体组成与床层上界面处气泡的组成相同。因此，基于以上的假定(4)、(5)应有

反应物总消耗量 = 气泡相中的反应量 + 传递到气泡晕相中的量

传递到气泡晕中的量 = 气泡晕相中的反应量 + 传递到乳化相的量

传递到乳化相的量 = 乳化相中的反应量

对于一级不可逆反应，以上各物料衡算式可表示为

$$-u_b\frac{dc_{Ab}}{dl}=K_f c_{Ab}=\gamma_b k_r c_{Ab}+K_{bc}(c_{Ab}-c_{Ac}) \tag{5.125}$$

$$K_{bc}(c_{Ab}-c_{Ac})=\gamma_c k_r c_{Ac}+K_{ce}(c_{Ac}-c_{Ae}) \tag{5.126}$$

$$K_{ce}(c_{Ab}-c_{Ae})=\gamma_e k_r c_{Ae} \tag{5.127}$$

式中，K_f 为包括传递过程影响的总反应速率常数；k_r 为本征反应速率常数；γ_b、γ_c、γ_e 分别为气泡、气泡晕及乳相中固体颗粒体积与气泡体积之比；K_{bc}、K_{ce} 分别为气泡与气泡晕间、气泡晕与乳相间的交换系数。由式(5.126)和式(5.127)可解得 c_{Ae} 和 c_{Ac}，代入式(5.125)可求得总的反应速率常数

$$K_f=k_r\left(\gamma_b+\cfrac{1}{\cfrac{k_r}{K_{bc}}+\cfrac{1}{\gamma_c+\cfrac{1}{\cfrac{k_r}{K_{ce}}+\cfrac{1}{\gamma_e}}}}\right) \tag{5.128}$$

代入边界条件，l=0 时，$c_{Ab}=c_{A0}$，解得

$$c_{Ab}=c_{A0}\exp\left(-\frac{K_f}{u_b}l\right) \tag{5.129}$$

以 $\theta_b=L_f/u_b$ 为气泡在床层中的平均停留时间，由式(5.129)计算床层中气体反应物的转化率

$$x_A=1-\exp(-K_f\theta_b) \tag{5.130}$$

式(5.130)即为鼓泡床反应器的设计计算公式。如果乳化相的气体向上流，则床层出口气体浓度还应考虑乳化相气体的影响，可近似地将乳化相气体的转化率取为 1。但由于 $u_f/u_{mf}>3$ 时，乳化相气体在总气体量中所占的比例非常小，故按气泡相进行近似计算也是可以的。

鼓泡床模型中许多参数都涉及气泡直径 d_b。在有垂直换热管束的流化床中，可用管间的空间来估算气泡直径，或用床层的当量直径代表。但这些方法的可靠程度都不高。而 d_b 的选择越恰当，计算结果与实验结果也越吻合。总的来讲，鼓泡床模型的估算本身还有一些值得完善的地方，也需要在将来的研究中加以修正。

【例 5.5】 流化床反应器中进行一级催化分解反应，k_r=0.257(1/s)。流化床临界床层高度 L_{mf}=66cm，临界流化速度 u_{mf}=0.43cm/s，临界空隙率ε_{mf}=0.5。操作气速 u_f=10.4cm/s，床层空隙率ε_f=0.533。气泡直径d_b=4.0cm，气泡中的固含率γ_b=0，尾涡体积分率ω_w=0.47，有效扩散系数 D_e=0.204cm²/s。试求该条件下催化反应的转化率。

解　首先计算流化数 F_n

$$F_n=\frac{u_f}{u_{mf}}=\frac{10.4}{0.43}=24.2>6$$

故可以用鼓泡床模型进行设计。

气泡与气泡晕间的交换系数由式(5.109)计算

$$\begin{aligned}K_{bc}&=4.5\left(\frac{u_{mf}}{d_b}\right)+5.85\left(\frac{D_e^{1/2}\cdot g^{1/4}}{d_b^{5/4}}\right)\\&=\frac{4.5\times0.43}{4.0}+\frac{5.85\times0.204^{0.5}\times981^{0.25}}{4.0^{1.25}}\\&=3.10(1/s)\end{aligned}$$

气泡在床层中上升的绝对速度由式(5.100)计算

$$\begin{aligned}u_b&=u_f-u_{mf}+0.711(gd_b)^{1/2}\\&=10.4-0.43+0.711\times(981\times4.0)^{0.5}\\&=54.5(cm/s)\end{aligned}$$

气泡晕与乳相间的交换系数由式(5.110)计算

$$K_{ce}=6.78\left(\frac{\varepsilon_{mf}D_eu_b}{d_b^3}\right)^{1/2}=6.78\times\left(\frac{0.5\times0.204\times54.5}{4.0^3}\right)^{0.5}=2.00(1/s)$$

气泡占床层体积分率近似可得

$$\delta_b=\frac{u_f-u_{mf}}{u_b}=\frac{10.4-0.43}{54.5}=0.183$$

气泡晕中固体颗粒体积与气泡体积之比可由下式计算

$$\begin{aligned}\gamma_c&=(1-\varepsilon_{mf})\frac{V_w+V_e}{V_b}\\&=(1-\varepsilon_{mf})\left[\frac{3u_{mf}/\varepsilon_{mf}}{0.711(gd_b)^{1/2}-u_{mf}/\varepsilon_{mf}}+\frac{V_w}{V_b}\right]\\&=(1-0.5)\times\left[\frac{3\times0.43/0.5}{0.711(981\times4.0)^{0.5}-0.43/0.5}+0.47\right]\\&=0.265\end{aligned}$$

式中，V_w、V_e、V_b分别为尾涡、气泡晕、气泡的体积。乳化相中固体颗粒体积与气泡体积之比为

$$\begin{aligned}\gamma_e&=\frac{(1-\varepsilon_{mf})(1-\delta_b)}{\delta_b}-\gamma_b-\gamma_c\\&=\frac{(1-0.5)\times(1-0.183)}{0.183}-0-0.265\\&=1.967\end{aligned}$$

总反应速率常数可由下式计算

$$K_f=0.257\times\left[0+\cfrac{1}{\cfrac{0.257}{3.10}+\cfrac{1}{0.265+\cfrac{1}{\cfrac{0.257}{2.00}+\cfrac{1}{1.967}}}}\right]=0.409$$

流化床床层高度为

$$L_f = \frac{1-\varepsilon_f}{1-\varepsilon_{mf}} L_{mf} = 1.07 \times 66 = 70.6(\mathrm{cm})$$

最终转化率由式(5.130)算得

$$\begin{aligned} x_A &= 1 - \exp\left(-K_f \frac{L_f}{u_b}\right) \\ &= 1 - \exp\left(-0.409 \times \frac{70.6}{54.5}\right) \\ &= 0.411 \end{aligned}$$

按鼓泡床模型计算该反应的最终转化率为 41.1%。

3. 流化床的经验设计

前面介绍了两种流化床反应器设计的数学模型，其可靠性取决于模型参数值的确定。与固定床反应器一样，当缺乏足够可靠的实验数据时，可根据工业实践中的经验数据来估算催化剂用量或最终转化率。

流化床反应器中保持的催化剂体积量称为藏量，以 V_R 表示。空速与固定床中的定义相同，指单位时间单位体积催化剂处理的原料体积量，即

$$SV = V_0 / V_R$$

同样，空速的倒数称为接触时间，即

$$\tau = SV^{-1}$$

若已知空速或接触时间，可根据产量或原料处理量 V_0 求得催化剂藏量，即静止床层体积 V_R。

由选定的流速 u_f 及原料处理量可计算流化床床层直径

$$d_f = \sqrt{\frac{4V_0}{\pi u_f}} \tag{5.131}$$

由静止床层体积及床层直径可计算静止床层高度

$$L_0 = \frac{4V_R}{\pi d_f^2} = \frac{V_R}{V_0} u_f = \frac{u_f}{SV} = u_f \tau \tag{5.132}$$

根据床层的空隙率可以计算床层高度，至于浓相段上方的分离段高度，应根据收尘的情况确定。当采用旋风分离器回收粉尘且塔内足以装下旋风分离器时，分离段直径可与浓相段相同；当采用过滤管回收粉尘时，一般直径比浓相段大，其直径的选取应使气速远小于固体颗粒平均粒径的带出速度，而稍大于最小颗粒的带出速度。有关分离段高度的确定可以参照有关手册取定。

除了对流化床主要尺寸进行设计外，还须对流化床中的附属装置，如气体分布器、换热器、固体颗粒回收装置等，进行相应的计算。这些装置的尺寸设计可以参考有关手册和资料介绍的方法进行计算。

5.6 移动床反应器

移动床(moving bed)反应器是介于固定床与流化床反应器之间的一种操作形式。老式的家庭取暖火炉从顶上加煤，从下面的炉箅漏灰，煤在炉床中是一种移动床操作。老式的石灰窑的操作也使用移动床操作，煤和石灰石从窑顶一层一层加入，熟石灰和煤灰不断地从窑下部取出。固体在移动床中的移动速度远比流化床小，但可以根据反应的需要及时排出反应完全的固体产物。在石油加工中的石油精制催化反应过程，如 HDS、HDN 及 HDM 等加氢脱除反应，由于油品裂解积焦，需要定期对催化剂进行再生，但再生周期不需要像 FCC 那样短，因此，通常采用移动床操作。图 5.29 是典型的移动床操作的煤气化炉，煤在炉膛内匀速向下移动，反应后煤灰从炉底排除。

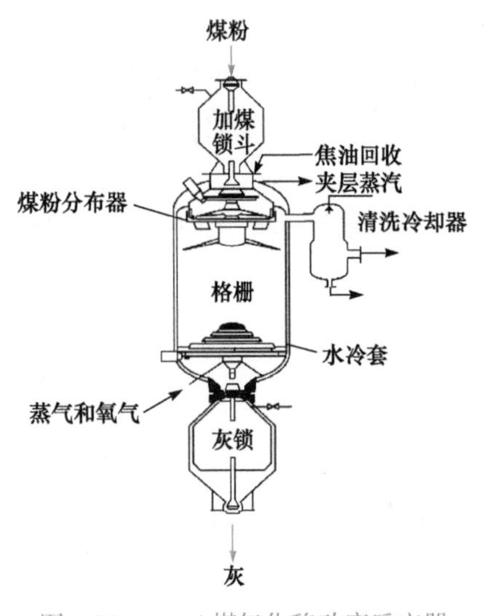

图 5.29 Lugri 煤气化移动床反应器

移动床操作中，流体通过床层的方法与固定床基本相同，从颗粒的空隙中间以活塞流的方式通过床层，而固体也通过一个较为稳定的轨迹在较长的时间内通过床层。固体在床层中的运动远不像流化床中的全混流状态。对于气固催化反应，催化剂在床层中的停留时间与其反应活性密切相关，因此，在不同的时间和空间上，催化反应活性是有差别的。为保持反应器内催化剂量恒定不变，在催化剂不断反应后排出的同时，又从再生装置中连续得到等量活化后的催化剂。在这个循环的过程中，由于各催化剂颗粒在反应器和再生器中停留时间的不同，其失活和活化的程度也不尽相同，必将影响反应的结果。因此，设计移动床反应器时，不仅要知道反应器内各处的浓度、温度，还要知道催化剂活性的分布。

对于流固两相均处于充分混合的反应器，如流化数很高的流化床反应器，流固两相均可以认为是理想混合。此时，计算流体反应速率时，可以将反应器内催化剂颗粒的催化活性作均化处理，利用第 2 章中的颗粒年龄分布函数求反应器内所有催化剂颗粒的统计平均活性。设催化剂颗粒的活性与其在反应器内年龄之间的关系为 $R(a)$，而催化剂颗粒在反应器内的年龄分布密度函数为 $I(a)$，整个反应器内催化剂粒子的平均活性为

$$\overline{R}=\int_0^\infty R(a)I(a)\mathrm{d}a \tag{5.133}$$

式中，$R(a)$为催化剂活性系数，对于新鲜催化剂为 1。

对于流体 A 为全混流的鼓泡床流化反应器，根据设计方程，可以计算该反应条件下的反应转化率，即

$$c_{\mathrm{A0}}-c_{\mathrm{A}}=\tau\overline{R} \tag{5.134}$$

如果颗粒也处于全混流状态，催化剂粒子在反应器中的年龄分布可以由式(5.135)求得

$$I(a)=(1/\theta)\exp(-a/\theta) \tag{5.135}$$

式中，Θ 为催化剂颗粒在反应器中的平均停留时间(见第 2 章)。

对于固体颗粒匀速移动的移动床反应器，固体催化剂以理想置换方式通过反应器，催化剂床层在反应器的轴向方向上存在活性分布。以反应器固体催化剂进口为 0 坐标，在 l 位置上催化剂颗粒的年龄可以由式(5.136)计算

$$a=\Theta(l/L) \tag{5.136}$$

假设流体以逆流形式通过催化剂床层，流体进口位置为 L，出口位置为 0。由平推流理想置换反应器设计方程，有

$$-\frac{\mathrm{d}c_A}{\mathrm{d}l}=\frac{R_A(c_A,T,\alpha)}{u_A} \tag{5.137}$$

在位置 l 处，有

$$-\frac{\mathrm{d}c_A}{\mathrm{d}l}=\frac{R_A\left(c_A,T,\dfrac{l}{L}\Theta\right)}{u_A} \tag{5.138}$$

代入边界条件和反应速率方程式可以解得反应器内的流体的转化率及浓度分布。

如果催化剂上反应速率方程为

$$R(c_A, T, a)= R(a)kc_A \tag{5.139}$$

则式(5.138)可以写为

$$\int_{c_{A0}}^{c_A}\frac{-\mathrm{d}c_A}{kc_A}=\int_L^l\frac{R\left(\dfrac{l}{L}\Theta\right)\mathrm{d}l}{u_A} \tag{5.140}$$

对于流固两相处于并流状况的反应器，只需将式(5.140)中的右端积分限改为从 0 到 l 的积分。

同样可以讨论颗粒处于全混流而流体是理想置换的情况，一般的稳定流化床可以作此假设。此时的催化剂活性可以由式(5.133)计算平均活性，再用平推流管式反应器的设计方程计算流体的转化率或根据转化率求反应的停留时间等。如果固体颗粒是理想置换，而流体为全混流，如具有流体循环的移动床反应系统，可以通过反应器空间各点的活性系数，再代入反应流体的浓度数据求出反应器总的反应行为。

对于反应动力学比较简单的反应体系或流动模型比较理想的反应器，以上计算可以给出较好的估算数据。但对于较为复杂的反应体系，必须首先研究反应动力学、失活动力学等基础参数，才能对反应器进行模拟。

习　题

5.1　求下列颗粒的 d_v、d_a、d_s、ϕ_s 及床层的 S_e 和 d_e。

(1) 直径 d=8mm 的圆球，ε_b=0.4。

(2) 直径 d=8mm、高 h=10mm 的圆柱体，ε_b=0.4。

(3) 外径 d=8mm、内径 d=4mm、高 h=10mm 的圆柱环，ε_b=0.4。

5.2　列管式苯气相催化加氢反应器中共有 ϕ44mm×2mm 的反应管 200 根，管长 6m，各管中均匀充填 ϕ8mm× 8mm 的圆柱状 Ni/Al_2O_3 催化剂，总装填量为 800kg，催化剂堆积密度 ρ_b=1.06g/cm³，床层空隙率 ε_b=0.35。进

口气体的组分及流量如下：

组分	C_6H_6	H_2	C_6H_{12}	N_2
流量/(kg/h)	320	52	11	106

管外用水冷却，催化剂的平均温度为143℃，此时混合气体的黏度为0.0483kg/(m · h)，反应后气体的反应率为99%，反应器入口压力为1.1atm(表压)。试计算气体通过床层的压降。

5.3 在内径为10cm的圆管内置有直径为5mm的球形粒子，床层平均温度为120℃，λ_s=0.345J/(m · s · K)，λ_f = 0.033J/(m · s · K)，求当 $Re = d_pG/\mu = 120$ 时，床层的径向有效导热系数λ_{er}及壁膜给热系数α_w。

5.4 为测定形状不规则催化剂，将其填充至内径100mm的管中，高度1m，连续稳定地使流量1m^3/h、压力0.102MPa的空气通过床层，测定床层的压降为101.3Pa，实验测定温度为298K。试计算该催化剂颗粒的形状系数。

已知催化剂颗粒的等体积当量直径4mm，堆积密度1.5g/cm^3，颗粒密度2.5g/cm^3。

5.5 在固定床反应器中进行气固催化反应，主反应 A+2B ⟶ P。已知进料物质的量比 F_{A0}/F_{B0}=1/2，P的相对分子质量为50，选择性为80%，A的转化率为10%，空速1000(1/h)，催化剂堆密度ρ_b=0.9。年产20000t P时需催化剂多少？(年生产时间按7000h计)

5.6 拟设计一多段间接换热式二氧化硫氧化反应器，每小时处理量35000m^3，原料气中 SO_2：O_2：N_2=1：2：7，进料压力为1.2atm，平均反应温度为733K，密度接近空气密度，黏度为3×10^{-5}Pa · s，采用直径d=8mm、高h=10mm的圆柱体钒催化剂，共100m^3。床层压降小于4000Pa时，确定反应器的直径和高度。

5.7 在钒催化剂上进行二氧化硫接触氧化反应时的本征动力学方程为

$$a\frac{dx_A}{d\tau}=k\left(\frac{x_{Ae}-x_A}{x_A}\right)^{0.8}\left(b-\frac{ax_A}{2}\right)\frac{273}{T}$$

其中

$$k=9.26\times10^6\exp\left(-\frac{23000}{RT}\right)(1/s)$$

平衡常数与温度的关系为

$$\lg K_p=\frac{4905.5}{T}-4.6455$$

且有

$$x_{Ae}=\frac{K_p}{K_p+\sqrt{\dfrac{1-0.5ax_{Ae}}{p(b-0.5x_{Ae})}}}$$

若初始气体组成为 SO_2：a=0.07、O_2：b = 0.11 的原料气，在装有此种钒催化剂的固定床反应器中进行绝热反应，绝热温升λ=200℃，试求：

(1) 当此反应器入口温度为460℃，出口反应率 x_{Af}=0.8时，确定反应停留时间。

(2) 当此反应器的处理气量为20000 Nm^3/h时，确定催化剂用量(催化剂的活性校正系数取0.6)。

5.8 用间接换热式两段绝热固定床反应器在常压下进行一氧化碳变换反应

$$CO+H_2O═CO_2+H_2$$

进口干基气体量为55000 Nm^3/h，其组成如下：

组分	CO	CO_2	H_2	N_2+Ar
摩尔分率	0.3850	0.0650	0.4950	0.0550

进口气体中 $F_{H_2O,0}/F_{CO,0}=6$。所用催化剂的本征动力学方程为

$$-\frac{dp_{CO}}{d\tau}=k_1p_{CO}\left(\frac{p_{H_2O}}{p_{H_2}}\right)^{0.5}-k_2p_{CO_2}\left(\frac{p_{H_2}}{p_{H_2O}}\right)^{0.5}$$

其中

$$k_1=13100\exp\left(-\frac{E_1}{RT}\right)(1/s)$$

$$\lg K_p=\frac{1914}{T}-1.782$$

已知正反应活化能 E_1=12500cal/mol，逆反应活化能 E_2=21300cal/mol。

(1) 试计算并绘出平衡曲线与化学动力学控制时的最佳温度曲线。

(2) 若第一段进口温度为 400℃，CO 出口转化率为 0.87，试计算第一段出口温度及催化剂用量(校正系数取 0.5)。

(3) 若第二段进口温度为 465℃，CO 出口转化率为 0.928，求第二段出口温度及催化剂用量(校正系数取 0.625)。

5.9 在 V_2O_5-SiO_2 催化剂上进行萘氧化制取邻苯二甲酐的反应

$$C_{10}H_8+4.5O_2\longrightarrow C_8H_4O_3+2H_2O+2CO_2$$

温度在 350℃附近时，其动力学方程式可近似表示为

$$r_A=3.05\times10^5p_A^{0.38}\exp(-14100/T)\quad mol/(h\cdot gcat)$$

考虑副反应的影响，取反应热$(-\Delta H_r)$=20kJ/g，操作压力为 0.2atm(表压)。列管式反应器由若干根内径 2.5cm、长 3m 的反应管组成，反应管内均匀充填直径及高均为 0.5cm 的圆柱形催化剂，堆密度 ρ_b=0.80g/cm^3。原料气质量流速 G=1870kg/(h · m^2)，进口温度 340℃，气体平均恒压比热容近似取为 30.711J/(mol · K)。管内壁温度由于管外强制换热保持在 340℃不变。当总传热系数 K 分别为 25W/(m^2 · K)及 10W/(m^2 · K)时，试按一维模型计算床层轴向的温度分布并比较结果。

5.10 常压下，在反应管内径为 25.4mm 的列管式固定床反应器中进行邻二甲苯氧化制邻二甲酸酐的反应。使用的钒催化剂粒度为 3mm，堆密度为 1.3g/cm^3。原料气中邻二甲苯为 1.7%，其余为空气。由于空气大量过剩，可按一级反应处理，即邻二甲苯的转化率可表示为

$$r_A=k\,p_{B0}\,p_A\quad [kmol/(h\cdot gcat)]$$

式中，p_{B0} 为氧的起始分压，等于 0.208atm；p_A 为邻二甲苯的分压。反应速率常数 k 与温度的关系如下：

$$k=4.12\times10^8\exp(-13636/T)\quad [kmol/(h\cdot atm^2\cdot kgcat)]$$

原料气的质量流速 G=4655kg/(h · m^2)，平均比热容 $\overline{C}_p'=0.237$ kcal/(kg · K)，反应热$(-\Delta H_r)$=307000kcal/kmol，进料温度 352℃。反应管外用温度为 352℃的熔融盐冷却。总传热系数 K=82.7kcal/(m^2 · h)。试按一维模型计算床层高度 1m 处邻二甲苯的浓度及床层温度的轴向分布。

提示：对床层进行邻二甲苯的物料衡算得

$$-G\,dW_A/dl=\rho_b\,r_A\,M_A$$

而反应气体中邻二甲苯的质量分率与分压的关系为

$$W_A=p_A\,M_A/pM_m$$

式中，M_m 为反应气体的平均相对分子质量。由于反应气体中空气大量过剩，因而平均相对分子质量可视为常数，取 M_m=30.3。操作压力 p=1atm。

5.11 某萘催化氧化反应所用的钒催化剂筛分组成如下：

目数	<40	40～60	60～80	80～100	100～120	>120
粒径/mm	>0.360	0.360～0.246	0.246～0.175	0.175～0.147	0.147～0.121	<0.121
质量分率/%	5	25	35	13	10	12

催化剂球形系数ϕ_s=0.75。如用空气将催化剂流化，温度370℃，催化剂密度ρ_s=1.1g/cm^3；空气密度ρ_f=1.1kg/m^3，黏度μ_f=0.03cP；若临界状态下床层空隙率ε_{mf}=0.6，试计算起始流化速度及带出速度。

5.12 在流化床中进行乙酸乙烯的合成反应

$$C_2H_2+CH_3COOH \longrightarrow CH_3COOCH{=\!=}CH_2$$

已知反应对乙炔为一级，k_r=6.21×10^{-4}mol/(h · atm · gcat)，反应温度180℃，床层平均压力1.435atm，催化剂平均粒径$\bar{d}_p = 40\mu m$，ρ_p=1.69g/cm^3，静床高度L_0=6.20m，床层膨胀比$R=L_f/L_0$=1.16，L_{mf}=6.45m，u_{mf}=11.7cm/s，ε_{mf}=0.55，催化剂体积V_{cat}=48.8m^3，堆积密度ρ_b=0.790g/cm^3，平均空床流速u_0=23.7cm/s，气体空速118(1h)。气体物性：ρ_f=1.412×10^{-3}g/cm^3，μ_f=1.368×10^{-4}g/(cm · s)，乙炔扩散系数D=0.1235cm^2/s。试用两相模型计算乙炔的转化率。

第 6 章 其他反应过程

化学工业中，虽然反应器的构造和设计都有一定的共同性，但在很多特定的反应系统中又具有其各自特定的反应特性。在前面的讨论中，以反应相态为主线讨论了均相与非均相反应，没有讨论反应体系的具体特征对反应过程的影响。对于很多特殊的反应系统，需要在反应器设计的基本原则基础上，充分考虑反应体系的特性。实际的化学反应系统是很复杂的，如在聚合反应中，由于链反应(chain reaction)的特征，反应物与反应产物在理论上为无穷多个，反应是复杂的反应网络。对于生化反应器(bio-reactor)，由于生物体的特殊规律而要求有不同于普通化学反应器的特殊设计。在本章中，将讨论一些特殊反应过程的反应特征与反应器设计问题。

6.1 聚合反应过程

随着石油化工一起发展起来的高分子聚合物已经得到广泛应用，从 20 世纪上半叶的高压聚乙烯(LDPE)、聚氯乙烯(PVC)、聚苯乙烯(PS)等产品的工业化，到 20 世纪 50～60 年代 Ziegler-Natta 催化剂发现以后，聚乙烯(PE)、聚丙烯(PP)、顺丁胶(BR)三大材料的发展，使聚合物在化学工业中占的比例越来越大。20 世纪 70 年代以来，聚合物的生产规模不断扩大，自动化水平越来越高，很多聚合物反应器从间歇操作发展成为连续操作，目前，$200m^3$ 连续 PVC 悬浮聚合釜已投入生产。对于大型的聚合物反应器的设计和控制是化学工程与化学反应工程发展的成就。

聚合物是由单体反应构成的大分子化合物，依据聚合物的结构变化，聚合反应过程(polymerization reaction engineering)可分为缩合反应和加成反应两大类。当两种单体发生聚合反应时，如果反应过程伴随有小分子化合物脱出，该过程称为缩合反应(condensation reaction)，如尼龙-66(聚己二酰己二胺)生产

$$nH_2N(CH_2)_6NH_2 + nClCO(CH_2)_4COCl \longrightarrow [NH(CH_2)_6NHCO(CH_2)_4{-}CO]_n + 2nHCl$$

两种单体参与反应，除生成聚合物以外，还脱出小分子产物 HCl。

另一种聚合反应是由不饱和烯键发生加成产生的聚合反应，称为加成反应(addition reaction)。甲基丙烯酸甲酯的聚合就是一个加成反应，生成聚甲基丙烯酸甲酯(有机玻璃)的反应可以写为

$$n\left[CH_2{=}\underset{\underset{COOCH_3}{|}}{\overset{\overset{CH_3}{|}}{C}}\right] \longrightarrow \left[CH_2{-}\underset{\underset{COOCH_3}{|}}{\overset{\overset{CH_3}{|}}{C}}\right]_n$$

聚合反应是由不饱和烯键加成而形成键合。

对于反应动力学来说，更重要的影响因素是反应进行的机理。根据反应的机理来分，聚合反应可以分为链式聚合、逐步聚合和开环聚合。不同的反应机理决定了不同的反应速率方程，也决定了不同的反应特性和最终反应产物的质量。聚苯乙烯(polystyrene)的生产是一个分步加成的反应

$$nC_6H_5CH{=}CH_2 \longrightarrow \mathrm{-\!\!\!\!\!\!\!\!\;\;[}\underset{\displaystyle C_6H_5}{\underset{|}{C}}HCH_2\mathrm{]\!\!\!\!\!-}_n$$

链式聚合中，反应活性载体中特定的高能基团不断与单体反应产生具有更高相对分子质量的活性载体，根据链的传播体的不同又分为自由基(free radical)链式聚合反应、离子型链式聚合(ionic polymerization)反应和络合(complex)配位链式聚合。由热、光、引发剂等引发的自由基链式聚合反应是最常见，也是最重要的。自由基通常是由不稳定的小分子分解出高能状态的基团，或由热、光等能量输入使分子劈裂产生的高能基团。自由基与反应物单体反应生成相对分子质量更大的自由基，在自由基的传播中产物相对分子质量逐渐增大。离子型链式聚合反应是一些由酸碱催化剂引发的链式反应，如由 Friedel-Crafts 催化剂(如 $AlCl_3$、BF_3、$SnCl_4$、$ZnCl_2$、$TiBr_4$ 等)引发的阳离子链式聚合反应，以及由碱性催化剂催化进行的阴离子链式聚合反应。Ziegler-Natta 催化剂催化进行的烯烃聚合、α-烯烃聚合等是另外一类聚合过程——络合聚合，Ziegler-Natta 催化剂的进展使聚乙烯、聚丙烯、聚丁烯等重要聚合物的生产有了飞速的发展。

聚合反应器的设计遇到其他反应器设计所没有的困难。由于聚合反应过程复杂，参与反应的化合物数目实际上无限多，产物也无限多，因此，对其进行准确的反应动力学实验或建立描述反应器的数学微分方程是困难的，对于无限数量的方程的求解更为困难。从反应器运行来讲，物相变化很快，反应物系黏度随相对分子质量增大而急剧增加，聚合物溶液的黏度通常是普通溶液的 10^4～10^7 倍，分子扩散系数降低 10～10^4 倍。对于管式反应器，反应后期会产生很大的阻力降，反应管内的流动为滞流；在搅拌釜中，在反应后期会产生很大的黏滞阻力，搅拌所需功率急剧升高。聚合反应中，当反应进行到一定程度后，反应流体基本成为宏观流体，反应体系内的质量传递和热量传递也变得很困难。因此，在设计聚合反应器时必须充分考虑物相的这种变化。

6.1.1 自由基聚合反应步骤

自由基链式聚合是最基本、数量最多的一类聚合反应，本书只对这一类反应的聚合反应动力学进行简单的介绍。

自由基链式聚合反应包括以下基本步骤：链引发(chain initiation)、链传播(chain propagation)、链转移(chain transfer)和链终止(chain termination)。

1. 链引发

自由基链式聚合的自由基载体不会由单体自动产生，在反应初期必须加入引发剂(或光、热等能量载体)。引发剂是一些容易分解形成自由基的化学物质，如 2,2-偶氮二异丁腈的分解

$$(CH_3)_2\underset{\displaystyle CN}{\underset{|}{C}}N{=}\underset{\displaystyle CN}{\underset{|}{C}}N(CH_3)_2 \longrightarrow 2(CH_3)_2\underset{\displaystyle CN}{\underset{|}{C}}\cdot + N_2$$

分解的结果生成两个异丁腈自由基。用 I_2 表示引发剂(initiator)，引发反应可写为

$$I_2 \xrightarrow{k_0} 2I\cdot \tag{6.1}$$

链引发也可以由光或热引发，如热氯化法生产氯甲烷的反应中，Cl_2 在加热的情况下裂解产生 Cl 自由基

$$Cl_2 \xrightarrow{\text{加热}} 2Cl\cdot$$

生成的自由基由于有很高的能量，非常活泼，很快与聚合物单体 M 反应并形成单体自由基

$$I\cdot + M \xrightarrow{k_i} R_1\cdot \tag{6.2}$$

如

$$\begin{array}{c} \\ (CH_3)_2\underset{\displaystyle CN}{\underset{|}{C}}\cdot + CH_2{=}CHCl \longrightarrow (CH_3)_2\underset{\displaystyle CN}{\underset{|}{C}}CH_2\overset{\displaystyle H}{\overset{|}{\underset{\displaystyle Cl}{\underset{|}{C}}}}\cdot \end{array}$$

从自由基的产生到链载体的生成，称为链引发过程。

2. 链传播

链传播过程是自由基与反应物单体反应生成新的自由基的过程，反应方程式可以写为

$$R_1\cdot + M \xrightarrow{k_P} R_2\cdot$$
$$R_2\cdot + M \xrightarrow{k_P} R_3\cdot$$

即

$$R_j\cdot + M \xrightarrow{k_P} R_{j+1}\cdot \tag{6.3}$$

如

$$(CH_3)_2\underset{\displaystyle CN}{\underset{|}{C}}(CH_2CHCl)_jCH_2\overset{\displaystyle H}{\overset{|}{\underset{\displaystyle Cl}{\underset{|}{C}}}}\cdot + CH_2{=}CHCl \longrightarrow (CH_3)_2\underset{\displaystyle CN}{\underset{|}{C}}(CH_2CHCl)_{j+1}CH_2\overset{\displaystyle H}{\overset{|}{\underset{\displaystyle Cl}{\underset{|}{C}}}}\cdot$$

每经过一次传播，自由基的链长便增加一个单体的长度，因此，链传播也称为链增长过程。最终反应产物的相对分子质量取决于自由基传播的次数。原则上讲，不同链长的自由基参加反应的活性是不同的，但由于自由基能量高，很容易参加反应。其浓度对反应速率的影响远比其空间位阻的影响大，通常认为链传播过程的反应速率常数与链长无关。所以，假定链传播过程中各个步骤的反应速率常数相同，这个假定在单体转化率较低时是适合的。

3. 链转移

长链自由基与单体反应可以生成相对分子质量更大的自由基(链传播过程)，也可能将能量转移到单体、溶剂及其他化合物上而生成聚合物产物和小分子自由基，这种链传播过程的结束和新自由基的产生称为链转移。主要有以下几种方式：

(1) 自由基转移至单体

$$R_j\cdot + M \xrightarrow{k_m} P_j + R_1\cdot \tag{6.4}$$

即由 j 个单体生长形成的活性聚合物链将自由基转移到单体形成自由基 R_1 和由 j 个单体形成的聚合物死链。

(2) 自由基转移至其他化合物

$$R_j\cdot + C \xrightarrow{k_c} P_j + R_1\cdot \tag{6.5}$$

(3) 自由基转移至溶剂

$$R_j\cdot + S \xrightarrow{k_s} P_j + R_1\cdot \tag{6.6}$$

尽管链转移反应过程中产生的自由基种类不同，但这些基团都具有相近的反应活性，因而在以上各个链转移反应中，均以 $R_1\cdot$ 表示。

链转移反应速率常数一般不受链长度影响，但溶剂的选择对聚合反应非常重要，不同的溶剂将导致自由基转移到溶剂的反应速率常数相差很大。例如，在 CCl_4 中的转移反应速率常数较以苯作溶剂大约 10000 倍。链转移的速率将影响产品的链长分布，转移速率越快，产品链长越短。

4. 链终止

链终止是自由基消亡的过程，高能的自由基可能与别的自由基碰撞生成稳定的产物，也可能通过与杂质分子或固体壁面碰撞释放出能量而形成稳定产物。自由基消亡意味着链的终止，通常有以下两种形式：

(1) 偶合终止

$$R_j\cdot + R_k\cdot \xrightarrow{k_a} P_{j+k} \tag{6.7}$$

(2) 歧化终止

$$R_j\cdot + R_k\cdot \xrightarrow{k_d} P_j + P_k \tag{6.8}$$

如

$$(CH_3)_2\underset{\displaystyle CN}{\underset{|}{C}}(CH_2CHCl)_jCH_2\overset{\displaystyle H}{\overset{|}{\underset{\displaystyle Cl}{\underset{|}{C}}}}\cdot + \cdot\overset{\displaystyle H}{\overset{|}{\underset{\displaystyle Cl}{\underset{|}{C}}}}CH_2(CH_2CHCl)_k(CH_3)_2\underset{\displaystyle CN}{\underset{|}{C}} \longrightarrow$$

$$(CH_3)_2\underset{\displaystyle CN}{\underset{|}{C}}(CH_2CHCl)_jCH_2\overset{\displaystyle H}{\overset{|}{\underset{\displaystyle Cl}{\underset{|}{CH}}}} + \overset{\displaystyle H}{\overset{|}{\underset{\displaystyle Cl}{\underset{|}{C}}}}=CH(CH_2CHCl)_k(CH_3)_2\underset{\displaystyle CN}{\underset{|}{C}}$$

根据链反应各步骤的特点，自由基聚合链式反应各反应步骤及相应的反应速率式可表示如下：

链引发

$$I_2 \xrightarrow{k_0} 2I\cdot \qquad r_{I_2} = k_0[I_2]$$

$$r_{If} = 2f k_0[I_2]$$

$$\mathrm{I}\cdot+\mathrm{M}\xrightarrow{k_i}\mathrm{R}_1\cdot \qquad r_i=k_i[\mathrm{M}][\mathrm{I}]$$

链生长

$$\mathrm{R}_j\cdot+\mathrm{M}\xrightarrow{k_\mathrm{p}}\mathrm{R}_{j+1}\cdot \qquad r_j=k_\mathrm{p}[\mathrm{R}_j][\mathrm{M}]$$

链转移至单体

$$\mathrm{R}_j\cdot+\mathrm{M}\xrightarrow{k_\mathrm{m}}\mathrm{P}_j+\mathrm{R}_1\cdot \qquad r_{\mathrm{m}j}=k_\mathrm{m}[\mathrm{R}_j][\mathrm{M}]$$

链转移至其他化合物

$$\mathrm{R}_j\cdot+\mathrm{C}\xrightarrow{k_\mathrm{c}}\mathrm{P}_j+\mathrm{R}_1\cdot \qquad r_{\mathrm{c}j}=k_\mathrm{c}[\mathrm{R}_j][\mathrm{C}]$$

链转移至溶剂

$$\mathrm{R}_j\cdot+\mathrm{S}\xrightarrow{k_\mathrm{s}}\mathrm{P}_j+\mathrm{R}_1\cdot \qquad r_{\mathrm{s}j}=k_\mathrm{s}[\mathrm{R}_j][\mathrm{S}]$$

链偶合终止

$$\mathrm{R}_j\cdot+\mathrm{R}_k\cdot\xrightarrow{k_\mathrm{a}}\mathrm{P}_{j+k} \qquad r_{\mathrm{a}j}=k_\mathrm{a}[\mathrm{R}_j][\mathrm{R}_k]$$

链歧化终止

$$\mathrm{R}_j\cdot+\mathrm{R}_k\cdot\xrightarrow{k_\mathrm{d}}\mathrm{P}_j+\mathrm{P}_k \qquad r_{\mathrm{d}j}=k_\mathrm{d}[\mathrm{R}_j][\mathrm{R}_k]$$

根据不同反应物在反应过程中的变化速率，可以测定不同过程的反应速率常数。例如，苯乙烯聚合在 80℃，以 2,2-偶氮二异丁腈作为引发剂，初始浓度为引发剂 0.01mol/L、单体 3mol/L、溶剂 7mol/L 情况下，各步反应速率常数为

$$k_0=1.4\times10^{-3}(1/\mathrm{s}) \qquad k_\mathrm{p}=4.4\times10^{2}\,\mathrm{L/(mol\cdot s)}$$

$$k_\mathrm{m}=3.2\times10^{-2}\,\mathrm{L/(mol\cdot s)} \qquad k_\mathrm{s}=2.9\times10^{-3}\,\mathrm{L/(mol\cdot s)}$$

$$k_\mathrm{a}=1.2\times10^{8}\,\mathrm{L/(mol\cdot s)}$$

在反应器设计中，可以根据各步的反应速率常数求解以上各步反应速率方程式组成的微分方程组，求出各反应产物和反应物随时间的变化关系，确定合适的反应器停留时间。

引发剂分解出的高能基团是很不稳定的，只有部分可能与单体反应而形成引发链反应的自由基，很大部分由引发剂分解形成的活性基团在其他反应过程中被消耗。引发剂分解形成有效自由基的分率通常在 0.2～0.7，该分率通常称为引发分率，用 f 表示。因此，用引发剂浓度表示的有效自由基形成的反应速率为

$$r_i=2fk_0[\mathrm{I}_2] \tag{6.9}$$

而用单体浓度和初始自由基浓度表示的形成有效自由基的反应速率为

$$r_i=k_i[\mathrm{M}][\mathrm{I}] \tag{6.10}$$

根据以上拟稳态假定，可以求出初始自由基浓度

$$[\mathrm{I}]=\frac{2fk_0[\mathrm{I}_2]}{k_i[\mathrm{M}]} \tag{6.11}$$

从自由基的消亡来看，无论是自由基的偶合终止还是自由基的歧化终止，都需要两个自由基的碰撞反应，反应为对自由基浓度的 2 级反应。如果不考虑自由基链长或自由基种类对反应速率的影响，自由基的终止速率应该与自由基的总浓度的 2 次方成正比

$$r_t = k_t\left[\sum R_j\right]^2 \tag{6.12}$$

式中，k_t为包括偶合和歧化终止反应速率常数的总反应速率常数；$\left[\sum R_j\right]$为所有自由基浓度之和(自由基总浓度)。式(6.12)可以由分步反应速率方程加和求得。自由基也可以通过与其他反应物反应或与固体壁面碰撞等方式终止，在无阻聚化合物存在或反应空间不是太小的情况下，自由基通过其他渠道终止的可能性是比较小的。

在自由基传播和转移过程中，自由基总数并不改变。如果不考虑自由基分支的情况，由于自由基的消亡速率很快，自由基在反应系统中的浓度很小，在 10^{-6}～10^{-8}mol/L 范围内。因此，根据拟稳态原理，可以认为自由基在反应体系中的积累可以忽略，自由基产生的速率等于自由基消亡的速率，有

$$r_i = r_t \tag{6.13}$$

根据引发剂浓度，由式(6.9)、式(6.12)、式(6.13)可以解出自由基总的浓度$\left[\sum R_j\right]$：

$$\left[\sum R_j\right] = \sqrt{\frac{r_i}{k_t}} = \sqrt{\frac{2fk_0[I_2]}{k_t}} \tag{6.14}$$

在自由基链式反应中，自由基从产生到最后终止所发生的链传播反应次数称为链长(chain length)。显然，链长越长，得到的产品相对分子质量越大。链传播反应速率越快，链载体在终止前发生的传播反应次数越多，链长越长。对于不同的链载体来说，链长的差别是很大的，但对于反应体系来说，通常使用平均链长$\bar{\nu}$表征。平均链长可以通过传播反应速率与自由基引发反应速率之比计算

$$\bar{\nu} = r_p / r_i \tag{6.15}$$

将r_p和r_i表达式代入，有

$$\frac{r_p}{r_i} = \frac{k_p[M]\left[\sum R_j\right]}{2fk_0[I_2]} = \frac{k_p[M][2fk_0[I_2]/k_t]^{1/2}}{2fk_0[I_2]} = \frac{[M]}{[I_2]^{1/2}}\sqrt{\frac{k_p^2}{2fk_0k_t}}$$

为了得到较高相对分子质量的聚合物，可以适当降低引发剂的浓度、提高单体浓度。当然，通过改变溶剂、改变温度等手段提高传播反应速率常数与引发反应速率常数之比也是得到高相对分子质量聚合物的有效手段。在聚合反应中，除平均链长以外，链长的分布也是聚合产品重要的指标。如何根据聚合物使用要求，从反应条件和工艺上控制聚合物链长分布，改进聚合反应产品的质量，也是聚合反应工程要研究的重要课题。

6.1.2 聚合反应器

自由基链式聚合反应中，从链引发到链终止的全过程都包括了无数串联和平行反应，反应历程非常复杂。在实际的反应过程中，反应条件的微小变化也可能引起反应结果的明显差别。对于同样的聚合物单体，采用不同的反应器或反应形式可能得到不同的产物摩尔质量分布、组成分布、支链长度分布等。聚合反应器同样可以根据其进行的相态、传质传热及反应动力学等反应特征按前面各章介绍的反应器分析方法进行分析，但聚合反应器与其他反应器相比有其特殊的一面。

聚合反应是物质相对分子质量增大的过程，聚合产品的相对分子质量通常在 10^4～10^7。随着反应的进行，反应体系的黏度急剧变化，在后期流体黏度可高达上千(单位 $N \cdot s/m^2$)，苯乙烯的聚合随反应转化率从 0 反应到 60%时，反应体系的黏度增加 10^6 倍。当在搅拌反应釜中进行聚合反应时，搅拌桨的功率变化很大，在反应后期只能采用锚式、螺杆式等高推动力的搅拌桨，很多反应甚至采用混捏的方式进行混合。反应过程的高黏度带来很多反应工程的问题。流体黏度提高使流体的对流传热能力大幅度降低，如何改善反应后期的传热性能、移走大量的聚合反应热是聚合反应工程所必须研究的问题。在高黏度情况下，聚合物反应体系是宏观流体，自由基、单体等反应组分的扩散也受到黏度的影响，往往需要在不同反应阶段对物质的混合方式做适当的调整。

在聚合反应中，由单纯的聚合物单体(monomer)作反应物料，在加入少量甚至不加入引发剂的情况下进行聚合反应，工业上称为本体聚合(bulk polymerization)。本体聚合反应生成的产品纯度高、杂质少，有利于直接成型。但由于聚合物高黏度的影响，很多本体聚合反应过程的转化率只能达到 30%～60%，反应残留单体的去除是很困难的分离过程。本体聚合过程中，高黏度流体的传热性能差，容易造成局部的温度升高，影响产品质量。工业生产过程中，高浓度本体聚合也可能使产物的流动困难。因此，到目前为止，本体聚合在工业上的应用并不普遍，但随工业技术的发展和相关设备的进步，本体聚合有其自身的优势。

悬浮聚合(bead polymerization)是一种工业上常用来克服传热问题的聚合方法，采用将聚合反应物在水或其他介质中分散成 10～1000μm 的小珠，每一个小珠相当于一个悬浮于介质中的小聚合反应器。聚合物与水(或介质)之间用某种胶体将两者隔开，聚乙烯醇水溶液是最常用的介质之一。由于珠状聚合物与水(或介质)之间的换热比表面积很大，聚合反应热可以通过水(或介质)很好地传递出反应器。由于水(或介质)的存在，反应物料的整体流动性能很好。因此，悬浮聚合反应温度容易控制、转化率高。但不同体系中反应物的悬浮性能差别较大，悬浮液滴有时并不稳定，悬浮体对搅拌状况也十分敏感。因此，目前也只有一些间歇工业反应器的例子，如甲醇中乙酸乙烯的聚合、丙烯酸酯和甲基丙烯酸酯的共聚、丙烯腈在 $ZnCl_2$ 水溶液中的聚合等，悬浮聚合是仅有的还没有实现连续化操作的聚合方法。

如果将液滴在乳化剂的作用下分散到更小的尺度，体系变成含直径为 0.05～5.0μm 反应物胶团的乳化液，即常称的乳液聚合(emulsion polymerization)。由于乳化后，水相(介质相)与反应物单体分散相之间的传质传热速率大幅度提高，引发剂可以使用溶解于水相的水溶性引发剂。乳液聚合反应速率快、聚合相对分子质量大，但相对分子质量分布较宽。氯乙烯、丁苯橡胶的聚合反应便可采用 CSTR 进行乳液聚合，丁苯橡胶的聚合反应停留时间通常需要 8～12h。乳液聚合产物中总是含有一些乳化剂及残余助剂，这些助剂的分离往往是困难的，因此，乳液聚合多数用于橡胶、人造革、涂料等纯度要求不高的产品生产过程。

将聚合物单体、引发剂等溶解在溶剂中的溶液聚合(solution polymerization)可以很好地解决聚合反应中的流动、黏度问题。例如，Philips 工艺中采用临界状态的乙烯作为溶剂生产聚乙烯，在管式反应器中达到 22%转化率后，通过减压、闪蒸回收乙烯。溶液聚合中还可利用溶剂的挥发带走大量的反应热，但溶剂的存在使反应器的体积比本体聚合法要大，同时溶剂可能对链反应自由基造成影响，从而影响反应产物的链长分布或相对分子质量。溶液聚合中，选用的溶剂必须容易回收和分离。溶液聚合很像是无机化工中的反应沉淀，聚合产品从溶剂中聚合析出，因此，溶液聚合容易造成聚合物的黏壁现象。溶液聚合的例子很多，如乙烯的饱和烃溶液在铬-铝催化剂上聚合、苯乙烯和丙烯腈在甲醇溶液中的共聚、丙烯腈水溶液在80℃下聚合生产聚丙腈的反应等。

除了以上聚合操作外，还有气相聚合、淤浆聚合等不同的操作形式。聚合过程按反应物相分类，有均相和非均相之分，但是，决定反应特性的并不是相态的均匀与否，而是相态的连续与分散，特别是连续相中高聚物浓度的大小。如果连续相中高聚物浓度很大，如本体聚合、溶液聚合等，则解决反应器内的高黏度及聚合物溶液的低扩散性是反应器设计的关键，含有聚合物连续相的反应器设计与操作是聚合反应工程的显著特点。如果富含聚合物的相被分散，则形成一个含相际传质的反应动力学过程，其数学描述与气固相反应过程类似。

聚合过程分类及特性列于表 6.1。

表 6.1 聚合过程分类及特性

连续相	分散相	聚合类型
聚合物溶液	无	均相本体或溶液聚合
聚合物溶液	产物等	非均相本体或溶液聚合
水或其他溶剂	聚合物或聚合物溶液	悬浮、分散及乳液聚合
液相单体	含单体的聚合物	沉淀或淤浆聚合
气相单体	聚合物	气相聚合

如果单体生成的聚合物不溶于其单体，则聚合过程为非均相，这在聚合过程中是普遍现象，如沉淀、淤浆和气相聚合。如果聚合物在其单体中可溶，则聚合反应要在分散相中进行，需要加入水等分散剂和表面活性剂。这两种类型的聚合反应都需要在反应器下游增设分离纯化步骤。如果单体是纯的并未经稀释，聚合物在单体中可溶，则可以直接进行本体聚合。

连续流动的搅拌釜是应用最多的聚合反应器，在反应转化率不太高、黏度较低、反应物流动性能较好的情况下，采用连续流动搅拌釜有利于控制反应温度，整个反应空间内的反应参数比较均匀。搅拌釜内产生的反应热不仅可以通过夹套移走，反应温度下的流出产物也会带出大量的热量。聚合产物有比较窄的相对分子质量和组成分布，在本体自由基聚合过程中得到了广泛应用。但搅拌釜反应器难以达到高转化率，除了连续搅拌釜反应器内的返混效应影响外，聚合物黏度随转化率增加急剧上升，使连续搅拌釜很难在高聚合转化率下操作。对于不含剩余单体的纯聚合物，其黏度往往超过搅拌桨所能搅拌流体黏度的 2～3 个数量级。实际生产中，搅拌釜反应器内的聚合物质量分数不超过 85%，如果需要更高的聚合度，则需在其后串联管式聚合反应器。

由于聚合物溶液的高黏度，反应器内物料呈滞流状态，各物质的分子扩散系数很低。因此，搅拌釜聚合反应器内物料的流动应以离析流模型描述，如果将自由基聚合过程的动力学方程以集总参数形式表示，可直接采用第 2 章离析流模型计算。虽然离析流搅拌釜可以达到较高的转化率，但聚合产物的组成和相对分子质量分布较全混流模型更宽。

管式反应器也常用于连续本体聚合，参加反应的单体或单体混合物从管式反应器的一端进入，高聚物产品从另一端出反应器。由于聚合过程黏度大，管内流速分布不能忽略，管壁附近流速很低，截面流速分布差，接近水力学不稳定状态。由于管壁附近流速低，停留时间长，聚合度比中心处高，因此容易造成黏壁现象。管式反应器的放大是困难的，由于聚合反应放热较大，管式反应器内聚合流体基本处于滞流状态，管径扩大时，管内与管外的传热变得困难，容易造成飞温。采用多管束反应器虽然可以改善流速分布和传热，但小管径反应器容易被聚合物堵塞。

连续聚合管式反应器的数学模型通常采用二维集总模型：

$$
\begin{aligned}
& v_z \frac{\partial c_A}{\partial z} + v_r \frac{\partial c_A}{\partial r} = D_a \left(\frac{1}{r} \frac{\partial c_A}{\partial r} + \frac{\partial^2 c_A}{\partial r^2} \right) + r_A \\
& \rho \overline{C_p} \left(v_z \frac{\partial T}{\partial z} + v_r \frac{\partial T}{\partial r} \right) = \alpha \left(\frac{1}{r} \frac{\partial T}{\partial r} + \frac{\partial^2 T}{\partial r^2} \right) + (-\Delta H_{rA}) r_A
\end{aligned}
\tag{6.16}
$$

边界条件为

$$
\begin{aligned}
& c_A = c_{A0}, \quad T = T_0, \quad z = 0 \\
& \frac{\partial c_A}{\partial r} = 0, \quad r = 0, \quad r = R \\
& \frac{\partial T}{\partial r} = 0, \quad r = 0 \\
& \frac{\partial T}{\partial r} = 0, \quad r = R, \quad \text{绝热} \\
& T = T_w, \quad r = R, \quad \text{恒壁温} \\
& v_z = 2\bar{u} \left[1 - \left(\frac{r}{R} \right)^2 \right] \\
& v_r = 0, \quad r = 0, \quad r = R
\end{aligned}
\tag{6.17}
$$

以上定解问题进行无量纲化处理后，在径向采用中心差分，轴向采用向前差分的显式格式，可求解离散后的代数方程组，然后逐层往上计算。此方法比较简明，但可能出现计算稳定性问题。对于一些复杂的聚合反应，则需要采用计算量大但能得到稳定解的数值计算方法，近年来已经出现了一些有效的数值算法，可参看有关偏微分方程数值解专著。

6.2　生物反应过程

利用生物质(biomass)生产化学品的生物工程技术正日益受到重视，人们已经可以利用微生物和动物细胞生产包括胰岛素、大多数抗菌素及高分子材料在内的多种化学品。很多世纪以前，人类便通过生物质发酵生产乙醇，现在用生物工程的方法生产 1,3-丁二醇、甲醇、甘油、戊醇等醇类物质非常普遍。21 世纪，人们将通过生物合成制取更多的化学品、农产品、食品，以生物质为原料制取的有机化学品及其下游产品将取代很多现有以石油为原料的生产过程。生物转化过程的反应条件温和、催化选择性高，如由黑曲霉素发酵将葡萄糖转化成葡萄糖酸，其转化率可达 100%；顺丙烯酚酸转化成抗菌素顺式 1,2-环氧丙膦酸，生物转化产物为单一目标产物，而一般有机合成产物中含多种同分异构体。尽管生物反应过程(bioreaction engineering)的工业化还只是在少数的生化反应过程实现，但生化反应过程已经被认为是 21 世纪最有盈利前途的工业过程之一。

生化反应中，用作催化剂的酶(enzyme)是由生物体产生且是生物体赖以生存的特殊蛋白质，生物化学反应便是依靠各种不同的酶作为催化剂对不同的产物进行高选择性的转化，酶催化是生物化学反应区别于普通化学反应的标志。生物反应过程与普通化学反应过程相比，在设计及操作原理上并没有特殊之处，而最大的区别在于生物体的生成条件和酶的活性范围与普通化学催化剂有很大的差别。生物化学反应通常要求在非常温和的条件下进行，同时生物体又很容易受到外来杂质的污染和伤害，因此，对生物反应器的设计要求必须满足生物体的生长条件。

生化反应中，发酵(fermentation)是最古老的生物反应生产过程，也是应用最广的生物反应单元，是指由微生物转化反应底物的生物化学反应过程(最早是指无氧存在情况下，现在也包括一些需氧过程)。对于工业上使用的发酵罐，应该设计反应物气相、液相流动所需的必要装置，如搅拌、循环等反应构件，也应该考虑维持反应进行的必要的温度控制装备，如蒸气或换热盘管等。经过很多年的发展，发酵过程现在是工业化最成功的生化反应过程之一，目前世界上最大的发酵反应罐是英国 Billingham 的从碳氢化合物生产单细胞蛋白的发酵反应器，其直径为 10m，高度达 100m。

发酵反应可以通过细胞也可以通过酶催化进行反应，有机反应物作为底物在微生物代谢过程中转化成代谢产物，在细胞中进行的生化反应实际上是很多种酶同时催化的复杂反应。酶催化的发酵过程可以表示为

$$\text{原料A} \xrightarrow{\text{酶E(催化剂)}} \text{化学产品R}$$

反应过程与普通的化学反应过程非常相似。酶可以单独存在，也可以附载于其他载体或生物体，而通常在生物体内的特殊环境中的反应活性比其单独存在时高得多。由于酶在反应过程中容易失活或随着产品流失，反应器中需要不断地补充酶。因此，研究以特殊的方法将酶固载于特殊载体上是近年来研究最活跃的领域之一，既保证酶具有高的活性，又保证酶在使用中不流失。

在使用酵母、细菌、藻类、霉菌及原生动物细胞等作为催化剂的发酵过程中，反应所需的酶催化剂可能是细胞代谢过程中产生的活性酶，也可能是细胞内的生物酶。反应的目标产物可能是生物体代谢的产物，也可能是生物体本身(如单细胞蛋白，single cell protein，SCP)。细胞发酵过程可表示为

$$\text{原料A} \xrightarrow{\text{细胞C(催化剂)}} \text{产物R+更多的细胞(C)}$$

从整个反应来看，发酵过程中的微生物也是反应体系中的一个产物，微生物数量在反应过程中不断增加，所产生的酶又加速了生化反应，反应有自催化反应的特征。

采用细胞等生物体作为催化剂时，反应特性往往比单纯化学反应复杂。普通化学反应通常只与反应条件相关，反应条件一定，反应的动力学特性就是固定的。但是，生物体有环境适应问题，生物体的活性会随生物体对环境的适应时间和适应程度而变化，例如，很多污水处理过程，需要对生物菌进行一定时期的驯化，才能达到很好的活性。因此，即使反应条件相同，生化反应的结果可能有所不同，生物反应器设计时要充分考虑这个特性。

6.2.1 酶反应基础

无论是酶发酵还是细菌发酵，实际上都是酶催化反应，这是大多数生物反应的特征。酶是一种具有催化活性的蛋白质或类蛋白质物质，由酶催化作用转化的原料称为底物(substrate)。

酶通常以所催化的反应命名，如催化分解尿素的酶称为尿素酶，催化酪氨酸的酶称为酪氨酸酶，作用于尿酸的酶称为尿酸酶。酶催化反应有三种主要类型：①酶和底物都可溶，为均匀的液相，所有生物细胞内的合成与分解反应都由各种独特的酶催化所控制；②酶可溶，底物不溶，加酶(如蛋白酶、淀粉酶)洗衣粉的洗涤过程，酶溶解后，将污渍(如血渍)等不溶解的底物分解掉；③酶不溶，底物可溶，如将催化酶负载于不溶固体表面的酶固定化技术，反应底物溶液流经反应床层时发生生化反应。

均相下进行的酶催化反应，与普通的均相化学反应过程一样，可以通过分析其反应机理来研究生化反应的动力学问题。以人和动物肾脏内尿素酶从血液中分解氮废物(如尿酸、肌酸酐)的生化反应为例，尿素酶的催化作用使尿分解为氨和二氧化碳。很多研究结果表明，反应通过以下各步基元反应过程进行。

(1) 尿素酶 E 与底物尿 S 反应生成酶-底物复合物 E · S

$$E+S \xrightarrow{k_1} E\cdot S \tag{6.18}$$

(2) 此反应通常为可逆反应，即酶-底物复合物也可以分解为底物和酶

$$E\cdot S \xrightarrow{k_2} E+S \tag{6.19}$$

(3) 酶-底物复合物与水反应，生成氨、二氧化碳、尿素酶

$$E\cdot S+H_2O \xrightarrow{k_3} NH_3+CO_2+E \tag{6.20}$$

根据质量作用定律，底物 S 的消耗速率 r_S 为

$$r_S = k_1[E][S]-k_2[E\cdot S] \tag{6.21}$$

酶-底物复合物 E · S 的净生成速率 $r_{E\cdot S}$ 为

$$r_{E\cdot S}= k_1[E][S]-k_2[E\cdot S]-k_3[H_2O][E\cdot S] \tag{6.22}$$

由于酶反应的可逆性，酶以酶-底物复合物和游离酶两种不同的形式存在于溶液中。尽管反应过程中各种形态的酶的浓度不容易测准，但酶的总量通常是知道的，假设酶的总量不变，总浓度为$[E_t]$，则

$$[E_t]=[E]+[E\cdot S] \tag{6.23}$$

利用拟稳态假定，假设非稳定的中间络合物 E · S 的净生成速率为零，联立式(6.22)和式(6.23)可以解得

$$[E\cdot S]=\frac{k_1[E_t][S]}{k_1[S]+k_2+k_3[H_2O]} \tag{6.24}$$

根据该反应的化学计量关系，在稳态情况下，底物的消耗速率应该等于产物的生成速率，有

$$r_S=k_3[H_2O]\,[E\cdot S] \tag{6.25}$$

酶催化反应都是在水溶液中进行的，水的浓度相对恒定，可以认为在反应中水的浓度不变。将式(6.24)代入式(6.25)中，并令 $k_3' = k_3[H_2O]$, $K_m = (k_3'+k_2)/k_1$，得尿素酶分解血液中含

氮废物的生化反应速率方程式为

$$r_S = k_3'[E_t][S]/(K_m + [S]) \tag{6.26}$$

对于更普遍的酶催化反应过程，Michaelis 和 Menten 于 1913 年便提出如下机理进行描述

$$S+E \rightleftharpoons E \cdot S \longrightarrow E+P \tag{6.27}$$

这就是 Michaelis-Menten 机理(或米氏机理)。根据米氏机理可以推出式(6.26)这样的酶反应速率方程，因此，该方程称为米氏方程(Michaelis-Menten equation)，而 E · S 称为米氏络合物(Michaelis-Menten complex)。

图 6.1 是根据米氏方程所作的底物反应速率随底物浓度的变化曲线，米氏方程的双曲性质决定了底物的反应速率存在一个最大值，当底物浓度趋于无穷大时，反应的速率接近于最大的反应速率 r_m，此时，可以理解为酶已经被充分络合情况下的极限反应速率，即

$$[S] \to \infty, r \to r_m = k_3'[E_t] \tag{6.28}$$

此时，反应速率是由酶络合物的转化速率所决定的。当底物浓度很低时，反应速率便取决于底物与酶络合的速率

$$[S] \to 0,\ r_S = (k_3' / K_m)[E_t][S] = (r_m / K_m)[S] \tag{6.29}$$

当底物浓度趋于 0 时，可以认为几乎所有的酶都处于游离状态。

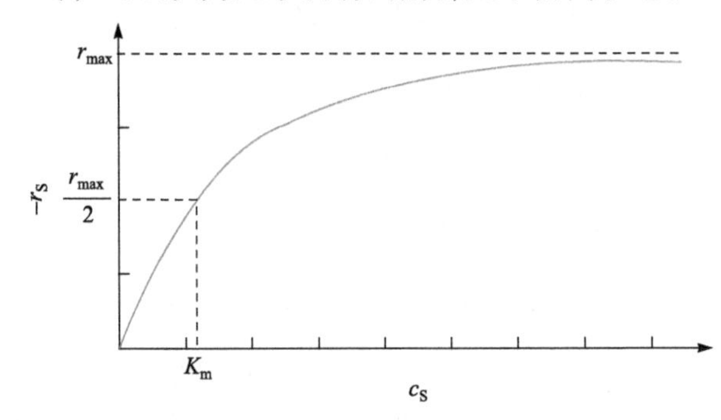

图 6.1 Michaelis-Menten 速率方程

根据米氏机理及米氏方程，可以通过人为增加底物浓度求得方程参数 r_m。进一步根据方程式(6.26)可得

$$[S]=K_m，r_S=r_m/2$$

因此，只需测定反应速率等于最大反应速率一半时的底物浓度，便可求出方程参数 K_m。

【例 6.1】 确定尿与尿素酶反应的 Michaelis-Menten 型酶反应特性参数 r_m 和 K_m。以尿浓度变化表示的反应速率如下：

$[S]/(kmol/m^3)$	0.2	0.02	0.01	0.005	0.002
$r_S/[kmol/(m^3 \cdot s)]$	1.08	0.55	0.38	0.2	0.09

解 将 Michaelis-Menten 方程改写成倒数形式

$$\frac{1}{r_S}=\frac{1}{r_m}+\frac{K_m}{r_m}\cdot\frac{1}{[S]}$$

以反应速率的倒数 $1/r_S$ 对底物浓度的倒数 1/[S]作图得一条直线，其斜率为 K_m/r_m，纵坐标轴上的截距为 $1/r_m$，将已知数据改写为相应的倒数形式：

$[S]/(kmol/m^3)$	0.2	0.02	0.01	0.005	0.002
$r_S/[kmol/(m^3\cdot s)]$	1.08	0.55	0.38	0.2	0.09
$1/[S]/(m^3/kmol)$	5	50	100	200	500
$1/r_S/[(m^3\cdot s)/kmol]$	0.93	1.82	2.63	5.00	11.11

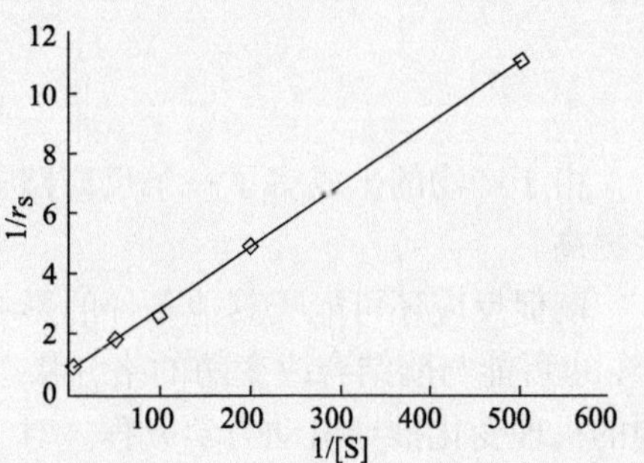

由上图得出，最大反应速率为

$$r_m=1.33kmol/(m^3\cdot s)$$

斜率为 0.02s，可计算出 Michaelis 常数 K_m

$$K_m=0.02r_m=0.0266(kmol/m^3)$$

将求得的参数代入米氏方程得到尿素酶分解尿的速率方程为

$$r_S=1.33[S]/(0.0266+[S])$$

对应于该体系最大反应速率 r_m，总酶浓度$[E_t]$约为 5g/L。

在生化反应中，酶催化反应对杂质比较敏感，常常存在影响酶活性的阻化剂(inhibitor)或加强酶活性的促进剂(promoter)，它们的存在常常与催化剂中的毒物和助催化剂起到相同的作用。当反应系统中存在的杂质能与酶或酶络合物形成新的稳定络合物时，该杂质从客观上降低了酶的有效浓度，这类杂质便是常见的酶阻化剂。阻化剂存在时的酶催化反应机理可以写为

$$E\underset{-S}{\overset{+S}{\rightleftharpoons}}ES$$

$$E\underset{-I}{\overset{+I}{\rightleftharpoons}}EI$$

$$ES\underset{-I}{\overset{+I}{\rightleftharpoons}}EIS$$

$$EI\underset{-S}{\overset{+S}{\rightleftharpoons}}EIS$$

$$ES\xrightarrow{k}P+E$$

当 E 或 ES 与阻化剂不可逆地生成 EI 或 EIS 时，酶中毒为永久性中毒；而如果该络合过程为可逆的，则酶中毒是可再生的，可以通过阻化剂的取出而逐渐释放出有活性的酶。对于以上的反应机理，可以通过不同的机理假设，推出反应速率方程式。上述阻化机理下的反应动力学通式可以写为

$$r=r_m[S]/\{k_m(1+[I]/K_i)+[S](1+[I]/K_{is})\} \tag{6.30}$$

根据生成EI、EIS的分解平衡常数 K_i 和 K_{is} 的大小，阻化反应可以分为竞争阻化(competitive inhibition)、未竞争阻化(uncompetitive inhibition)和非竞争阻化(noncompetitive inhibition)。当不生成 EIS 络合物时，反应称为竞争阻化，此时式中的$[I]/K_{is}$为 0；当不生成 EI 时，反应称为未竞争阻化，$[I]/K_i=0$；而两种络合物同时存在时，反应称为非竞争阻化。

酶促进剂 M 的存在，与阻化剂存在的作用机理相近，酶促进剂可以与酶 E 和酶络合物 ES 络合生成中间络合物 EM 和 EMS，而与阻化现象所不同的是中间络合物可以分解直接生成产物 P，反应变成了

$$\mathrm{ES} \xrightarrow{k} \mathrm{P+E}$$

$$\mathrm{EMS} \xrightarrow{k'} \mathrm{P+M+E}$$

由于产物的生成多了一条反应路径，酶促进剂促进了酶络合物分解成目标产物，反应速率提高。

酶促反应还可能受其他条件的影响，pH 是常见的显著影响因素。H^+可以与底物负离子结合，也可能与酶结合改变酶的络合状态。不同的 pH 可能引起反应的机理变化，但可以根据不同的机理变化推导出动力学方程。对于酶与底物或其他物质的络合物存在多种络合状态的反应体系，如 EHS、EH_2S、EH_2 等同时存在时，反应机理是很复杂的。当反应底物为多底物体系时，反应机理更为复杂，具体反应机理讨论可以参考有关资料(Piszkiewiez D，1977)。

6.2.2 Michaelis-Menten 型酶反应与间歇反应器设计

如果以上讨论的 Michaelis-Menten 型酶反应在间歇反应器中进行，对反应器作物料平衡得

$$-\mathrm{d}n_\mathrm{S}/\mathrm{d}t = r_\mathrm{S} V \tag{6.31}$$

式中，n_S 为底物的物质的量，由于反应在水相中进行，体积变化不大，可以视为恒容过程：

$$-\mathrm{d[S]}/\mathrm{d}t = r_\mathrm{S} \tag{6.32}$$

在等温情况下可以将式(6.32)积分，直接求出反应过程中反应底物浓度[S]与反应时间之间的对应关系

$$t = -\int_{[\mathrm{S}]_0}^{[\mathrm{S}]} \frac{\mathrm{d[S]}}{r_\mathrm{S}} = \int_{[\mathrm{S}]_0}^{[\mathrm{S}]} \frac{K_\mathrm{m} + [\mathrm{S}]}{r_\mathrm{m}[\mathrm{S}]} \mathrm{d[S]} = \frac{K_\mathrm{m}}{r_\mathrm{m}} \ln \frac{[\mathrm{S}]_0}{[\mathrm{S}]} + \frac{[\mathrm{S}]_0 - [\mathrm{S}]}{r_\mathrm{m}} \tag{6.33}$$

引入转化率 x，有

$$[\mathrm{S}] = [\mathrm{S}]_0(1-x)$$

则

$$t = \frac{K_\mathrm{m}}{r_\mathrm{m}} \ln \frac{1}{1-x} + \frac{[\mathrm{S}]_0 x}{r_\mathrm{m}} \tag{6.34}$$

式(6.34)为在间歇反应器中进行 Michaelis-Menten 型酶反应的设计方程。也可以通过此式利用间歇反应器中的实验数据计算反应特性参数 K_m 和 r_m。具体的解法可以利用在间歇反应器中得到的转化率与时间的关系，采用作图的方法或参数拟合的方法求解。

【例 6.2】 间歇反应器中进行尿酶催化转化尿为氨和二氧化碳的反应，反应器容积 0.5L，尿初始浓度 0.1mol/L，尿素酶浓度 0.001g/L，要求尿转化率达 80%，尿浓度与其反应速率的变化关系与例 6.1 相同，反应等温进行，计算反应所需时间。

解 根据例 6.1 可知，酶总浓度$[E_t]$约为 5g/L 时，最大反应速率为 1.33kmol/$(m^3 \cdot s)$，由于最大反应速率与酶总浓度成正比，因此，酶总浓度为 0.001g/L 时，最大反应速率应为

$$r_\mathrm{m} = 0.001 \times (1.33/5) = 2.66 \times 10^{-4}[\mathrm{mol/(s \cdot L)}]$$

由式(6.33)可得

$$
\begin{aligned}
t &= \frac{0.0266}{0.000266}\ln\frac{1}{0.2}+\frac{0.1\times 0.8}{0.000266} \\
&= 461.7(\mathrm{s}) \\
&= 7.7(\mathrm{min})
\end{aligned}
$$

6.2.3 细胞发酵及反应器

细胞发酵(fermentation)反应过程在生物合成技术中得到广泛应用，通过细胞发酵大致可以达到以下三种目的：一种是通过细胞体内的酶催化体系将底物转化成所需要的产品，如通过细胞的呼吸将有机物降解并产生甲烷、丙二醇、乙醇等低相对分子质量的有机物，也可以是通过细胞的生理代谢分泌出所需的酶制剂；另一种情况是发酵产品就是细胞本身，如单细胞蛋白生产、菌种培养等，这种情况下获得最大量的菌体浓度是重要的；第三种细胞发酵是以消耗底物为目的的，如在环境保护中利用微生物的生理活动不断将有污染的有机物转化成 CO_2 等气体。

细胞在生长过程中通常有三个方面的能量要求：细胞体内的化学环境与外界化学环境有很大的差异，通过细胞的活动有效地维持了细胞内物质的逆浓度差的传递，这种耗散体系(dissipative system)必须靠细胞吸收能量得以维持；细胞在适当的条件下能够分裂生长，细胞的生长必须依靠细胞吸收能量来维持；同时，细胞还必须吸收将底物转化成为目标产物所必需的化学能量。在没有光合作用的微生物细胞生长的体系中，所有这些能量都是通过微生物体系的酶催化底物进行反应而提供适当的能量。

对于好氧微生物的生长，可以用以下过程表示：

$$
[\text{细胞}]+[\text{碳源}]+[\text{氮源}]+[\text{氧源}]+[\text{磷源}]+\cdots \longrightarrow [\text{更多细胞}]+[\text{产物}]+[CO_2]+[H_2O] \tag{6.35}
$$

该过程必须在适当的培养环境、pH 和温度等条件下进行。反应过程中所加入的氮源、磷源等是细胞生长中蛋白质合成所必需的生长元素，通过细胞呼吸，利用氧气将底物氧化而提供体系所必需的能量。在微生物中菌群分为自养菌(autotrophic bacteria)和异养菌(allotrophic bacteria)，对于可以直接利用无机物作为能量来源的自养菌，其碳源可以是空气中的 CO_2，而对于必须利用有机碳的异养菌，碳源应该是有机化合物。

由于细胞在生化反应中既是反应的催化体系又是反应的产物，反应具有自催化反应的基本特征，反应速率与细胞浓度成正比。间歇生物反应器及微生物生长(图 6.2)可以从以下几个方面来探讨反应器中的生物反应过程及反应器的设计原理。

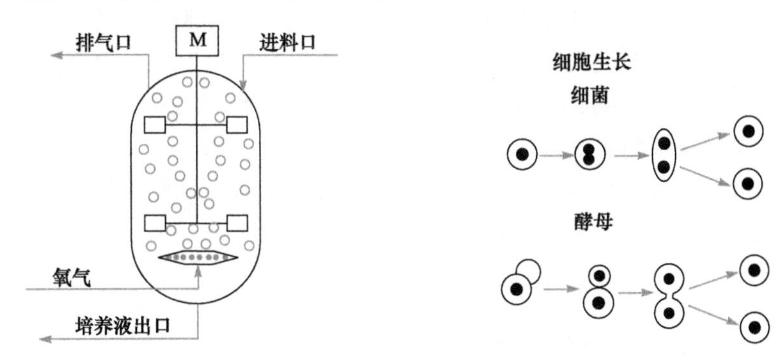

图 6.2 间歇生物反应器

1. 细胞生长阶段

间歇生物反应器操作中，首先将反应所需要的营养物质和生化反应底物一次性或分批加入反应罐中，调整到适当的条件，如温度、pH 等，加入一定量的细胞(称为菌种)，加入细胞的过程称为接种(inoculation)。接种的细胞在适当的条件下生长并繁殖，细胞数量逐渐增加，而增加的细胞又加快对反应底物的需求，直到反应底物被大量消耗后，细胞的生长也减慢直至结束。反应过程中必须提供相应的反应条件，除必须持续曝气以维持微生物呼吸外，还必须保持反应器内的温度、湿度及 pH 处于适合于微生物生长的条件范围。

整个发酵过程中，反应器内的细胞浓度随着反应进行是不断变化的，细胞浓度与时间的关系示意图见图 6.3。根据生化反应的特点，发酵反应可以分为四个阶段。在生长的初始阶段(图 6.3 中Ⅰ)，细胞逐渐适应新的生长环境，合成生长过程需要的酶体系，实际浓度增长缓慢。在此阶段，细胞还要合成起传递作用的蛋白质，将底物转移至细胞内，并开始复制细胞的基因物质。这一阶段的长短，主要取决于反应器内的环境与接种细胞生长条件的相似性程度。如果有适宜的接种培养环境，这一初始阶段会很短。如果接种所需的营养物质相差很大，接种的细胞活性便会受到影响，细胞会根据新的环境条件重新调整其代谢途径，一旦细胞调整了代谢途径，生长便会迅速加快。

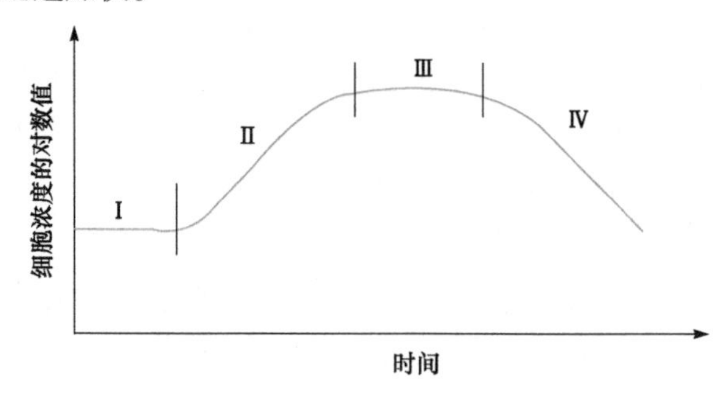

图 6.3　细胞生长过程

当细胞适应了新的环境后，生长进入第二阶段(图 6.3 中Ⅱ)，此时细胞数量迅速增长，其增长速率与细胞浓度成正比，称为指数生长阶段。通过初始阶段对培养环境的适应，细胞生物活力充沛，营养充足，并以最大速率分裂繁殖。

随着营养物质的不断消耗，将出现一种或多种营养物质相对缺乏的状态，生长代谢出的毒素物质可能在反应器中或细胞体内积累，细胞生长环境受限，新陈代谢被终止，因而细胞生长速率停止，出现第三阶段的静止期(图 6.3 中Ⅲ)。另外，细胞本身的生长周期也可能导致细胞生长速率的降低，长时间的生长积累，细胞体内的有机酸增加，也会抑制细胞的进一步生长。但在这一阶段，细胞的特殊代谢规律可能得到很多特定的发酵产品，如青霉素、真菌黄青酶等抗生素就是在细胞生长停止阶段获得的。

第四阶段(图 6.3 中Ⅳ)中，由于营养物质的严重缺乏，或者细胞生长代谢产生的有毒副产物的积累，反应器中出现大量细胞死亡，活细胞浓度下降。

2. 速率方程

对于细胞生长过程，可以用以下的简单反应方程式表示：

$$[细胞]+[底物] \longrightarrow [更多细胞]+[产物] \tag{6.36}$$

通常认为细胞内的反应过程是由很多偶合的酶反应过程构成的，子细胞体内有很多酶存在(在很多情况下也存在细胞分泌出来的体外酶)。但是，在很多的串级反应中，可能存在某一步酶催化反应为控制步骤。因此，细胞内发生的生化反应也具有与酶催化反应相同的速率特征，很多情况下用类似于米氏方程的比活性速率方程来描述细胞生长过程。在细胞的指数生长阶段，常采用 Monod 方程描述细胞生长速率，认为细胞生长速率正比于反应器内细胞的浓度：

$$r_g = \mu c_c \tag{6.37}$$

而比生长速率μ可表示为

$$\mu=\mu_{max}[S]/(K_S+[S]) \tag{6.38}$$

式中，μ_{max}为细胞生长速率常数的最大值；[S]为底物浓度；K_S类似于 Michaelis 常数。

对于很多细菌，常数 K_S 很小，或在反应初期底物浓度对细胞生长速率影响不大，此时速率方程可写为

$$r_g=\mu_{max}\, c_c \tag{6.39}$$

在某些生物反应过程，反应产物会抑制细胞生长，如酿酒中葡萄糖发酵产生乙醇，乙醇对细胞生长有抑制作用。在这种情况下，可以通过在反应速率方程式中添加一阻滞因子来校正：

$$r_g=k_{obs}\, \mu_{max}\, c_c[S]/(K_S+[S]) \tag{6.40}$$

阻滞因子 k_{obs} 可以由式(6.41)估算：

$$k_{obs} = (1 - c_P / c_P^*)^n \tag{6.41}$$

式中，c_P^*为代谢过程停止后的产物浓度；n 为经验常数。对于葡萄糖制乙醇的发酵过程，典型的抑制参数为

$$n = 0.5，\ c_P^* = 93\text{g} / \text{L}$$

除上述 Monod 速率方程式外，还有另外两个方程也常用来描述细胞生长速率的速率方程式，有指数型的 Tessier 方程

$$r_g=\mu_{max}[1-\exp([S]/k)]c_c \tag{6.42}$$

和双曲型的 Moser 方程

$$r_g=\mu_{max}\, c_c/[1+k[S]\exp(-\lambda)] \tag{6.43}$$

式中，λ、k 均为由实验数据确定的经验常数。Moser 和 Tessier 速率方程非常适用于发酵的开始和结束阶段。

细胞死亡速率方程通常表示为

$$r_d=(k_d+k_t\, c_t)c_c \tag{6.44}$$

式中，c_t为对细胞产生毒副作用的底物浓度；k_d、k_t分别为细胞正常死亡和由于有毒底物至死的速率常数。通常 k_d 的数值范围在 0.1～0.0005(1/h)，k_t的值取决于毒物性质。

微生物的生长速率也常以“双倍时间”来表示，即一定量的生物质数量增长一倍所需要的时间。通常细菌生长的双倍时间在 45min～1h，也有最快的为 15min。一些简单的真核生物，如酵母，其双倍时间在 1.5～2h，最快需要 45min。

3. 计量关系

细胞生长的计量化学较为复杂,随微生物及其营养物而改变,也随环境条件如 pH、温度、氧化还原电位等因素变化。在通常情况下，对细胞生长起作用的营养物不止一种，因而细胞生长的复杂性是普遍存在的现象。

细胞在消耗底物时，消耗的底物用于三个方面：一是提供细胞生存所需的能量；二是提供繁殖新细胞所需的营养；三是用于生产目标产物。因此，计量关系便是要求出这三方面消耗底物的相对速率。

以单底物细胞发酵过程为例，细胞正常生存所需的底物消耗速率与细胞的浓度成正比：

$$r_{Sm}=m\,c_c \tag{6.45}$$

式中，m 为单位质量细胞维持活性所需的底物消耗量，典型取值为 0.05(1/h)。

细胞生长所需的底物消耗可以通过新细胞生成产率来表述，令新细胞生成产率为

$$Y_{C/S}=\frac{\text{新细胞的生成量}}{\text{生成新细胞所消耗的底物量}}$$

用于细胞生长所需的底物消耗速率便可由细胞生长速率求得

$$r_{Sg}=\frac{r_g}{Y_{C/S}} \tag{6.46}$$

生物反应过程中，生成产物所需消耗的底物量同样采用产物生成产率来表示

$$Y_{P/S}=\frac{\text{产物生成量}}{\text{生成产物所消耗的底物量}}$$

反应体系用于生成产物的底物消耗速率为

$$r_{Sp}=\frac{r_P}{Y_{P/S}} \tag{6.47}$$

反应体系中总的底物消耗速率为

$$r_S=r_g/Y_{C/S}+r_P/Y_{P/S}+m\,c_c \tag{6.48}$$

从式(6.48)中可以看出，尽量提高产物生成速率是提高反应效率的有效途径。而事实上，产物生成速率与细胞浓度成正比，因此，维持较高的细胞浓度是必需的。一些反应产物主要是在静止期生成，这时细胞生长速率为 0，如抗菌素的发酵生产等，此时的底物消耗便可以分阶段简化；而对于如乳酸生产的发酵过程，在乳酸杆菌的指数生长期和静止期都有乳酸生成，这种体系的反应速率就需要对不同的阶段根据式(6.48)进行计算。

4. 物料平衡

在反应器中,质量衡算通常包括对细胞的质量衡算、底物的质量衡算和产物的质量衡算，以全混流反应器中的活细胞质量衡算为例，衡算方程可以写成

$$\begin{bmatrix}\text{细胞}\\ \text{积累速率}\end{bmatrix}=\begin{bmatrix}\text{细胞}\\ \text{输入速率}\end{bmatrix}-\begin{bmatrix}\text{细胞}\\ \text{输出速率}\end{bmatrix}+\begin{bmatrix}\text{细胞净}\\ \text{生成速率}\end{bmatrix}$$

$$V(\mathrm{d}c_c/\mathrm{d}t)=v_0\,c_{c0}-v c_c+(r_g-r_d)V \tag{6.49}$$

反应底物的衡算式可以写为

$$V(dc_S/dt)=v_0 c_{S0}-vc_S-r_SV \tag{6.50}$$

对于反应产物也可以写出同样的衡算方程

$$V(dc_P/dt)=v_0 c_{P0}-vc_P+r_PV \tag{6.51}$$

代入反应速率方程式(6.40)、式(6.44)、式(6.48)等，反应器的衡算方程便是反应器中的各种浓度变化的轨迹方程，通过求解微分方程，可以求出反应器不同时间的状态参数。

对于稳定的连续流动发酵反应器，反应器内的积累项为零，物料衡算方程退化为代数方程，与普通的全混流反应器的求解没有差别。对于液相好氧发酵反应器，氧气通常是通过空气鼓泡的方式提供的，而在固相发酵反应过程中，通常采用通风的方法提供细胞呼吸所需要的氧气。一般情况下，氧气是过量的，可以认为是反应器的一个状态条件，而不作为衡算变量。连续生物反应器见图 6.4。

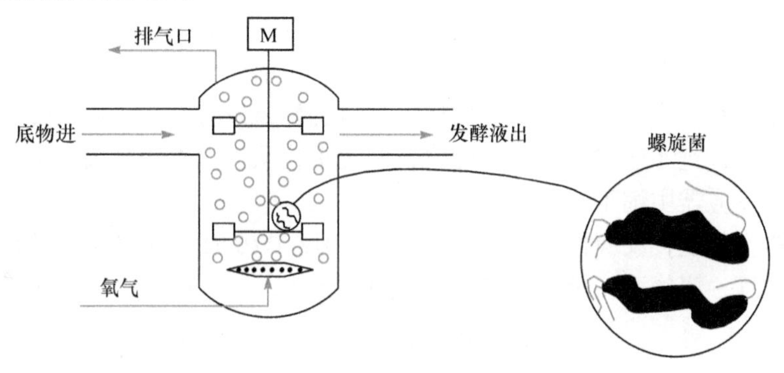

图 6.4　连续生物反应器

废水处理中常采用生化好氧反应器处理含有机污染物的水质，废水中的有机污染物作为生物菌体的反应底物(食物)被消耗，对于稳定曝气的水处理好氧发酵池中，氧气的含量是稳定的。细胞的浓度需要维持在一定的浓度下以保证反应的有效进行，底物出口浓度要尽量降低。由于进口中带入的细胞很少，反应所需的细胞浓度主要靠反应器中的细胞生长繁殖维持，这种情况下，采用全混流反应器是维持细胞浓度的重要手段。假设进口细胞浓度可以忽略，反应前后体积不变，对细胞和底物的衡算可以写为

$$vc_c=(r_g-r_d)V \tag{6.52}$$

$$v\,c_{S0}-vc_S=r_SV \tag{6.53}$$

代入反应速率方程式便可计算反应器的体积和反应底物的出口浓度。

对于进入和流出全混流发酵反应器的体积流量相等的稳态全混流反应器，如果进入反应器流体中不含活的细胞，新流入的液体在极大程度上改善了反应器中的反应环境。新流入的液体进料不仅补充了反应所需的底物，还稀释了细胞生长产生的有害毒素。进料的加入相当于将反应物料或细胞液进行了稀释，在工业上也经常用稀释速率来表征进料速率，稀释速率 D 定义为反应进料体积流率与反应器体积的比值，其值恰好为普通反应器中定义的停留时间的倒数，即通常的空速

$$D=v/V=1/\tau \tag{6.54}$$

对于细胞生长处于指数增长期的反应器，细胞死亡速率可以忽略，反应器流出的细胞量等于反应器中细胞生长量，此时的细胞生成速率符合 Monod 方程

$$r_g=\mu c_c$$

代入式(6.52)可得

$$D=\mu \tag{6.55}$$

由式(6.55)可以看出，反应器中细胞的比生长速率μ可通过调节稀释速率D得到控制。将式(6.38)代入式(6.55)可得稳态时反应器内的底物浓度

$$[S]=c_S=DK_S/(\mu_{max}-D) \tag{6.56}$$

稀释速率D对细胞生长速率有重要影响，从以上分析可以看到，稀释速率必须与细胞生长比活性相等时反应器才可以处于稳定状态。如果继续分析非稳定的反应器物料平衡式(6.49)，在没有活细胞进料和细胞死亡速率可以忽略的情况下，可以得到

$$dc_c/dt=(\mu-D)c_c \tag{6.57}$$

如果稀释速率D大于细胞生长速率常数μ，dc_c/dt为负，细胞浓度会持续下降，直至为零，即细胞被洗脱。因此，对于稀释速率大于细胞的比生长活性的体系中，需要补充加入细胞来维持反应的稳定进行。在活性污泥法处理城市污水的好氧发酵过程，通常要求有较大的水处理量，细胞的比活性远小于稀释速率，此时，便要求将从出口水中分离出来的大量细胞循环回反应器以维持反应器中细胞的浓度。

对于间歇操作的生化反应器，式(6.49)、式(6.50)、式(6.51)中的各流进流出项为零，反应过程中的细胞浓度、底物浓度及产物浓度随时间而变化，反应器的状态方程变为

$$dc_c/dt=(r_g-r_d)$$

$$-dc_S/dt=r_S$$

$$dc_P/dt=r_P$$

以上方程式与其他间歇化学反应器的设计方程没有任何差别，只需要代入反应速率方程，便可计算出间歇反应器中的各种浓度变化轨迹。从而，根据要求进行反应器设计。

【例 6.3】 间歇反应器中以干酵母菌发酵葡萄糖生产乙醇，细胞(酵母)初始浓度 1g/L，底物初始浓度250g/L，试分析细胞、底物、产物浓度及生长速率随时间的变化关系。反应有关数据如下：

$$c_P^*=9.3\text{g/L} \quad n=0.52 \quad \mu_{max}=0.33(1/\text{h}) \quad m=0.03\text{g/(g}\cdot\text{h)}$$

$$Y_{C/S}=0.08 \quad Y_{P/S}=0.45 \quad Y_{P/C}=5.6 \quad k_d=0.01(1/\text{h})$$

解 (1) 反应器设计方程。对于间歇反应器为

$$dc_c/dt=(r_g-r_d)$$

$$-dc_S/dt=r_S$$

$$dc_P/dt=r_P$$

(2) 速率方程。根据式(6.40)和式(6.41)得细胞的生长速率为

$$r_g=\mu_{max}\left(1-\frac{c_P}{c_P^*}\right)^{0.52}\frac{c_c c_S}{K_S+c_S}$$

细胞死亡速率为

$$r_d=k_d c_c$$

细胞活性维持消耗底物的速率

$$r_{Sm}=mc_c$$

(3) 化学计量。由于乙醇是细胞生长的关联产物，其生成速率与细胞的生长速率之间的关系为

$$r_P = Y_{P/C}\, r_g$$

细胞生长消耗底物的速率为

$$r_{Sg} = r_g / Y_{S/C}$$

除关联产物外，反应没有其他转化产物，底物的消耗速率为细胞生长和细胞维持所需的底物消耗速率之和

$$r_S = r_{Sg} + r_{Sm}$$

(4) 将以上反应速率方程式和计量关系式代入反应器设计方程，对所得的微分方程组进行数值解，可以得到各物质浓度及生成速率随时间变化的关系，结果示于下图。

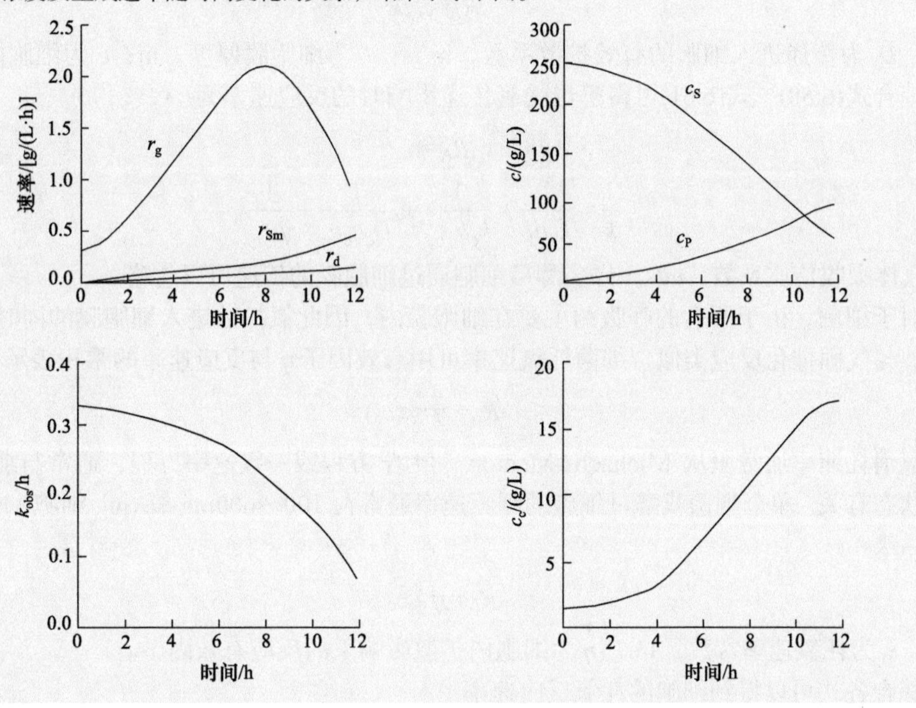

5. 氧限制发酵

好氧发酵过程中，发酵液中必须维持一定的溶解氧浓度。氧气供应不足会影响细胞的正常生长，对于好氧发酵过程，通常是设计尽可能充分的氧气供应和尽量大的气液相传质速率。氧传递过程包括以下几个传递步骤。

(1) 氧由气相向液相传递。为了加快相间传递，通常是增加气液湍动状态和加强气体在液相中的分散，如在反应器内让气体分布更均匀、增加搅拌、减小气泡直径等，反应器中相间体积传质速率可用式(6.58)计算

$$N_A = k_b a_b (c_i - c_b) \tag{6.58}$$

式中，a_b 为单位体积溶液中气泡的表面积，m^2/m^3；c_i、c_b 分别为气液相界面平衡氧气浓度和液相主体溶解氧气浓度；k_b 为气体吸收传质系数，m/s。

(2) 氧由液相向细胞表面传递。通常，液相主体向细胞表面的扩散阻力可以忽略，但在细胞或细胞絮凝物的大小对传递过程有严重影响时，这一界面传递过程也有可能成为速率控制步骤，如链霉素的培植氧化过程，此步的传递速率方程为

$$N_A=k_c c_c a_c(c_b-c_0) \tag{6.59}$$

式中，a_c为细胞单位质量的表面积，m^2/g；c_c为细胞浓度，g/m^3；c_0为细胞外表面氧浓度；k_c为细胞外表面传质系数，m/s。

(3) 氧传递进入细胞的过程。氧传递进入酵母和细菌的机理是不同的，对于酵母，氧分子首先扩散进入惰性的细胞膜，然后再与细胞反应，相应的速率方程分别为

$$N_A=(D_e/L)c_c a_c(c_0-c) \tag{6.60}$$

$$R_A=c_c\mu c \tag{6.61}$$

式中，D_e为传递进入细胞的有效扩散系数，m^2/s；L为细胞膜厚度，m；c为细胞内氧浓度。

综合式(6.58)～式(6.61)可得酵母受氧传递影响时的反应速率为

$$R_A=kc_i \tag{6.62}$$

$$\frac{1}{k}=\frac{1}{k_b a_b}+\frac{1}{k_c a_c c_c}+\frac{1}{D_e a_c c_c}+\frac{1}{\mu c_c} \tag{6.63}$$

k_b为气体吸收传质系数，m/s。许多酵母细胞通过细胞膜的传递可以忽略。

对于细菌，由于所含的呼吸酶主要在细胞膜内，因此氧扩散进入细胞膜的同时就被反应消耗。与气固催化反应类似，细菌耗氧速率可用有效因子η与反应速率的乘积表示

$$R_A=\eta\, r_A(c_0) \tag{6.64}$$

氧消耗速率通常服从 Michaelis-Menton 动力学方程或一级速率方程，通常与细菌细胞的生长状态有关。单个细菌或酵母细胞的呼吸速率通常在 100～600mg 氧/(mg 细胞 · h)，如果反应为一级

$$R_A=\eta\, k_r c_c c_0 \tag{6.65}$$

式中，k_r为耗氧速率常数，1/s；η为细胞内扩散影响下的反应有效因子。

综合各式可以得到细胞的耗氧反应速率

$$R_A=kc_i \tag{6.66}$$

$$\frac{1}{k}=\frac{1}{k_b a_b}+\frac{1}{k_c a_c c_c}+\frac{1}{\eta k_r c_c} \tag{6.67}$$

对好氧微生物生长过程进行放大，维持发酵培养液中溶解氧的浓度保持恒定是重要的。氧气的传递速率直接与微生物反应器内的搅拌强度有关，较高的搅拌速率可以强化传质，但太高的搅拌速率会导致细胞的破碎，反应器在放大后其搅拌桨的叶尖速度应尽量保持与实验反应器内的桨叶叶尖速度相近，常见的叶尖线速度为 5～7m/s。

就生物反应器而言，还有许多挑战性的问题有待解决。例如，原生动物细胞即使在中等强度的剪应力作用下也容易破碎、死亡，放大过程中细胞、营养物、氧气泡的完全均匀混合非常困难。因此，在细胞容易受伤的体系中，可以考虑用气流搅拌、喷射搅拌或导流循环等流动方式强化传质；生化反应中的细胞聚集、营养物质供给、代谢废物排出等问题，也是反应器设计中不容忽视的问题，研究微生物的絮凝和界面作用机理、采用反应分离耦合技术等

都是生化反应研究的热门课题；如何根据生物体生长的特征设计反应器，是生化反应工程的重要任务。

在以上非常有限的篇幅内，只能对生物反应器及生物反应过程作简要介绍，但可以看到反应工程的基本设计方法同样适合于生物反应器的设计。对于涉及各种物质内与细胞生长有关的酶反应途径，具体的生化反应工艺，如生产化学品、抗菌素、食品等，读者可进一步阅读有关生物工程与技术的专著。

6.3　气液固三相催化反应器

6.3.1　浆态反应器

浆态反应器(slurry reactor)是一种含气液固三相的多相反应床，气相反应物以气泡的形式通过含有悬浮固体催化剂颗粒的液相，液相和气相反应物在固体催化剂表面反应生成产物。例如，天然油脂加氢反应使用的浆态反应器，采用 Raney Ni 作为催化剂，气相的氢气和液相的油脂为反应物，氢化后的产物留在液相，为了提高催化剂的传质表面积，催化剂往往被制成很小的颗粒，并通过机械搅拌的方式悬浮在液相中。对于采用悬浮的细胞作为催化剂的生化反应器，也是典型的浆状反应器，细胞悬浮于发酵液中，氧气以鼓泡的形式通过反应液相。目前被广泛应用的浆状反应器有如费托合成、低温甲醇合成、煤炭催化液化及一些以固体催化剂催化的液相烃类氧化反应。由于具有反应器空间中混合均匀、反应温度易于控制、补充催化剂方便等优点，浆态反应器一直是很重要的一类反应器。

在含有气液固三相的浆态反应器中，反应过程复杂，建立反应器模型将必须包括各相中的反应模型、相间的传质模型和反应器的传热模型。对于具体的反应器，可以根据实际情况将模型简化求解。以脂肪醇生产工艺中的油脂加氢反应器为例，如图 6.5 所示，在搅拌强度不是很高的情况下，氢气以鼓泡的形式通过反应器，气体在反应器中的流型可以认为是平推流。而对于液相，相对于液相的停留时间，液相可以认为是处于完全返混状态。催化剂颗粒在液相空间内均匀分布。

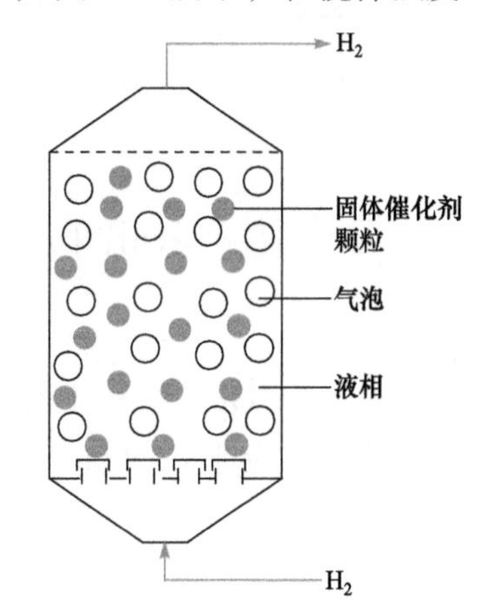

图 6.5　油脂加氢浆态反应器结构示意图

该加氢反应中，氢气经过与液相接触并溶解于油脂相。假设催化剂分布均匀的条件下，液相反应可以作为拟均相处理，但每单位体积的反应速率必须通过液相和催化剂颗粒之间的作用模型来求得。

以氢气作为关键反应物，其参加反应通过五个步骤：①气相进入液相后形成气泡，经界面传递、溶解，被液相吸收；②在液相中从气泡表面往液相主体扩散；③从液相主体往固体催化剂表面扩散；④催化剂多孔介质内扩散；⑤催化剂孔隙内反应。

对每一步骤建立速率模型，便可计算出总反应速率。

1. 气体吸收速率

在气液界面上的气体处于气液平衡状态，根据热力学平衡原理，界面气相分压与液相浓度之间符合亨利定律：

$$c_i = H p_i \tag{6.68}$$

式中，H 为亨利常数；c_i 为界面溶解气相反应物的液相浓度；p_i 为界面气相反应物分压，当气相反应物为纯组分或大量过量时，与气泡内的气相分压基本相等，气相传质对反应过程影响不大。

当气相传质有明显影响时，需要考虑气泡主体与气液界面之间的气相分压差，此时的单位体积液相吸收气相反应物的传质速率为

$$N_A = k_G a_b (p_{Ag} - p_i) \tag{6.69}$$

式中，N_A 为传质速率，kmol/(m³ · s)；k_G 为气相传质系数，kmol/(m² · Pa · s)；a_b 为单位体积液相所含气泡表面积，m²/m³；p_{Ag} 为气泡内反应气体 A 的分压，Pa。

液相侧气体反应物从气液界面传递到液相主体的速率为

$$N_A = k_L a_b (c_i - c_{Al}) \tag{6.70}$$

式中，k_L 为液相侧的传质系数，m/s；c_{Al} 为液相主体溶解的气相反应物 A 的浓度，kmol/m³。

通过联立求解式(6.68)、式(6.69)和式(6.70)可以得到气体吸收速率。

2. 催化剂颗粒外扩散

溶解于液相的气相反应物 A 从溶液主体往催化剂颗粒外表面的传质速率为

$$N_A = k_c a_c m (c_{Al} - c_{As}) \tag{6.71}$$

式中，k_c 为颗粒外表面滞流液膜内溶解气相组分 A 的传质系数，m/s，它与气液界面液相侧的传质系数不同，随液相流动状态、液相物理性质和固体颗粒尺寸等参数变化；a_c 为单位质量催化剂颗粒外表面积，m²/kg；m 为催化剂在液相中颗粒的质量浓度，kg/m³；c_{As} 为气相反应物在催化剂颗粒外表面液相中的浓度，kmol/m³。

3. 催化剂颗粒内扩散与反应

内扩散的影响同样采用有效因子 η 进行表述

$$r_A = \eta m r_A^* c_{As} \tag{6.72}$$

式中，r_A 为以反应液相体积计算的催化剂宏观反应速率，kmol/(m³ · s)；r_A^* 为以质量计算的催化剂本征反应速率，kmol/(kgcat · s)。

4. 反应速率式

在液相浓度变化不大，气相反应物溶解度较低的情况下，通常反应方程式可以写成(假设对气体反应物 A 的一级反应)：

$$r_A^* c_A = k_r c_A \tag{6.73}$$

式中，k_r 为单位催化剂活性表面上的反应速率常数，m³/(kgcat · s)；c_A 为反应活性位上气相反应物 A 的浓度，kmol/m³。

对于浆态反应器，气体在反应器中的寿命相比液相和固相要短得多，气体的传递过程相比其他各种参数变化速率要快得多，可以认为气相反应物在以上反应的各步是稳定的，各步骤速率相等。

从式(6.69)～式(6.73)可以看出，对于此稳定的串级线性系统，总反应速率为

$$R_A = k\,p_A \tag{6.74}$$

$$\frac{1}{k} = \frac{1}{k_G a_b} + \frac{1}{H k_L a_b} + \frac{1}{H k_c m a_c} + \frac{1}{H \eta m k_r} \tag{6.75}$$

从以上的速率方程式可以看出，如果反应过程中的液相反应较快，总反应速率受气体反应物吸收速率限制，此时，反应过程变成气液反应模型，在液相中的反应可以看成为拟均相的液相反应；当反应气体的吸收速率较快，反应不受吸收速率的控制，此时，液相主体的气相反应物浓度接近于气体在液相中的饱和溶解浓度，浆态反应体系的动力学可以认为是饱和气体浓度下的液固非均相催化反应。

反应速率计算时，k_G、k_L、a_b 等参数只能通过实验得出或相关的经验式估算，可以参考相关的气液吸收方面的研究，H 常数可以从手册查得。对于非常小的催化剂颗粒，催化剂内外传质扩散阻力对反应影响均不大，此时，$\eta \approx 1$；但对于中等尺度的催化剂颗粒，内扩散阻力的影响不能忽略，有效因子可由以下关系求得

$$\eta \approx 3/\Phi \tag{6.76}$$

对于表面反应为一级的反应，Thiele 模数Φ的计算方法为

$$\Phi = \frac{d_p}{2}\sqrt{\frac{m k_r}{D_e}} \tag{6.77}$$

式中，d_p为催化剂颗粒的直径，m^2；D_e为气体反应物在催化剂颗粒内微孔扩散的有效扩散系数，m^2/s。

当催化剂颗粒较大时，内、外扩散阻力都不能忽略，球形颗粒的外比表面积由式(6.78)计算：

$$a_c = \frac{6}{d_p \rho_p} \tag{6.78}$$

式中，ρ_p为催化剂颗粒的密度，kg/m^3。

对于颗粒外表面传质系数的计算，根据固体在液相中流动状况不同有一定的差别。当颗粒随流体运动，液固间无明显的剪切应力存在，此时的舍伍德数(Sherwood number)可近似为 2，则表面传质系数为

$$k_c = \frac{Sh\, D_{AB}}{d_p} = \frac{2D_{AB}}{d_p} \tag{6.79}$$

如果颗粒直径较大，运动受到流体剪应力作用，此时，舍伍德数与雷诺数之间有如下关系：

$$Sh = 2 + 0.6 Re^{1/2} Sc^{1/3} \tag{6.80}$$

根据不同的实验和反应器内的操作条件，可以查相关的手册计算整个传质过程中的各个参数，再对反应过程的总反应速率方程求解。不同控制步骤情况下的影响因素列于表 6.2。

表 6.2 影响反应速率的主要因素

控制步骤	主要因素	次要因素	其他因素
气液传质	搅拌强度，反应器结构设计(搅拌浆、气体分布器、挡板等)，气相反应物浓度	温度	液相反应物浓度，催化剂量、催化剂颗粒尺寸、催化剂活性
气相反应物液固传质	催化剂量，催化剂颗粒尺寸，气相反应物溶解浓度	温度，搅拌强度，反应器结构设计，黏度，相对密度	液相反应物浓度，催化剂活性
液相反应物液固传质	催化剂量，催化剂颗粒尺寸，液相反应物浓度	温度，搅拌强度，反应器结构设计，黏度，相对密度	气相反应物浓度，催化剂活性
化学反应(内扩散阻力小)	温度，催化剂量，反应物浓度，催化剂活性		搅拌强度，反应器结构设计，催化剂颗粒尺寸
化学反应(内扩散阻力大)	催化剂量，反应物浓度，温度	孔结构	催化剂颗粒尺寸，催化剂活性，搅拌强度，反应器结构设计

5. 浆态床的设计

以前述油脂加氢反应器为例，氢气直接通过反应器液相，由于氢气为纯气体，如果采用循环的方式对出口的氢气加以利用，通常并不需要对氢气作专门的浓度核算，设计中耗氢量可以液相反应速率根据化学计量关系计算。而反应中重要的指标是油脂加氢的转化率，在设计反应器时必须知道需要多长的时间才能达到指定的反应转化率。如果反应器中液相为间歇操作，每次反应的时间可由间歇反应器计算式计算：

$$t=\int\frac{c_{B0}}{r_B}\mathrm{d}x_B \tag{6.81}$$

式中，下标 B 表示液相反应物(油脂)，液相反应速率 r_B 与气相反应速率 r_A 之间呈化学计量关系。液相反应速率可以将反应液相看成拟均相反应，r_B 便是拟均相反应速率。如果反应器为连续流动搅拌槽，反应器体积可由式(6.82)计算：

$$V_R=\frac{v_0 c_{B0} x_B}{r_B} \tag{6.82}$$

反应器的设计与普通的反应器设计没有区别，唯一的区别便是要求出拟均相反应速率 r_B。

对于像甲苯空气液相氧化(toluene liquid phase oxidation)这样的反应器，尽管空气通过反应器的时间很短，但空气内氧气的含量有很大的变化。空气进入反应器时氧气的浓度为 21%，当气泡通过液相时，部分蒸气进入气相，氧气又被吸收到液相，气泡中的氧气浓度随气泡上升迅速降低。由于空气甲苯体系爆炸极限限制，离开液相进入气相空间的尾气含氧量必须在 7%以下。因此，对氧气的气相浓度计算是非常重要的。

由于空气在液相床层中鼓泡通过，可以认为气相在反应器中是以平推流流型流经反应器；但在大量的回流和搅拌情况下，可以认为液相是全混流流型。气相中氧气在各个位置上的传质速率假设可以写为

$$r_A=k_G(p_{Ag}-c_{Al}/H) \tag{6.83}$$

由于液相为全混流，液相中的气相反应物浓度 c_{Al} 不随反应器位置而变，因此，气体鼓泡通过反应器的时间可以由式(6.84)计算

$$\tau = \int_{p_{Ag,in}}^{p_{Ag,out}} \frac{dp_A}{k_G RT(p_{Ag} - c_{Al} / H)} \tag{6.84}$$

其他形式的反应器，可以根据情况进行具体分析。

6.3.2 滴流床反应器

滴流床反应器(trickle bed reactor)是另一类气液固三相反应器，如石油加工中的加氢脱硫、加氢脱氮等反应过程，液相的油与气相的氢气在 Ni-W/MoS_2、Co/MoS_2 等固体催化剂上进行加氢反应。为了便于催化剂的分离和其他因素考虑，催化剂是以固定床形式装在反应器中，气体与分散成液滴的液相由床层顶部并流进入，通过固体催化剂填充床。液体反应物通过催化剂床时，被催化剂固体捕捉并在催化剂外表面形成液膜。当催化剂外表面液膜增厚时，液相的反应物及产物随着床层向下滴流。滴流床中催化剂颗粒被液体润湿，其颗粒内的微孔充满液体。以下讨论的反应，以气液相反应物在催化剂内表面的反应为对象：

$$\text{A(气相)} + \text{B(液相)} \xrightarrow{\text{催化剂}} \text{C(液相)}$$

工业生产上，也有液相为非反应组分的实例，如费-托合成，液相为传热惰性介质。

1. 滴流床内气液固三相传递与反应基础

滴流床反应器内传递与反应的基本过程与浆态反应器类似，但滴流床内的催化剂颗粒比浆态床大，往往颗粒内的扩散控制明显。由于滴流床内气液流动与浆态床内的气液流动和接触方式不同，相间传质系数的关联也有很大的差别。以单一气相组成为例，滴流床内的气液固传递过程同样可以分为若干步骤进行分析。

(1) 气体反应物从气相主体向气液界面传递，以单位体积催化剂床层为基准

$$N_A = k_G a_i (p_{Ag} - p_{Ai}) \tag{6.85}$$

式中，a_i 为单位床层体积界面面积，m^2/m^3；k_G 为气相传质系数，$kmol/(m^2 \cdot Pa \cdot s)$。

传质推动力是分压差，对于纯反应气相主体的分压与界面分压相等，等于总压，这时的气膜传质实际上是一种主体流动，传质阻力趋于零。界面面积与催化剂颗粒的外表面积直接相关，同时与床层的持液量有关，在液相负荷不大的情况下可以近似用催化剂颗粒外表面积计算。对于持液量较大的情况，必须进行校正。气相传质系数可以通过实验测定，其值与气液流量、催化剂尺寸及装填方式有关，也可以利用一些经验公式进行计算，具体计算方法可以参考气液吸收的填料塔传质过程计算。

(2) 气体反应物在气液界面的溶解相平衡

$$c_{Ai} = H p_{Ai} \tag{6.86}$$

(3) 溶解的气体反应物从气液界面向液相主体传递

$$N_A = k_L a_i (c_{Ai} - c_{Al}) \tag{6.87}$$

(4) 气体反应物从液相主体向催化剂颗粒外表面传递

$$N_A = k_c a_c (1-\varepsilon) \rho (c_{Al} - c_{As}) \tag{6.88}$$

式中，ε为床层的空隙率；ρ为催化剂的颗粒密度，kg/m^3。

(5) 液体反应物从主体扩散到催化剂颗粒表面

$$N_B = k_c' a_c (1-\varepsilon)\rho(c_{Bl} - c_{Bs}) \tag{6.89}$$

因为在液膜内 A、B 的扩散系数不同，传质系数 k_c 和 k_c' 通常是有差别的，按双膜模型传质系数的定义，两个传质系数之比等于两种物质扩散系数的比值。

(6) 催化剂颗粒内的扩散、反应，假设反应对溶解的气体反应物 A、液体反应物 B 均为一级，则

$$r_A=\eta(1-\varepsilon)\rho\, k_r\, c_{As}\, c_{Bs} \tag{6.90}$$

综合以上各步的速率方程，可以得到总的反应速率方程式，方程式的形式与浆态床相似。对方程组的完全求解可以通过计算机联立求解得到，但在很多情况下，可以根据具体的情况利用控制步骤的概念对方程求解进行简化。

2. 反应器设计

工业滴流床反应器高度通常为 3～6m，直径最大 3m，催化剂颗粒直径范围为 0.8～3mm。在测定反应速率方程或有相当的反应速率数据以后，对滴流床反应器的设计需要同时考虑气相和液相的流动模型及其在床层不同位置的分布情况。

对于并流向下的滴流床反应器，分别对气体和液体进行衡算(图 6.6)，反应流体在反应器中的流动符合平推流流型。在任意截面位置 l 上，气液反应物浓度符合以下微分方程：

$$-dF_A/dl=r_A$$

$$-dF_B/dl=r_B$$

式中，F 为单位反应器截面积上的摩尔流率，$mol/(m^2 \cdot s)$。

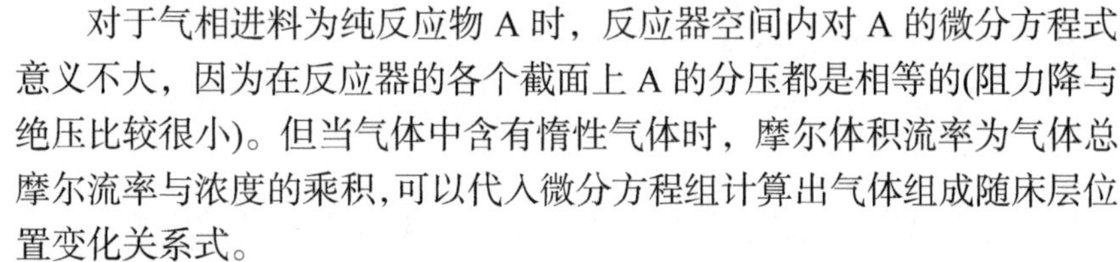

对于气相进料为纯反应物 A 时，反应器空间内对 A 的微分方程式意义不大，因为在反应器的各个截面上 A 的分压都是相等的(阻力降与绝压比较很小)。但当气体中含有惰性气体时，摩尔体积流率为气体总摩尔流率与浓度的乘积，可以代入微分方程组计算出气体组成随床层位置变化关系式。

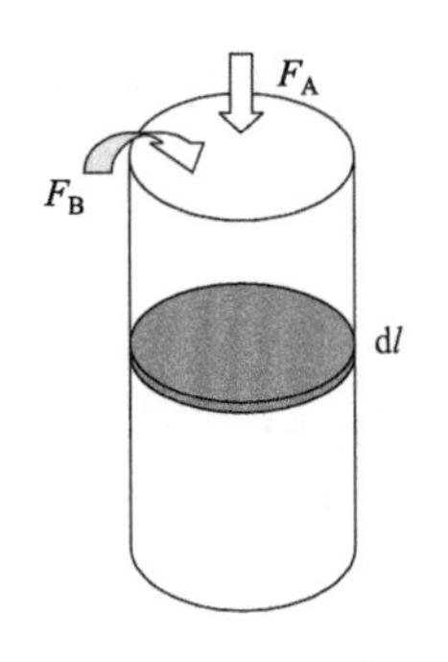

图 6.6 并流滴流床衡算示意图

反应器的构型直接影响反应流体的流动模型，当反应器的长径比较大时，反应流体的流动可以认为是平推流；但反应器内存在较大的返混和扩散时，反应器就不能再使用平推流模型。判断能否使用平推流模型的判据是

$$\frac{L}{d_p} > \frac{20n}{Pe}\ln\left(\frac{1}{1-x}\right) \tag{6.91}$$

式中，L 为床层高度，m；d_p 为颗粒直径，m；Pe 为 Peclet 数

$$Pe = \frac{d_p U}{D_{Ax}} \tag{6.92}$$

D_{Ax} 为轴向分散系数，可由实验测定；n 为反应级数。当

$$L/d_p < 4/Pe \tag{6.93}$$

时，反应气相可以采用全混流设计模型。

对于不同的反应体系，将会有不同的反应器结构与之相适应。例如，受平衡限制的反应，采用反应分离耦合反应器是有效提高转化率的手段；又如，在强放热反应中，将反应与蒸发移热结合等措施是有效解决反应过热的方法。只有根据实际反应体系的具体情况，利用反应工程的基本原理，对不同的反应器进行具体的分析和设计，才能取得良好的效果。

6.4　膜反应技术

6.4.1　膜反应器

膜反应器(membrane reactor，MR)是将膜分离器与反应器集成为一体的反应分离单元设备。在膜反应器中，利用膜的分离功能可以及时将反应产物从反应体系中带走，可以有效提高反应选择性或者产品收率，特别是对于受热力学平衡限制的化学反应。例如，轻烷烃的催化脱氢反应，该反应是吸热反应，需要在较高的温度下操作才能得到高的烯烃收率。但是，在高温下存在催化剂失活或副反应产物多等问题，而低温下烯烃收率又很低。采用安装选择性透氢膜分离装置的膜反应器，可以及时从反应区域中把氢气分离出去，打破热力学平衡的限制，使反应向右移动，使反应在低温下得以进行。烃类选择性氧化反应产物为含氧化合物，与初始反应物烷烃等相比活性较高，如不很好地控制氧气浓度会造成反应被深度氧化，直至全部生成 CO_2 等副产物。可以采用透氧膜将氧气与烃类反应物隔开，通过透氧膜可控的氧气传递和供给，减少目标产物和氧气的接触机会，有效提高目标产物的选择性。

1968 年，Michaels 首先提出膜反应器的概念(Michaels A S, 1968)，指出若将膜应用于反应工程，用带有膜分离单元的反应器进行反应，可以得到非平衡组成的反应混合物，可以突破反应的热力学限制，使转化率趋于 100%。这种体系必然会提高产物的收率，降低分离所需的能耗。现在的膜反应器更是利用膜的特殊分离功能，实现反应产物的原位选择性分离、反应物的控制输入、反应与反应的偶合、相间传递的强化、反应分离过程集成等，达到提高反应转化率、改善反应选择性、提高反应速率、延长催化剂使用寿命和降低设备投资等目的。

早期的膜反应器，仅是通过把反应器和膜分离器两种单元设备进行简单的串联来实现反应与分离两种功能的结合，如图 6.7(a)所示。对于串联分离过程，很容易实现在不同温度和压

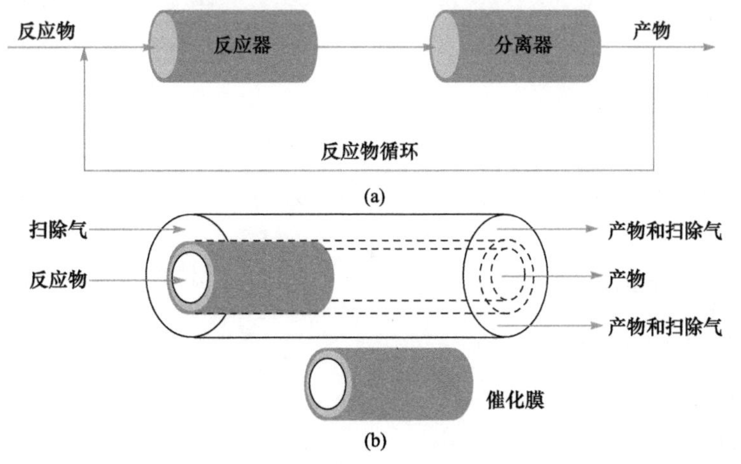

图 6.7　串联的膜反应器系统(a)和集成的膜反应器系统(b)示意图

摘自 Marcano J S 和 Tsotsis Th T 所著 *Catalytic Membrane and Membrane Reactors*

力条件下进行反应和分离操作，如合成氨循环驰放气用膜分离器回收氢气等，可以适用于一些单程转化率较高的反应。但对于单程转化率较低的反应，或者反应在高温、高压下进行的反应，反应和分离单元的分离带来物料循环和加热等额外能耗。

将反应和膜分离单元结合而成为一个单元设备具有明显优势，如图 6.7(b)所示。通过耦合设计，可以做到设备结构更加紧凑，中间步骤更加简化，可以降低设备投资和操作费用，提高反应和分离耦合协调作用。但是，一般无机反应温度都较高，而广泛采用的高分子膜很难在反应温度下进行耦合，适用于气体反应的膜多采用热稳定的无机膜材料。无机膜具有耐高温稳定性(>373K)、良好的化学稳定性、较高的机械强度，可用于高温、强溶剂和腐蚀性的反应，大大拓宽了膜反应器的应用领域。本节重点介绍无机膜应用于气相的催化反应，有关采用有机膜的渗透汽化反应器及生化液相膜反应器不予论述。

6.4.2　无机膜与催化膜反应器

膜材料是决定膜反应器性能、造价和工业化应用的最关键因素。无机膜材料按照结构可分为致密膜和多孔膜，二者均可应用于膜反应器。致密膜的选择性分离是通过吸附(或溶解)/离子扩散等机理实现的，而多孔膜是利用孔径变化时不同分子的分子扩散、克努森扩散、表面扩散和毛细管凝聚等差异进行分离。

膜材料的基本特征是其对气体产物或反应物的高选择性渗透传递。膜材料可以做成薄膜，也可以是在多孔载体上的薄层材料，可以选择性地使混合物中的一种组分通过(或渗透)。反应器中膜的作用在于选择性地移走目标产品，或者选择性地透过活性反应物。一些金属及合金膜只对特定气体选择渗透，如金属 Pd 及 Pd 合金可选择性透过 H_2，Ag 及 Ag 合金可选择性透过 O_2 等；某些氧化物膜，如 ZrO_2、TiO_2、Y_2O_3、Bi_2O_5 及其复合衍生的氧化物膜等，能选择性活化和传递 O_2，在氧化反应中表现出较高的催化活性。表 6.3 总结了各种无机膜，如陶瓷膜、金属膜、合金膜、金属-陶瓷组合膜等用于脱氢、加氢、氧化、氨氧化还原、水蒸气转化、烯烃歧化、氢甲酰化反应的应用实例。

表 6.3　膜反应器与各类无机膜材料的应用实例

反应	反应类型	无机膜
$H_2S \longrightarrow H_2+S$	脱氢反应	多孔耐热玻璃 多孔氧化铝
$2HI \longrightarrow H_2+I_2$		多孔耐热玻璃
$C_6H_{12} \longrightarrow C_6H_6+3H_2$		多孔耐热玻璃 钯及其合金
		钯-多孔耐热玻璃
$C_6H_{12} \longrightarrow C_6H_{10}+H_2$		钯合金
$CH_3OH \longrightarrow CH_2O+H_2$		铂-活性氧化铝
$C_4H_{10} \longrightarrow C_4H_8+H_2$		氧化锌-活性氧化铝
$C_4H_6+H_2 \longrightarrow C_4H_8$ $C_2H_4+H_2 \longrightarrow C_4H_6$	加氢反应	钯

续表

反应	反应类型	无机膜
$2CH_4+O_2 \longrightarrow C_2H_4+2H_2O$	氧化反应	银
$2C_2H_4+O_2 \longrightarrow 2CH_3CHO$		硅橡胶毛细管膜
$2CH_3OH+O_2 \longrightarrow 2CH_2O+2H_2O$		活性氧化铝 银修饰活性氧化铝
$6NO+4NH_3 \longrightarrow 5N_2+6H_2O$	氨氧化还原	钒-氧化钛
$4NO+4NH_3+O_2 \longrightarrow 4N_2+6H_2O$		钒-氧化铝
$H_2O+CO \longrightarrow H_2+CO_2$	水蒸气转化	钌-多孔耐热玻璃
$2C_3H_6 \longrightarrow C_2H_4+C_4H_8$	歧化反应	氧化铼-氧化铝 氧化铼-多孔耐热玻璃
$C_2H_4+H_2+CO \longrightarrow CH_3CH_2CHO$	氢甲酰化反应	多孔不锈钢板-Rh 催化剂-UF-F 型组合膜

催化膜反应器是指采用膜材料作为催化材料或催化剂载体，如金属 Pd 膜、Ag 膜、活性 Al_2O_3 膜，或负载了催化活性组分的膜材料。催化膜反应器多用于气相催化反应，反应发生在膜管内或膜表面进行，如催化膜反应器(catalytic membrane reactor，CMR)、催化非渗透选择性膜反应器(catalytic non-permselective membrane reactor，CNMR)、固定床膜反应器(packed bed membrane reactor，PBMR)、固定床催化膜反应器(packed bed catalytic membrane reactor，PBCMR)、流化床膜反应器(fluidized bed membrane reactor，FBMR)和流化床催化膜反应器(fluidized bed catalytic membrane reactor，FBCMR)等，如图 6.8 所示。催化膜是由一薄层的中孔或微孔无机膜材料负载在大孔无机材料基质膜上所组成。薄膜或兼具催化活性和选择渗透性，或为无选择渗透性的扩散载体。

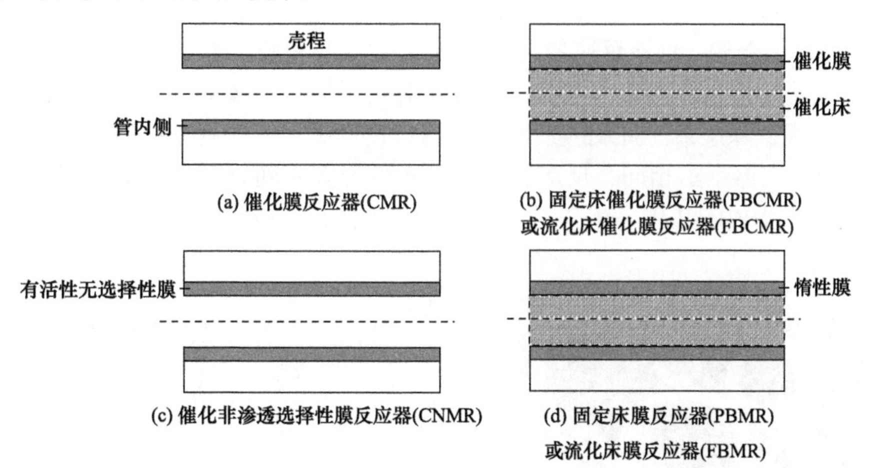

图 6.8　不同的催化膜反应器结构

PBMR 是催化膜反应器中应用最普遍的。在 PBMR 中，膜仅提供分离的功能，反应的功能是由安装在膜的内部或者外部的催化剂颗粒组成的固定床层来实现的。在 CMR 中，膜同时提供了分离和反应两种功能，膜材料具有催化功能，如分子筛或者金属膜，也可通过包埋或离子交换的方式向普通膜材料中引入催化活性组分。在 CNMR 中，膜只是作为催化活性组分的载体，一般不具备选择渗透性，它仅用来提供一个精确的反应界面。在 PBCMR 结构中所采用的膜本身具有催化活性。为了更好地控制过程的温度，可将固定床换为流化床(FBMR 或 FBCMR)。

根据膜在反应中所体现出的选择性移出产物或选择性分配反应组分，如图 6.9(a)和(b)所示，膜反应器又可分为反应膜萃取器(reactive membrane extractor)和分布型膜反应器。前者如催化脱氢反应，可以增加平衡转化率；而后者如烃的部分氧化反应，膜作为某种反应物的分配器，可用在串级或平行反应中控制氧化剂含量，有利于得到较高的中间氧化物收率。分布型膜反应器还可以避免氧化反应过程中的飞温现象，同时控制氧化剂的浓度，提高反应器的安全性。对于需要精确计量的化学反应，膜还可用来改善不同反应相之间的接触，为分别在膜两侧进料的不同反应物提供密切接触的介质，这类反应器称为接触膜反应器。不同反应物之间的密切接触也可通过强制使它们共同通过一个具备催化点的膜来实现。

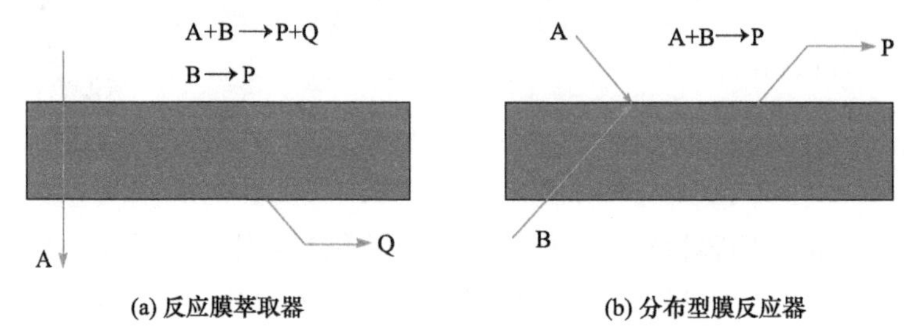

图 6.9 不同膜功能的催化膜反应器示意图

6.4.3 催化膜反应器设计方程

同所有反应器分析和设计一样，在设计和分析催化膜反应器时对其建立数学模型，可以对整个反应器或对反应器内某一微元进行物料平衡、能量平衡和动量平衡分析，建立数学模型方程得到设计方程组，求解方程组可获得反应器的状态参数、体积参数和结构参数与反应器性能之间的关联。

PBMR 应用最普遍，且该反应器的膜为惰性膜[如陶瓷膜，图 6.10(a)]，膜的作用只是通过某种反应物或选择性分离某些产物，只需要对膜层进行扩散衡算。对于进行产物分离的 PBMR 操作过程，除了某一种反应产物扩散透过惰性膜进入壳程外，流体通过床层的方法与传统固定床反应器基本相同，反应物料从颗粒的空隙中间以平推流的方式通过床层，如图 6.10(b)所示。以 PBMR 中发生环己烷脱氢反应为例，反应为可逆反应，反应式如下：

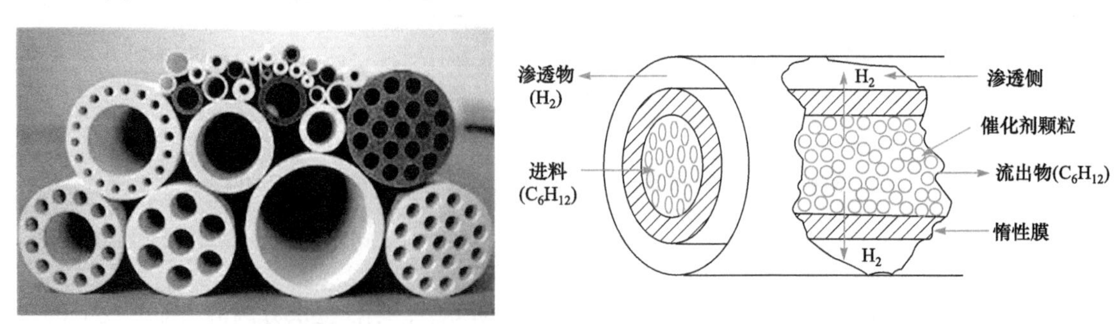

图 6.10 催化膜反应器

摘自 Fogler 所著 *Elements of Chemical Reaction Engineering*，4th ed

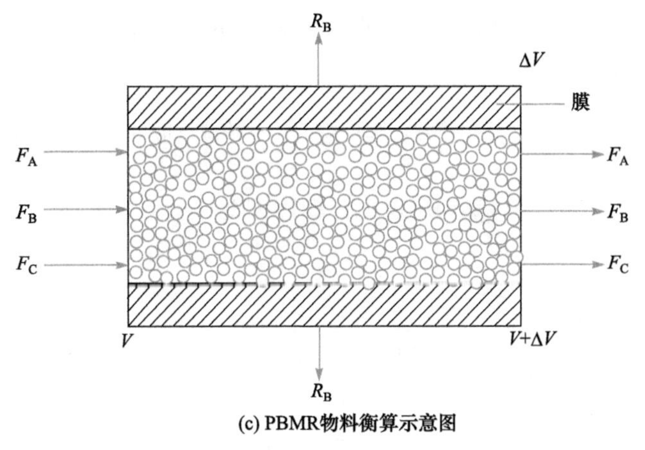

(c) PBMR物料衡算示意图

图 6.10(续)

$$C_6H_{12} \rightleftharpoons 3H_2 + C_6H_6$$

$$\text{A} \qquad\qquad \text{B} \quad \text{C}$$

由于氢分子尺寸足够小，可以扩散通过膜上的微孔，而环己烷和苯分子尺寸太大无法扩散到膜的另一侧(图 6.11)。因此，尽管平衡常数很低，脱氢反应可以不断向右进行。对于组分 B 氢气，扩散到壳程的部分随着吹扫气流出反应器，在反应器内的部分与其他产物一起流出反应器。

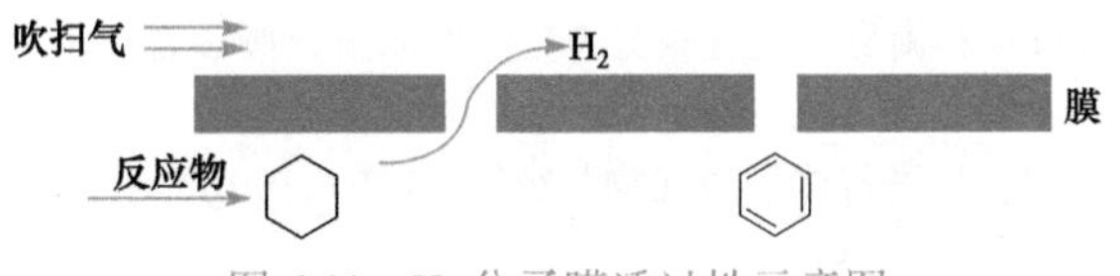

图 6.11　H_2 分子膜透过性示意图

如图 6.10(c)所示，在分析膜反应器时，仅仅需要将传统固定床反应器所用的催化剂质量用反应器体积这个独立变量来代替，催化剂质量 W 和反应器体积 V 通过催化剂堆积密度 ρ_b 关联 $(W=\rho_b V)$。对停留在膜反应器内的组分 A 和 C 进行物料衡量

$$\frac{dF_A}{dV}=r_A \tag{6.94}$$

$$\frac{dF_C}{dV}=r_C \tag{6.95}$$

由于组分 B 部分扩散到壳程随吹扫气流出，对物料衡算进行修正。如图 6.10(c)所示，对组分 B 在体积微元 ΔV 内进行物料衡算，有

[流入物料]−[流出物料]−[扩散出物料]+[生成]=[积累]

$$F_B\big|_V - F_B\big|_{V+\Delta V} - R_B\Delta V + r_B\Delta V = 0 \tag{6.96}$$

式中，R_B 为单位体积反应器组分 B 离开壳程的摩尔速率，mol/(dm^3 · s)。式(6.96)两边同除以 ΔV，并取极限 $\Delta V\to 0$，有

$$\frac{dF_B}{dV}=r_B-R_B \tag{6.97}$$

组分 B 透过膜的传递速率 R_B 与单位膜反应器体积的表面积 α 相关

$$R_B=k_C'\alpha(c_B-c_{Bs}) \tag{6.98}$$

式中，k_C' 为总质量传递系数，m/s；c_{Bs} 为组分 B 在吹扫气通道(壳程)的浓度，mol/dm^3。总质

量传递系数是综合考虑了管内侧膜阻力、膜本身阻力和壳程内阻力得到的。该系数一般与膜和流体性质，流体速度和管径有关。

【例 6.4】 在脱氢反应过程中，利用催化膜反应器代替传统反应器可以大幅度节省能量，例如，乙基苯脱氢制备苯乙烯：

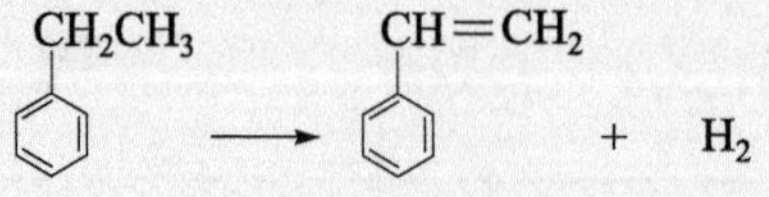

$$C_6H_5CH_2CH_3 \longrightarrow C_6H_5CH{=}CH_2 + H_2$$

丁烷脱氢制备丁烯：

$$C_4H_{10} \longrightarrow C_4H_8+H_2$$

以及丙烷脱氢制备丙烯：

$$C_3H_{10} \longrightarrow C_3H_6+H_2$$

上述脱氢反应均可写成如下通式：

$$A \rightleftharpoons B+C$$

假设反应在固定床膜反应器中进行，227℃时，K_c=0.05mol/dm³。反应器中的膜仅选择透过 B 组分(H_2)而阻止 A 和 C 组分。进入反应器中的纯气体组分 A 的压力为 8.2atm，温度为 227℃，进料速率 v_0 为 10mol/min。单位体积反应器中组分 B 扩散速率 R_B 与其浓度呈正比关系，即

$$R_B=k_c c_B$$

催化剂堆积密度 ρ_b=1.5g/cm³，反应管内径为 2cm，反应速率常数 k=0.7(1/min)，传递系数 k_c= 0.2(1/min)。

试对组分 A、B 和 C 进行物料衡算，建立微分方程组并求解；画出各个组分摩尔流率与空时的关系图；计算转化率。

解 以反应器体积为独立变量，进行体积微元物料衡算，如图 6.10(c)所示，物料衡算式如式(6.94)、式(6.95)和式(6.97)。

$$\frac{dF_A}{dV}=r_A$$

$$\frac{dF_B}{dV}=r_B-R_B$$

$$\frac{dF_C}{dV}=r_C$$

速率方程

$$r_A=k\left(c_A-\frac{c_B c_C}{K_C}\right) \tag{6.99}$$

膜传递速率

$$R_B = k_c c_B \tag{6.100}$$

式中，k_c 为传递系数，吹扫气中浓度为零(c_{Bs}=0)。假定组分 B 透过膜的阻力为常数，k_c 恒定。

在恒温恒压下操作，$T=T_0$，$p=p_0$

$$c_A=c_{T0}\frac{F_A}{F_T} \qquad c_B=c_{T0}\frac{F_B}{F_T} \qquad c_C=c_{T0}\frac{F_C}{F_T}$$

$$F_T=F_A+F_B+F_C$$

联立方程组，式(6.94)、式(6.95)、式(6.97)、式(6.99)和式(6.100)，代入条件

$$c_{T0}=\frac{p_0}{RT}=\frac{830.6\ \text{kPa}}{8.314(\text{kPa}\cdot\text{L})/(\text{mol}\cdot\text{K})\times 500\text{K}}=0.2\text{mol/L}$$

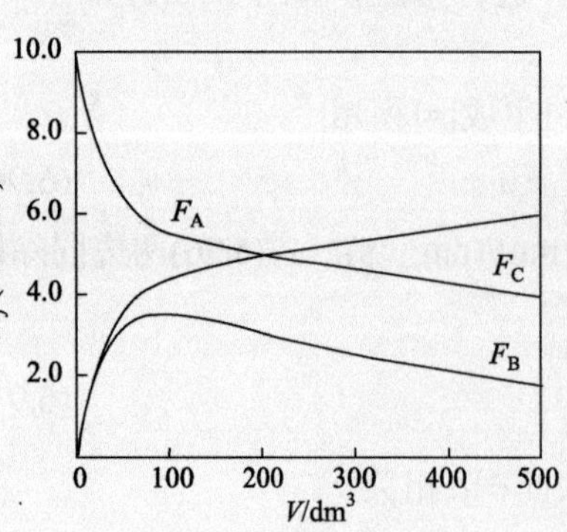

Polymath 数值解图

$$k = 0.7(1/\text{min}),\ K_c = 0.05\text{mol}/\text{dm}^3,\ k_c = 0.2(1/\text{min})$$

$$F_{A0} = 10\text{mol}/\text{min},\ F_{B0} = F_{C0} = 0$$

采用 Polymath 或 MATLAB 求解，设定初值为 $V = 0$ 时，$F_A=F_{A0}$，$F_B=0$，$F_C=0$。

可以看出，组分 A 在出口处的摩尔流率为 4mol/min，转化率为

$$x = \frac{F_{A0} - F_A}{F_{A0}} = \frac{10-4}{10} = 60\%$$

对于某些反应，反应物浓度可能影响反应选择性，如氧化反应，高氧含量可能引起深度氧化。膜反应器可以用来提高反应的选择性，反应组分(如氧气)也可以从膜侧面进入反应器中。例如，对于反应

$$A+B \longrightarrow C+D$$

组分 A 只能从反应器进口加入，组分 B 仅能透过膜来加入，如图 6.12 所示。

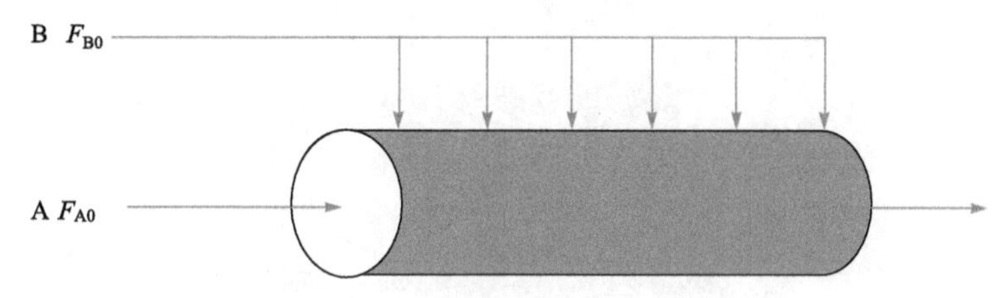

图 6.12　B 物质透过膜示意图

正如在第 3 章所论述的，这种侧向进料操作可用来改善复杂反应的选择性。组分 B 通常是沿着反应器管长均匀加入。组分 B 的物料平衡为

$$\frac{dF_B}{dV} = r_B + R_B$$

式中，$R_B=F_{B0}/V_t$，F_{B0} 为侧向进料摩尔流率；V_t 为反应器总体积。组分 B 的加入速率可通过控制膜反应器的压降来调控。

6.4.4　催化膜反应器的反应与传质模型

关于催化膜反应器的模型建立与模拟，不同膜反应器，如 CMR、PBMR 和 PBCMR 可以使用一维、二维模型。图 6.13 给出了一种 PBCMR 模型用于烃类脱氢反应。该模型考虑了管程、壳程和膜内的质量、能量平衡，并考虑了管程和壳程存在的压降。膜是由一个单独的渗透性薄层所构成，无论是致密膜还是中空膜都遵循克努森扩散机理。

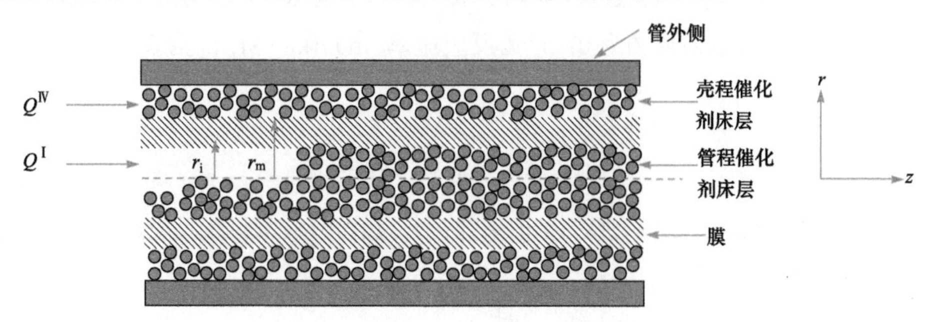

图 6.13　PBCMR 模型中反应器示意图

摘自 Tsotsis 等所著 *Catalytic Membrane Reactors*，收录于专著 *Computer Aided Design of Catalysts*

考虑反应所引起的体积变化、非等温效应，采用经验 Ergun 方程计算填充床区域的压降。如果将克努森模型换为其他传递定律(如对金属膜使用 Sievert 定律)来描述通过致密膜的传递特性，该模型可以很方便用于致密金属膜和固体氧化物膜的传递过程。假设物料在管程和壳程中均为平推流，未考虑外界的传质影响，也不考虑多膜层存在的复杂气体传递现象。

如图 6.14 所示，在上述 PBCMR 模型基础上，考虑了膜的多层特性，以及由一个具有催化活性的中心薄膜(图 6.14 中区域Ⅱ)和一个不具有活性的多孔支撑层(图 6.14 中区域Ⅳ)组成的膜，建立了多层膜反应器的传质模型，如环已烷脱氢反应。假定中空膜层的传递属于努森扩散，由于膜两侧不存在压降，通过中孔支撑结构的传递仅是由分子扩散引起的，表面扩散和在中孔区域的扩散可忽略。反应可能在催化活性膜的内部和/或在壳程、管程中填充的催化剂床层内发生。同时，模型没有考虑能量的平衡，仅限于在等温条件下应用。

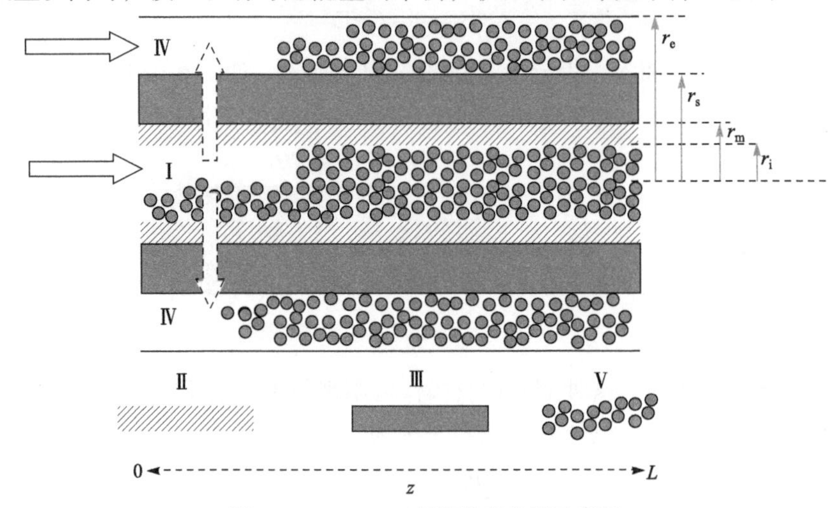

图 6.14　PBCMR 多层膜反应器示意图

摘自 Sanchez 和 Tsotsis 所著 *Current Development and Future Research in Catalytic Membrane Reactor*，收录于专著 *Fundamentals of Inorganic Membrane Science and Technology*

在柱坐标上建立模型的方程，对于图 6.14 所示的膜反应器各个区域相应的边界条件描述如下。

管程(Ⅰ区)：

$$u_{\mathrm{I}}\frac{\partial c_i^{\mathrm{I}}}{\partial z}=D_i^{\mathrm{I}}\frac{1}{r}\frac{\partial}{\partial r}\left(r\frac{\partial c_i^{\mathrm{I}}}{\partial r}\right)-\rho_b\alpha_i r_i^{\mathrm{I}} \qquad 0\leqslant r\leqslant r_i \quad 且 \quad 0\leqslant z\leqslant L \tag{6.101}$$

式中，c_i^{I} 为组分 i 在Ⅰ区的浓度(分别与全部组分对应，代表要脱氢的反应物分子、脱氢产物分子、氢和惰性组分)；D_i^{I} 为有效床层径向扩散系数；ρ_b 为床层的堆积密度，kg/m³；α_i 为化学计量系数(对惰性组分或稀释物为 0)；r_i^{I} 为反应速率，mol/(kg · s)；u_{I} 为表面流体速率，m/s。

反应(Ⅱ区)：

$$D_i^{\mathrm{II}}\frac{1}{r}\frac{\partial}{\partial r}\left(r\frac{\partial c_i^{\mathrm{II}}}{\partial r}\right)=\rho_m\alpha_i r_i^{\mathrm{II}} \tag{6.102}$$

式中，ρ_m 为膜的密度，kg/m³；D_i^{II} 为膜的扩散系数；r_i^{II} 为组分 i 在Ⅱ区的反应速率，mol/(kg · s)。

中孔支撑层(Ⅲ区)：

$$D_i^{\mathrm{III}}\frac{1}{r}\frac{\partial}{\partial r}\left(r\frac{\partial c_i^{\mathrm{III}}}{\partial r}\right)=0 \qquad r_m\leqslant r\leqslant r_s \tag{6.103}$$

壳程(Ⅳ区)：

$$u_{\mathrm{IV}}\frac{\partial c_{\mathrm{i}}^{\mathrm{IV}}}{\partial z}=D_{\mathrm{i}}^{\mathrm{IV}}\frac{1}{r}\frac{\partial}{\partial r}\left(r\frac{\partial c_{\mathrm{i}}^{\mathrm{IV}}}{\partial r}\right)-\rho_{\mathrm{b}}\alpha_{\mathrm{i}}r_{\mathrm{i}}^{\mathrm{IV}}\quad r_{\mathrm{s}}\leqslant r\leqslant r_{\mathrm{e}}\text{ 且 }0\leqslant z\leqslant L \tag{6.104}$$

式中，$D_{\mathrm{i}}^{\mathrm{III}}$ 为在Ⅲ区的膜扩散系数；$D_{\mathrm{i}}^{\mathrm{IV}}$ 为有效床层径向扩散系数；$r_{\mathrm{i}}^{\mathrm{IV}}$ 为在Ⅳ区的反应速率。

上面四个区域的公式可以通过增加一个相应的轴向分散项加以扩充，即

$$u_{\mathrm{IV}}\frac{\partial c_{\mathrm{i}}^{\mathrm{IV}}}{\partial z}=D_{\mathrm{i}}^{\mathrm{IV}}\left[\frac{\partial^2 c_{\mathrm{i}}^{\mathrm{IV}}}{\partial z^2}+\frac{1}{r}\frac{\partial}{\partial r}\left(r\frac{\partial c_{\mathrm{i}}^{\mathrm{IV}}}{\partial r}\right)\right]-\rho_{\mathrm{b}}\alpha_{\mathrm{i}}r_{\mathrm{i}}^{\mathrm{IV}} \tag{6.105}$$

上述中的边界条件和初始条件如下：

$$z=0\text{ 处}\qquad c_{\mathrm{i}}^{\mathrm{I}}=c_{\mathrm{i0}}^{\mathrm{I}},\ c_{\mathrm{i}}^{\mathrm{IV}}=c_{\mathrm{i0}}^{\mathrm{IV}}$$

$$r=0\text{ 处(对称条件)}\qquad \frac{\partial c_{\mathrm{i}}^{\mathrm{I}}}{\partial r}=0$$

$$r=r_{\mathrm{e}}\text{ 处(壁面处无主体流动)}\qquad \frac{\partial c_{\mathrm{i}}^{\mathrm{IV}}}{\partial r}=0$$

在不同区域的界面处，应用描述流动和浓度的连续性方程。在区域Ⅰ和区域Ⅱ之间，流动的连续性方程可由式(6.106)描述

$$D_{\mathrm{i}}^{\mathrm{I}}\left(r\frac{\partial c_{\mathrm{i}}^{\mathrm{I}}}{\partial r}\right)_{r=r_{\mathrm{i}}^{-}}=D_{\mathrm{i}}^{\mathrm{II}}\left(r\frac{\partial c_{\mathrm{i}}^{\mathrm{II}}}{\partial r}\right)_{r=r_{\mathrm{i}}^{+}} \tag{6.106}$$

如果需要考虑管程和壳程的轴向分散，上述的入口处和 r=0 处的初始条件需要替换成相应的形式。入口处的初始条件变为

$$u_{\mathrm{I}}c_{\mathrm{i}}^{\mathrm{I}}=-D_{\mathrm{i}}^{\mathrm{I}}\frac{\partial c_{\mathrm{i}}^{\mathrm{I}}}{\partial z}+u_{\mathrm{I}}(0^{+},r)c_{\mathrm{i}}^{\mathrm{I}} \tag{6.107}$$

式中，$\overline{u}_{\mathrm{I}}$ 为进入内部反应区的平均流速。在壳程可以得到相似的方程。其中，组分 i 在混合物中的扩散系数采用二元扩散系数 D_{ij}。

上述方程组可以通过定义近似量纲为一的变量进行无量纲化。例如，无量纲浓度 $r_{\mathrm{i}}^{\mathrm{I}}=c_{\mathrm{i}}^{\mathrm{I}}/(c_{\mathrm{i}}^{\mathrm{I}})_0$，无量纲半径 $\theta=r/r_{\mathrm{i}}$，无量纲坐标 $\xi=z/L$ 等。所得到的无量纲方程组含有一系列量纲为一的参数，这些参数代表不同过程、在不同的反应区域所发生的特征时间的比值。该无量纲方程组可以通过离散化一阶和二阶导数来求解，因此可将微分方程组降维变成代数方程来求解。

6.5 微反应技术

比较釜式反应器和管式反应器，处于平推流状态下的管式反应器具有更高的反应效率。但管式反应器中，由于流体在管内流动时存在流速分布和边界层，反应物料的停留时间有差异，存在停留时间分布问题。对于传热要求高的反应，需要有较大的传热壁面，较大直径的管式反应器会带来较大的径向浓度和温度分布。停留时间分布、热质分布等不均匀性对反应过程的选择性、反应效率等都会带来一些不利的影响。

随着管式反应器的尺寸缩小，反应器单位体积壁面增加，比表面积与管径成反比。微制造技术的出现，可以加工管道尺寸在微米级的反应装置，反应器的单位体积传热表面会极大提高，管内不均匀性会受到严格的限制，传质情况也会极大改善。从Φ100cm 左右的管式反

应器，缩小到微米级的微通道反应器，传热强度和传质强度都会提高 10^3 以上。因此，微反应器使高传热反应、高爆危反应等得到极好的控制。

微化工技术(microchemical technology)是伴随微制造技术的发展而产生的，包括微换热、微反应、微分离、微分析等系统。微反应器(microreactor)是具有微小通道的进行化学反应的新型反应设备，它常常耦合微换热、微分离等组成微化工系统。反应通道的特征尺寸(当量直径)数量级是微米级(10^{-6}～10^{-3}m)。通常由尺寸为数百微米的通道构成，每个通道均可视为一个独立管式反应器。反应器可为单通道微反应器(图 6.15 和图 6.16)、多通道微反应器(图 6.17 和图 6.18)，以及与微换热等耦合形成微反应系统(图 6.19)。

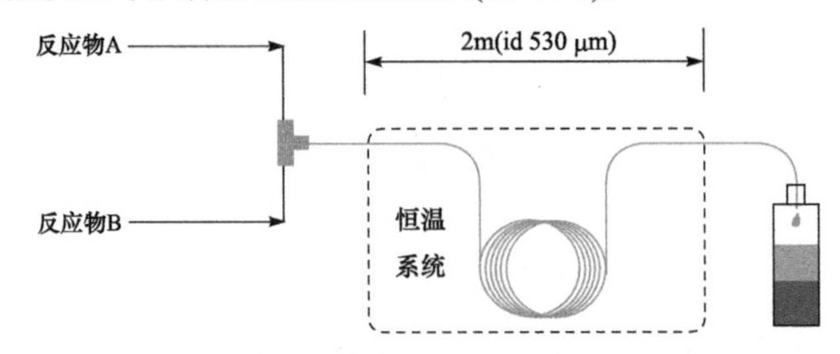

图 6.15 直径 530μm 的毛细管组成的单通道微反应器

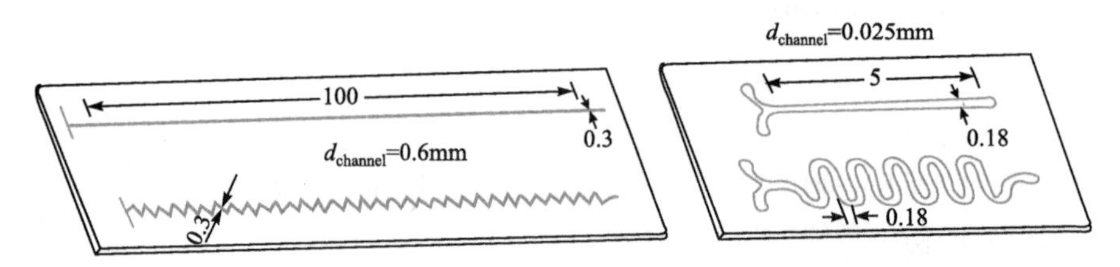

图 6.16 不同通道形状的单通道微反应器

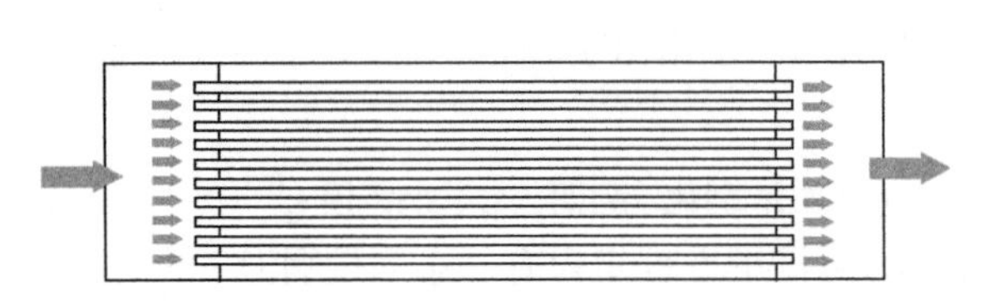

图 6.17 多通道微反应器示意图

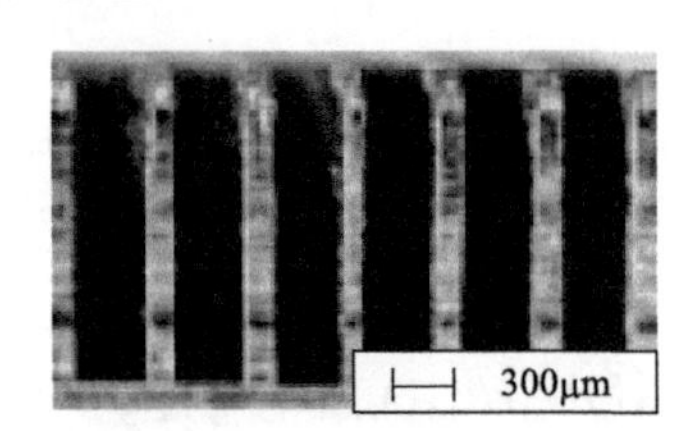

图 6.18 多通道微反应器的通道布局及尺寸示意图

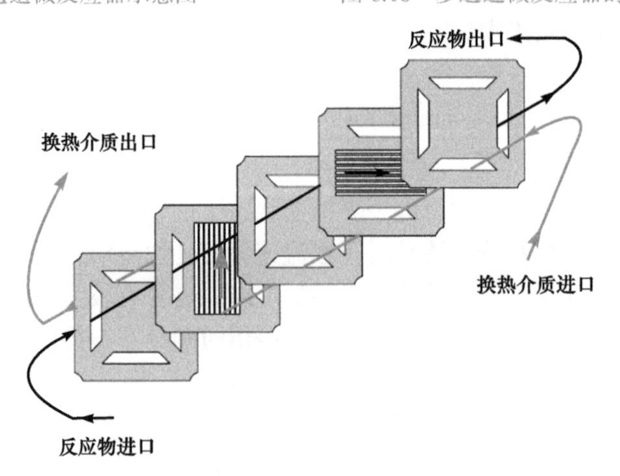

图 6.19 耦合微换热系统的多通道微反应器结构示意图

6.5.1　微通道反应器的特性

1. 传质效率高

微通道反应器是指内部通道特征尺寸在微尺度范围(10～500μm)的反应装置，远小于传统反应器的特征尺寸。对于普通反应过程而言，该尺度仍然很大，并不能改变反应机理和本征反应动力学。但微反应器的高效热质传递特性可以实现反应过程的强化。以多通道进样的微通道反应器为例，多组分化学物料由多个进样通道汇聚于反应通道(图 6.20)，汇合后物料的传质与混合时间为

$$T_{\min} \propto \frac{I^2}{D} \tag{6.108}$$

式中，$T_{\min}$ 为达到完全混合所需的时间；I 为传递距离；D 为扩散系数。

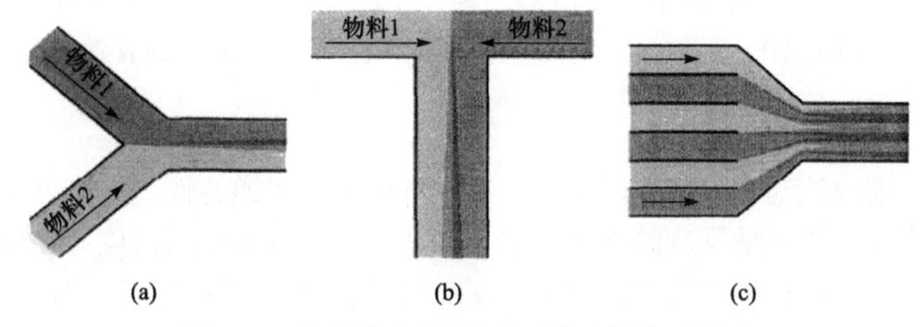

图 6.20　微通道反应器中的反应液混合示意图

由于物料完全混合时间与传递距离的二次方成正比，减小通道尺寸将大大缩短扩散时间。工业生产中管道内流体边界层厚度的数量级通常为 10^{-3}m，而微反应器微通道尺寸的数量级为微米(10^{-6}m)，有效降低了径向传质距离。通过通道的结构优化设计，可以进一步强化混合与传质。微混合器中仅需要毫秒甚至纳秒量级的混合时间即可实现良好的混合。

在微反应器中进行多相反应时，其相间传质面积可达 5000～30000m^2/m^3，而常规鼓泡床反应的传质面积仅为 100m^2/m^3 量级。微通道内的气液相间体积传质系数在 1～10(1/s)量级，液液相间体积传质系数在 0.1～10(1/s)量级，均较传统化工设备内气液传质过程或液液传质过程高 1～2 个数量级。高效的传质性能可以有效降低径向的浓度差异，使其截面浓度分布接近于平推流反应器。在常规反应器存在的空间区域分布，在微反应器中可以消除，有利于提高产品质量。

2. 传热效率高

微通道反应器的通道尺寸处于微米数量级，单位体积比表面积非常大。如图 6.21 所示，体积为 1mL 的微通道反应器，若其通道尺寸为 100μm×100μm，其侧面积为 400cm^2；若通道尺寸为 1cm×1cm，则其侧面积为 4cm^2。通常情况下，微通道的比表面积可达 10000～50000m^2/m^3，如通道截面积为 100μm×70μm 的微通道反应器，其比表面积高达 26200m^2/m^3，比典型的工业反应器的比表面积高出 2～3 个数量级。随着特征尺寸的减小和系统的比表面积增加，单位体积物料的传热面积大幅度提高，可以实现传质传热效率的有效强化。研究表明，微通道系统的传热系数可达 25 000W/($m^2 \cdot K$)，比传统换热器的传热系数值至少大一个数量级。极大的比表面积也为在通道表面进行催化剂负载、实现流固催化反应创造了良好条件。

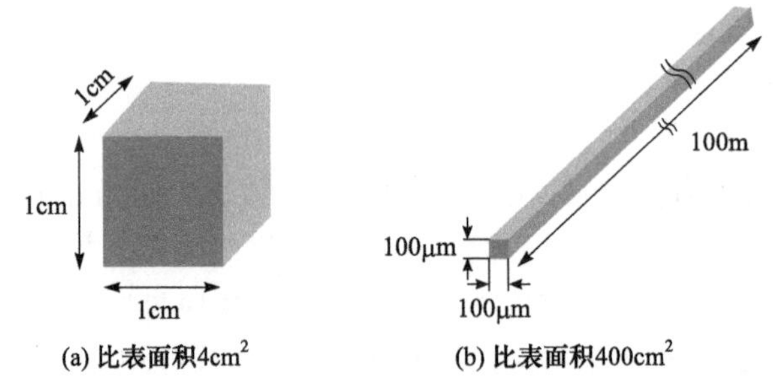

(a) 比表面积$4cm^2$ (b) 比表面积$400cm^2$

图 6.21 不同尺度反应通道的体积为 1mL 的反应器比表面积比较

微通道反应器传热性能好、热容量小，对温度变化可以作出瞬时响应，非常有利于温度控制。在常规反应器中存在较大的温度差异，甚至出现热点温度。当在微通道反应器中进行热效应大的吸/放热反应和反应速率快的化学反应时，传热距离短，反应的热效应能够得到及时传递，避免了热点现象的出现，在常规反应器中易发生的飞温现象在微反应器中可以避免，反应能够控制在理想的温度条件下进行，使反应效率和目标产物收率得到有效强化与提高。

3. 微型化

微通道反应器内流动或分散性能良好，有良好的热质传递特性，反应处于动力学控制状态，其反应效率取决于化学反应的本征速率。因此，如果在微通道反应器中进行快反应或瞬间反应，化学反应可以达到最大理论反应速率。同时，物料的加热和冷却过程非常迅速，响应速度快，极大缩短了物料的开停车等非稳态操作时间。传统间歇反应釜一般反应停留时间为 1～48h，而微反应器一般反应停留时间为 1～300s，微反应器的体积只需传统间歇反应釜的 1/100 甚至 1/1000，容易实现反应器的微型化。

在微通道中进行强放热反应或易燃易爆反应，热效应可以及时得到传递，同时大的比表面积对自由基具有猝灭效应，不易发生热累积，反应器内持液量小，微反应器独特的几何特性使其可以有效增大耐压强度，反应可安全高效进行。对于反应物、反应中间产品或反应产物有毒有害的化学反应，由于微通道反应器数量众多，即使发生泄漏也只是少部分微通道，而单个微通道的体积非常小，泄漏量非常小，不会对周围环境和人体健康造成重大危害。

4. 容易放大

微反应器的微通道非常狭窄，就单个微通道而言，其轴径比一般远大于 100，流体流动的返混现象可以忽略，更接近平推流流动。微反应器通常采用多通道并行结构，数千个结构完全一致的微反应通道并联在一起，如果流体在每个微反应通道内流动状况完全一致，整个反应器也处于理想平推流状态，整个微反应器内的返混现象可以忽略。但是，对于通道之间不等效情况，反应器出口处会存在返混现象。

常规反应器是通过增大设备尺寸来实现生产规模的扩大，设备特征尺寸的增大无疑会带来更宽的浓度、温度与停留时间的分布，从而产生放大效应。微通道反应器可以通过增加微通道数量或者叠加微通道反应器数量来实现生产规模的扩大，即并行数增放大(图 6.22)。单个反应通道的特征尺寸没有发生变化，因此不存在常规反应器的放大效应问题。通过数增放大不仅大幅度缩短了从实验室研发到市场的周期，而且减少了工艺调试期间的研发经费，大幅度降低了研究成本。另外，生产规模可通过反应器或反应通道数目的增减而调整，使生产规模具有很好的操作弹性。

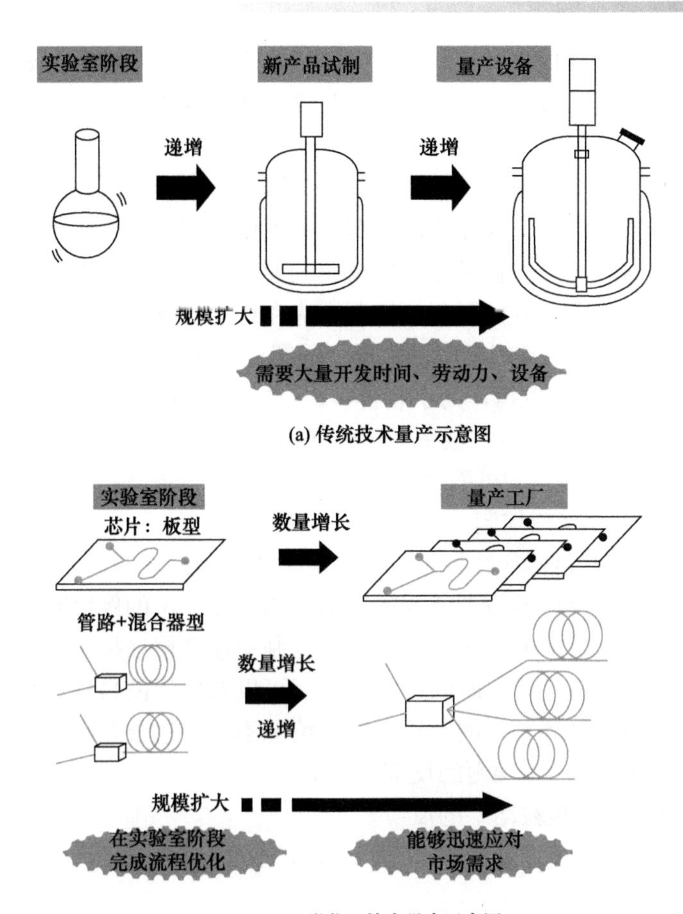

图 6.22　微反应技术与传统化工技术量产的比较图

随着微加工技术的日趋成熟，微通道反应器可与微传感器、微热交换器、微分离器等单元装置组成微集成系统，形成微化工系统。单通道微反应器的量接近分析仪器的进样量，可容易地实现反应产物的在线检测。不同通道可以考察不同反应物配比、不同催化剂、不同操作条件的反应情况，因此微通道反应器为催化剂的筛选、反应操作条件的优化提供了良好的研究平台。

微反应系统是模块结构的平行分布式系统，具有便携性好的特点。微化工系统可以充分利用各地的资源、能源和市场，实现分散加工并就地供应，真正实现将化工厂便携化，并可根据市场情况增加通道数和更换模块来调节生产，具有很高的操作弹性，这不仅消除危险品运输的潜在危险，而且可以使分散的资源得到合理的利用。

6.5.2　适宜在微通道反应器中进行的化学反应

并非所有的反应都适合在微反应器中进行，根据微反应器的结构及反应和热质传递特性，以下反应较适合在微通道中进行。

1) 瞬间反应

瞬间反应过程的本征反应速率很快，如氯化、硝化、溴化、磺化、氟化、金属有机反应等。在常规反应器中，由于传递效率不高，反应受传递过程控制。宏观参数的调变很难实现反应器内浓度、温度、反应速率等分布的调变，使反应器不同空间与时间区域的反应过程产生很大的差异，导致生产过程难以控制。在微通道反应器中，高的传递效率可以使反应器的温度和浓度分布得到可控调节，使反应在理想的操作条件下进行。

2) 热效应大的快速反应

反应的热效应较大时，采用常规反应器由于传递效率低，传递过程对反应效率影响较大。当反应热不能及时移出时，会导致反应器内的温度出现较大的空间分布差异，易于出现局部温度升高，甚至导致反应过程失控和副反应的发生。微通道反应器的高传递效率可以使反应器的温度和浓度分布得到可控调节，控制反应在理想的操作条件下进行。

有些反应对温度敏感，如常规反应器中进行的锂化反应需要控制在−50℃下，以保证产物高选择性。在实验室规模的间歇操作的小装置中，为控制反应温度，反应通过滴加的方式在强力搅拌下进行，反应时间长达 2 天，收率为 60%左右。而通过传热强化的微通道反应器，在温度为−25℃时其反应操作停留时间可缩短到数十秒，而收率可提高到 98%左右。

3) 反应停留时间需要精确控制的反应

在串级反应等反应中，目标产物可进一步反应生成其他副产物，需要优化反应停留时间。常规工业反应器，如管式反应器或者釜式反应器，均存在一定的停留时间分布，使目标产物选择性受到制约。采用微反应器技术，可以通过控制流速来精确控制物料在反应器内的反应时间，使反应物料按照理想的反应时间进行，从而可以有效提高目标产物收率。

微反应器在应用时也受到相应的制约，以下情况不一定适合在微反应器中进行：

(1) 原则上不适合反应速率很慢的反应。

(2) 不适合容易被固体颗粒堵塞的反应。

(3) 不适合传统工艺的选择性和收率已经很高的反应。

6.5.3 微通道反应器类型

按微通道反应器的操作模式可分为连续微反应器、半连续微反应器和间歇微反应器。通常研究的微通道反应器是连续微反应器。按微通道反应器的用途又可分为生产用微反应器和实验用微反应器两大类，其中，实验用微反应器的用途主要有药物筛选、催化剂性能测试及工艺开发和优化等。对应于不同相态的反应过程，微通道反应器又可分为气固相催化微通道反应器、气液相微通道反应器、液液相微通道反应器和气液固三相微通道反应器等。

1. 气固相催化微通道反应器

气固催化反应是气体反应物在固体催化剂表面进行的反应。微通道反应器中，催化剂可以涂覆在通道表面形成内壁负载催化剂层的微通道催化反应器(图 6.23)，该反应器大量用于汽车尾气处理的催化反应器。对于一些催化剂，也可以将催化剂做成多孔的泡沫或规则孔隙的整体形状填充在微通道反应通道中(图 6.24 和图 6.25)。微通道反应器中，由于通道较小，催化剂尺寸更小，一般不存在气体的内、外扩散问题。

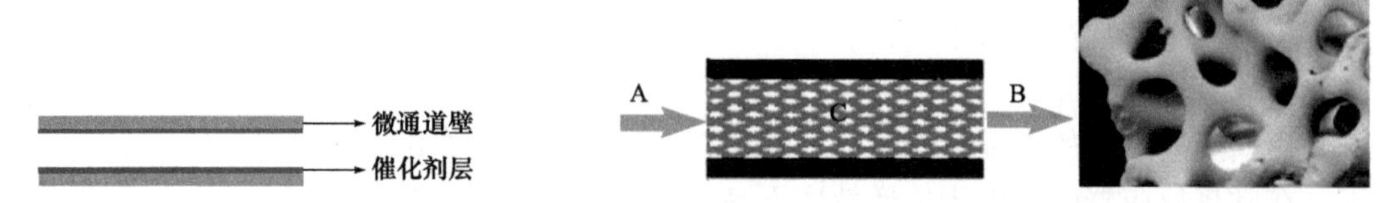

图 6.23 通道内壁负载催化剂薄层的微通道反应器

图 6.24 整体柱式微通道反应器

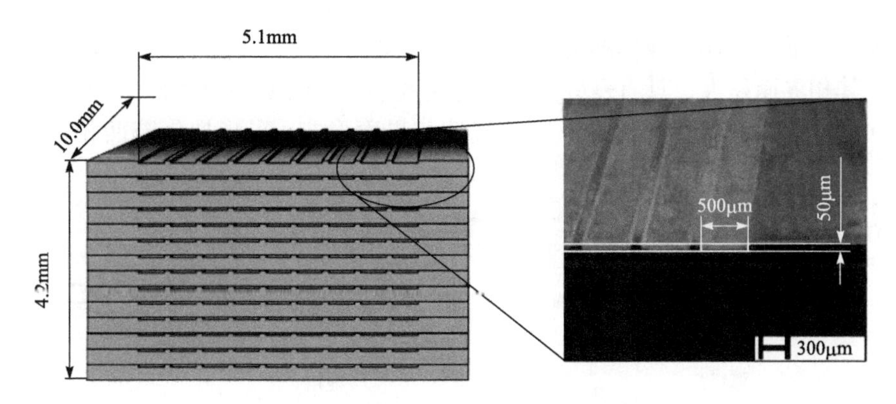

图 6.25　具微反应通道结构的整体催化剂

微通道内壁负载催化剂薄层的微通道反应器，一般适用于反应速率较快的反应过程。壁载的催化剂层很薄，可以将微通道反应器与微换热、微分离耦合，有效提高气固相催化反应的效率。由于在微通道反应器中进行催化反应与在常规反应器中进行具有相同的反应特征，催化的组分和制备方法可以是相同的。制备壁载催化剂膜时，可以采用黏合剂将催化剂粉末涂装到微通道壁面；也可以先将多孔催化剂载体涂覆在微通道壁面，然后采用浸渍等方法将活性组分负载上去。通常在通道表面负载催化剂薄层，必须保证催化剂载体和通道基体之间由很好的附着力。将催化剂载体负载到微通道基体上，常用的制备方法有化学气相沉积法、溶胶-凝胶法、电沉积法和粉末涂覆法等。

化学气相沉积是指利用气态物质在固体表面上进行化学反应，使气体中的某些成分分解，并在基体表面生成固态沉积物。化学气相沉积法可以利用化学反应在通道表面生成催化剂薄层。溶胶-凝胶法是应用较多的化学方法，将微通道基体置于制备好的溶胶中，控制适当条件，如温度、pH 等，溶胶逐渐凝胶，凝胶在基体表面原位生长并形成催化剂薄层。

电沉积法包括电泳沉积法和阳极氧化法。电泳沉积法是将整体式催化剂的基体作为电极浸渍在胶体溶液中，施加电压，使带电胶体粒子定向地向电极表面移动并放电沉积，可以制备涂层均匀、光滑的载体涂层。阳极氧化法主要应用金属表面涂层，以金属制得的微通道基体作为阳极，在适当的电解液中通以一定的阳极电流，使金属表面氧化得到一层多孔氧化膜。氧化膜具有蜂窝状结构，通过调控电解液的类型和氧化的工艺条件，可以控制膜层的通道大小和深度。阳极氧化法制备的催化剂载体可以有非常高的附着力、较高的机械性能、较大的孔隙率。阳极氧化法形成的蜂窝状结构提供了很好的多孔载体，可以负载催化剂活性组分，金属氧化物本身也可以作为催化剂活性组分。

粉末涂覆法是将催化剂活性组分和催化剂载体分散在溶剂中，利用研磨等手段制成颗粒度达到纳米级的涂覆浆液，随后将纳米颗粒涂覆浆液均匀涂覆在金属基体上，经烧结制成整体式催化剂。而等离子喷涂技术是采用直流等离子电弧作为热源，将陶瓷、合金等材料加热到熔融或半熔融状态，并高速喷向待处理的工件表面，进而形成具有高附着力涂层的方法。

2. 气液相微通道反应器

传统的气液两相反应器包括气体为分散相的反应器(如鼓泡床反应器)和液体为分散相的反应器(如喷淋式反应器和降膜反应器)。在微通道中，气液两相的流动状况与工业反应器情况有很大不同。如图 6.26 所示，气体和液体分别从两根微通道汇流进入一根微通道中，形成气液接触界面，随着气体和液体的流速变化可能出现气泡流、节涌流、环状流和喷射流等典型的流型，其相界面积大，具有良好的热质传递效率。如图 6.27 所示，可能会出现泡状流、柱塞流、环状流等多种流型，出现不同的气液相界面形式，可根据气液两相反应的特点来调控。

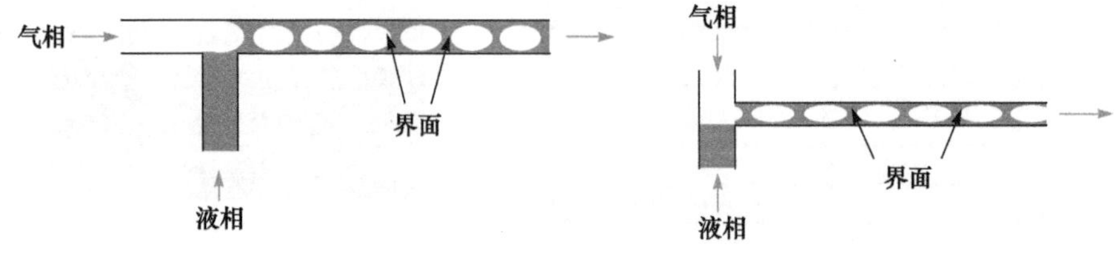

图 6.26 微通道反应器内气液两相示意图

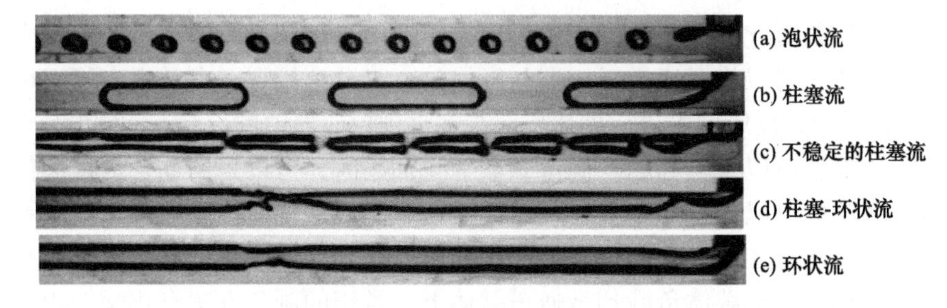

图 6.27 微通道内气液两相流型转换图

另一种气液相微通道反应器为降膜式微通道反应器。如图 6.28 所示，液相自上而下呈膜状流动，气液两相在膜表面充分接触，降膜液层厚度较薄，其传质距离较短。气液两相的接触面积是决定反应速率和转化率的关键因素，这两类气液相反应器都有效促进了气液的接触面积，在微通道混合气液传质的比表面积可以高达 25000m^2/m^3，而传统气液混合装置采用机械搅拌的方式进行混合，传质比表面积最大值 2000m^2/m^3，因此比传统的气液相反应器大了一个数量级。

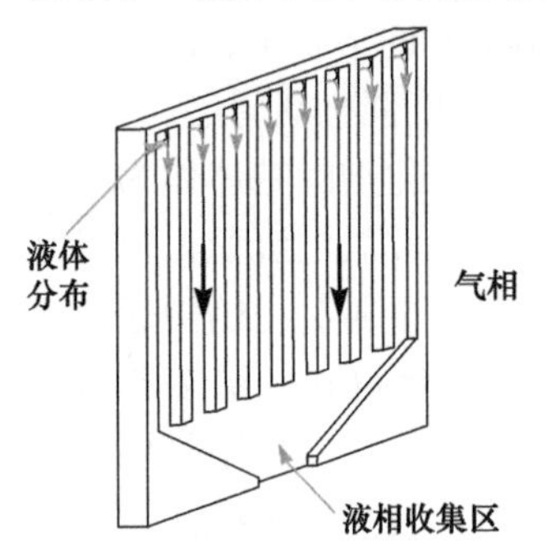

图 6.28 微通道降膜反应器示意图

3. 液液相微通道反应器

液液两相反应受两相互溶度的制约，其相间传质对反应的影响至关重要。两相混合受两相密度差、表面张力等因素的影响，在工业反应器中往往通过强力搅拌、乳化等多种手段来强化相间传质。微通道中的液液两相流体呈层流状态流动，扩散是传质的主要途径。如图 6.29 所示，两种液体分别连续进入输送通道，混合后形成纵向界面，纵向界面面积与通道剖面积相当；

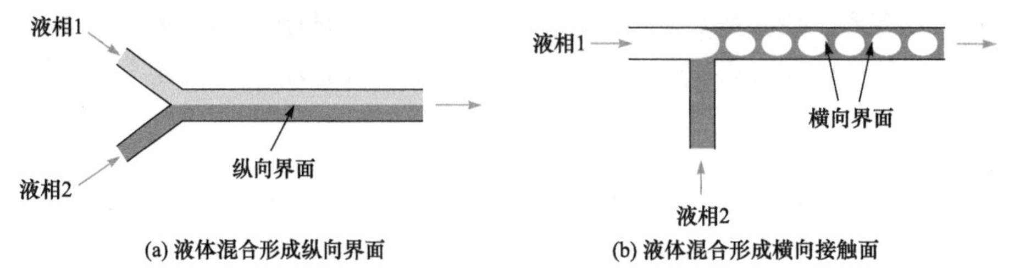

图 6.29 微通道中液液两相混合接触方式

如果将一种液体脉冲注射到另一种液体流中，则形成珠状的横向界面。由于微通道尺度小，相间传质面积比传统反应器中的传质面积大很多，具有高效的相间传质特性。

为了强化微通道反应器中液液两相的传质，还可以在微通道中进行结构型流道改进，如在微通道中设置微静态混合元件，采用多个呈扇形分布的微通道进料等。但这些改进的过程都会造成额外的动量损失，反应器的压降增大。

4. 气液固三相微通道反应器

气液固三相反应在化学反应中比较常见，大多数情况下固体为催化剂，气体和液体为反应物或产物。气液固三相反应体系不仅涉及气相在液相中的扩散，还涉及流体相与催化剂之间的传质、气液流体的停留时间匹配及反应通道的动量衡算等问题，反应和传递过程比两相体系复杂得多。如图 6.30 所示，微通道内壁面负载固体催化剂，采用环状流形式的气液微通道反应器进行气液固三相反应。通过操作条件的控制，可以将液层控制在很薄的程度，缩短液相传质距离。该反应器非常适合，如加氢、氧化等气液固催化反应过程，可以得到很高的反应效率。

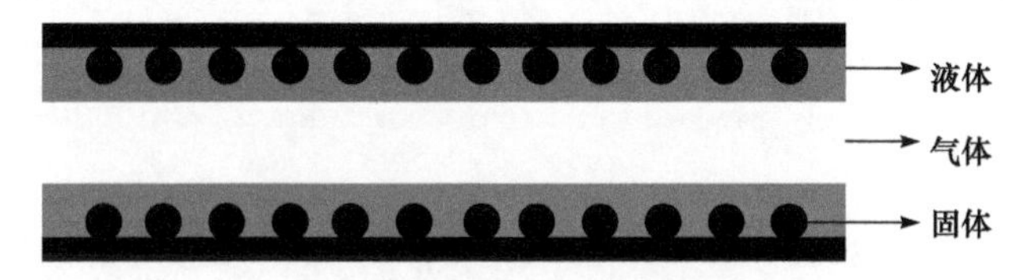

图 6.30　壁面负载式气液固三相微通道反应模式

美国麻省理工学院研制了一种用于气液固三相催化反应的微填充床反应器(图 6.31)，其结构类似于固定床反应器，其中普通催化剂粉末添加到类似于填充柱的微通道中，气相和液相分成若干流股，再经管汇到微通道中混合进行催化反应。

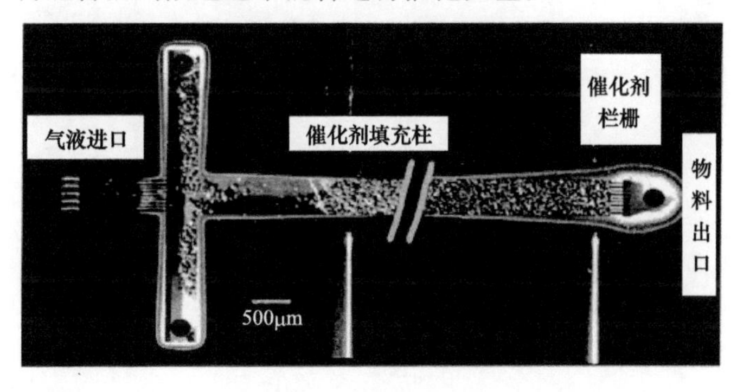

图 6.31　充填活性炭催化剂的微填充床反应器

6.5.4　微通道反应器的制备

微通道反应器可用不同的材料进行制备以满足不同的需求。硅片、石英玻璃、金属、塑料、陶瓷等均可作为制备微通道反应器的材料。近年来，高分子聚合物用于制备微通道反应器较为多，如聚二甲基硅氧烷(PDMS)、聚甲基丙烯酸甲酯(PMMA)、聚碳酸酯(PC)、聚乙烯(PE)、硅树脂(silicone)等。在选择反应器制备材料时要注意其使用条件，如酸碱性、温度、操作压力、光热稳定性、生物相容性等。目前，微通道反应器的微加工方法主要有以下几种：化学刻蚀、单晶材料的整体微加工技术、低压等离子体或离子束技术的干法蚀刻、LIGA 技术

(光刻、电镀和塑模成型)、激光切割、精密机械加工技术等。

许多用玻璃作为材料的微设备，如微混合器、微萃取器和微分离器都采用化学刻蚀的方法制备。利用氢氟酸等酸性腐蚀液、氢氧化钾等碱性腐蚀液或者其他化学试剂在基材上刻蚀形成各种微元件，制作形成微通道反应器。利用低压等离子体产生的离子或高真空产生的离子束可实现材料的高度各向异性切除，即干式刻蚀法。LIGA 技术首先通过光刻和电镀得到微元件的模具，然后利用模具制备相应的微元件，适合批量生产。随着微加工技术的发展，微反应器制备技术也相应发展。不同制备技术制备的微反应器具有不同的特点，需要考虑制备成本、批量加工难易性等多因素。

参考文献

《化学工程手册》编辑委员会. 1986. 化学工程手册//化学反应工程. 北京: 化学工业出版社
陈甘棠. 2007. 化学反应工程. 3 版. 北京: 化学工业出版社
陈光文, 赵玉潮, 乐军, 等. 2013. 微化工过程中的传递现象. 化工学报, 64(1): 63-75
陈光文, 赵玉潮, 袁权. 2010. 微尺度下液-液流动与传质特性的研究进展. 化工学报, 61(7): 1627-1635
邓景发. 1984. 催化作用原理导论. 吉林: 吉林科学技术出版社
李绍芬. 2000. 反应工程. 2 版. 北京: 化学工业出版社
梁斌, 王嘉福, 张鎏. 1990. CO 高温变换反应动力学研究. 化学反应工程与工艺, 6(4): 8
罗明河, 牛存镇. 1997. 化学反应工程原理及反应器设计. 昆明: 云南科技出版社
骆广生, 王凯, 吕阳成, 等. 2013. 微尺度下非均相反应的研究进展. 化工学报, 64(1): 165-172
骆广生, 王凯, 王佩坚, 等. 2014. 微反应器内聚合物合成研究进展. 化工学报, 65(7): 2563-2573
骆广生, 王凯, 王玉军, 等. 2011. 微化工系统的原理和应用. 化工进展, 30(8): 1637-1642
骆广生, 王凯, 徐建鸿, 等. 2014. 微化工过程研究进展. 中国科学: 化学, 44(9): 1404-1412
裘元焘. 1981. 基本有机化工过程及设备. 北京: 化学工业出版社
天津大学物理化学教研室. 2001. 物理化学. 4 版. 北京: 高等教育出版社
王高雄, 周之铭, 朱思铭, 等. 1983. 常微分方程. 2 版. 北京: 高等教育出版社
王建华. 1988. 化学反应工程基本原理. 成都: 成都科技大学出版社
王建华. 1989. 化学反应器设计. 成都: 成都科技大学出版社
王乐夫, 纪红兵, 谭爱珍, 等. 1993. 新型催化-分离膜反应器的结构与分析. 天然气化工, 18(2): 39-42
伍沅. 1992. 化学反应工程. 大连: 大连海运学院出版社
袁渭康. 1995. 化学反应工程分析. 上海: 华东理工大学出版社
张成刚, 郑少华, 杜长山, 等. 2000. 钛铁矿硫酸浸出动力学研究. 化学反应工程与工艺, 16(4): 319-325
张继炎. 1994. 化学反应工程. 北京: 中国石化出版社
赵九生, 时其昌, 马福泰, 等. 1986. 催化剂生产原理. 北京: 科学出版社
赵学庄. 1984. 化学反应动力学原理(上册). 北京: 高等教育出版社
郑亚锋, 赵阳, 辛峰. 2004. 微反应器研究及展望. 化工进展, 23(5): 461-467
朱葆琳, 王学松. 1957. 填充床层之传导——床层之温度分布. 化工学报, 1: 51-72
朱炳辰. 2007. 化学反应工程. 4 版. 北京: 化学工业出版社
邹仁鋆. 1981. 基本有机化工反应工程. 北京: 化学工业出版社
Aris R, Amundson N R. 1958. An analysis of chemical reactor stability and control——Ⅰ: The possibility of local control, with perfect or imperfect control mechanisms. Chem Eng Sci, 7(3): 121-131
Aris R. 1969. Elementary Chemical Reactor Analysis. Englewood Cliffs: Prentice Hall Inc
Atkinson B. 1974. Biological Reactors. London: Pion Limitied
Bailey J E, Ollis D F. 1986. Biochemical Engineering Fundamentals. 2nd ed. New York: McGraw-Hill
Basheer C, Swaminathan S, Lee H K, et al. 2005. Development and application of a simple capillary-microreactor for oxidation of glucose with a porous gold catalyst. Chem Commun, 3(3): 409-410
Basile A. 2013. Handbook of Membrane Reactors. Volume 2: Reactor Types and Industrial Applications. Cambridge: Woodhead Publishing
Biesenberger J A, Sebastian D H. 1983. Principles of Polymerization Engineering. New York: John Wiley&Sons
Cornish-Bowden A. 1979. Fundamentals of Enzyme Kinetics. Boston: Butter-Worths
Danckwerts P V. 1953. Continuous flow systems: Distribution of residence times. Chemical Engineering Science, 2: 1-13
Dasmköhler G. 1937. The influence of diffusions, flow, and heat transport on yield in chemical reactor. Der Chemie-Ingenieur, 3: 430
Denbigh K G, Turner J C R. 1971. Chemical Reactor Theory and Introduction. Cambridge: Cambridge University Press

Ehrfeld W, Hessel V, Löwe H. 2000. Microreactors: New Technology for Modern Chemistry. Weinheim: Willy-VCH
Ergun S. 1952. Fluid flow through packed columns. Chem Eng Progr, 48: 89-94
Floyd T M, Losey M W, Firebaugh S L, et al. 2000. Novel liquid phase microreactors for safe production of hazardous specialty chemicals[A]//Microreaction Technology: Industrial Prospects. Heidelberg: Springer-Verlag
Fogler H S. 2005. Elements of Chemical Reaction Engineering. 4th ed. Englewood Cliffs: Prentice Hall
Forment G F, Bishoff K B. 1979. Chemical Reactor Analysis and Design. New York: John Wiley&Sons
Herskowitz M, Smith J M. 1983.Trickle Bed Reactor. AIChE J, 29: 1
Hill C G. 1977. An Introduction to Chemical Engineering Kinetics and Reactor Design. New York: John Wiley&Sons
Holland C D,Anthony R G. 1989. Fundamentals of Chemical Reaction Engineering. 2nd ed. Englewood Cliffs: Prentice Hall
Jackel K P, Worz O. 1997. Winzlinge mit großer zukunft: Mikroreaktoren für die chemie.ChemieTechnik, 26(1): 130-135
Jensen K F. 2011. Microreaction engineering——Is small better? Chem Eng Sci, 56(2): 293-303
Karl Schügerl. 1987. Bioreaction Engineering. New York: John Wiley&Sons
Kobayashi J, Mori Y, Okamoto K, et al. 2004. A microfluidic device for conducting gas-liquid-solid hydrogenation reactions. Science, 304: 1305-1308
Levenspiel O, Bischoff K B. 1963. Patterns of flow in chemical process vessels. Adv Chem Eng, 4: 95
Levenspiel O. 1982. 化学反应工程习题题解. 施百先, 张国泰译. 上海: 上海科学技术出版社
Levenspiel O. 1998. Chemical Reaction Engineering. New York: John Wiley&Sons
Losey M W, Schmidt M A, Jensen K F. 2000. A Micro Packed-Bed Reactor for Chemical Synthesis. Micro Eng, 6: 285-289
MacMullin R B , Weber M. 1935.The theory of short-circuiting in continuous flow mixing vessels in series and the kinetics of chemical reactions in such systems. Trans Am Inst Chem Engrs, 31: 409-458.
Marcano J G S, Tsotsis T T. 2004. 催化膜及膜反应器. 张卫东, 高坚译. 北京: 化学工业出版社
Michaels A S. 1968. New separation technique for the chemical process industries. Chemical Engineering Progress, 64: 31-43
Nauman E B, Buffham B A. 1983. Mixing in Continuous Flow Systems. New York: John Wiley&Sons
Nauman E B. 1987. Chemical Reactor Design. New York: John Wiley&Sons
Odian G. 1981. Principles of Polymerization. 2nd ed. New York: John Wiley&Sons
Piszkiewicz D. 1977. Kinetics of chemical and enzymetcatalyzed reactions. Oxford: Oxford University Press
Schubert K, Bier W, Brandner J, et al. 1998. Realization and testing of microstructure reactors, micro heatexchangers and micromixes for industrial application in chemical engineering, in proceeding of 2nd international conference on microreaction on chechnology (IMRET2). AIChE J, 88-95
Smith J M. 1981. Chemical Engineering Kinetics. 3rd ed. NewYork: McGraw-Hill
Tourvieille J N, Bornette F, Philippe R, et al. 2013. Mass transfer characterisation of a microstructured falling film at pilot scale. Chem Eng J, 227: 182-190
Uppal A, Ray W H, Poore A B. 1974. On the dynamica behavior of continuous stirred tank reactors. Chem Eng Sci, 29: 967
Villermaux J. 1986. Chemical Reactor Design and Technology. Boston: Martinnus Nijhoff Pub
Walas S M. 1959. Reaction Kinetics for Chemical Engineers. New York: McGraw-Hill
Webb F C. 1964. Biochemical Engineering. London: D.Van Nostrand Company
Westerwerp K R, van Swaaij W P M, Beenackers A A C M.1984. Chemical Reactor Design and Operation. New York: Wiley
Wörz O, Jäckel K P, Richter T, et al. 2001. Microreactors, a new efficient tool for optimum reactor design.Chem Eng Sci, 56(3): 1029-1033
Wu J C S, Liu P K T, et al. 1992. Mathematical analysis on catalytic dehydrogenation of ethylbenzene using ceramic membranes. Ind Eng Res,31(1):322
Yang Z, Cheng J, Yang C,et al. 2016. CFD-based optimization and design of multi-channel inorganic membrane tubes. Chinese Journal of Chemical Engineering, 24(10): 1375-1385
Zhao Y C, Chen G W, Ye C B, et al. 2013. Gas-liquid two-phase flow in microchannel at elevated pressure. Chem Eng Sci, 87: 122-132